职业技能培训类教材
依据《国家职业技能标准》编写

气焊工基本技能

主 编 张应立
副主编 周玉华

金盾出版社

内 容 提 要

本书依据《国家职业技能标准》对初级气焊工的工作要求和《国家职业技能鉴定规范》进行编写,用于气焊工的知识学习和技能培训。主要内容包括:气焊工基础知识,气焊和气割的设备、工具,气焊工艺与操作基础,常用金属材料的气焊,气体火焰钎焊,火焰喷熔和喷涂,焊条电弧焊,气割等。全书在保证知识连贯性的基础上,着眼于气焊工基本技能的学习,力求突出针对性、典型性、实用性。

本书除可作为气焊工职业技能考核鉴定的培训教材和自学用书,还可供技工学校和职业学校的学生参考。

图书在版编目(CIP)数据

气焊工基本技能/张应立主编. —北京:金盾出版社,2010.1
（职业技能培训类教材）
ISBN 978-7-5082-6112-6

Ⅰ.①气… Ⅱ.①张… Ⅲ.①气焊—技术培训—教材 Ⅳ.①TG446

中国版本图书馆 CIP 数据核字(2009)第 216400 号

金盾出版社出版、总发行
北京太平路 5 号（地铁万寿路站往南）
邮政编码:100036　电话:68214039　83219215
传真:68276683　网址:www.jdcbs.cn
封面印刷:北京印刷一厂
正文印刷:北京四环科技印刷厂
装订:海波装订厂
各地新华书店经销

开本 705×1000 1/16　印张 21　字数 435 千字
2010 年 1 月第 1 版第 1 次印刷
印数:1～10000 册　定价:39.00 元

（凡购买金盾出版社的图书,如有缺页、
倒页、脱页者,本社发行部负责调换）

前 言

随着我国改革开放的不断深入和工业的飞速发展,企业对技术工人的素质要求越来越高。企业有了专业知识扎实、操作技术过硬的高素质人才,才能确保产品加工质量,才能有较高的劳动生产率、较低的物资消耗,使企业获得较好的经济效益。我们本着"以就业为导向,重在培养能力"的原则,依据最新颁布的《国家职业技能标准》,精心策划、编写了这套"职业技能培训类教材"。其中针对《国家职业技能标准》对多工种提出的基本要求,编写了《机械工人基础技术》和《机械识图》;根据工作要求编写了《车工基本技能》、《钳工基本技能》、《电工基本技能》、《维修电工基本技能》、《气焊工基本技能》、《电焊工基本技能》、《冷作钣金工基本技能》和《铣工基本技能》。

《气焊工基本技能》一书是依据《国家职业技能标准》对初级气焊工的工作要求(技能要求)和《国家职业技能鉴定规范》编写。根据目前要求尽快掌握一门专业技能人员的需要,我们有意针对企业培训、考核鉴定和广大自学读者编写了这部教材,内容由浅入深,并配以大量实例讲解,既适合读者系统入门学习,也适合在岗气焊工进一步学习、提高实用操作技巧。

本教材采用了新的国家标准、法定计量单位和名词术语。每章分别配有技能训练指导,旨在帮助读者理论结合实际,尽快掌握操作技能,帮助读者顺利取得国家颁发的职业资格证书。

本书由张应立任主编,周玉华任副主编,参加编写的有张莉、唐猛、周玉良、王正常、谢美、周玥、周琳、耿敏、梁润琴、吴兴莉、贾晓娟、李家祥、宋培波、陈洁、王登霞、吴兴惠、张军国、张峥等。全书由高级工程师张梅主审。在编写过程中曾得到贵州路桥工程有限公司和地区职业技能培训鉴定机构的领导、专家和审定者的大力支持与帮助。值此本书出版之际,特向关心和支持本书编写的各位领导、专家和审稿者表示衷心感谢。

由于作者水平有限,加之时间仓促,书中难免存在缺点和不足。敬请广大读者批评指正,以期再版时加以改正,使之臻于完善。

作 者

目 录

第一章 气焊工基础知识 ... 1
- 第一节 焊接安全生产 ... 1
- 第二节 焊工的劳动保护 ... 5
- 第三节 识图基本知识 ... 10
- 第四节 常用金属材料基本知识 ... 20
- 第五节 冷加工基本知识 ... 29
- 第六节 气焊和气割基础知识 ... 38

第二章 气焊和气割的设备、工具 ... 44
- 第一节 气焊、气割设备 ... 44
- 第二节 气焊、气割工具 ... 60
- 第三节 气焊、气割辅助工具 ... 77
- 第四节 气焊、气割用材料 ... 79

第三章 气焊工艺与操作基础 ... 84
- 第一节 气焊的火焰 ... 84
- 第二节 焊缝符号及其标注 ... 88
- 第三节 气焊焊接参数的选择 ... 94
- 第四节 气焊基本操作 ... 96
- 第五节 气焊基本操作技能训练实例 ... 111

第四章 常用金属材料的气焊 ... 118
- 第一节 金属材料的焊接性 ... 118
- 第二节 碳素钢的气焊 ... 120
- 第三节 普通低合金钢的气焊 ... 121
- 第四节 低合金珠光体耐热钢的气焊 ... 123
- 第五节 不锈钢的气焊 ... 125
- 第六节 铸铁的补焊 ... 128
- 第七节 铜及其合金的气焊 ... 132
- 第八节 铝及其合金的气焊 ... 138
- 第九节 铅的气焊 ... 143
- 第十节 气焊常见缺陷及预防措施 ... 146
- 第十一节 常用金属材料的气焊技能训练实例 ... 152

第五章　气体火焰钎焊 …… 164
第一节　气体火焰钎焊概述 …… 164
第二节　气体火焰钎焊的设备与材料 …… 166
第三节　气体火焰钎焊工艺 …… 176
第四节　气体火焰钎焊基本技能训练实例 …… 193

第六章　火焰喷熔和喷涂 …… 200
第一节　氧乙炔火焰喷熔 …… 200
第二节　氧乙炔火焰喷涂 …… 206
第三节　亚音速火焰喷涂 …… 223
第四节　喷涂层缺陷及预防措施 …… 225
第五节　火焰喷涂基本技能训练实例 …… 226

第七章　焊条电弧焊 …… 228
第一节　焊条电弧焊概述 …… 228
第二节　焊条 …… 229
第三节　焊条电弧焊电源、辅助设备及工具 …… 236
第四节　焊条电弧焊焊接参数的选择 …… 243
第五节　焊条电弧焊操作方法 …… 249
第六节　焊条电弧焊基本技能训练实例 …… 262

第八章　气割 …… 275
第一节　气割概述 …… 275
第二节　气割参数的选择 …… 278
第三节　氧乙炔气割基本操作方法 …… 281
第四节　其他气体火焰切割工艺 …… 285
第五节　机械切割简介 …… 300
第六节　常用金属型材的气割 …… 315
第七节　气割的常见缺陷及预防措施 …… 318
第八节　气割基本技能训练实例 …… 321

第一章 气焊工基础知识

> **培训学习目的** 了解焊接安全生产及环境保护的基本方法;掌握焊接劳动保护方法;掌握识图基本知识;了解金属材料及热处理基本知识;掌握气焊、气割的原理、特点及应用范围。

第一节 焊接安全生产

一、焊接作业前的安全检查

焊接过程中,由于作业场地不符合安全要求而酿成的火灾、爆炸和触电事故时有发生,往往造成设备毁坏和人员伤亡的严重后果,其破坏性和危害性很大。为确保焊接生产安全顺利的进行,不出现各类事故,所以焊接作业前应进行与焊接生产有关的安全检查。

1. 焊接作业场地的安全检查

①焊接与切割作业现场的设备、工具、材料是否排列有序,现场不得有乱堆乱放现象;是否有必要的通道,这些通道是否能满足焊接生产的需要,如车辆通道宽度应$\geqslant 3m$,人行通道应$\geqslant 1.5m$。

②焊接作业现场面积是否宽阔,要求每个焊工作业面积应$\geqslant 4m^2$,地面要干燥;工作场地要有良好的自然采光或局部照明设施,照明设施工作面的光照度应在50~100lx。

③检查焊接作业现场的气焊胶管与胶管之间、电焊电缆之间,或气焊(割)胶管与电焊电缆线之间是否互相缠绕。

④电焊操作前,必须检查焊机接线是否正确,电流调整是否可靠;是否装有独立的专用电源开关的现象,其容量是否符合要求;控制开关是否选用的是封闭式的自动空气开关或铁壳开关;是否存在多台焊机共用一个电源开关的现象,如出现这种情况必须严格禁止并立即纠正。

⑤检查焊机外壳有无可靠接地(或接零)保护,接地(或接零)是否符合要求。检查时应注意当接地电阻$<4\Omega$时,接地线固定螺栓的直径应$\geqslant M8$。

⑥焊接作业现场10m范围内,各类可燃、易爆物品是否清除干净;室内作业通风是否良好,多地点焊接作业之间有无弧光防护屏。

⑦室外登高焊接作业现场有无合格的安全网、登高梯、脚手板等;在地沟、坑道、

检查井、管段和半封闭地段等处焊接作业时,检查有无爆炸和中毒危险。

⑧检查气焊和气割工作地点,有无符合要求的防火设施。

2. 焊接作业前所用工具的安全检查

①检查焊炬、割炬气路是否畅通,射吸能力及气密性是否符合要求。

②检查胶管颜色是否正确(氧气胶管为黑色、乙炔胶管为红色),管卡是否严密,并吹净胶管内残存的气体。检查胶管与导管(回火保险器、汇流排)连接时,管径是否吻合,管卡是否严密紧固。

③焊前要检查焊钳的导电性、隔热性、夹持焊条是否牢固、更换焊条是否方便;焊钳规格(有 300A、500A)是否符合要求;焊钳与电缆的连接是否牢靠,接触是否良好,且不得外露。

④检查面罩下弯司、头箍是否松动;护目镜遮光号是否符合要求,有无罩在黑玻璃上的无色透明玻璃片。

⑤角向磨光机检查时,主要看砂轮转动是否正常,有无漏电现象,砂轮片是否坚固牢靠,砂轮片有无裂纹、破损,杜绝在使用过程中砂轮突然破碎伤人。检查锤头是否松动,杜绝在使用中锤头抡出伤人。在使用前先检查边缘是否有飞刺伤手,有无裂纹。

3. 焊接作业前所用夹具的安全检查

焊前检查夹紧工具的夹紧力、焊件装卡是否方便。检查压紧工具的压紧力,特别是带有螺钉的夹具,要检查夹具上的螺钉是否转动灵活,若有锈蚀,则应除锈。拉紧工具有杠杆、螺钉、手拉葫芦等,焊前检查是否完整好用。撑具是扩大或撑紧配件用的一种工具,利用螺钉或正反螺杆来撑紧,检查是否好用。

二、气焊、气割的安全操作技术

1. 气瓶的安全使用

①气瓶的充装、使用、技术检验、储存和运输管理应按《气瓶安全监察规程》和《溶解乙炔瓶安全监察规程》的规定执行。

②焊接用气瓶的技术检验要求见表 1-1。

表 1-1 焊接用气瓶的技术检验要求

气 体			最高工作压力 /MPa	水压试验压力 /MPa	阀门螺纹	检验周期(年)
压缩气体	可燃气体	氢(H_2) 甲烷(CH_4)	15	22.5	左旋	3
	不燃气体	氧(O_2)、氮(N_2) 氦(He)、氩(Ar)			右旋	
液化气体		石油气(C_3H_8、C_4H_{10})	1.6	3.2	右旋	3
		二氧化碳(CO_2)	12.5	18.72		
溶解气体		乙炔(C_2H_2)	1.55	6	左旋	

2. 乙炔发生器的安全使用

乙炔发生器是制造乙炔的设备,焊接生产中使用的乙炔发生器,其最高工作压力应≤0.15MPa。发气量小的($0.5m^3/h$、$1m^3/h$)制成移动式供单人使用,发气量大的($5m^3/h$、$10m^3/h$)供乙炔站使用。《焊接与切割安全》(GB 9448—1999)中已明文规定禁止使用浮筒式乙炔发生器。目前我国不少城市劳动安全部门已明文规定在城市中禁止使用移动式乙炔发生器,要用瓶装溶解乙炔。

3. 气焊、气割用具的安全使用

气焊、气割用具的安全使用要点见表1-2。

表1-2 气焊、气割用具的安全使用要点

用具名称	安全使用要点
气体减压器	1. 必须选用符合气体特性的专用减压器,禁止换用、替用; 2. 减压器上不得沾有油或油脂,如发现应擦干净; 3. 安装减压器之前,气瓶应先瞬时放气几次,吹净气瓶出口处的灰尘,注意瓶口不准正对人; 4. 安装牢固,采用螺纹联接时,应拧足5扣以上,采用专门夹具压紧时,装卡应平整牢靠; 5. 在打开气瓶阀门前,必须松开减压器的调节螺栓,打开气瓶阀时人不可站在减压器正面或背面,而应站在侧面,并应缓慢开启阀门,以防高压气体损坏减压器和压力表; 6. 禁止用棉、麻绳或一般橡胶等作为氧气减压器的密封垫; 7. 液化石油气和溶解乙炔气瓶用的减压器必须保证位于瓶体的最高部位,防止瓶内液体流出; 8. 同时使用两种气体焊接时,减压器的出口端都应各自装有单向阀; 9. 减压器的卸压顺序是先关闭高压气瓶的瓶阀,然后放出减压器的全部余气,再放松压力调节杆,使表针降到0位; 10. 减压器冻结时,需用热水或蒸汽解冻; 11. 减压器的压力表应定期检查
胶管	1. 焊接、切割用氧气胶管为黑色,能承受1.5~2MPa压力;乙炔胶管为红色,能承受0.5~1MPa压力,两者不能互换使用; 2. 胶管与导管(回火保险器、汇流排)连接时,管径必须互相吻合,并用管卡严密紧固; 3. 乙炔胶管管段的连接,应使用含铜70%以下的铜管或不锈钢管; 4. 工作前应吹净胶管内残存的气体,再开始工作; 5. 禁止使用回火烧损的胶管; 6. 胶管上要防止沾上油脂或触及红热金属; 7. 胶管长度不短于5m,以10~15m为宜
焊炬和割炬	1. 使用前检查其气路是否通畅、射吸能力及气密性,并定期维护; 2. 禁止在使用中把焊炬、割炬的嘴头与平面摩擦来清除其堵塞物; 3. 大功率焊、割炬应采用点火器点火,禁止使用普通火柴点火,以防烧伤

4. 气焊、气割的安全操作要点

①乙炔最高工作压力禁止超过147kPa。每个氧气减压器和乙炔减压器上只允许接一把焊炬或一把割炬。

②气焊或气割盛装过易燃、易爆物、强氧化物或有毒物的各种容器、管道、设备时,必须彻底清洗干净后,方可进行作业。

③在狭窄和通风不良的地沟、坑道、管道、容器、半封闭地段等处进行气焊、气割和工作,应在地面上进行调试焊炬和割炬混合气,并点好火,禁止在工作地点调试和点火,焊炬和割炬都应随人进出。

④在封闭容器、罐、桶、舱室中气焊、气割,应先打开焊、割工作物的孔、洞,使内部空气流通,防止气焊工中毒、烫伤,必要时应有专人监护。工作完毕和暂停时,焊炬、割炬和胶管都应随人进出,禁止放在工作地点。

⑤在带压力或电压的,或同时带有压力、电压的容器、罐、柜、管道上禁止进行气焊、气割工作,必须先释放压力,切断气源和电源后才能工作。

⑥登高焊、割,应根据作业高度和环境条件,定出危险区的范围,禁止在作业下方及危险区内存放可燃、易爆物品和停留人员。气焊工、气割工必须穿戴规定的工作服、手套和护目镜。气焊工在高处作业,应备有梯子、工作平台、安全带、安全帽、工具袋等完好的工具和防护用品。

⑦直接在水泥地面上切割金属材料,可能发生爆炸,应有防止火花喷射造成烫伤的措施。对悬挂在起重机吊钩上的工件和设备,禁止气焊和气割。露天作业遇六级大风或下雨时,应停止气焊、气割工作。

⑧在气焊发生回火时,必须立即关闭乙炔调节阀,然后再关闭氧气调节阀;若气割遇到回火时,应先关闭切割氧调节阀,然后再关闭乙炔和氧气调节阀。乙炔胶管或乙炔瓶的减压阀燃料爆炸时,应立即关闭乙炔瓶或乙炔发生器的总阀门。氧气胶管爆炸燃烧时,应立即关紧氧气瓶总阀门。乙炔发生器、回火防止器、氧气瓶、减压器等均应采取防冻措施,应用热水解冻,禁止用明火或棍棒敲打解冻。

⑨乙炔系统的检漏,可用涂抹肥皂水的方法进行,严禁用明火检漏。电石和乙炔混合气着火时,应采用干砂、CO_2或干粉灭火器扑火。气焊或气割工作结束后,应将氧气瓶阀和乙炔瓶阀关紧,再将减压器调节螺钉拧松。

5. 常见事故的紧急处理办法

①当焊炬、割炬的混合室内发出"嘭、嘭"声时,应立即关闭焊炬、割炬上的乙炔、氧气阀门。稍停后,开启氧气阀,将枪内混合室的烟灰吹掉,恢复正常后再使用。

②乙炔胶管爆炸燃烧时,应立即关闭乙炔瓶或乙炔发生器的总阀门或回火防止器上的输出阀门,切断乙炔的供给。

③乙炔瓶的减压器爆炸燃烧时,同样应立即关闭乙炔瓶的总阀门。

④氧气胶管燃烧爆炸时,应立即关紧氧气瓶总阀门,同时把氧气胶管从氧气减压表上取下。

⑤加料时发生的着火、爆炸事故,往往是由于电石含磷过多遇水着火,或者因电石篮碰撞产生火花而发生的。此时,应立即使电石与水脱离接触停止发气,如果发气室已与大气连通,最好用二氧化碳灭火器灭火,然后再打开加料口门孔压盖,取出电石篮。无此类灭火器材,又无法隔绝空气时,要等火熄灭或者火苗减到很小时,操作人站在加料口侧面慢慢打开加料口压盖,把电石篮取出,应防止从加料口喷火伤人。

⑥当发气室的温度过高时,应立即使电石与水脱离接触停止发气,并采取必要的降温措施,待降温后,再打开加料口压盖。否则空气从加料口进去,遇高温就会发生燃烧爆炸。

⑦由于焊、割炬嘴孔堵塞而导致氧气倒入乙炔胶管和发生器内,应立即关闭氧气阀门,并设法把胶管和发生室内的乙炔和氧气混合气体放净,才能重新进行点火,否则就会发生爆炸。

⑧中压乙炔发生器的发气室着火时,应立即采用二氧化碳灭火器进行灭火,或者将加料口盖紧隔绝空气,使火焰熄灭。绝对不允许在火焰未熄灭前,就放掉发生器内的水,防止挤压室内的混合气体从下部进入发生室发生爆炸事故。

⑨横向加料式的乙炔发生器,在发生室着火爆炸时,往往会把加料口的对面或上方的卸压膜冲破,如采用隔绝空气的方法灭火确有困难,最好用二氧化碳灭火器进行灭火,当条件不具备时,应设法使电石尽快离开水或把电石篮取出,停止发气,火焰就能很快熄灭。

三、野外(或露天)焊割作业的安全措施

焊接处必须设置防雨、防风棚、凉棚。应注意风向,不要让吹散的铁水及熔渣伤人。应设置简易屏蔽板、遮光挡板,以免弧光伤害附近人员。

雾天、雨天、雪天不准露天电焊。在潮湿处工作时,焊工应站在铺有绝缘物品的地方,并穿好绝缘鞋。夏天工作时,应防止氧气瓶、乙炔瓶直接受烈日暴晒,以免发生爆炸。冬天若瓶阀、减压器冻结时,应用热水解冻,严禁用火烤。

第二节 焊工的劳动保护

一、焊、割有害因素的来源及危害

气焊、气割及焊条电弧焊过程中的有害因素包括烟尘、有害气体、电弧辐射、金属飞溅及噪声等。焊、割有害因素对人体的影响见表1-3。

表1-3 焊、割有害因素对人体的影响

焊接方式	有害因素				
	焊接烟尘	有害气体	电弧辐射	金属飞溅	噪声
气焊(焊黄铜、铝)	①	①	—	—	—

续表 1-3

焊接方式		有害因素				
		焊接烟尘	有害气体	电弧辐射	金属飞溅	噪声
火焰钎焊		—	①	—	—	—
焊条电弧焊	酸性焊条	②	①	①	①	—
	低氢性焊条	③	①	①	②	—
	高效率铁粉焊条	④	①	①	①	—

注：表中数字代表有害因素对人体的影响程度（供参考）：①轻微，②中等，③强烈，④最强烈。

气焊、气割及焊条电弧焊过程产生的有害因素主要来自材料本身及工艺操作，现简要介绍如下：

1. 焊接烟尘

焊接烟尘是在焊接、切割过程中，被焊接、切割材料与焊接材料熔融过程中产生的金属、非金属及其化合物的微粒，烟尘是烟与尘的统称，其直径<0.1μm 的称为尘。

焊接过程中，焊工长期接触焊接烟尘会造成焊工尘肺、金属热和锰中毒等病症，而尘肺是焊接安全卫生工作中影响面最大的一个主要问题。尘肺的发病一般比较缓慢，其症状多表现为气短、咳嗽、咳痰、胸闷和胸痛等，也有的尘肺患者出现无力、食欲减退、肺活量降低、体重减轻等症状。

2. 有害气体

焊接、切割作业会产生各种有害气体，主要有臭氧、氮氧化物、一氧化碳、二氧化碳和氟化氢等。

(1) 臭氧　是由于紫外线照射空气发生光化学作用而产生的，臭氧具有刺激性，是一种淡蓝色的有毒气体。当臭氧浓度超过允许值时，往往引起喉干、咳嗽、胸闷、乏力、头晕、全身酸痛等，严重时可引起支气管炎。

(2) 氮氧化物　是由于焊接高温作用下引起空气中的氮、氧分子重新组合而成。电焊烟气中的氮氧化物主要是二氧化氮和一氧化氮。由于一氧化氮不稳定，很容易氧化成为二氧化氮。氮氧化物属于刺激性气体，能引起激烈咳嗽、呼吸困难、全身无力等。

(3) 一氧化碳　是一种毒性气体，经呼吸道由肺泡进入血液，与血红蛋白结合成碳氧血红蛋白，而阻碍血液带氧能力，使人体组织缺氧，造成一氧化碳中毒。

(4) 二氧化碳　是一种窒息性气体，人体吸入过量二氧化碳可引起眼睛和呼吸系统的刺激，重者可出现呼吸困难、知觉障碍、肺水肿等。

(5) 氟化氢　是由碱性焊条药皮中含有的萤石（CaF_2），在电弧高温作用下分解形成。氟化氢极易溶于水而形成氢氟酸，具有较强的腐蚀性。吸入较高浓度的氟化氢，强烈刺激上呼吸道，还可引起眼结膜溃疡以及鼻黏膜、口腔、喉及支气管黏膜的溃疡，严重时可发生支气管炎、肺炎等。

3. 电弧辐射

焊条电弧焊的电弧温度高达3000℃以上,在此温度下可产生强烈的弧光,主要是强烈的可见光线和不可见的紫外线和红外线。

(1)可见光线　焊接电弧的可见光线光度,比正常情况下肉眼所承受的光度要大1万倍以上,眼睛受到可见光照射时,有疼痛感,一时看不清东西,通常叫电弧"晃眼",短时间丧失劳动力,但不久即可恢复。

(2)紫外线　紫外线的波长为180~400nm。焊条电弧焊形成的紫外线波长一般在230nm左右。紫外线的作业强度以短波紫外线(290nm以下)的强度较强;中波紫外线可以透过人体皮肤角化层,被深部组织吸收和真皮吸收,产生红斑和轻度烧伤,并能损坏眼结膜和角膜。眼睛短时内受强烈的紫外线照射会引起电光性眼炎,这是明弧焊焊工和辅助人员常见的职业病。紫外线对眼睛的伤害,与照射时间成正比,与电弧至眼睛的距离平方成反比。

(3)红外线　红外线的波长是760~15000nm,焊条电弧焊时,可以产生全部上述波长的红外线。红外线波长越短,对人体的作用越强,长波的红外线被皮肤表面吸收,使人产生热的感觉。短波红外线被皮肤组织吸收后,可使血液和深部组织加热,产生灼伤。眼睛长期在短波红外线的照射下,可产生红外线白内障和视网膜灼伤。

4. 噪声

在开坡口、清除焊根、消除焊接缺陷及矫正焊件残余变形时,使用坡口机、碳弧气刨、风铲及锤子敲打焊接结构件都会产生噪声。

噪声强度超过国家卫生标准时对人体有危害。人体对噪声最敏感的是听觉器官。无防护情况下,强烈的噪声可以引起听觉障碍、噪声性外伤、耳聋等症状。长期接触噪声,还会引起中枢神经系统和血液系统失调,出现厌倦、烦躁、血压升高、心跳过速等症状。此外,噪声还可以影响内分泌系统,有些敏感的女工可发生月经失调、流产和其他内分泌腺功能紊乱现象。在噪声作用下,工人对蓝色、绿色光的视野扩大,而对金红色光的视野缩小,视力清晰度减弱。

二、焊接作业的劳动保护措施

1. 改善焊割作业环境

(1)通风除尘　利用有效的通风设施,排除烟尘和有毒、有害气体,在车间内、室内、罐体内、船舱内及各结构封闭空间内进行气焊和焊条电弧焊时,必须采用适宜的通风除尘方式,对焊工的工作部位送新鲜空气,以降低烟尘和有害气体的浓度。

(2)设置防护屏或防护室　它主要用于防止弧光伤害,防护屏一般可用不燃材料(玻璃纤维布及薄铁板等)制成,其表面应涂刷成黑色或深灰色,其高度应≥1.8m,下部留有25cm疏通空气的空隙,防止电弧辐射用的装置如图1-1所示。另外,还可采用能吸收光线而不反光的材料做墙壁饰面,以减少弧光反射。

(3)噪声防护措施　首先是隔离噪声源,如采用专门的工作室等;其次是改进工

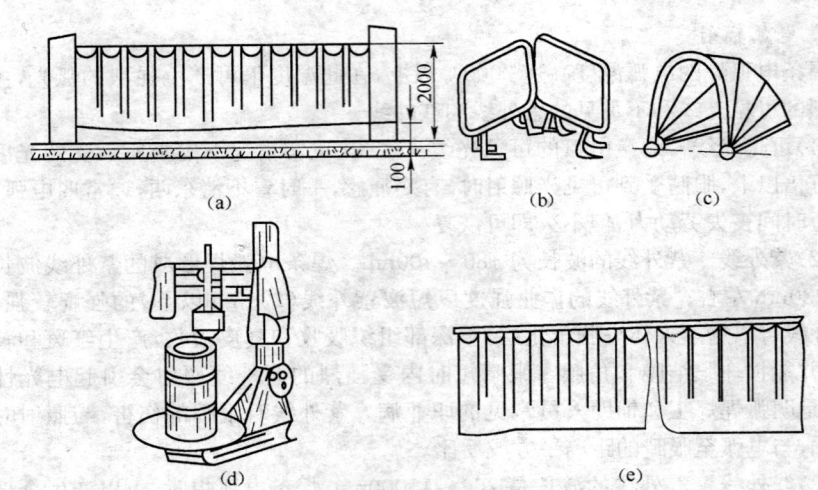

图 1-1　防止电弧辐射用的装置

(a)屏幕,挂在柱间的铁丝上　(b)、(c)安在框架上的活动保护屏和护帷
(d)挂在自动焊机头上的屏幔　(e)挂在活动杆上的屏幔

艺,如采用矫正机代替捶击钢板;第三是采用个人防护用品。

2. 个人防护措施

焊工个人防护用品的品种和用途见表1-4。

表 1-4　焊工个人防护用品的品种和用途

防护用品名称	保护部位	品　种	说　明	用　途
护目镜（眼镜）	眼	镀膜眼镜、墨镜、普通白色眼镜	镜片镜架造型应能挡住正射、侧射和底射光,镜片材料可用无机或有机合成材料（如聚碳酸酯）	气焊工、电焊工、辅助工
头盔、防护面罩	眼、鼻、口、脸	滤光玻璃片：反射式(4色号)吸收式(14色号)标准尺寸：50mm×108mm 大号81mm×108mm	头盔面罩材料为玻璃钢或钢纸,反射式玻璃片滤波范围$(2000\sim4500)\times10^{-10}$m	电焊
口罩	口、鼻	送风式口罩、静电口罩、氯纶布口罩	静电滤料是带负电过氯乙烯纤维无纺薄膜,氯纶布阻尘率90%以上,阻力2.6mmH$_2$O	防尘、防毒用,如铅焊

续表 1-4

防护用品名称	保护部位	品种	说明	用途
护耳塞	耳	低熔点蜡处理的棉花、超细玻璃（防声棉）、软聚氯乙烯、耳塞、硅橡胶耳塞、耳罩	降低噪声 29～30dB	风铲清焊根防止噪声伤害
工作服	躯干、四肢	棉工作服	用于臭氧轻微的场合	一般电焊工
		石棉工作服	特殊高温作业	
通风焊帽	眼、鼻、口、脸、颈、胸	肩托式、头盔式、	带活动翻窗，头披、胸围和送风系统	封闭容器和舱室内焊接作业
手套	手	棉、革、石棉		防止焊接时触电及烫伤
绝缘鞋	足	普通胶鞋、棉胶鞋、皮鞋		防止触电、烫伤
鞋盖	足			飞溅强烈的场合

(1) 护目镜（眼镜） 焊工个人防护的护目镜必须符合 GB 3609·1—1994《焊接护目镜和面罩》规定。护目镜的遮光号是由可见光的透过率大小来决定的。可见光透过率越大，遮光号越小。遮光号从 1.2 到 16 共分 19 档。焊接滤光片推荐使用的遮光号见表 1-5。

表 1-5 焊接滤光片推荐使用的遮光号

遮光号	电弧焊接与切割	气焊与切割
1.2		
1.4,1.7,2	防侧光与杂散光	
2.5,3,4	辅助工种	
5,6	30A 以下的电弧焊作业	
7,8	30～75A 电弧焊作业	工件厚度为 3.2～12.7mm
9,10	75～200A 电弧焊作业	工件厚度为 12.7mm 以上
11,12,13	200～400A 电弧焊作业	
14	500A 电弧焊作业	
15,16	50A 以上电弧焊作业	

(2) 头盔、防护面罩 常用的焊接防护面罩见图 1-2 和图 1-3。面盾用 1.5mm 钢纸板压制而成。

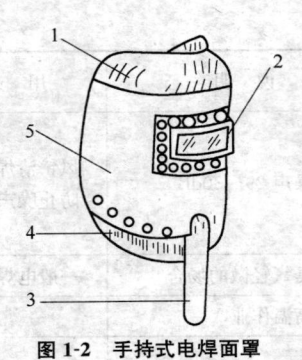

图 1-2　手持式电焊面罩
1. 上弯司　2. 观察窗　3. 手柄　4. 下弯司　5. 面罩主体

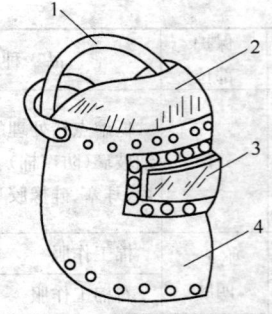

图 1-3　头戴式电焊面罩
1. 头箍　2. 上弯司　3. 观察窗　4. 面罩主体

(3)电焊手套和工作鞋　电焊手套常采用牛绒面革或猪绒面革制作。焊工用工作鞋一般采用胶底翻毛皮鞋。

(4)防尘口罩　佩戴防尘口罩可以减少焊接烟尘和有害气体的危害。自吸过滤式防尘口罩见图 1-4。

(5)防护工作服　焊工用防护工作服,常用帆布工作服或铝膜防护服。防火阻燃织物工作服已有使用。

(6)护耳塞　护耳塞一般由软塑料和软橡胶制成,如图 1-5 所示。

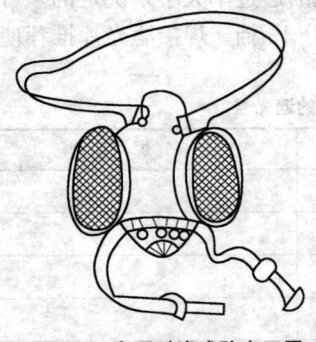

图 1-4　自吸过滤式防尘口罩

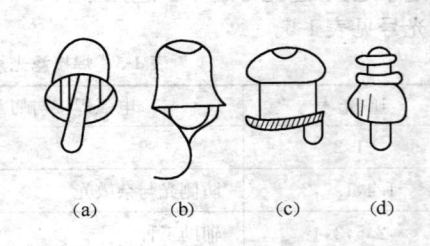

图 1-5　护耳塞
(a)伞形　(b)提篮形　(c)蘑菇形　(d)圆锥形

第三节　识图基本知识

一、正投影的基本原理

1. 投影

通常把空间物体的形象在平面上表达出来的方法称为投影法,而在平面上所得到的图形称为该物体在此平面上的投影。要获得物体的投影图,必须具备光源、被投影对象和投影面。

(1)中心投影 投影线从投影中心点出发,投影线互不平行,用这种方法进行投影叫中心投影,如图 1-6 所示。用中心投影法得到的图形不能反映物体的真实大小,故机械图样不采用中心投影。

(2)正投影 当投影线互相平行,并与投影面垂直时,物体投影面上所得的投影称为正投影,如图 1-7 所示。由于用正投影法能获得物体的真实形状,且绘制方法也较简单,已成为机械制图的基本原理和方法。

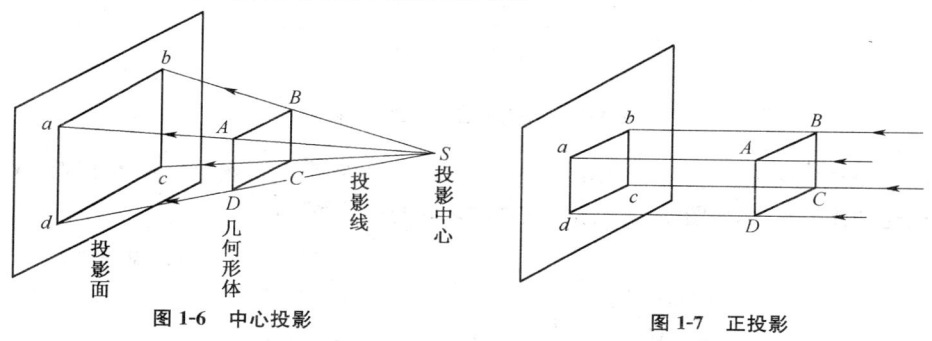

图 1-6 中心投影

图 1-7 正投影

2. 三视图

(1)一面视图 如图 1-8a 所示,将长方体的前后两面平行于投影面放置,从前往后看,即可在投影面上得到一个矩形的视图,这个视图称为主视图。由图 1-8b 可知,三棱柱同样可得完全相同的一面视图。因此,只根据物体的一面视图,不能确切地表达和区分不同物体。

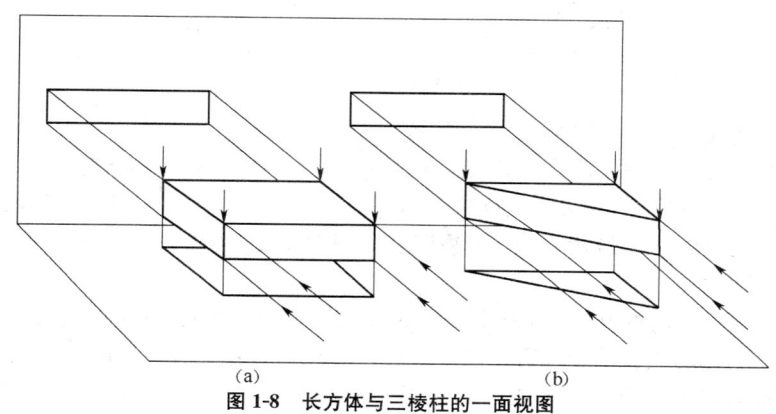

图 1-8 长方体与三棱柱的一面视图

(2)两面视图 我们在图 1-8 的基础上再增加一个与原投影面垂直且水平放置的新投影面。在新投影面上的投影称为俯视图。如图 1-8 所示,在新投影面上,长方体的投影为矩形,而三棱柱的投影为三角形,所以两面视图比一面视图更易区分出物体的形状,但仍难彻底区分出物体的空间形状,如图1-9所示。

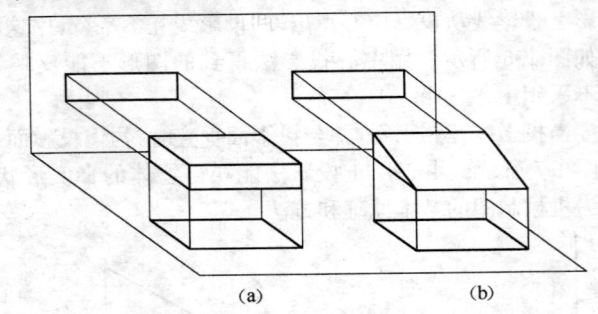

图1-9 长方体与三棱柱的两面视图

(3)三面视图 在机械制图中,通常采用三面视图即主视图、俯视图和左视图来表达物体的形状,如图1-10所示。三视图之间的关系如下:

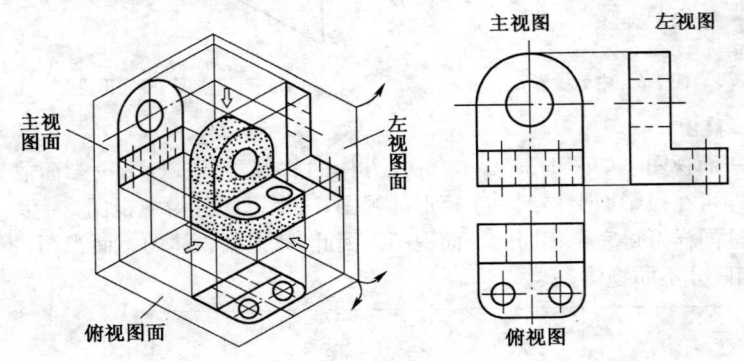

图1-10 三视图

①位置关系。以主视图为基准,俯视图在主视图下面,左视图在主视图右面。

②三视图之间的度量对应关系。主视图能反映物体的长度和高度,俯视图能反映物体的长度和宽度,左视图能反映物体的高度和宽度,所以主视图和俯视图长度相等,主视图和左视图高度相等,俯视图和左视图宽度相等。这是三视图度量的对应"三等"关系。

③三视图之间的方位对应关系。主视图反映了物体的上、下和左、右方位;俯视图反映了物体的左、右和前、后方位;左视图反映了物体的上、下和前、后方位。俯、左视图靠近主视图的为物体的后面,远离主视图的为物体的前面。

二、简单零件剖视图、断面图的识读

1. 剖视图

(1)剖视图的形成 在视图中,对零件内看不清的结构形状用虚线表示,当零件内部结构比较复杂时,在视图上就会有较多的虚线,见图 1-11a 所示,有时甚至与外形轮廓相互重叠,使图形很不清楚,增大了看图的困难。为了解决这个问题,可假想用剖切面将零件剖开,移去观察者和剖切面之间的部分,将余下部分向投影面投影所得到的视图称为剖视图,如图 1-11b、c 所示。

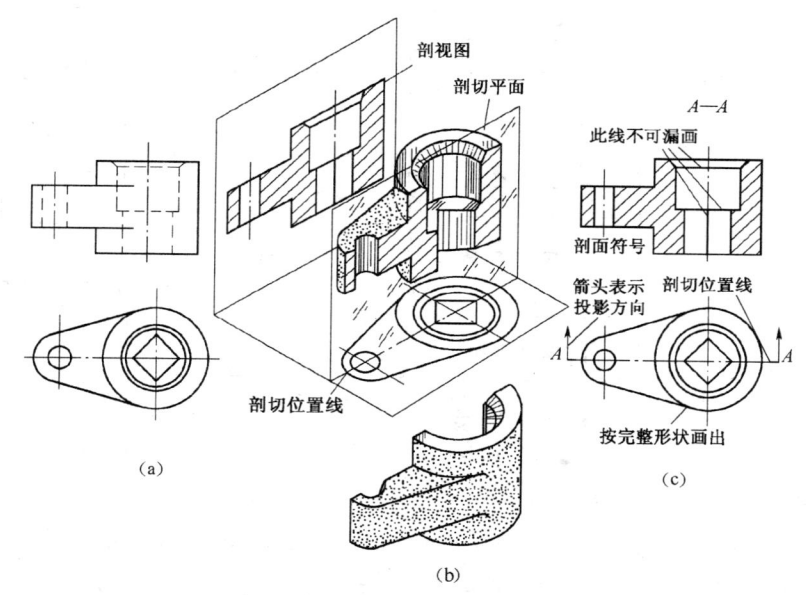

图 1-11 剖视图的形成及画法

(2)识读剖视图的要点

①找剖切面位置。剖切面位置常选择零件的对称面或某一轴线,如图 1-11c 中两端的两段粗实线。

②根据剖切位置两端标注的箭头指示方向及字母找对应的剖视图。

③明确剖视图是零件剖切后的可见轮廓线的投影。

④看剖面符号。当图中的剖面符号是与水平方向成 45°的细实线时,则知零件是金属材料。常用材料的剖面符号见表 1-6。

表 1-6 常用材料的剖面符号

金属材料(已有规定剖面符号者除外)		转子、电枢、变压器和电抗器等叠钢片	
线圈绕组元件		非金属材料(已有规定剖面符号者除外)	

续表 1-6

材料	图示	材料	图示
型砂、填粉、粉末冶金、砂轮、陶瓷刀片、硬质合金刀片等		木质胶合板（不分层数）	
玻璃及供观察者用的其他透明材料		基础周围的泥土	
砖		混凝土	
格网（筛网、过滤网等）		钢筋混凝土	
木材 纵剖面		液体	
木材 横剖面			

⑤识读剖视图时，可能会遇到剖视图与对应视图完全没有标注的情况。这说明剖切面位置所在视图与剖视图有直接投影关系，且剖切面通过零件的对称平面。

(3)剖视图的标注

①剖切位置。通常以剖切位置与投影面的交线表示剖切位置。在它的起讫处用加粗的短实线表示，但不与图形轮廓线相交。

②投影方向。在剖切位置线的两端，用箭头表示剖切后的投影方向。

③剖视图名称。在箭头的外侧用相同的大写拉丁字母标注，并在相应的视图上标出"×—×"字样，若在同一张图上有若干个剖视图时，其名称的字母不得重复。

(4)常见剖视图的识读 常见的剖视图有全剖视图、半剖视图和局部剖视图。

①全剖视图是用剖切平面把零件完全地剖开后所得的剖视图，称为全剖视图，如图 1-11c 所示。不同的剖切平面位置可得到不同的全剖视图。

②半剖视图是在具有对称平面的零件上，向垂直于对称平面的投影面上投影所得的图形，可以对称中心线为界，一半画成剖视图，另一半画成视图，称为半剖视图。

③局部剖视图是在零件的某一局部，用一个剖切平面将零件的局部剖开，表达其内部结构，并以波浪线分界以示剖切范围，这种剖视图称为局部剖视图，如图 1-12 所示。

2. 断面图（剖面图）

(1)断面图的概念 如图 1-13 所示，假想用一个剖切平面将零件某处切断，只画出该剖切面与物体接触部分的图形,并画上剖面线,这个图形就称为断面图,如图1-13b所示。断面只画断面形状,而剖视还必须画出断面的后面能看得见的轮廓的投影,如图1-13c所示。

根据断面配置的位置不同,可分为移出断面和重合断面。画在视图轮廓之外的断面称为移出断面。画在视图轮廓之内的断面称为重合断面。重合断面的轮廓线用细实线画出。

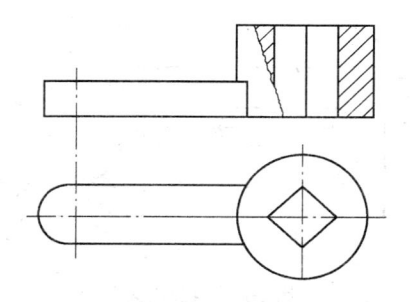

图 1-12 局部剖视图

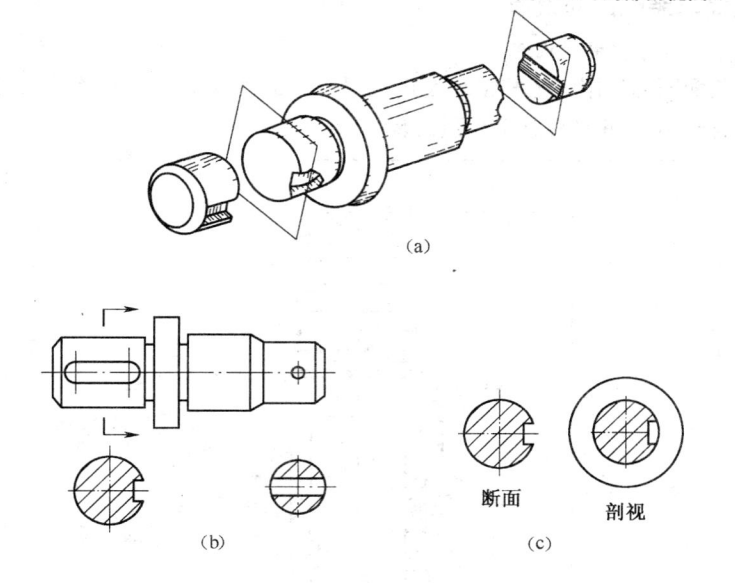

图 1-13 断面图

(2)断面图的识读

①找剖切位置及字母,对应字母找剖面图。不对称的剖面必须用箭头表示投影方向,对称的剖面可不画投影方向,如图 1-13b 所示。画在剖切位置延长线上的断面图,可不加标注,如图 1-13b 所示。

②当剖切平面通过回转面形成的孔或凹坑的轴线时,其断面应按剖视绘制,如图 1-13b 所示轴小孔及凹槽,图 1-14 所示为移出断面图,其断面应画成封闭的图形。

③当视图中轮廓线与重合断面的图形重叠时,视图中的轮廓线仍应完整画出,不能间断,如图 1-15 所示。

④重合断面当图形不对称时,需用箭头标注其投影方向;如图形对称,一般不必标注投影方向。

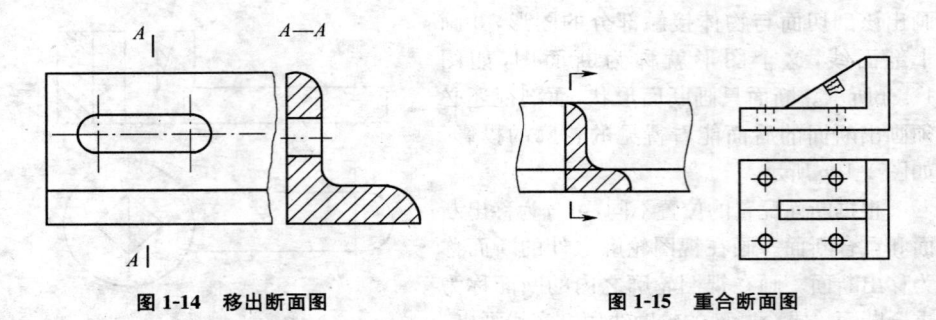

图 1-14 移出断面图　　　　　图 1-15 重合断面图

三、简单装配图的识读

1. 装配图的作用和内容

(1)装配图的作用　装配图是表达机器或零部件的工作原理、结构形状和装配关系的图样，图 1-16 是螺旋千斤顶的装配图。

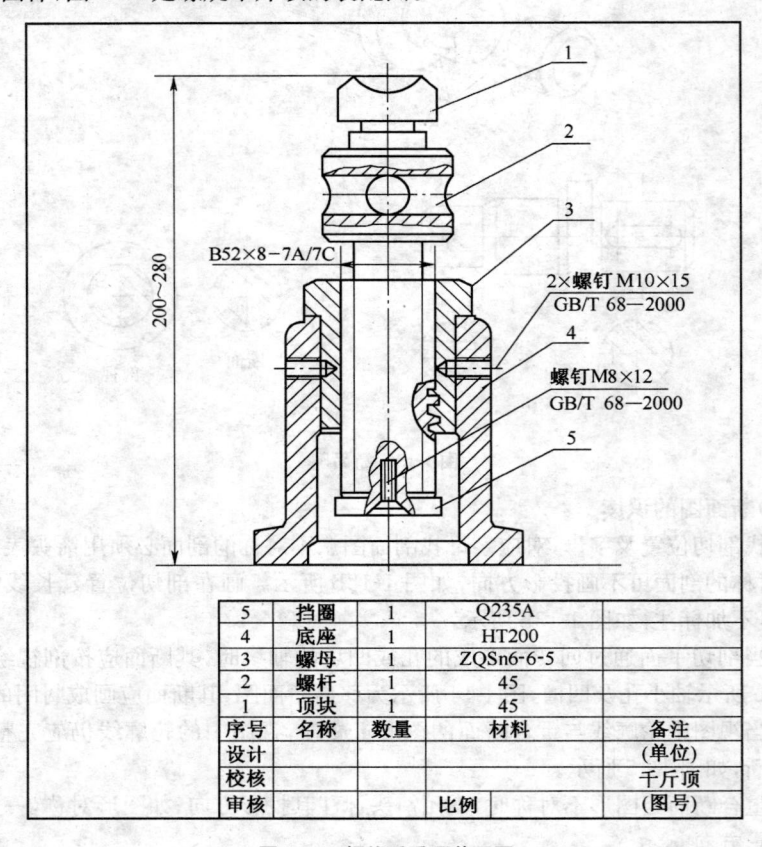

5	挡圈	1	Q235A	
4	底座	1	HT200	
3	螺母	1	ZQSn6-6-5	
2	螺杆	1	45	
1	顶块	1	45	
序号	名称	数量	材料	备注
设计				(单位)
校核				千斤顶
审核		比例		(图号)

图 1-16　螺旋千斤顶装配图

(2)装配图的内容

①一组视图。用以表达机器或部件的工件原理、结构特点、零件之间的相对位置、装配连接关系等。

②必要的尺寸。注明机器或部件规格性能,以及装配、检验、安装时必要的尺寸。

③技术要求。说明机器或部件的性能,是装配、检验、调试和使用时必须满足的技术条件,一般用文字符号注写在图中适当位置。

④标题栏、明细表和零件序号。说明机器或部件所包含的零件名称、序号、数量、材料和厂名等。

2. 装配图的视图表达方法

零件图中视图的各种表达方法都适用于装配图,但装配图还有其他规定画法和特殊表达方法。

(1)装配图的规定画法

①剖视图中实心件和联接件的表达。对于联接件(螺钉、螺栓、螺母、垫圈、键、销等)和实心件(轴、手柄、连杆等),当剖切面通过基本轴线或对称面时,这些零件均按不剖处理。当需要表达零件局部结构时,可采用局部视图。

②接触表面和非接触表面的区分。凡是有配合要求的零件的接触表面,在接触处只画一条线来表示。非配合要求的两零件接触面,即使间隙很小,也必须画两条线。

③剖面线方向和间隔。用剖面线倾斜方向相反或一致、间隔不等来区分表达相邻的两个零件。剖面厚度在 2mm 以下的图形,允许用涂黑来代替剖面符号。

(2)装配图的特殊表达方法

①假想画法。在装配图中,当需要表示某些零件运动范围或极限位置时,可用双点画线画出该零件的极限位置图;当需要表达本部件与相邻部件间的装配关系时,可用双点画线假想画出相邻部件的轮廓线。

②零件的单独表示法。在装配图中,可用视图、剖视图或断面图单独表达某个零件的结构形状,但必须在视图上方标注对应的说明。

③拆卸画法。当需表达的结构或装配关系被某些零件遮住时,可假想将某些零件拆去后再画出某一视图,或沿零件接合面进行剖切,接合面上不画剖面线,并应注明拆去"××"。

④展开画法。为了展示传动机构的传动路线和装配关系,可假想按传动顺序沿轴线剖切,然后依次展开,将剖切平面均旋转到与选定的投影面平行的位置,再画出其剖视图。

⑤简化画法。装配图中若干相同零部件组,可只画出一组,其余用细点画线表示出其位置即可。装配图中,当剖切平面通过某些标准件的轴线时,可只画外形。装配图中的滚动轴承,允许一侧采用规定画法,另一侧按简化画法绘制。装配图中,零件的某些较小工艺结构如倒角、沟槽等,可省略不画。

⑥夸大画法。装配图中,当图形上孔的直径或薄片的厚度较小($\leqslant$2mm),以及

间隙、斜度和锥度较小时,允许将该部分不按原比例而夸大画出。

3. 识读装配图的方法和步骤

识读装配图的目的主要是了解机器或部件的名称、用途、性能、结构和工作原理,以及零件之间的装配关系、传动路线、装拆顺序和技术要求等。识读装配图的一般方法和步骤如下:

①看标题栏和明细表,作概括了解。了解装配体的名称、性能、功用和零件的种类名称、材料、数量及其在装配图上的大致位置。

②分析视图。分析弄清整个装配图上有哪些视图,采用什么表达方式,表达的重点是什么,反映了哪些装配关系,零件之间的连接方式如何,视图间的投影关系等。

③分析零件。了解零件的主要作用和基本形状,以便弄清装配体的工作原理和运动情况(是移动还是转动)。

④分析配合关系。根据装配图上标注的尺寸,分析零件的配合要求、基准制、配合类别和配合精度等。

⑤定位与调整。分析零件的加工面、定位面,有没有间隙需要调整,怎样调整。

⑥连接与固定。分析零件之间的连接方式,是可拆还是不可拆。

⑦密封与固定。要弄清运动件的润滑、储油装置、进出油孔和输油油路,以及密封方式。

⑧装拆顺序。在看懂全部装配图后,弄清楚装配顺序和零件加工顺序。

⑨了解技术要求。包括组装后的检测技术指标、使用时对工作条件的要求等。

⑩通过上面的分析,总结出装配体的工作原理等。

四、焊接装配图的识读

1. 焊接装配图的特点

通常所指的焊接装配图就是指实际生产中的产品零部件或组件的工作图。它与一般装配图的不同在于图中必须清楚表示与焊接有关的问题,如坡口与接头形式、焊接方法、焊接材料型号、焊接及验收技术要求等。

对焊工来说,要能正确识读焊接装配图,除了掌握前述有关机械识图知识外,还必须懂得焊缝符号表示方法的有关国家标准;识读焊接装配图的方法和步骤也与装配图基本相同,但对图样中有关焊接技术条件应详细分析,并严格执行。通常图中涉及的焊接工艺文件有典型工件制造的工艺守则、焊接方法的工艺守则和施焊的工艺评定编号。

2. 焊接装配图的作用与内容

(1)焊接装配图的作用 焊接装配图是用来表达金属焊接件的图样,如图 1-17 所示。它用来指导焊接件的加工、装配、施焊和焊后处理,并能清楚地表达出焊接件的结构形状、焊缝位置、接头形式及尺寸和焊接要求等。

(2)焊接装配图的内容 一张完整的焊接装配图应包括表示焊接件结构形状的

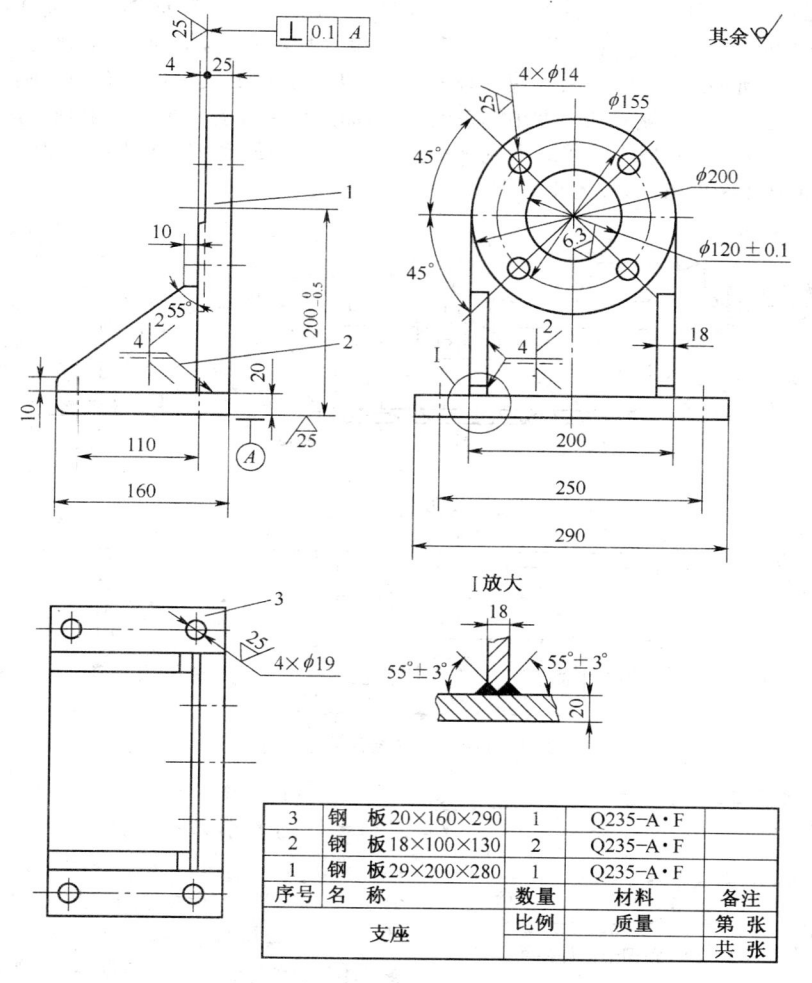

图 1-17 焊接装配图

视图,焊接件的定形、定位尺寸及焊后加工尺寸,焊缝的接头形式、焊缝符号及焊缝尺寸,焊接件的装配、焊接方法及焊后处理等技术要求,标题栏及明细表等。

3. 识读焊接装配图的方法及步骤

识读焊接装配图的方法及步骤与机械装配图基本相同,但也有其自身的特点,现简要介绍如下:

(1) **看标题栏和明细表** 了解焊接装配图的名称、性能、作用和零部件的材质、质量、件数等,其中包括由多少零件或多少小部件组成。另外,要求对零件或部件有个概括的了解,为进一步了解零件或部件做好准备。

(2) **看懂弄清有关视图** 从主视图中首先看出零件的大致几何形状,再通过其他辅助视图得到零件或部件的立体概念。图 1-18 是一个角钢形体的焊接件,从主视图中可以看出,它是由两块板组成,其中一块较长,一端为半圆形,中间是一个长方槽,半圆形状处有孔;而另一块板较短,从俯视图上看出较短板上有两个圆孔,而两角为两倒角。从侧视图上看出焊口的位置,而且还可以看到垂直板上缺口的底是倾斜的。从另一视图上还可以看到平板上两个孔在底面有 120°的倒角。从以上可以构想立体图的形状,如图 1-19 所示。

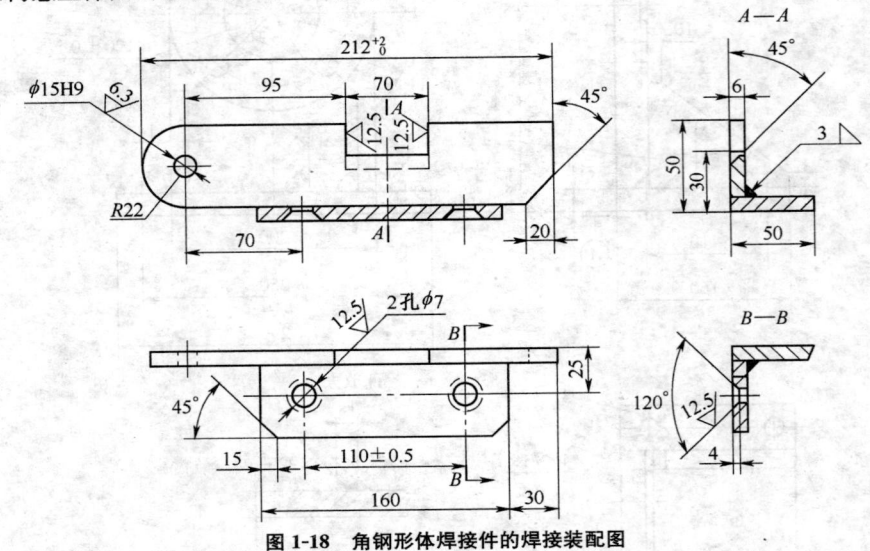

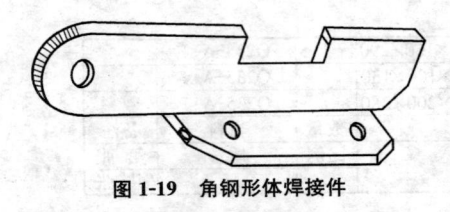

图 1-18 角钢形体焊接件的焊接装配图

图 1-19 角钢形体焊接件

(3) **分析视图** 从主要基准出发,逐步认清零件的大小和各部分之间的位置关系。如图 1-18 所示,从主视图出发,逐个分析主、俯、侧及其他视图,分析各部位尺寸要求,认真读懂视图。同时读图应看清各部位的公差配合和表面粗糙度等要求。如竖直板的长度允许 +2mm,而底板两孔中心距误差是 ±0.5mm,ϕ15 孔的表面粗糙度要求达到 $Ra6.3\mu m$,ϕ15H9 表示基本尺寸为 15mm,公差等级为 9 级的基准孔。

(4) **看图样上注明的技术要求** 它是用来说明零部件的技术要求,说明此项产品是否需要退火,是否加热焊接等。理解图样要求和工艺卡,必须看懂焊接符号。

第四节 常用金属材料基本知识

一、常用金属材料的性能

1. 金属材料的物理性能

金属材料的物理性能是金属材料固有的属性,包括密度、熔点、导电性、导热性、热膨胀性和磁性等。

(1)密度 物质单位体积所具有的质量称为密度,用符号 ρ 表示,其单位为 g/cm³。利用密度的概念可以帮助我们解决一系列实际问题,如计算毛坯的质量,鉴别金属材料等。不同的金属材料其密度是不同的。金属材料的质量、体积和密度的关系如下:

$$\rho = \frac{m}{V} \quad (1-1)$$

式中,ρ 为物质的密度(kg/m³);m 为物质的质量(kg);V 为物质的体积(m³)。

(2)熔点 纯金属和合金从固态向液态转变时的温度称为熔点。纯金属都有固定的熔点,合金的熔点决定于它的成分,如钢和生铁虽然都是铁碳合金,但由于含碳量不同,熔点也不同。熔点对于金属和合金的冶炼、铸造和焊接都是重要的工艺参数。

熔点高的金属称为难熔金属,如钨、钼、钡等熔点在 1900℃ 以上;熔点低的金属称为易熔金属,如锡、铅等熔点在 330℃ 以下。熔点相近的两种金属的焊接性能较好,熔点相差大的金属很难用常规的熔焊法焊接。

(3)导电性 金属材料传导电流的性能称为导电性。衡量金属材料导电性的指标是电阻率 ρ,电阻率越小,金属导电性越好。通常银的导电性最好,其次是铜和铝,合金的导电性比纯金属差。

(4)导热性 金属材料传导热量的性能称为导热性,导热性的大小通常用热导率来衡量。热导率符号是 λ,热导率越大,金属的导热性越好。银的导热性最好,铜、铝次之,合金的导热性比纯金属差。

导热性是金属材料的重要性能之一,在制定焊接、铸造和热处理工艺时,必须考虑材料的导热性,防止金属材料在加热或冷却过程中形成过大的内应力。

(5)热膨胀性 热膨胀性是金属随着温度变化膨胀、收缩的特性。金属材料的热膨胀性用线胀系数 α_l 和体胀系数 α_v 来表示。一般来说金属受热膨胀而体积增大,冷却收缩而体积缩小。线胀系数计算公式如下:

$$\alpha_l = \frac{l_2 - l_1}{l_1 \Delta t} \quad (1-2)$$

式中,α_l 为线胀系数(1/K 或 1/℃);l_1 为材料膨胀前长度(m);l_2 为材料膨胀后长度(m);Δt 为温度差,$\Delta t = t_2 - t_1$(K 或 ℃)。

体胀系数近似为线胀系数的 3 倍。在实际工作中考虑热胀性的地方很多,如异种金属焊接过程时要考虑它们的热胀系数是否接近,否则会因热胀系数不同,使金属构件变形,甚至损坏。常用金属材料的物理性能见表 1-7。

表 1-7 常用金属材料的物理性能

金属名称	符号	密度 ρ(20℃)/(kg/m³)	熔点/℃	热导率 λ/[W/(m·K)]	线胀系数 α_1(0~100℃)/(10⁻⁶/℃)	电阻率 ρ(0℃)/[10⁻⁶(Ω·cm)]
银	Ag	10.49×10³	960.8	418.6	19.7	1.5
铜	Cu	8.96×10³	1083	393.5	17	1.67~1.68(20℃)
铝	Al	2.7×10³	660	221.9	23.6	2.655
镁	Mg	1.74/10³	650	153.7	24.3	4.47
钨	W	19.3×10³	3380	166.2	4.6(20℃)	5.1
镍	Ni	4.5×10³	1453	92.1	13.3	6.84
铁	Fe	7.87×10³	1538	75.4	11.76	9.7
锡	Sn	7.3×10³	231.9	62.8	2.3	11.5
铬	Cr	7.19×10³	1903	67	6.2	12.9
钛	Ti	4.508×10³	1677	15.1	8.2	42.1~47.8
锰	Mn	7.43×10³	1244	4.98(−192℃)	37	185(20℃)

(6)磁性 磁性是金属材料在磁场中受到磁化的程度,可分为铁磁性材料(在外磁场中能被强烈磁化),如铁、钴等;顺磁性材料(在外磁场中只能微弱地被磁化),如锰、铬等;抗磁性材料(能抗拒或削弱外磁场对材料本身的磁化作用),如铜、锌等。

2. 金属材料的化学性能

(1)抗氧化性 金属材料在高温时抵抗氧化性气氛腐蚀作用的能力称为抗氧化性。热力设备中的高温部件,如锅炉的过热器、水冷壁管、汽轮机的气缸、叶片等,易产生氧化腐蚀。一般用作过热器管等材料的抗氧化腐蚀速度指标控制在≤0.1mm/a。

(2)耐腐蚀性 金属材料抵抗各种介质(大气、酸、碱、盐等)侵蚀的能力称为耐腐蚀性。化工、热力设备中许多部件是在腐蚀条件下长期工作的,所以选材时必须考虑钢材的耐腐蚀性。

3. 金属材料的力学性能

金属材料受外部负荷时,从开始受力直至材料破坏的全部过程中所呈现的力学特征,称为力学性能。它是衡量金属材料使用性能的重要指标。力学性能主要包括强度、塑性、冲击韧性和硬度等。

(1)强度 金属材料的强度性能表示金属材料对变形和断裂的抗力,它用单位截面上所受的力(称为应力)来表示。常用的强度指标有屈服强度和抗拉强度等。

①屈服强度。钢材在拉伸过程中,当拉应力达到某一数值而不再增加时,其变形却继续增加,这个拉应力值称为屈服强度。以 σ_s 表示,σ_s 值越高,材料的强度越高。

$$\sigma_s = \frac{F_s}{A}(\text{MPa}) \tag{1-3}$$

式中,σ_s 为屈服强度(MPa);F_s 为材料屈服时受到的拉力(N);A 为试样的原始截面面积(mm^2)。

有些金属材料(如高碳钢、铸钢等)没有明显的屈服现象,测定 σ_s 很困难。在此情况下,规定以试样长度方向产生 0.2% 塑性变形时的应力作为材料的"条件屈服强度",或称为屈服极限,用 $\sigma_{0.2}$ 表示。低碳钢的牌号有时就用屈服极限表示,如 Q235 钢的屈服极限 $\sigma_{0.2} = 235\text{MPa}$。

屈服强度标志着金属材料对微量变形的抗力。材料的屈服强度越高,表示材料抵抗微量塑性变形的能力越大,允许的工作应力也越高。因此,材料的屈服强度是机械设计计算时的主要依据之一,是评定金属材料质量的重要指标。

②抗拉强度。钢材在拉伸时,材料在拉断前所承受的最大应力,称为抗拉强度,用符号 σ_b 表示。

$$\sigma_b = \frac{F_b}{A}(\text{N/mm}^2) \tag{1-4}$$

式中,F_b 为试样破坏前所承受的最大拉力(N);A 为试样原始截面面积(mm^2)。

抗拉强度是材料在破坏前所能承受的最大应力。σ_b 的值越大,表示材料抵抗拉断的能力越大,它也是衡量金属材料强度的重要指标之一。其实用意义是金属结构件所承受的工作应力,不能超过材料的抗拉强度,否则会产生断裂,甚至造成严重事故。

(2)塑性 金属材料断裂前发生永久变形的能力称为塑性。表示金属材料塑性性能的有伸长率、断面收缩率和冷弯角等。

①伸长率(又称为延伸率)。金属材料受拉作用破断时,伸长量与原长度的百分比称为伸长率,以 δ 表示。

$$\delta = \frac{L_1 - L_0}{L_0} \times 100\% \tag{1-5}$$

式中,L_0 为试样的原标定长度(mm);L_1 为试样拉断后标距部分的长度(mm)。

通常以 $\delta > 5\%$ 的材料称为塑性材料,如碳钢、铜、铅等;$\delta < 5\%$ 的材料称为脆性材料,如铸铁、砂石、玻璃等。

②断面收缩率。金属材料受拉力作用破裂时,拉断处横截面缩小的面积与原始截面面积的百分比称为断面收缩率,以 ψ 表示。

$$\psi = \frac{F_1 - F_0}{F_0} \times 100\% \tag{1-6}$$

式中，F_1 为试样拉断后，拉断处横截面面积（mm²）；F_0 为试样标距部分原始的横截面积（mm²）。

δ 和 ψ 的值越大，表示金属材料的塑性越好。这样的金属可以发生大量塑性变形而不破坏。各种金属材料的 δ 和 ψ 可从材料手册中查到。

③冷弯角，又称为弯曲角，一般是用长条形试件，根据不同的材质、板厚，按规定的弯曲半径进行弯曲，在受拉面出现裂纹时试件与原始平面的夹角称为冷弯角，以 α 表示，其单位为度。冷弯角越大，说明金属材料的塑性越好。

(3) 冲击韧性 是衡量金属材料抵抗动载荷或冲击力的能力，冲击试验可以测定材料在突加载荷时对缺口的敏感性，冲击值是冲击韧性的一个指标，以 a_k 表示。a_k 值越大说明该材料的韧性越好。

$$a_k = \frac{A_k}{F} \tag{1-7}$$

式中，A_k 为冲击吸收功（J）；F 为试验前试样刻槽处的横截面积（cm²）；a_k 为冲击值（J/cm²）。

(4) 硬度 金属材料对磨损和外力所能引起变形的抵抗能力称为硬度。硬度是衡量钢材软硬的一个指标，根据测量方法不同，其指标可分为布氏硬度（HB）、洛氏硬度（HR）、维氏硬度（HV）。常用金属材料的硬度表示方法及使用范围见表1-8。

表 1-8 常用金属材料的硬度表示方法及使用范围

名 称		代 号	使 用 范 围	
布氏硬度		HB	方法简单，测量值较准确，只适宜测定硬度小于 HB450 的退火、正火和调质状态下的钢、铸铁及非铁金属的硬度；由于压痕较大，不适宜于检查成品和太薄的零件	
洛氏硬度	A级	HRA		测量表面淬硬层、渗碳层很厚的材料
	B级	HRB	效率高，压痕小，可测量软的、很硬的或厚度较薄的成品，但测量值不够准确	测量非铁金属，退火和正火后较软的金属
	C级	HRC		测量调质钢、淬火钢等较硬的金属
表面洛氏硬度	N级	HRN	适用于钢材经表面渗碳、渗氮等处理的表面层硬度；测定薄、小试件的硬度	
	T级	HRT		

续表 1-8

名　称	代　号	使　用　范　围
维氏硬度	HV	压痕浅,适宜测量零件表面硬化层,以及化学处理的表面层和很薄零件的硬度,测定值比布氏和洛氏精确
肖氏硬度	HS	硬度计体积小,便于携带,适宜于测定大型机件的硬度,误差较大

4. 金属材料的工艺性能

金属材料的工艺性能是指金属材料对于不同的加工工艺的适应能力。工艺性能好,则加工容易,工艺质量和效率比较高。金属材料的基本工艺性能主要有铸造性能、压力加工性能、焊接性能、切削加工性能和热处理性能等。

(1)铸造性能 铸造性能是指液体金属材料能否易于铸成优质铸件的性能。铸造性能常用液体流动性、收缩性和偏析 3 个要素表达。一般说来灰铸铁的铸造性能较好,铸钢则稍差。

(2)压力加工性能 金属材料在压力加工下成形的难易程度称为压力加工性能,它与材料的塑性和强度有关。塑性好、强度低的材料,压力加工性能良好。低碳钢、铜、铝的压力加工性能良好,铸铁则不能进行压力加工。

(3)焊接性能 焊接性能是指材料在限定的施工条件下焊接成按规定设计要求的构件,并满足预定服役要求的能力。焊接性能受材料、焊接方法、构件类型及使用要求 4 个因素的影响。

焊接性能评定方法有很多,其中广泛使用的方法是碳当量法。这种方法是基于合金元素对钢的焊接性不同程度的影响,而把钢中合金元素(包括碳)的含量按其作用换算成碳的相当含量。可作为评定钢材焊接性能的一种参考指标。碳当量法用于对碳钢和低合金钢淬硬及冷裂倾向的估算。常用碳当量的计算公式如下:

$$碳当量 C_E = C + \frac{Mn}{6} + \frac{Cr+Mo+V}{5} + \frac{Ni+Cu}{15} \tag{1-8}$$

式中,元素符号表示它们在钢中所占的百分含量,若含量为一范围时,取上限。

经验证明:碳当量 $C_E < 0.4\%$ 时,钢材的焊接性能良好;碳当量 C_E 在 $0.4\% \sim 0.6\%$ 时,焊接性能较差;碳当量 $C_E > 0.6\%$ 时,焊接性能不好。一般说来,低碳钢的焊接性能最好,中碳钢可焊性较差。

(4)切削性能 是指金属材料易于切削的性能。切削时,若切削刀具不易磨损,切削力较小且被切削工件的表面质量高,则称此材料的切削性能好。一般灰口铸铁具有良好的切削性能,钢的硬度在 $180 \sim 200\text{HB}$ 范围内时具有较好的切削性能。

(5)热处理性能 包括可淬性、氧化脱碳、变形开裂等。一般情况下,中碳钢的热处理性能较好。

二、常用金属材料的分类、牌号和用途

工业上常用的金属材料分为钢铁材料和非铁金属两大类。钢和铁是钢铁材料的主体,习惯上除钢、铁、铬、锰以外的其他金属统称为非铁金属。

1. 碳素钢

(1) 碳素钢的分类

① 按钢中的含碳量分类。低碳钢,含碳量≤0.25%;中碳钢,含碳量为0.25%~0.6%;高碳钢,含碳量为0.6%~1.4%。

② 按钢的质量(有害元素 S、P 的比例)分类。普通碳素钢,S≤0.055%,P≤0.045%;优质碳素钢,S、P 均≤0.04%;高级优质碳素钢,S≤0.03%,P≤0.035%。

③ 按钢的用途分类。碳素结构钢,主要用于制造各种机械零件和工程结构,多属于中、低碳钢;碳素工具钢,用于制造工具、刀具、量具、模具等,一般属于高碳钢。碳素铸钢主要用于铸钢件,如齿轮、飞轮、机架等。

(2) 碳素钢的牌号及用途

① 碳素结构钢的牌号按 GB 700—1988 规定分为 5 类 10 种。碳素结构钢的牌号一般以其屈服极限 σ_s 值来区分。如 Q235-A,F,表示屈服极限为 235MPa 的 A 级沸腾钢。碳素结构钢的质量分为 A、B、C、D 四级,其中 C、D 级含硫、磷量最低,质量最好,可作为重要的焊接构件。

Q195,Q215A 的塑性好,通常制成薄钢板、钢筋、钢管、型钢等,主要用于工程结构及机械零件中要求塑性和韧性好的场合。Q235 强度较高,可制作小轴、拉杆、吊钩,Q255 以上材料可制作工具、农用机具、轧辊等。

② 优质碳素结构钢的牌号是用两位数字表示,这两位数字表示该钢平均含碳量的万分数。如 30 钢表示平均含碳量为万分之三十(0.3%)的中碳钢。其余钢号可依此类推。优质碳素结构钢化学成分控制严格,所含的杂质元素极少,钢的韧性、塑性较好,且有较高的强度和良好的热处理性能,多用于制造重要的零件,如轴、齿轮、弹簧等。

③ 碳素工具钢主要用于制造高硬度、高耐磨性以及具有一定韧性的刀具、量具、模具。碳素工具钢的牌号以"T"字开头,加上钢中含碳量的千分数表示,如 T7 表示含碳量为千分之七(0.7%)的碳素工具钢;T13 表示含碳量为千分之十三(1.3%)的碳素工具钢。

④ 碳素铸钢。大多数铸钢件,如齿轮、齿圈等,都是采用中碳钢浇注而成。

2. 合金钢

(1) 合金钢的分类

① 按钢中合金元素总量分类。低合金钢,合金元素总含量<3.5%;中合金钢,合金元素总含量为 3.5%~10%;高合金钢,合金元素总含量>10%。

② 按用途分类。按用途合金钢可分为低合金结构钢(低合金高强度钢)、合金结

构钢(渗碳钢、调质钢)、合金工具钢、弹簧钢、轴承钢、易切削钢等。

合金结构钢主要用于制造重要的机器零件；合金工具钢主要用于制造刀具、量具、模具等；特殊性能的钢包括不锈钢、耐热钢、耐磨钢等。

(2)合金钢的牌号及用途

①合金结构钢牌号用"两位数字＋化学元素符号＋数字"来表示。左边两位数字表示钢中含碳量；化学元素符号右边的数字表示合金的含量，含量<1.5%的不标注，含量≥1.5%、≥2.5%、≥3.5%，相应标注2、3、4，高级优质钢的末尾加"A"。如40Cr表示含碳量为万分之四十，含铬量<1.5%的合金中碳钢；20CrMnTi表示含碳量为万分之二十，Cr、Mn、Ti元素含量均<1.5%的低碳合金钢；38CrMoAlA表示平均含碳量为0.38%，铬、钼、铝的含量均<1.5%的高级优质合金结构钢。

滚动轴承钢在钢号前用"G"表示，如GCr15SiMn表示铬的含量约为1.5%、硅、锰含量均<1.5%的滚动轴承钢。

合金钢的焊接性能与它的含碳当量有关，合金钢的碳当量是按一定的比例，将各合金元素含量平均数折算而成的。

【例1-1】 计算40CrMnSiMoVA的碳当量，其中：C 0.37%～0.42%，Cr 1.2%～1.5%，Mn 0.8%～1.2%，Si 1.2%～1.6%，Mo 0.45%～0.60%，V 0.07%～0.12%。

【解】 C_E=C+Mn/6+Cr/5+Mo/5+V/5=0.4+1.0/6+1.3/5+0.5/5+0.1/5=0.947

其他合金的碳当量，只要给出公式，即可仿照上述过程计算出来。

在普通碳素钢的基础上加入少量或微量合金元素(总量不超过5%)就可以获得具有高强度、高韧性和可焊性良好的普通低合金结构钢。有时，它们还具有耐磨、耐腐蚀、耐低温等性能，普通低合金结构钢成本低廉，广泛用于制造桥梁、船舶、车辆、锅炉、输油(气)管道等大型钢结构。

②合金工具钢牌号用"一位数字＋元素符号＋数字＋……"来表示。它与合金结构钢牌号的区别仅在前面的一位数字表示含碳量的千分数，当含碳量>1.0%时，则不标出数字，如9Mn2V表示平均含碳量为0.9%、含锰量约为2.0%、钒的含量<1.5%的合金工具钢。Cr12MoV则表示含碳量为1.0%，含铬量约为12%、钼和钒的含量均<1.5%的合金工具钢。

合金工具钢按用途又可分为合金刃具钢、合金模具钢和量具钢。

③特殊性能钢主要指不锈钢和耐热钢，其表示方法与合金工具钢类似。含碳量<0.08%时，钢号前加"0"；含碳量<0.03%时，钢号前加"00"。如4Cr13表示平均含碳量为0.4%、含铬量为13%的不锈钢；0Cr18Ni11Ti表示含碳量<0.08%、含铬量为18%、含镍11%、含钛<1.5%的不锈钢，这个钢种可作耐热钢使用。

3. 铸铁

铸铁是含碳量>2%的铁碳合金。铸铁中除了铁和碳以外，还有硅、锰、磷、硫等元素，而且这些元素含量比碳钢高。在某些特殊用途的合金铸铁中，还根据需要加入铜、镁、镍、钼或铝等合金元素。铸铁按照碳在组织中存在的形式不同可分为白口铸铁、灰口铸铁、球墨铸铁和可锻铸铁。

(1)白口铸铁　铸铁中的碳如果以渗碳体(Fe_3C)的形式存在，断面呈银白色，称为白口铁。白口铸铁性硬而脆，很少直接应用，仅少量用于要求耐磨的场合，如铸造轧钢机轧辊及磨辊等。通常是将白口铸铁经高温退火形成可锻铸铁使用。

(2)灰口铸铁　也称为灰铸铁。当铸铁中的碳以片状石墨的形式存在时，断面呈暗灰色，称为灰铸铁。灰铸铁具有一系列优良性能，如耐磨、吸振、良好的切削加工性、良好的铸造性，以及较小的缺口敏感性，但由于石墨的强度几乎等于零，所以石墨片相当于小的裂纹，割裂了金属基体，使铸铁的强度和塑性大为降低。

(3)球墨铸铁　铸铁中的碳如果以球状石墨的形式存在，称为球墨铸铁。当石墨数量相同时，以球状表面积为最小，所以与片状石墨相比，对基体性能的影响最小，因此，相对于灰口铸铁，球墨铸铁具有较高的强度和一定的塑性，可部分代替铸件使用。常用的球化方法是在铁水中加入稀土镁合金和硅铁。

(4)可锻铸铁　将白口铸铁加热到930℃后缓慢冷却，经过较长时间的退火处理，Fe_3C就分解为团絮状的石墨，称为可锻铸铁。可锻铸铁具有较高的抗拉强度和较好的塑性，但并不能锻造，适宜于铸造成形状复杂并承受冲击载荷的薄壁零件。

铸铁材料中，只有灰铸铁和球墨铸铁可以焊接。

4. 非铁金属

通常把铁及其合金称为钢铁材料，而把非铁及其合金称为非铁金属。非铁金属具有许多特殊性能，是现代工业生产中不可缺少的结构材料。

(1)铝及铝合金

①工业纯铝。工业纯铝是银白色的金属，铝的密度只有$2.72 \times 10^3 kg/m^3$，仅为铁的1/3，是轻金属，熔点低(约为660℃)；导电性、导热性较好，仅次于银和铜；抗大气腐蚀性能好；具有良好的塑性；焊接性能和铸造性能差。

②铝合金。纯铝的强度很低，加入适当硅、铜、锌、锰等合金元素，形成铝合金。再经过冷变形和热处理，则强度可以明显提高。铝合金又分为形变铝合金和铸造铝合金。

(2)铜及铜合金

①纯铜。纯铜是紫红色，故又称为紫铜。密度为$8.9 \times 10^3 kg/m^3$，熔点1083℃；具有很高的导电性、导热性和良好的耐蚀性；强度低($\sigma = 200 \sim 250 N/mm^2$)，硬度不高(35HBS)，但具有良好的塑性，易于热压或冷加工。

②铜合金。工业上广泛应用的是铜合金，分为黄铜和青铜。黄铜是以锌为主加元素的铜合金。它具有良好的力学性能，便于加工成形。青铜是铜与除锌、镍以外的元素组成的合金。它具有较高的导电性、导热性、良好的加工性和耐腐蚀性能。

第五节　冷加工基本知识

一、钳工基本知识

在焊接工作中,经常要用到基本的钳工操作技术,因此掌握钳工的基本知识和技能,有助于提高焊接质量和生产效率。

1. 概述

(1)钳工的工作范围　包括锉削、锤打、錾削、锯割、钻、扩、锪、铰、攻螺纹、铲刮、研磨、划线、矫正、弯曲、连接等,其中有些操作可在金属加热之后进行,如弯曲,有的也可以用机械方法来完成。

钳工负有装配、修理、调整等任务,是机械加工过程中的一个基本工序,所以在机器制造业中,钳工占有相当重要的地位。

(2)钳工常用的设备与工具　包括钳桌、虎钳、锉刀、手锤、锯、钻头、钻床、刮刀、丝锥、板牙、錾子等。

量具包括钢尺、内外卡钳、游标卡尺、角尺、万能量角器、水平仪等。

划线工具包括划线板、划针、划线盘、高低划线尺、样冲、圆规、角尺及长直尺等。

2. 平面划线

(1)划线工具、量具及其使用

①常用直角尺有宽座和刀口两种,一般作划垂直线和平行线的导向工具,如图 1-20 所示。使用时,首先应清除工件棱边上的毛刺,并将工件及角尺擦净,然后将角尺的一个工作面紧靠基准面或对齐基准线划线。

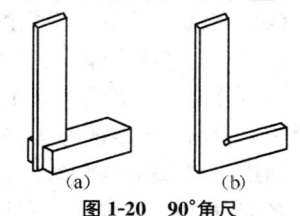

图 1-20　90°角尺
(a)宽座角尺　(b)刀口角尺

②划针是直接在工件面上刻线条的工具,如图 1-21 所示。划针一般用直径 2～4mm 的弹簧钢制作。使用时,针尖要紧靠导向工具(如角尺、钢尺)的边缘划线,划出的线条应清晰准确,要做到一次划成。

图 1-21　划针

③圆规如图 1-22 所示,圆规常用来划圆、圆弧、等分线段、分角度,以及量取尺寸等,圆规的脚要保持尖锐,两脚合拢时,脚尖应能靠紧。使用时,作旋转中心的一脚应加以较大的压力,另一脚则以较轻的压力在工作表面上划圆或弧。

④样冲如图 1-23 所示,用样冲在已划好的线上冲眼,以固定所划线条,使其保持明显的标记。在划圆时,也可用样冲定中心,样冲顶角度 α 在用于加强划线标志时为 40°,用于定中心时为 60°。使用样冲时,先将样冲倾斜,使尖端对准十字线的正中,然后再将样冲立直冲眼。

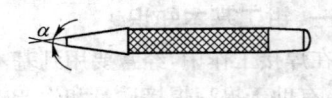

图 1-22 圆规　　　　　　　图 1-23 样冲

⑤钢尺俗称为钢板尺,在尺面上有尺寸刻度,最小刻度 0.5mm。常用钢尺规格有 150mm、300mm、500mm 和 1000mm 4 种。钢尺主要用来量取尺寸、测量工件,也可作划线时的导向工具。

⑥游标卡尺是适合测量中等精度的量具,可以直接测量出工件的外尺寸、内尺寸和深度尺寸。测量时,应将两量爪张开到大于被测尺寸,将固定量爪的测量面紧靠工件,然后移动副尺,使活动量爪的测量面也靠紧工件,把制动螺钉拧紧,然后读数。读数时应水平拿着卡尺,把卡尺对着光线明亮的地方,使视线垂直于刻度表面。避免斜视角造成的读数误差。

(2)平面划线方法　根据图样和工艺要求,在毛坯或工作上,用划线工具划出待加工部位的轮廓线或作为基准的点、线的操作称为划线。

划线分为平面划线和立体划线两种,只需要在工件的一个表面上划线后,即能够明确表示加工界线的称为平面划线,划线精度为 0.25～0.5mm。平面划线时应选择划线基准,就是在划线时,选择工件上的某个点、线、面作为基准,用它来确定工件的各部位尺寸、几何形状和相对位置。划线时,都应从划线基准开始划线,划线基准一般有 3 种类型。

①以两个互相垂直的平面(或线)为基准。如图 1-24a 所示,互相垂直的两个方向,每一方向的许多尺寸都是依据它们的外表面来确定的,这两个外表面就分别是每一方向的划线基准。

②以两条中心线为基准。如图 1-24b 所示,两个方向的尺寸对中心线具有对称性,并且其他尺寸也从中心线起始标注。此时,这两条中心线就分别是这两个方向的划线基准。

③以一个平面和一条中心线为基准。如图 1-24c 所示,高度方向的尺寸是以底面为依据的,此底面就是高度方向的划线基准。而宽度方向的尺寸对称于中心,所以中心线就是宽度方向的划线基准。

划线时在零件的每一个方向都需要选择一个基准。因此,平面划线时一般要选择两个划线基准。

3. 錾削

錾削是用锤子敲击錾子对工件进行切削加工的一种操作方法。可用于加工平

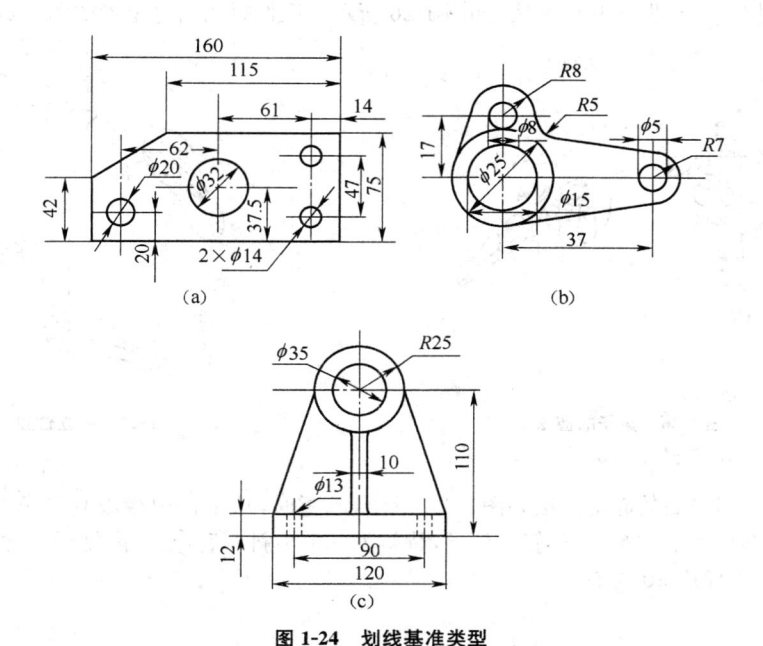

图 1-24 划线基准类型
(a)以两个互相垂直的平面为基准 (b)以两条中心线为基准
(c)以一个平面和一条中心线为基准

面、沟槽,切断金属及清理铸、锻件上的毛刺等。

(1)常用錾削工具

①常用的錾子有扁錾和窄錾两种,如图 1-25 所示。扁錾用于錾削平面,錾断金属和去毛刺;窄錾用于开槽,錾削低碳钢,錾刃楔角为 30°～50°。

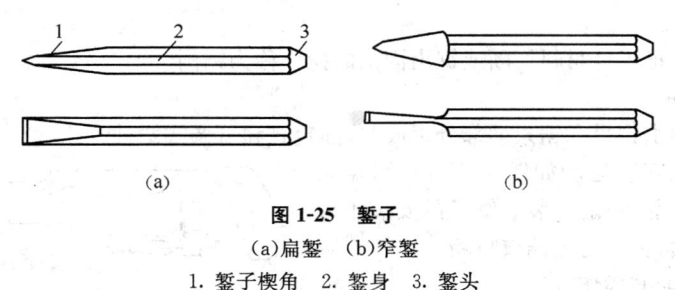

图 1-25 錾子
(a)扁錾 (b)窄錾
1. 錾子楔角 2. 錾身 3. 錾头

②锤子由锤头和木柄组成,其规格用锤子质量表示,常用的有 0.5kg 和 1kg 两种。

(2)锤子和錾子的操作方法

①锤子的握法有紧握法和松握法两种;挥锤的方法有腕挥、肘挥和臂挥 3 种。

錾子的握法有正握法和反握法，如图1-26所示。操作时的站立位置如图1-27所示。

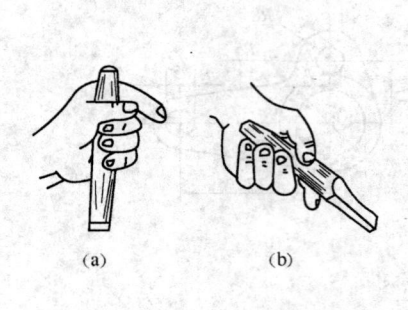

图1-26 錾子的握法
(a)正握法 (b)反握法

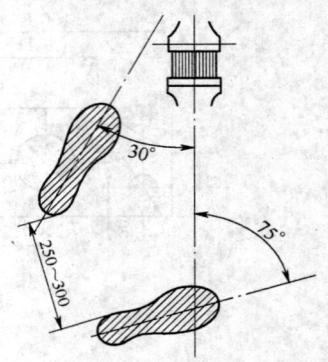

图1-27 站立位置

②錾削平面的起錾方法如图1-28所示，起錾时，从工件边缘或其尖角处着手，錾子头部从水平位置，用锤轻打錾子，待錾削一个小斜面后，錾子恢复到正常錾削位置，与水平面成30°左右。

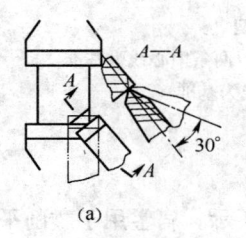

图1-28 起錾方法

4. 锯削

用手锯把工件材料切断或锯出沟槽的操作称为锯削。

(1) 手锯

①手锯由锯弓和锯条两部分组成，分固定式和可调式两种。

②锯条安装运动如图1-29所示，锯条的锯齿应向前，不能反装。锯条的安装不应过松或过紧，否则易锯偏或折断。

(2) 锯削的操作方法

①手锯的握法是右手满握锯柄，左手轻扶在锯弓前端。姿势要自然，推锯时身体上部略向前倾斜，给手锯以适当的均匀压力，回锯时不加压力，自然拉回。

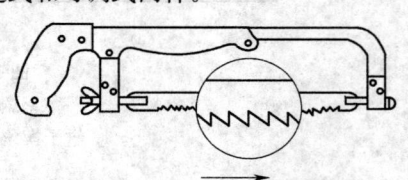

图1-29 锯条安装运动方向

②起锯有远起锯和近起锯两种方法。起锯时，将锯条对准锯削的起点，用左手

拇指甲靠近锯割线,然后锯条侧面靠近指甲作依靠,起锯角 α 约在 15°,行程要短,压力要小,速度要慢,锯成锯口后逐渐将锯弓改成水平方向。

5. 锉削

用锉刀对工件表面进行加工的操作称为锉削。

(1)锉削工具　通常所使用的锉刀是由锉刀和锉刀柄两部分组成。锉刀根据截面形状不同分为平锉、半圆锉、方锉、三角锉和圆锉,其中平锉应用最多。

(2)锉刀的操作方法

①锉刀的操作根据锉刀的大小和形状的不同其握法也不同。使用 300mm 平板锉时,锉刀把抵住右手掌心,拇指在上,平行于锉刀,其余四指顺势收拢,左手掌靠住锉刀前端,四指顺势收拢。

锉削时,锉削姿势和站立位置如图 1-30 所示。

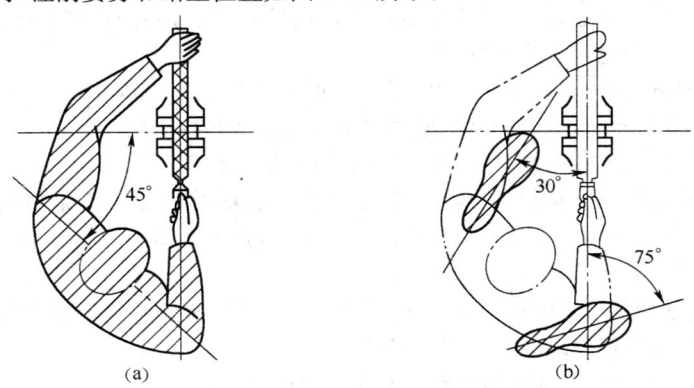

图 1-30　锉削姿势和站立位置
(a)锉削姿势　(b)站立位置

②平面锉削时,工件最好夹在虎钳中间,夹持要牢固,但不能使工件变形,工件伸出钳口不应太高,防止工件锉削时产生振动,注意观察尺寸线应与水平面平行。

锉削方法有顺向锉和交叉锉两种。顺向锉是使锉刀沿夹紧方向直线运动,常用于规格较大、粗锉刀的锉削,几何精度较差,效率较高。交叉锉是锉刀与夹紧方向呈 45°直线运动,常用于规格适中或细锉刀的锉削,几何精度较好。

二、冷作钣金工基本知识

冷作钣金工的基本操作内容比较广泛,主要包括放样、下料、矫正、剪切、冲裁、弯曲、压延、锯割、锉削、套螺纹、攻螺纹、錾削、钻孔及连接等。

1. 冷作钣金工常用工具和设备

冷作钣金工常用的工具和设备有大锤、手锤、錾子、克子、手扳钻、手风钻、手电钻、丝锥、板牙、铰杠、锉刀、手锯、划规、划针、角尺、地规、粉线、直尺、钢卷尺、滚板机、折弯机、弯管机、剪床和冲床等。

2. 钢材的矫正

钢材的表面如有不平、弯曲、扭曲、波浪变形等缺陷，在制造零部件时会影响产品质量，所以钢材在下料前必须进行矫正。

(1)钢材变形的原因 钢在轧制过程中，产生残余应力而使钢材变形；钢在加工过程中，由于外力或不均匀加热造成变形；钢材因运输、存放不当引起变形。

(2)矫正原理 通过外力或加热使钢材较短的纤维伸长，或使较长的纤维缩短，最后使各部分纤维长度趋于一致，从而消除钢材或制件的弯曲、凹凸不平等变形。钢材能被矫正的条件是钢材具有一定的塑性。

(3)矫正方法 常用变形矫正的方法有手工矫正、火焰矫正和机械矫正3类。

3. 放样

根据图样，按一定比例（一般为1:1）在放样台（或平板）的构件上画出下料轮廓；或将曲面摊成平面，以便准确地定出构件的尺寸，把这些作为制造样板、加工或装配的依据，这个过程称为放样。

平面构件的放样一般比较简单，对于曲面或立体构件，在放样时需要画展开图。画展开图的方法有平行线展开法、放射线展开法、三角形展开法等。

(1)放样工具 包括划针、样冲、划规、手锤、米尺和角尺。

(2)实尺放样法 是目前应用最广泛的放样方法，实尺放样就是根据图样的形状和尺寸，用基本的作图方法，以产品的实际大小，画到放样件上的工作。

(3)放样步骤

①结构处理是根据图样要求，进行工艺性处理的过程。它包括确定各结合部位的连接形式，计算或量取坯料的实际尺寸。

②制作样板是根据需要设计胎具和胎架等内容。

③划基本线型是在展开的板材上按样板或图样放样，注意留扣边余料。

④检查、下料、整形、扣边。

4. 剪切

剪切是通过两刃的相对运动切断材料的加工方法。剪切具有生产效率高，剪切断面比较光洁，能切割板材及各种型材等优点。剪切的加工方法很多，但其实质都是通过上、下剪刃对材料施加切力，使材料发生剪切变形，最后断裂分离。常用的剪切设备有龙门剪床、横入式斜口剪床、圆盘剪床、冲型剪床、振动式剪床和联合剪冲机床等。

剪切对材料力学性能有一定的影响，钢材经过剪切加工将引起力学性能和外部形状的某些变化，如剪切窄而长的条形材料，剪切后就产生明显的弯曲和扭曲变形。另外，剪切边缘会产生冷加工硬化，钢板厚度<25mm时，硬化宽度在1.5～2.5mm范围内。在制造重要结构或剪切后需冷压加工的零件，必须经铣削、刨削或热处理，以消除硬化现象。

5. 加工成形

经过剪切或气割下料的工件，有的需进行弯曲成形，有的需滚压成形，有的需钻孔成形，即将工件加工成各种形状的工艺称为成形。

(1)弯曲成形 弯曲成形就是将坯料变成所需要的角度和形状的工艺方法。

①钢板弯形分钢板压弯和钢板滚弯两种方法。

钢板的压弯是用模具或压弯设备将坯料变成所需形状的加工方法，称为压弯，如图1-31所示，在钢板弯曲成形时必须考虑钢板的弯曲回弹和最小弯曲半径。

钢板的滚弯是通过旋转辊轴使坯料弯曲成形的方法，称为滚弯，如图1-32所示。钢板的滚弯通常由预弯（压头）、对中和滚弯3个步骤组成。

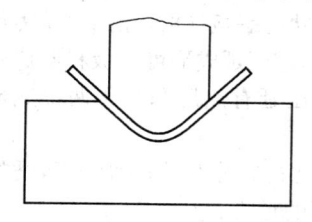

图1-31 钢铁压弯成形

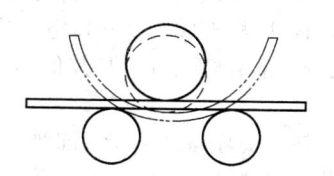

图1-32 滚弯过程

②型钢弯曲时，由于重心线与力的作用线不在同一平面上，所以型钢除受弯矩作用外还受扭矩的作用，使型钢截面产生畸变。弯曲半径越小，则畸变程度越大。型钢弯形方法有滚弯和压弯两种。

滚弯可在专用的型钢弯曲机上滚弯，也可在卷板机上进行，如图1-33所示。压弯可在压力机或撑直机上进行，如图1-34所示。

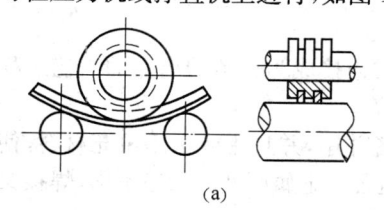

图1-33 卷板机上滚弯型钢
(a)角钢内滚弯 (b)槽钢外滚弯

③钢管弯曲时，在弯头处往往产生椭圆变形，弯头外侧壁厚变薄与内侧皱褶等缺陷。常用的弯管方法有有芯弯管、一般无芯弯管和反变形法无芯弯管等。

有芯弯管是在钢管内的弯曲变形处插入一定直径的芯轴（芯棒），弯曲时阻止径向力对弯头外侧向中心层靠拢，并在一定程度上，防止弯头内侧起皱。因此，它只能弯曲弯曲半径为两倍管子外径的弯头。有芯弯管的缺点是操作复杂，劳动强度大，会使内壁拉毛，弯头外侧壁厚减薄量增加，弯曲的功率

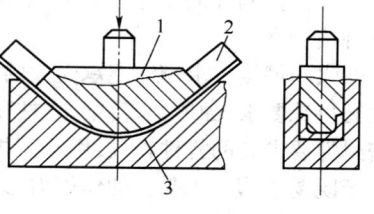

图1-34 压力机上用模具压弯型钢
1.上模 2.槽钢 3.下模

较大。

一般无芯弯管借助于弯管模的作用,使管子弯头内侧基本保持原状,仅使外侧截面形状发生变化,因此减小了截面的变形。采用一般无芯弯管,最小弯曲半径可达 3.5～4 倍的钢管外径,过小会造成截面圆度误差超差。

反变形法无芯弯管与一般无芯弯管的不同是压紧滚轮(或滑槽)具有反变形槽。没有心轴弯管时,管内不必涂油,可提高生产效率,管壁减薄量小,内壁不会机械划伤;有利于机械化、自动化;不需要特殊设备。

(2)压延成形 又称为拉深或拉延,是使一定形状的平板坯料,在凸模压力作用下,通过凹模形成一个开口空心零件的压制工艺过程。压延成形可将板料制成圆筒形、阶梯形、锥形、方形和其他不规则形状的零件。压延有热压和冷压两种成形方法。

热压前坯料必须先行加热,加热温度的高低与材料成分有关;冷压一般适用于形状简单、板厚<6mm、塑性较好的材料或不宜热压的封头。

(3)其他成形

①水火弯板成形是采用氧乙炔火焰将钢板局部加热,然后喷水或空气快速冷却收缩而成形。

②爆炸成形是将炸药放在一特制的装置中引爆,然后利用所产生的化学能,在极短的时间内转化为周围介质(空气或水)中的高压冲击波,使坯料在很高的速度下变形和贴模,从而达到成形的目的。

6. 连接

把两个或两个以上的构件通过一定的方式连接成为完整的产品的工艺过程称为连接。常用的连接方法有焊接、铆接和胀接等。

(1)焊接 焊接是通过加热或加压,或两者并用,并且用或不用填充材料,使焊件达到原子结合的一种加工方法。按照焊接过程中金属所处的状态不同,焊接又可分为熔焊、压焊和钎焊 3 大类。

(2)铆接 借助铆钉形成两工件的连接称为铆接。

①根据构件的工作承载要求和应用场合,铆接可分为强固铆接、紧密铆接和密固铆接。

强固铆接要求铆钉能承受大的作用力,保证构件有足够的强度,而构件的密封性无特殊要求,如屋架、桥梁、立柱和横梁等;紧密铆接的铆钉不承受大的作用力,对密封性要求高的构件,一般用于薄板制作的容器,如油箱、水箱和储罐等;密固铆接用于既要求铆钉承受大的作用力,又要求构件的密封性好的场合,如压缩空气罐等。

②常用的铆接形式有搭接、对接和角接 3 种形式。

搭接是板与板重叠铆接,如图 1-35 所示;对接是将被连接件置于同一平面,利用盖板铆在一起的方法,如图 1-36 所示;角接是将成一定角度的两块板件,利用搭接件(一般为角钢)进行铆接的方法,如图 1-37 所示。

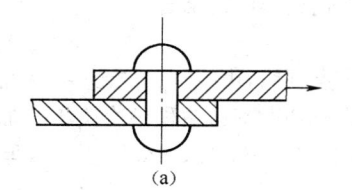

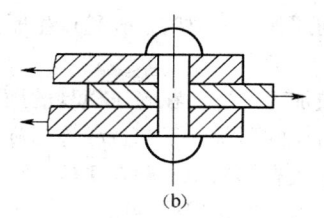

图 1-35 搭接形式
(a)单剪切铆接法 (b)双剪切铆接法

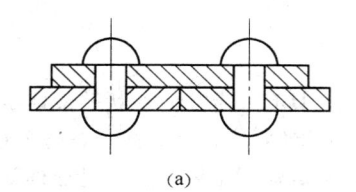

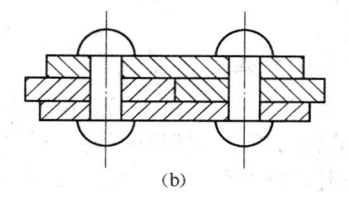

图 1-36 对接形式
(a)单盖板式 (b)双盖板式

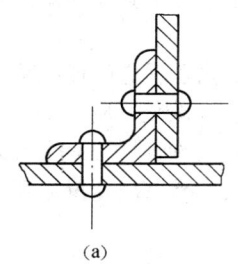

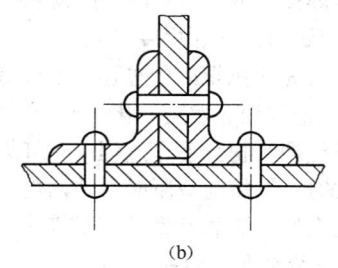

图 1-37 角接形式
(a)一侧角钢连接 (b)两侧角钢连接

(3)胀接 是利用管子和管板变形来达到紧固和密封的连接方法。图 1-38 为单胀式胀接接头形式。胀接时,在管子的内壁均匀地施加压力,对管子直径进行扩胀。当压力超过管子材料的屈服点后,管子达到塑性变形状态,使管子和管板之间的空隙胀合。此时,管子外壁亦对管板孔壁施加小于管子内壁上的压力,由于管板的孔间距远大于管子的壁厚,因此,管板孔壁仅处于微扩的弹性变形状态,管板孔壁

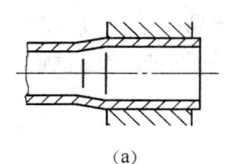

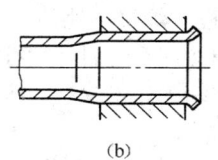

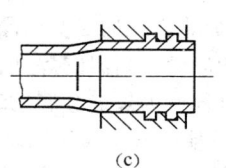

图 1-38 单胀式胀接接头形式
(a)光孔胀接接头 (b)翻边胀接接头 (c)开槽胀接接头

的径向回弹压力对管子外壁产生紧固作用,从而达到牢固的结合。

7. 旋压

被加工的坯料在施压模具的操纵下,完成由点到线,由线到面的形变,从而使之成为需要的形状的工艺过程称为旋压,分为热旋压和冷旋压两种。冷旋压的加工厚度对于碳素钢来说一般在1.5~2mm,对于非铁金属一般在3mm以下。板厚超出以上范围必须采用热旋压。

第六节 气焊和气割基础知识

一、气焊冶金原理

气焊时,在焊接火焰的作用下,焊件上所形成的、具有一定几何形状的液体金属部分称为熔池。熔池中的金属与熔剂、母材、表面杂质(氧化膜、油污等)、火焰气流和周围空气等发生化学反应或物理反应,最后凝固形成焊缝金属的整个过程称为气焊的冶金过程。

1. 气焊冶金过程

(1)焊接熔池 气焊时,在焊接火焰作用下,焊件上所形成的具有一定几何形状的液态金属部分称为焊接熔池。

(2)气焊的化学冶金过程 在气焊冶金过程中,发生化学反应的过程称为气焊的化学冶金过程。发生的化学反应有氧化反应、还原反应和碳化反应。

(3)气焊的物理冶金过程 在气焊的冶金过程中发生的物理反应有金属元素相互渗透的扩散、熔池冷凝时熔池内的气体的聚集和逸出、熔渣上浮并覆盖在熔池表面、熔池金属飞溅和元素的蒸发等。

2. 焊缝金属的结晶

气焊时,在高温火焰的作用下母材局部熔化,并与熔化的焊丝金属混合而形成熔池,随着热源的推移、温度的降低,熔池金属开始凝固而形成焊缝。由焊接熔池形成焊缝的结晶过程可以具体分为焊接熔池的一次结晶过程和焊缝金属的二次结晶过程。

(1)焊接熔池的一次结晶过程 焊接熔池从液态向固态的转变过程,称为焊接熔池的一次结晶。焊接熔池的结晶是由晶核的形成和晶核的长大两个基本过程组成的。

(2)焊缝金属的二次结晶过程 焊接熔池的一次结晶结束后,焊接熔池就转变为固态的焊缝。高温的焊缝金属冷却至室温,要经过一系列的相变过程。这种固态的相变过程称为焊缝金属的二次结晶。

3. 焊接热影响区的组织和性能

焊接接头由焊缝金属、熔合区和热影响区组成,如图1-39所示。气焊时,焊接热影响区的组织和性能与母材的材料及焊接热循环有关,不同的材料在不同的焊接热循环作用下，热影响区的组织有很大的差别，因而使焊接接头的性能有很大的差别。为了便于讨论，根据热处理后是否容易淬火把碳钢和合金钢分为不易淬火钢和易淬火钢两大类。这两类钢焊接后将产生不同的组织转变。

(1)不易淬火钢热影响区的组织和性能 不易淬火钢，如低碳钢(10、20、Q235A等)和普通低合金钢(12Mn、16Mn、15MnTi等)，在一般焊接条件下淬火倾向较小。这类钢通常以热轧状态供货，故焊前母材的原始状态常为热轧状态。

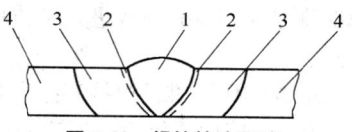

图1-39 焊接接头区域
1. 焊缝金属 2. 熔合区
3. 热影响区 4. 母材

(2)易淬火钢热影响区的组织和性能

易淬火钢包括中碳钢(40、45、50等)、合金钢等。这类钢由于含碳量较高，或含有较多的合金元素，故容易淬火，并获得马氏体组织。易淬火钢在焊前的状态有退火状态和淬火状态两种。新制的焊件通常是退火状态，而补焊时往往会遇到焊件是淬火状态。

(3)不锈钢热影响区的组织和性能

奥氏体不锈钢的热影响区可划分为过热区、σ相脆化区和敏化区3个区。铁素体不锈钢的热影响区可分为过热区、σ相脆化区和475℃脆性区。并不是所有焊接条件下，奥氏体不锈钢和铁素体不锈钢都会出现σ相脆化区、敏化区或475℃脆性区。这些区域只是在一定焊接热循环条件下才会出现。只要焊接时控制得当，这些区域的形成有时是可以避免的。

(4)非铁金属及其合金热影响区的组织和性能

①Al及Al合金、Cu及Cu合金的焊接热影响区组织在焊接加热和冷却作用下无明显变化，但是其焊接接头性能是有变化的。热影响区可分为晶粒长大和再结晶两个区。

②热处理可以强化的合金，如硬铝(LY_3、LY_{11}、LY_{12}等)、锻铝(LD_2等)、超硬铝(如LC_4)，其焊接热影响区性能降低与经受的热处理状态和基体中析出强化相的情况有关，但是，由于这些材料的焊接性差，基本上不能气焊。

4. 焊接区内的气体对焊接质量的影响

气焊过程中焊接区内的大量气体是由一氧化碳、二氧化碳、水蒸气、氧气、氮气以及由它们分解的产物和金属、熔渣的蒸气等组成的混合气体。其中对焊接质量影响最大的是氧气(O_2)、氢气(H_2)和氮气(N_2)。

(1)氧气对焊缝金属的影响 氧气的存在使加热到很高温度的焊缝金属及其合金元素迅速被氧化而形成氧化物。

①使机械性能下降。随着焊缝金属含氧量的增加，其硬度、强度和塑性明显下降。

②易形成气孔。溶解在熔池中的氧与碳发生作用，会生成不溶于金属液的CO，

在熔池结晶时,CO 如来不及逸出,就会在焊缝中形成气孔。

③飞溅严重,易形成气孔和夹渣。在氧化反应中产生的气体,不仅使焊接时飞溅增加,而且当氧化后产生的合金元素的氧化物(如 SiO_2、MnO 等)均不溶于钢中,一般都将浮到熔池表面或进入熔渣中,但有时来不及浮出时,就会在焊缝中形成夹渣。

④造成焊接困难。焊接某些合金时,在熔池表面生成的难熔氧化物(如 Al_2O_3、Cr_2O_3 等),将阻碍焊接冶金反应的正常进行和熔渣的浮出,使焊接困难。

此外,也可能使晶界严重氧化、晶粒粗大及形成热裂纹。脱氧不完全时,在焊缝金属中含有较多的 FeO,使焊缝金属的脆性增加,导电性、耐腐蚀性能降低等。

总之,氧气在焊缝金属中的危害是相当大的,属于有害元素之一。因此,在焊接过程中应严格控制氧的来源和选用适当的熔剂,以尽量避免和减少氧气对焊缝金属的影响。

(2)氢气对焊缝金属的影响

①引起氢脆性。氢引起钢的塑性严重下降的现象称为氢脆性。焊缝含氢量越高,塑性下降越严重,但焊缝经去氢处理后。由于氢的逸出,其塑性可以恢复。

②易产生白点。碳钢或低合金钢焊缝,如含氢量多,则常在其破断面出现光亮圆形的局部脆性断裂点,称之为白点。白点的直径一般为 0.5~3mm,其周围为韧性断口,用肉眼即可辨认。在多数情况下,白点的中心有裂纹、气孔或小的夹杂物,好像鱼的眼睛一样,故又称为"鱼眼"。白点使焊缝金属的塑性严重下降。

③在焊缝金属内部形成氢气孔。气焊低碳钢时,氢气也大多分布在焊缝的表面,气孔四周光滑,断面呈铁钉状,从焊缝表面看,呈圆喇叭口形。个别情况下,在焊缝内部也会呈光滑的球状。焊接其他碳钢、合金钢和不锈钢时,在焊缝内部出现的气孔,主要也是氢气孔。气焊非铁金属时,氢气孔常出现在焊缝内部。

④在熔合区和热影响区形成冷裂纹。焊接中碳钢、高碳钢、低合金钢和合金钢等易淬火钢时,在焊缝的冷却过程中,当焊缝金属发生奥氏体向铁素体转变时,氢的溶解度突然降低,同时氢在铁素体中的扩散速度比较快,此时氢就会从焊缝穿过熔合区向热影响区扩散,而氢在奥氏体中的扩散速度较慢,结果在熔合区附近就形成了富氢带。氢扩散到熔合区、热影响区聚集起来,由原子状态变为分子状态,形成较大的压应力,使原有微观缺陷不断扩大,最后形成冷裂纹。

由于氢引起的冷裂纹,是通过扩散、聚集产生应力直至形成裂纹,故具有延迟特性,因而称为延迟裂纹。通常把氢引起的延迟裂纹又称为"氢致裂纹"。一般来说,易淬火钢钢材的淬硬倾向越大,在焊缝的近缝区得到的淬硬组织——马氏体的数量越多,这样就使得硬度增高而且脆化严重,因而就容易在一定条件下产生冷裂纹。

由上述可见,氢也是焊缝金属中的有害气体之一。因此,在焊接全过程中,包括焊前清理、焊接、焊后处理等,都应采取措施,以防止和消除焊缝金属中的氢。

(3)氮气对焊缝金属的影响

①氮是提高焊缝强度,降低其塑性和韧性的元素。

②气焊时,当焊接区保护不良,就会出现氮气孔,氮在铁中的溶解度随着温度的降低而降低,从液相向固相转变时,溶解度急剧下降,室温时溶解度更低。在焊接时,由于熔池的冷却速度很快,且迅速结晶,这样,焊缝金属中过饱和的氮气来不及逸出熔池,结果会形成氮气孔。因为氮不溶于液态铝,所以在焊接铝时不会出现氮气孔。

③引起焊缝时效脆化。氮在焊缝金属中也属于有害元素,因此,气焊时应尽量利用焊接火焰,避免空气中的氮气与熔池接触。同时,应给熔池创造缓慢冷却的条件,以便在熔池凝固之前,使氮气有充分的时间逸出,从而得到优良的焊缝。

二、气焊的原理

气焊即氧燃气焊接(OFW),是使用燃气和氧组合作为热源的焊接方法。它利用可燃气体与助燃气体,通过特制的工具——焊炬,使气体混合后,发生剧烈的氧化、燃烧,所产生的热量去熔化焊缝处的金属和焊丝金属,使焊件得到牢固接头的一种熔化焊接方法,如图1-40所示。乙炔与氧气混合燃烧时,所产生的火焰一般称为氧乙炔焰。用氧气和其他燃气混合焊接也都称为气焊。气焊是利用焊炬喷出的火焰,把焊件的焊缝处加热至熔化状态,并形成熔池,然后向熔池内填充金属(或不填充金属),只靠自身熔化,使分离的金属工件熔合成一体,冷却后形成牢固焊接接头的过程。

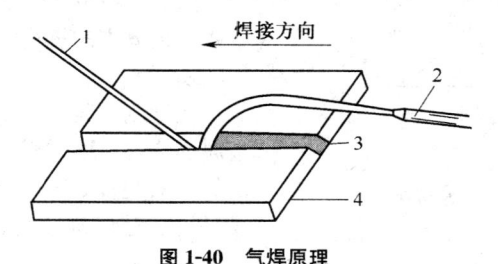

图1-40 气焊原理
1. 焊丝 2. 焊炬 3. 焊缝 4. 焊件

三、气焊的特点

气焊的优点是火焰的温度比焊条电弧温度低,火焰长度(火焰温度)与火焰对熔池的压力及热输入调节方便,焊丝和火焰是各自独立的。熔池的温度、形状,以及焊缝尺寸、焊缝背面成形等容易控制,同时便于观察熔池,有利于焊缝成形,确保焊接质量。在焊接过程中利用气体火焰对工件进行预热和缓冷。气焊设备简单,焊炬尺寸小,移动方便,便于无电源场合的焊接。适合焊接薄件及要求背面形的焊接。

缺点是气焊温度低、加热缓慢。因此,生产效率不高,焊接变形较大,过热区较宽,焊接接头的显微组织较粗大,力学性能也较差。

四、气焊的应用范围

气焊常用于薄板焊接、熔点较低的金属焊接,如铜、铝、铅等,或壁厚较薄的钢管焊接,需要预热和缓冷的工具钢及铸铁的焊接(焊补)。气焊的应用范围见表 1-9。

表 1-9 气焊的应用范围

焊件材料	适用厚度/mm	主要接头形式
低碳钢、低合金钢	≤2	对接、搭接、端接、T 形接
铸铁	—	对接、堆焊、补焊
铝、铝合金、铜、黄铜、青铜	≤14	对接、端接、堆焊
硬质合金	—	堆焊
不锈钢	≤2	对接、端接、堆焊

五、气割的原理

气割是利用气体火焰的热能将工件切割处预热到燃烧温度(燃点),再向此处喷射高速切割氧流,使金属燃烧,生成金属氧化物(熔渣),同时放出热量。熔渣在高压切割氧的吹力下被吹掉,所放出的热和预热火焰又将下层金属加热到燃点,这样继续下去逐步将金属切开。所以,气割是一个预热、燃烧、吹渣的连续过程,其实质是金属在纯氧中的燃烧过程。气割原理如图 1-41 所示。

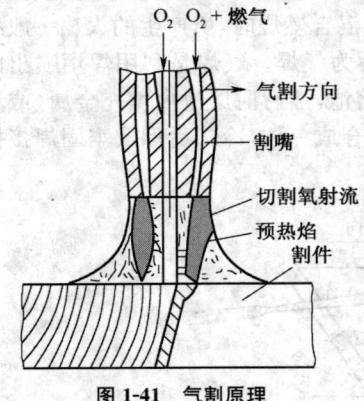

在气割过程中,切割氧气的作用是使金属燃烧,并吹掉熔渣形成切口。因此,切割氧气的纯度、压力、流速及切割氧流(风线)形状,对切割速度、切割质量和气体消耗量都有较大的影响。

图 1-41 气割原理

六、气割的特点

气割的优点是设备简单、使用灵活、操作方便、生产效率高、成本低;能在各种位置上进行切割,并能在钢板上切割各种形状复杂的零件。

缺点是对切口两侧金属的成分和组织产生一定的影响,易引起工件的变形等。几种金属材料的气割特点见表 1-10。

表 1-10 几种金属材料的气割特点

材料名称	气 割 特 点
碳钢	低碳钢的燃点(约 1350℃)低于熔点,易于气割,但随着碳含量的增加,燃点趋近熔点,淬硬倾向增大,气割过程恶化

续表 1-10

材料名称	气 割 特 点
铸铁	碳、硅含量较高,燃点高于熔点;气割时生成的二氧化硅熔点高、黏度大、流动性差;碳燃烧生成的一氧化碳和二氧化碳会降低氧气流的纯度;不能用普通气割方法,可采用振动气割方法切割
高铬钢和铬镍钢	生成高熔点的氧化物(Cr_2O_3,NiO)覆盖在切口表面,阻碍气割过程的进行;不能用普通气割方法,可采用振动气割法切割
铜、铝及其合金	导热性好,燃点高于熔点,其氧化物熔点很高,金属在燃烧(氧化)时放热量少,不能气割

七、气割的应用范围

气体火焰切割主要用于切割纯铁、各种碳钢、低合金钢以及钛等,其中淬火倾向大的高碳钢和强度等级高的低合金钢气割时,为了避免切口处淬硬或产生裂纹,应采取适当加大预热火焰能率和放慢切割速度,甚至切割前先对工件进行预热等工艺措施,厚度较大的不锈钢板和铸铁件冒口,可以采用特种气割方法进行气割。

随着各种自动、半自动气割设备和新型割嘴的应用,特别是数控火焰切割技术的发展,使得气割可以代替部分机械加工。有些焊接坡口一次直接用气割方法切割出来,切割后不直接进行焊接,气体火焰切割的精度和效率大幅度提高,使气体火焰切割的应用领域更加广阔。

第二章 气焊和气割的设备、工具

> **培训学习目的** 熟悉气焊、气割设备及其安全使用方法,熟练掌握气焊、气割工具和辅助工具的操作方法和日常保管维护;掌握气焊材料的选择和使用方法。

第一节 气焊、气割设备

气焊所用的设备包括氧气瓶、乙炔瓶或乙炔发生器、回火防止器等,气焊所用的工具包括焊炬、减压器、橡胶气管等,气焊设备和工具如图 2-1 所示。

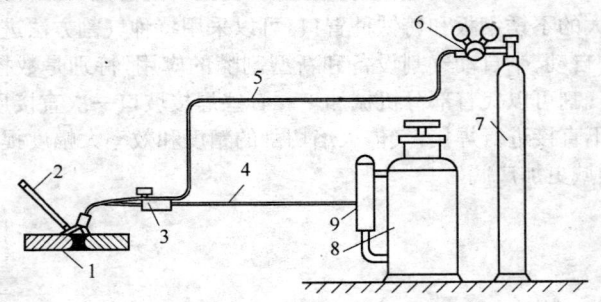

图 2-1 气焊设备和工具
1. 焊件 2. 焊丝 3. 焊炬 4. 乙炔橡胶气管 5. 氧气橡胶气管
6. 氧气减压器 7. 氧气瓶 8. 乙炔发生器 9. 回火防止器

气割设备、工具与气焊所用基本相同,不同的仅是割炬而不是焊炬。

一、氧气瓶

1. 氧气瓶的构造

氧气瓶是储存和运输氧气的高压容器。通常将空气中制取的氧气压入氧气瓶内,瓶内的额定氧气压力为 15MPa(150 个大气压)。氧气瓶如图 2-2 所示。

氧气瓶主要是由瓶体、瓶阀、瓶帽、瓶箍及防振橡胶圈组成。

(1)瓶体 用 42Mn2 低合金钢锭直接经加热冲压、扩孔、拉伸、收口等工序制造的圆柱形无缝瓶体。瓶底呈凹状,使氧气瓶在直立时保持平稳。外表为天蓝色,并有黑漆写成的"氧气"字样。

(2) 瓶阀 是控制氧气瓶内氧气进出的阀门。按瓶阀的构造不同,可分为活瓣式和隔膜式两种,目前主要采用活瓣式氧气瓶阀。

氧气瓶是高压容器,因此对它的要求特别严格。在出厂前除了对氧气瓶的各个部位严格检查外,还需要对瓶体进行水压试验,其试验压力是工作压力的 1.5 倍,即试验压力应为 15MPa×1.5＝22.5MPa。试验合格后,在瓶的上部球面部分用钢印标明瓶号、工作压力和试验压力、下次试压日期、瓶的容量和质量、制造工厂、制造年月、检验员钢印、技术检验部门钢印等。氧气瓶经过 3 年使用期后,应进行水压试验。有关气瓶的容积、质量、出厂日期、制造厂名、工作压力,以及复验情况等项说明,都应在钢瓶收口处的钢印中反映出来,如图 2-3 和图 2-4 所示。

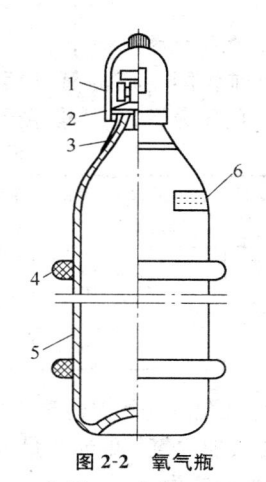

图 2-2 氧气瓶
1. 瓶帽 2. 瓶阀 3. 瓶箍
4. 防振橡胶圈 5. 瓶体 6. 标志

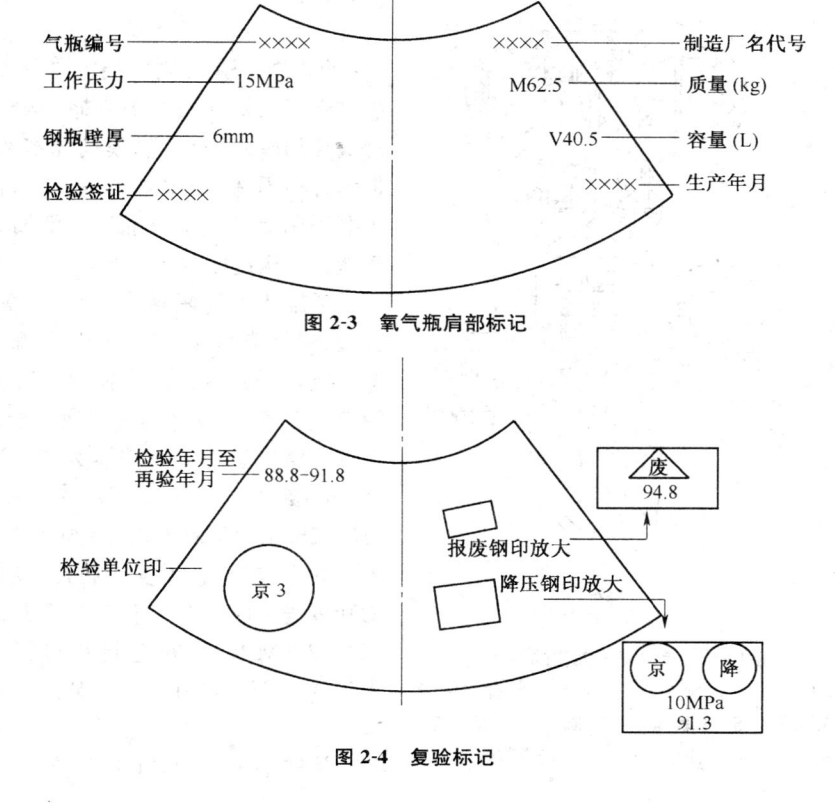

图 2-3 氧气瓶肩部标记

图 2-4 复验标记

2. 氧气瓶的规格

目前我国生产的氧气瓶的规格见表2-1。最常用的容积为40L,这种瓶在15MPa的压力下,可以储存相当于常压下容积为6m³的氧气。

表2-1 我国生产的氧气瓶的规格

瓶体表面漆色	工作压力/MPa	容积/L	瓶体外径/mm	瓶体高度/mm	质量/kg	水压试验压力/MPa	采用瓶阀规格
天蓝	15	33	219	1150±20	45±2	22.5	QF-2型铜阀
		40		1370±20	55±2		
		44		1490±20	57±2		

3. 氧气瓶内氧气储量及测算方法

氧气瓶内氧气的储存量可以根据氧气瓶的容积和氧气表所指示的压力进行测算,测算公式为

$$V = 10V_0 P \tag{2-1}$$

式中,V为瓶内氧气储存气量(L);V_0为氧气瓶容积(L);P为氧气表所指示压力(MPa)。

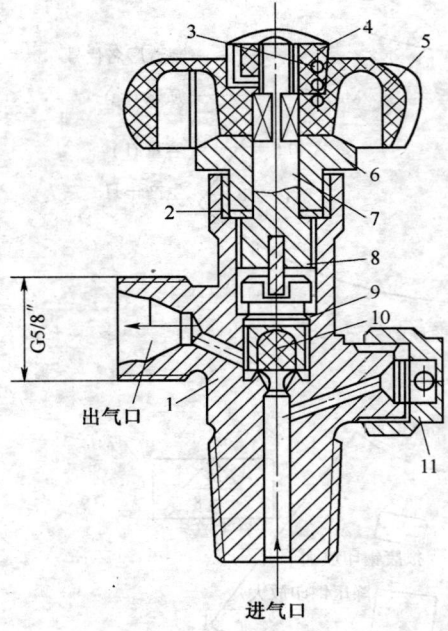

4. 氧气瓶阀的构造

氧气瓶阀是控制氧气瓶内氧气进、出的阀门。目前国产氧气瓶阀分为活瓣式和隔膜式两种,隔膜式气密性好,但因容易损坏,使用寿命短,所以目前主要采用活瓣式氧气瓶阀。活瓣式氧气瓶阀的构造如图2-5所示。

活瓣式氧气瓶阀除手轮、开关板、弹簧、密封垫圈和活门外,其余都是用黄铜或青铜制成的。为使氧气瓶阀和瓶口配合紧密,阀体与氧气瓶口配合的一端为锥形管螺纹。阀体旁侧与减压器连接的出气口端为G5/8in(15.875mm)的管螺纹。在阀体的另一侧有安全装置,它由安全膜片、安全垫圈和安全帽组成。当瓶内压力达到18~22.5MPa时,安全膜片自行爆破将氧气泄至大气中,从而保证气瓶安全。

旋转手轮时,阀杆随之转动,再通

图2-5 活瓣式氧气瓶阀的构造
1. 阀体 2. 密封垫圈 3. 弹簧 4. 弹簧压帽
5. 手轮 6. 压紧螺母 7. 阀杆 8. 开关板
9. 活门 10. 气门 11. 安全装置

过开关板使活门一起旋转,造成活门向上或向下移动。手轮按逆时针方向旋转,活门向上移动,使气门开启,瓶内氧气从瓶阀的进气口进入、出气口喷出。手轮按顺时针方向旋转,活门向下压紧,由于活门内嵌有用尼龙制成的气门,因此使活门关紧则关闭瓶阀。瓶阀活门的额定开启高度为1.5～3mm。

5. 氧气瓶阀的常见故障及排除方法

氧气瓶阀由于长期使用,会发生漏气或阀杆空转等故障。这些故障是在装上减压器后,开启氧气阀门时才易发现。

(1)压紧螺母周围漏气 压紧螺母未压紧,用扳手拧紧;密封垫圈破裂,更换垫圈。

(2)气阀杆和压紧螺母中间孔周围漏气 这是由于密封垫圈破裂和磨损造成的,应更换垫圈或将石棉绳在水中浸湿后把水挤出,在气阀杆根部缠绕几圈,再拧紧压紧螺母。

(3)气阀杆空转,排不出气 开关板断裂或方套孔或阀杆方棱磨损呈圆形,需更换或修理;瓶阀内有水被冻结,应关闭阀门用热水或蒸汽缓慢加温,使之解冻,但严禁用明火烘烤。

在排除氧气瓶阀故障时,应当特别注意,一定要先把氧气阀门关闭之后,才能进行修理或更换零件,以防止发生意外事故。

6. 氧气瓶的使用方法

(1)直立放置 氧气瓶在使用时,一般应直立放置,并必须安放稳固,防止倾倒。

(2)严防自燃和爆炸 在压缩状态的高压氧气与油脂、碳粉、纤维等可燃有机物质接触时容易产生自燃,甚至引起爆炸和火灾。并且高速氧气流和金属微粒的碰撞能产生摩擦热,高速气流的静电火花放电,都有可能起火。因此,应严禁氧气瓶阀、氧气减压器、焊炬、割炬、氧气胶管等沾上易燃物质和油脂等。焊工不得使用和穿用沾有油脂的工具、手套或油污工作服去接触氧气瓶阀、减压器等。氧气瓶不得与油脂类物质、可燃气体钢瓶同车运输,或在一起存放。

(3)禁止敲击瓶帽 取瓶帽时,只能用手和扳手旋取,禁止用铁锤或其他铁器敲击。

(4)防止氧气瓶阀开启过快 在瓶阀上安装减压器之前,应先拧开瓶阀吹掉出气口内杂质,并应轻轻地开启和关闭氧气瓶阀。装上减压器后要缓慢地开启阀门,防止氧气瓶阀开启过快,高压氧气流速过急,产生静电火花而引起减压器燃烧或爆炸。

(5)防止氧气瓶阀联接螺母脱落 在瓶阀上安装减压器时,和氧气瓶阀联接的螺母至少应拧上3扣以上,以防止开气时脱落。人体要避开阀门喷射方向,并要缓慢地开启阀门。

(6)严防瓶温过高引起爆炸 气瓶由于保管和使用不妥,受日光暴晒、明火、热辐射等作用而致使瓶温过高,压力剧增,甚至超过瓶体材料强度极限而发生爆炸。氧气瓶在环境温度 20℃、压力为 15MPa(150 个标准大气压)的条件下,随瓶温的增高,瓶内压力可用下式估算:

$$P = 15 \times \frac{273+t}{273+20} \quad (\text{MPa}) \tag{2-2}$$

式中,t 为瓶温(℃)。

所以,夏季必须把氧气瓶放在凉棚内,以免受到强烈的阳光照射;冬季不应将氧气瓶放在距离火炉和暖气太近的地方,以防氧气受热膨胀,引起爆炸。

(7)冬季氧气瓶冻结的处理 冬季使用氧气瓶时,瓶阀或减压器可能会出现冻结现象,这是由于高压气体从钢瓶排出流动时吸收周围热量所致。如果氧气瓶已冻结,只能用热水或蒸汽解冻,严禁敲打或用明火直接加热。

(8)氧气瓶与电焊同时使用时的注意事项 氧气瓶与电焊在同一工作地点使用时,瓶底应垫以绝缘物以防止气瓶带电;与气瓶接触的管道和设备应有接地装置,防止产生静电造成燃烧或爆炸。

(9)氧气瓶内应留有余气 氧气瓶内氧气不能全部用完,应留有余气,其压力为 0.1~0.3MPa,以便充氧时鉴别瓶内气体的性质和吹除瓶阀口的灰尘,防止可燃气体、空气倒流进入瓶内。

(10)氧气瓶运输时的禁忌 氧气瓶在搬运时必须戴上瓶帽,并避免相互碰撞,不能与可燃气体的气瓶、油料以及其他可燃物同车运输。在厂内运输应用专用小车,并固定牢靠,严禁把氧气瓶放在地上滚动。

(11)氧气瓶必须定期进行技术检验 氧气瓶在使用中必须根据国家《气瓶安全监察规程》进行定期技术检验,一般氧气瓶每 3 年检验一次,如有腐蚀、损伤等问题时,可提前检验,经技术检验合格后才能继续使用。

二、溶解乙炔瓶

溶解乙炔瓶简称为乙炔瓶。溶解乙炔比由乙炔发生器直接得到的气态乙炔具有许多显著的优点,如具有较好的安全性;瓶装溶解乙炔运输携带方便,使用卫生;乙炔纯度高,压力可调节;节约能源,可节省电石 30% 左右,因此,溶解乙炔瓶得到广泛应用。

1. 乙炔瓶的构造

乙炔瓶是由一种储存乙炔用的压力容器。因乙炔不能以高压压入普通钢瓶内,必须利用乙炔能溶解于丙酮($CH_3 \cdot COCH_3$)的特性,采取必要的措施才能把乙炔压入钢瓶内。

乙炔瓶的构造如图 2-6 所示,乙炔瓶主要由瓶体、瓶阀、瓶帽和瓶内的多孔性填料等组成。瓶体内装着浸满丙酮的多孔性填料,使乙炔稳定而安全地储存于乙炔瓶内，填料可采用多孔轻质的活性炭、硅藻土、浮石、硅酸钙、石棉纤维等，目前广泛采用硅酸钙。

(1) 瓶体 乙炔瓶的瓶体是由优质碳素钢或低合金钢板材经轧制焊接而成的。瓶体和瓶帽的外表面喷上白漆，并用红漆醒目的标注"溶解乙炔"和"火不可近"的字样。在瓶体内装有浸满丙酮的多孔性填料6，能使乙炔稳定而又安全地储存于乙炔瓶内。使用时，打开瓶阀3，溶解于丙酮内的乙炔就分解出来，通过瓶阀排出，而丙酮仍留在瓶内。瓶阀下面瓶口1中心的长孔内，放置着过滤用的不锈钢丝网和石棉4（或毛毡）。其作用是帮助作为溶质的乙炔从溶剂丙酮中分解出来。以往瓶内的多孔性填料是用多孔而质轻的活性炭、木屑、硅藻土、浮石、硅酸钙、石棉纤维等组合制成的，目前已广泛应用硅酸钙。为使瓶体能平稳直立地放置，在瓶体底部焊有瓶座7。为防止搬运时溶解乙炔瓶阀及瓶体的意外碰撞，在瓶体上部装有一个带内螺纹的瓶帽2，在外表装有两只防振箍。

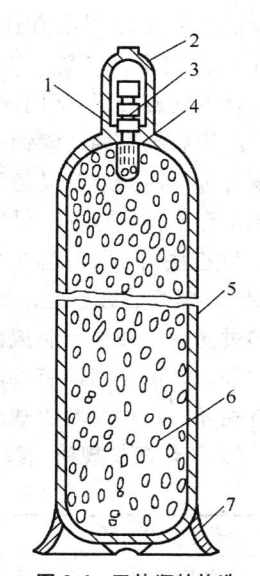

图 2-6 乙炔瓶的构造
1. 瓶口 2. 瓶帽 3. 瓶阀
4. 石棉 5. 瓶体
6. 多孔性填料 7. 瓶座

使用中的乙炔瓶，不再进行水压试验，只做气压试验。气压试验的压力为 3.5MPa，所用气体为纯度不低于97%的干燥氮气。试验时将乙炔瓶浸入地下水槽内，静置 5min 后检查，如发现瓶壁渗漏，则予报废。除做压力检查外，还要对多孔性填料（硅酸钙）进行检查，发现有裂纹和下沉现象时，应重新更换填料。

溶解乙炔瓶的容量一般为 40L，一般乙炔瓶中能溶解 6~7kg 乙炔。溶解乙炔不能从乙炔瓶中随意大量取出，每小时所放出的乙炔应小于瓶装容量的 1/7。

(2) 乙炔瓶阀 乙炔瓶阀是控制乙炔瓶内乙炔进出的阀门。乙炔瓶阀的构造如图 2-7 所示。主要由阀体6、阀杆2、压紧螺母3、活门4以及过滤件7等组成。乙炔瓶阀没有旋转手轮，活门4

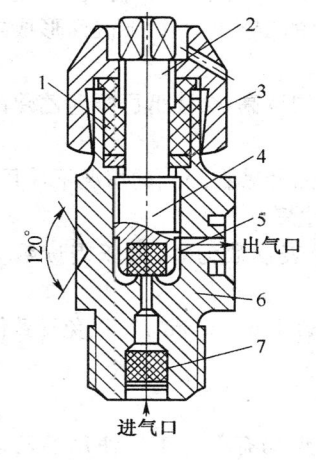

图 2-7 乙炔瓶阀的构造
1. 防漏垫圈 2. 阀杆 3. 压紧螺母
4. 活门 5. 密封垫料
6. 阀体 7. 过滤件

的开启和关闭是利用方孔套筒扳手,将阀杆 2 上端的方形头旋转,使嵌有尼龙 1010 制成的密封垫料 5 的活门向上(或向下)移动而达到的。当方孔套筒扳手按逆时针方向旋转时,活门向上移动而开启瓶阀,相反则关闭瓶阀。

乙炔瓶阀应用碳素钢或低合金钢制成,如果用铜时,必须使用含铜量<70%的铜合金。瓶阀应有易熔塞,侧面接头应采用环形凹槽结构,下端应设置过滤用的毛毡和不锈钢丝网。易熔塞合金的熔点应为 100℃±5℃,瓶阀的密封垫料必须采用与乙炔、丙酮不起化学反应的材料。乙炔瓶阀体下端加工成 $\phi 27.8mm \times 14$ 牙/in 螺纹的锥形尾,以便旋入瓶体上。乙炔瓶阀的进气口内还装有羊毛毡制成的过滤件 7 和钢丝制成的滤网,将分解出来的乙炔进行过滤,吸收乙炔中的水分和杂质。由于乙炔瓶阀的阀体旁侧没有连接减压器的侧接头,因此,必须使用带有夹环的乙炔瓶专用减压器。

(3)乙炔瓶的规格 我国生产的乙炔瓶的规格见表 2-2。

表 2-2 我国生产的乙炔瓶的规格(GB 11638—2003)

公称容积/L	10	16	25	40	63
公称直径/mm	180	200	224	250	300

2. 乙炔瓶的使用方法

乙炔瓶使用时除必须遵守氧气瓶的使用要求外,还应严格遵守下列要求:

①乙炔瓶在使用时应直立放置,不能卧置(横放),因卧置时会使丙酮随乙炔流出,甚至会通过减压器而流入乙炔橡胶气管和焊、割炬内,引起燃烧和爆炸。

②乙炔瓶不应遭受剧烈的振动和撞击,以免瓶内的多孔性填料下沉而形成空洞,影响乙炔的储存,引起熔解乙炔瓶的爆炸。

③溶解乙炔瓶体表面的温度不应超过 40℃,因为温度高,会降低丙酮对乙炔的溶解度,而使瓶内的乙炔压力急剧增高。

④乙炔减压器与溶解乙炔瓶的瓶阀连接必须可靠,严禁在漏气的情况下使用,否则会形成乙炔与空气的混合气体,一触明火就会发生爆炸事故。

⑤溶解乙炔瓶内的乙炔不能全部用完,当高压表读数为零,低压表读数为 0.01~0.03MPa 时,应将瓶阀关紧,防止漏气。

⑥使用压力不得超过 0.15MPa,输出流速不应超过 1.5~2.5m³/h,以免导致供气不足,甚至带走丙酮太多。

三、乙炔发生器

目前,气焊与气割虽然广泛使用瓶装溶解乙炔,但仍有部分工厂使用的乙炔是由乙炔发生器自行制取的。了解乙炔发生器的工作原理和性能仍是十分必要的。

1. 乙炔发生器的类型及特点

乙炔发生器是利用电石与水起化学反应,从而产生一定压力的乙炔气体的装置。按照制取乙炔的压力不同,乙炔发生器可分为低压式(<0.045MPa)、中压式(0.045~0.15MPa)和高压式(>0.15MPa)3种。高压式主要用于瓶装乙炔。按其发气量不同,可分为 0.5m³/h、1m³/h、3m³/h、5m³/h 和 10m³/h 5 种,一般是前两种制成移动式,后 3 种制成固定式。乙炔发生器的类型及特点见表 2-3。

表 2-3 乙炔发生器的类型及特点

类 型	特 点
排水式	利用乙炔压力将水排挤到发生器的隔层中,控制电石与水脱离或接触,从而调节发气室中乙炔的压力,结构简单,移动方便;缺点是内部气温较高,电石一次不能装得太多,装电石时要中断生产
水入电石式	水由水管滴入电石槽产生乙炔,无污水,操作方便,更换电石不影响生产,能使用各种粒度的电石块,缺点是电石分解不完全,发气效率低
电石入水式	电石装在电石箱内,由一套控制阀门根据乙炔消耗情况自动调节落入水中的电石量,电石分解完全,发气效率高,乙炔冷却、清洁较充分;但构造较复杂,体积庞大,用水量大,清电石渣和污水较麻烦
联合式	系水入电石式和排水式的组合形式,利用两个压挤室调节水位,控制乙炔发气量,乙炔压力较稳定,装料、排水、加水、清渣都方便,使用安全,但结构较复杂,一般做成固定式

(1)固定式乙炔发生器 固定式乙炔发生器一般指乙炔站。这类乙炔发生器体积较大,单位时间发气量较多(3.0~10m³/h),可供多个工作点同时使用。Q3-3 型、Q4-5 型和 Q4-10 型乙炔发生器均为固定式的。

(2)移动式乙炔发生器 移动式乙炔发生器体积较小,并设有车轮可供移动,一般发气量为 0.5~1m³/h,Q3-0.5 型、Q3-1 型都属于移动式乙炔发生器。

2. Q3-1 型乙炔发生器的构造

Q3-1 型乙炔发生器是移动式中压乙炔发生器,属于排水式类型,Q3-1 型乙炔发生器的构造如图 2-8 所示。该发生器的发气量为 1m³/h,电石一次可装入 5kg,Q3-1 型乙炔发生器由桶体、盖、储气筒、回火保险装置、泄压装置以及小推车等组成。

桶体由上盖 7、外壳 8 及桶底 22 三部分组合而成的,在锥形罩气室 6 内装有可提取的电石篮 5。移动调节杆 9′和升降滑轮 12 组成的升降机构,可以控制电石篮的上下位置,控制电石接触水面的深度,桶体外壳装有指示发生器水位的溢流阀 20。桶底部装有出渣口 14,由排污操纵杆 11 通过轴 16 使橡胶塞 15 开启排渣。

发生器盖 4 上装有开盖手柄 1、压板 2 和压板环 3,组成封闭机构。拧松开盖手柄 1,使压板打开,便可将水加入发生器桶内,然后再装入电石篮,再拧紧手柄,利用压板环 3 的密封作用,即可将所产生的乙炔气封闭在桶内。在盖 4 上还装有泄压膜片(0.1mm 的铝箔),当压力达到 0.18~0.28MPa 时,泄压膜自行爆破,起安全保护作用。

52 气焊工基本技能

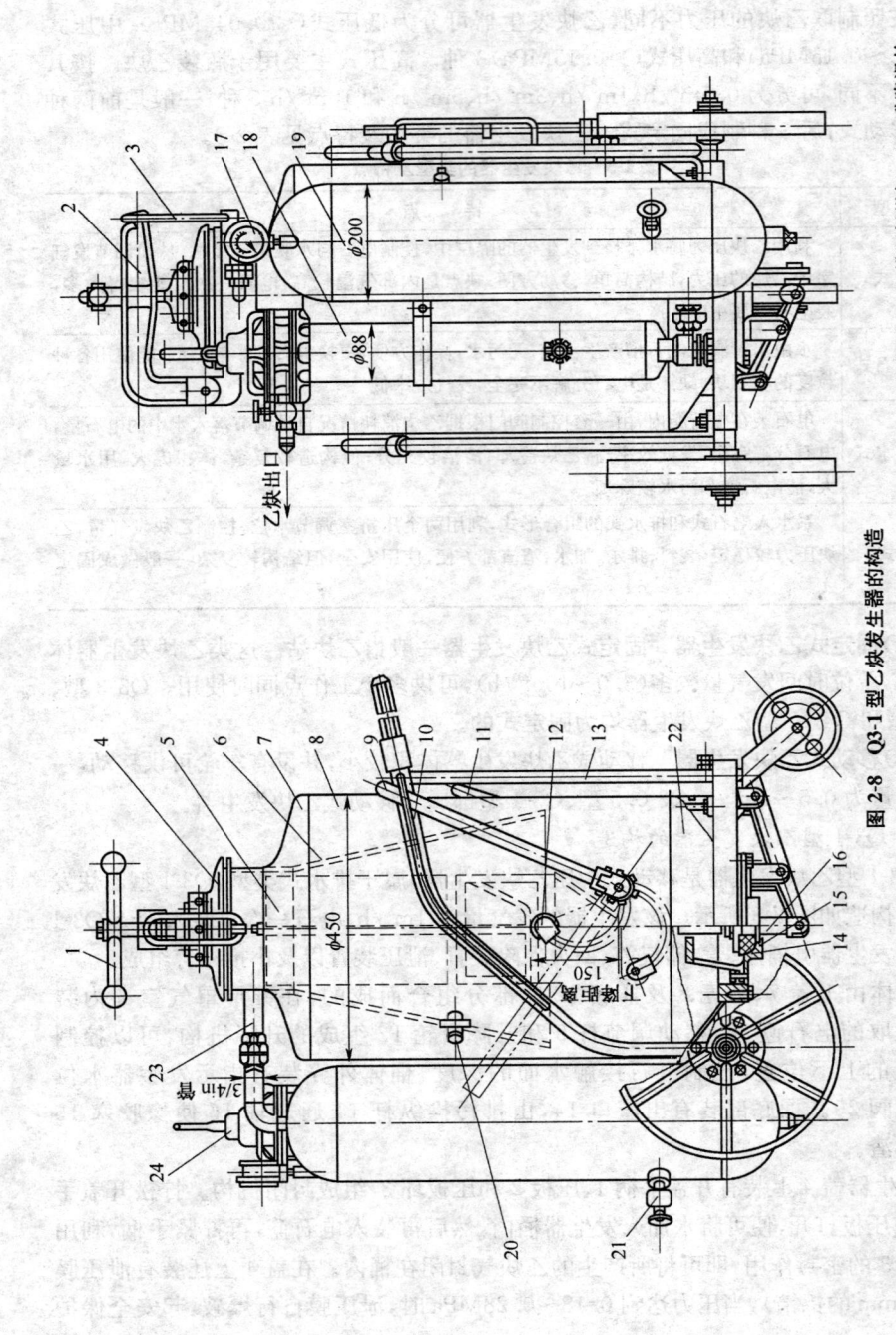

图 2-8 Q3-1 型乙炔发生器的构造

1. 开盖手柄 2. 压板 3. 压板环 4. 盖 5. 电石篮 6. 锥形罩气室 7. 上盖 8. 外壳 9. 调节杆 10. 定位棒 11. 排污操纵杆 12. 升降棘轮 13. 支杆 14. 出渣口 15. 橡胶塞 16. 轴 17. 压力表 18. 回火保险器 19. 储气筒 20. 溢流阀 21. 水位阀 22. 桶底 23. 导气管 24. 泄压装置

储气筒19的进气口通过导气管23与桶体上口连接，顶部装有压力表17，下部有水位阀21控制桶内的水位。

乙炔经过回火保险器18内的止回阀装置和滤清器后，从乙炔出口处送出。回火保险器内必须保持一定水位，使乙炔经过水层防止回火，同时对乙炔进行降温和滤清。回火保险装置的顶部装有泄压装置24，当乙炔压力超过0.115MP时即行泄压，以保障乙炔发生器的安全使用。

3. Q3-1型乙炔发生器的工作原理

Q3-1型乙炔发生器属于排水式，其工作原理如图2-9所示。开始时，推动发生器的移动调节杆，使电石篮下降与水接触。此时，所产生的乙炔聚集在内层Ⅰ锥形罩气室内，经储气室、回火保险器送出供给工作场所使用。当乙炔量减少时，发气室内乙炔压力升高，一直升高到0.75MPa时，将水从内层Ⅰ排到隔层Ⅱ，使电石与水不再接触，停止产生乙炔气体；当乙炔消耗量增加时，发气室压力降低，隔层Ⅱ的水又自动回到内层Ⅰ，又重新产生乙炔气。如此循环，直至电石反应完毕为止。

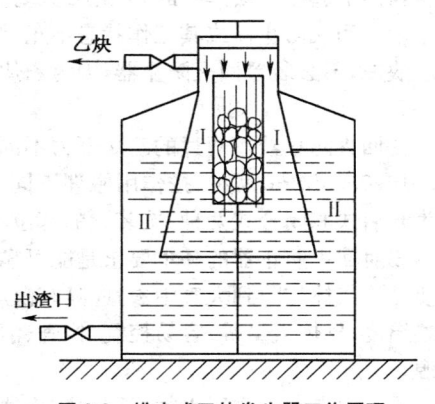

图2-9 排水式乙炔发生器工作原理

4. 中压乙炔发生器的主要型号及性能（表2-4）

表2-4 中压乙炔发生器的主要型号及性能

乙炔发生器型号		Q3-0.5	Q3-1	Q3-3	Q4-5	Q4-10
结构形式		排水式	排水式	排水式	联合式	联合式
正常生产率/(m³/h)		0.5	1	3	5	10
乙炔工作压力/MPa		0.045～0.1				
电石允许颗粒度/mm		25×50 50×80	25×50 50×80	15～25	15～80	
安全阀泄气压力/MPa		0.115			0.15	
安全膜爆破压力/MPa		0.18～0.28				
发气室乙炔最高温度/℃		90				
电石一次装入量/kg		2.4	5	13	12.5	25.5
储气室的水容量/L		30	65	330	338	818
发生器外形尺寸/mm	长	515	1210	1050	1450	1700
	宽	505	675	770	1375	1800
	高	930	1150	1755	2180	2690
固定位置形式		移动式			固定式	

5. 乙炔发生器的安全装置

乙炔发生器的安全装置有阻火装置，如水封式或干式回火防止器；防爆泄压装置,如安全阀、泄压膜等;指示装置,如压力表、温度计和水位指示器等。

(1) 回火防止器

① 回火防止器是发生器不可缺少的安全装置,主要作用是在气焊或气割过程中,焊炬或割炬发生火焰倒燃(回火)时,防止乙炔发生器发生爆炸事故。所谓回火就是由于某种原因使混合气体产生的火焰自焊炬或割炬向乙炔软管内倒燃。若在火焰的通路上不设置回火防止器,则倒燃的火焰可能通过乙炔输送导管而进入乙炔发生器内引起燃烧爆炸事故,因此回火防止器是一种重要的安全设备。若在乙炔通路中没有回火防止器或其工作状态不正常时,则不允许进行气焊或气割工作。若使用乙炔瓶,不必装置回火防止器,因为乙炔瓶内的压力较高,发生火焰倒燃的可能性极小。

② 回火防止器按通过的乙炔压力不同可分为低压式(0.01MPa 以下)和中压式(0.01~0.05MPa)两种;按作用原理不同可分为水封式和干式两种;按构造不同可分为开启式和闭合式两种;按装置的部位不同可分为集中式和岗位式两种。

③ 对回火防止器的基本要求是能可靠地阻止回火和爆炸波的传播,并且能迅速地使爆炸气体排除到大气中去;应具有泄压装置;能满足焊接工艺的要求,如不影响火焰温度,气体流量等;容易控制、检查、清洗和维修;在发生回火时最好能自动切断气源。

④ 国内典型的中压水封式回火防止器如图 2-10 所示。两种回火防止器的作用原理基本相同,但其构造稍有区别,图 2-10b 中的回火防止器装有分水装置,在一定程度上克服了乙炔带水现象。正常工作时,乙炔由进气管流入,推开开关经过球形逆止阀,再经分气板从水下冒出而聚集在筒体上部,然后从出气管输出。

当发生回火时,倒燃的火焰从出气管烧入筒体上部,筒体内的压力立即增大,一方面压迫水面,通过水层使逆止阀瞬时关闭,进气管暂停供气。与此同时,筒体顶部的防爆膜被冲破,燃烧气体就散发到大气中。由于水层也起着隔火作用,因此防止了回火。

逆止阀分为球形和锥形两种,在使用过程中都只能暂时切断乙炔气源,所以在发生回火时,必须关闭乙炔总阀,更换防爆膜后才能继续使用。

这类回火防止器在国内使用较广,其主要缺点是只能暂时切断供气,回火后要关闭总阀、更换防爆膜;

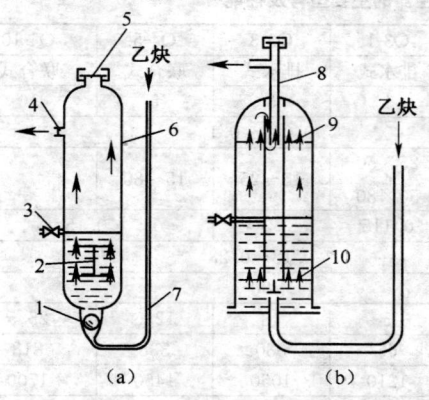

图 2-10 中压水封式回火防止器
(a)没有分水装置的 (b)有分水装置的
1. 球形逆止阀 2. 分气板 3. 水位阀
4. 出气管 5. 防爆膜 6. 筒体
7. 进气管 8. 分水管 9、10. 分水板

逆止阀处容易积污垢,造成逆止阀关闭不紧而泄漏。因此必须定期进行清洗,同时要经常检查水位,绝不允许无水干用。冬天使用时应采取必要的防冻措施,如在水中加入一定量的甘油或使用盐水防冻剂等。

中压多孔陶瓷管干式回火防止器如图 2-11 所示。它具有无需加水、不受气温影

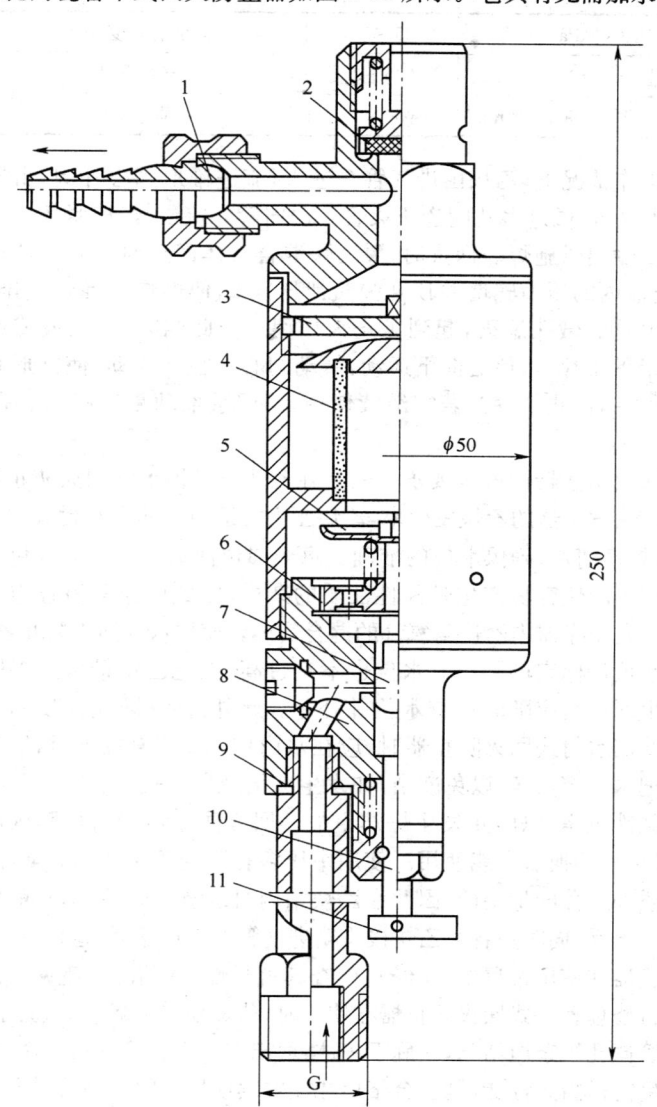

图 2-11 中压多孔陶瓷管干式回火防止器
1. 出气接头 2. 泄压阀 3. 压紧板 4. 多孔陶瓷止火管 5. 承压片 6. 导向分流板
7. 阀心 8. 下主体 9. 进气管 10. 复位杆 11. 手柄 G=12.7mm

响、体积小、质量轻和功能齐全等优点,能起到防止气体逆流、熄火、阻止回火、切断气源及复位等作用。中压多孔陶瓷管干式回火防止器的主要技术参数见表2-5。

表2-5 中压多孔陶瓷管干式回火防止器的主要技术参数

工作压力/MPa	0.05～0.15	安装总高度/mm	250
流量/(m³/h)	0.5～3	气容量/L	0.116
筒体尺寸(直径×厚度)/(mm×mm)	ϕ50×5	质量/kg	1.33

在正常工作情况下,乙炔由进气管9进入,流进锥形阀心外周,由导向分流板6周围的小孔逸出,透过多孔陶瓷止火管4内向管外流出,经压紧板3周围的小孔由出气接头1输出供施焊。回火时,氧乙炔混合气体回到回火防止器产生燃烧或爆炸,使防止器内的压力骤增并顶开弹簧泄压阀2,使燃烧的混合气排到大气中,火焰则被止火管的微孔熄灭,起到了止火作用。与此同时,压缩波或冲击波穿透止火管作用于承压片上,使之向下运动,带动阀心7往下移动,使锥形阀心与阀座锁紧并切断气源,停止供气。若需继续使用,可用手推动复位杆10,顶开进气阀,恢复供气。

⑤使用回火防止器的安全要求 安装在乙炔发生器上的回火防止器,其流量、压力必须与乙炔发生器的乙炔发生率、乙炔压力相适应。所有水封式回火防止器必须每天检查,更换清水,确保水位的准确。每个岗位回火防止器只能供一把焊炬或割炬单独使用。乙炔容易产生带黏性油质的杂质,因此应经常检查逆止阀的密封性。使用前应先排净器内乙炔与氧气的混合气体。使用水封回火防止器时,器内水量不得少于水位计标定的要求。水位也不宜过高,以免乙炔带水过多影响火焰温度。每次发生回火后应随时检查水位并补足。此外,回火防止器使用时应垂直挂放。在冬天使用水封式回火防止器时,应在水内加入少量食盐或甘油等防冻剂,工作结束后应把水全部放净,以免冻结,如发生冻结现象,只能用热水或蒸汽解冻,严禁用明火或红铁烘烤,以防止发生爆炸事故。回火防止器的防爆膜因回火而爆破后,必须及时进行调换后才能使用。使用中压多孔陶瓷管干式回火防止器时,要求乙炔所含杂质和水分的量很低,因此在乙炔站内可装置干燥器和过滤器,将乙炔预先进行过滤和干燥,同时在各组乙炔接头箱进气管上装过滤器,这样使用效果较好。干式回火防止器在使用过程中,应经常检查其密封性,使用时发现漏气或不正常现象应立即进行修理。干式回火防止器在使用时,若发现流量减小、阻力增加,则可能是多孔陶瓷管微孔被杂质堵塞,应旋下主体,取出多孔陶瓷管进行清洗、吹干后方可装配。装配后需做阻火性能试验,合格后才能继续使用。阻火性能试验以氧乙炔混合气体进行试验,以连续3次可靠止火,同时后面的回火防止器不爆炸、锥形阀能锁住、乙炔源能切断为合格。

(2)泄压膜 泄压膜的作用是当发生爆炸而产生压力时,能及时自动泄出气体,降低压力,从而防止发生器罐体的破裂。乙炔与空气(或氧气)混合气的爆炸虽然是在瞬间产生,但从起爆、气体激烈膨胀到最后结束,还是有一个过程的,亦即释放出热量和气体由少到多、温度由低到高、爆炸压力由小到大的发展过程。根据这一特点,在乙炔发生器的发气室、储气室和回火防止器等罐体的适当部位设置一定面积的泄压膜(脆性材料制成),构成薄弱环节。当爆炸发生时,最薄弱处在起爆后较小的爆破压力作用下首先遭受破坏,将大量气体和热量释放出去,从而保住容器主体避免设备损失和在场人员的伤亡。

试验证明,直径 110mm、厚 0.10mm 的铝片能承受 0.25MPa 以上的静压力,完全可以满足发生器工作压力的要求。当发生爆炸时,不但能及时顺利泄压,而且破裂的膜片也不会伤人。

(3)**安全阀** 当乙炔压力超过正常工作压力时,乙炔发生器安全阀即自动开放,把发生器内部的气体排出一部分,直至压力降到低于工作压力后才自行关闭,以防发生爆炸事故。安全阀开放时气体从阀中喷出,发出"吱、吱"的响声,从而起到自动报警的作用。图 2-12 是乙炔发生器一般采用的弹簧式安全阀。它是利用乙炔压力与弹簧压力之间的压力差变化,来达到自动开启或关闭的要求。调节螺钉 5 用来调节弹簧 1 的压力,以调整安全阀的开放压力。

(4)**压力表** 乙炔发生器装设压力表,是用以直接指示发生器内部的乙炔压力值。常用的是单弹簧管式压力表。压力表如图 2-13 所示,弹簧弯管 1 的一端牢固地焊在支座 2 上,支座则固定在表壳 3 内,接头 4 与

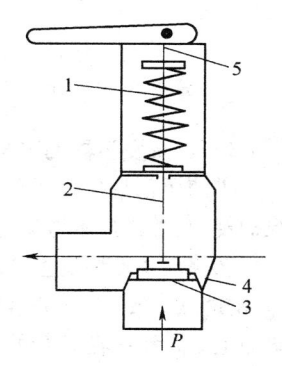

图 2-12 弹簧式安全阀
1. 弹簧 2. 阀杆 3. 阀心 4. 阀体 5. 调节螺钉

乙炔导管相连。当乙炔流入弹簧弯管时,由于内压作用,弹簧使弯管向外伸展,发生角位变形,通过拉杆 6 和扇形齿轮 7 带动小齿轮 8 转动。小齿轮轴上装有指针,指示乙炔的压力。表盘上最高工作压力的刻度处,标出红色标记,如中压乙炔发生器的压力表,在 0.15MPa 处为红色刻度线。

(5)**乙炔发生器的操作程序** 如图 2-8 所示,Q3-1 乙炔发生器的操作顺序如下:旋松开盖手柄 1,放下压板环 3,将盖 4 掀起,然后从上面向发生器桶内注清水,直至水从溢流阀 20 溢出为止。同时向回火保险器和储气筒内注水至水位阀 21 的高度。接着提起电石篮,装入电石,随即将盖 4 关闭,扣上压板 2,旋紧手柄开盖 1。至此,已经做好产生乙炔的准备。使用时,只要推下电石篮调节杆,使电石与水接触即可。

装入的电石用完后需另加电石时,应先将发生器的溢流阀旋开,使发生器内压力降低,然后再开盖加电石,此时,应严禁烟火,防止发生爆炸事故。每天工作完毕后,应放掉桶内的电石渣。

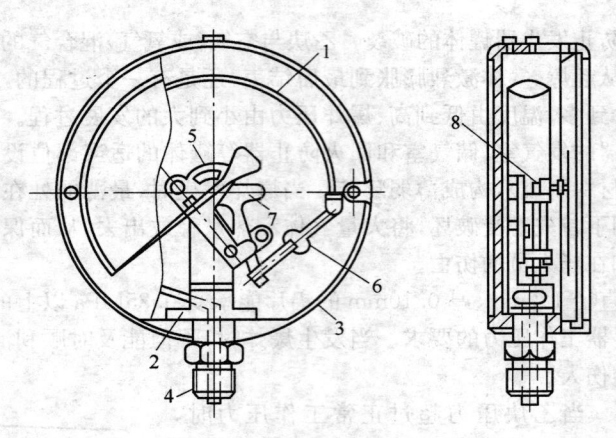

图 2-13 压力表

1. 弹簧弯管 2. 支座 3. 表壳 4. 接头 5. 油丝 6. 拉杆 7. 扇形齿轮 8. 小齿轮

(6)乙炔发生器的安全使用注意事项

①使用乙炔发生器的焊工必须经过专门训练,熟悉发生器的结构、工作原理及维护规则,并经技术考试合格才能正式操作。

②移动式乙炔发生器应放在空气流通和不受振动的地方,要求离高温、明火或焊、割地点 10m 以外,并且不得放置在高压线下方,严禁放置在锻工、铸工、热处理等热加工车间和正在运行的锅炉房内。露天使用时,夏季应防止暴晒,冬季应防止冻结。当乙炔发生器的发气室温度超过 80℃时,应用冷水喷淋进行降温;达到 90℃时,应立即停止使用。如桶内发生冻结时,应当用热水或蒸汽解冻,严禁用明火烘烤。

③发生器与氧气瓶间的距离应在 5m 以上,检查发生器内有无电石时。不得将已经引燃的焊、割炬靠近发生器,禁止在发生器旁吸烟。

④发生器应保持密封不漏气,检查时可涂上肥皂水,观察有无气泡产生,不准用火焰做试验。

⑤发生器灌入的水应洁净,灌入发生器的水应当是没有任何油污或其他杂质的洁净水。

⑥发生器使用前必须排除空气,发生器起动后,在使用前必须排除其中的空气,然后才能向焊、割炬输送乙炔气。

⑦发生器必须装有回火防止器、泄压装置和安全阀,使用前应检查回火防止器水位,回火防止器内的水如已冻结,只能用热水和蒸汽加热,禁止用明火或红铁烘烤。

⑧加入电石的量和颗粒度必须按说明书规定,充装量一般不超过电石篮容积 2/3,不得使用颗粒度超过 80mm 的电石,一般以 50~80mm 为宜,严禁使用电石粉。

⑨发生器必须定期或经常检查、清洗和维护，如需修理，必须首先用充水排气法将桶内余气排除，并把回火防止器、储气桶卸下，打开所有阀门和密封盖。补焊时，更要谨慎小心。

⑩操作人员必须严格按照发生器的安全操作规程操作。

⑪运行过程中清除电石渣的工作必须在电石完全分解后进行。水滴式乙炔发生器如发现有水从发气室排出门溢出，而且压力表指针不动，则表示电石已完全分解，可以清渣。

⑫发生器停用时，应先将电石篮提高脱离水面，或关闭进水阀使电石停止发气，然后再关闭出气管阀门，停止乙炔输出。

工作结束（包括换电石时）打开发生器盖子时，若发生着火，应立即盖上盖子，隔绝空气，并立即提升电石篮使其离开水面，待冷却降温后才能再开盖放水。禁止在开盖子后随即放水。

冬天在露天作业完毕后，应将发生器各罐体的水和电石渣全部排出，冲洗干净，以免冻结。发生器如需修补焊接时，必须先彻底清刷，经检查确认无乙炔或电石残存物后方可进行，否则不得补焊。

四、液化石油气瓶

液化石油气钢瓶由底座、瓶体、瓶嘴、耳片和护罩组成，如图2-14所示。常用液化石油气钢瓶有能充装15kg和50kg两种，钢瓶表面涂成灰色，并涂有红色"液化石油气"字样。按照液化石油气的主要成分丙烷在48℃时的饱和蒸气压确定，钢瓶的设计压力为1.6MPa。钢瓶内容积是按液态丙烷在60℃时恰好充满整个钢瓶而设计的。

1. 液化石油气瓶的型号和参数

我国目前生产的液化石油气钢瓶的型号和技术参数见表2-6。钢瓶的使用温度为40℃～60℃，以免发生危险。

2. 液化石油气瓶的使用注意事项

①气瓶不得充满液体，必须留出容积的10%～20%为气化空间，以防止液体随环境温度升高而膨胀时，导致气瓶破裂。

②胶管和衬垫料应用耐油材料。勿暴晒，储存室应通风良好，室内严禁明火。

③瓶阀及管接头处不得漏气，注意管接头处螺纹的磨损和腐蚀程度，防止在压力下打出。

④气瓶严禁火烤或用沸水加热，冬季可用40℃以下的温水加热。不得自行倒出残渣，以防遇火成

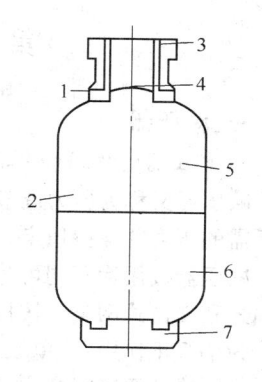

图2-14 液化石油气钢瓶的构造
1. 耳片 2. 瓶体 3. 护罩
4. 瓶嘴 5. 上封头
6. 下封头 7. 底座

灾，严防漏气。

表 2-6 液化石油气钢瓶的型号和技术参数

型号	YBP-10	YSP-15	YSP-50
钢瓶内直径/mm	314	314	400
底座外直径/mm	240	240	400
护罩外直径/mm	190	190	—
钢瓶高度/mm	535	680	1215
液体容积/L	≥23.5	≥35.5	≥118
可装质量/kg	≤10	≤15	≤50

五、气焊、气割用高压气体容器的主要技术参数

气焊、气割用高压气体容器的主要技术参数见表 2-7。

表 2-7 气焊、气割用高压气体容器的主要技术参数

瓶装气体	充填压力/MPa	试验压力/MPa	使用压力＞/MPa	满瓶量/kg(L)
氧气	14.71(35℃时)	22.5	1.25	(6000)
乙炔	1.25(15℃时)	5.88	0.15	5~7(4000~6000)

注：满瓶量指容积为 40L 的气瓶数据，括号内的数值为容积 L(指 101.325kPa 气压下)，不加括号的数值为质量 kg。

第二节 气焊、气割工具

一、减压器

1. 减压器的作用和分类

减压器又称为压力调节器或气压表，其作用是将储存在气瓶内的高压气体减压到所需的压力并保持稳定。

减压器按用途不同可分为氧气减压器、乙炔减压器和丙烷减压器等；还可分为集中式和岗位式两类。按构造不同可分为单级式和双级式两类。按工作原理不同可分为单级正作用式、单级反作用式和双级作用式。目前，常见的国产减压器以单级反作用式和双级混合式(第一级为正作用式、第二级为反作用式)两类为主。常用减压器的主要技术数据见表 2-8。

2. QD-1 型氧气减压器

QD-1 型氧气减压器是单级反作用式减压器。它主要供氧气减压用，其进气口最高压力为 15MPa，工作压力调节范围为 0.1~2.5MPa。

表 2-8　常用减压器的主要技术数据

减压器型号	QD-1	QD-2A	QD-3A	DJ-6	SJ7-10	QD-20	QW2-16/0.6
名称	单级氧气减压器				双级氧气减压器	单级乙炔减压器	单级丙烷减压器
进气口最高压力/MPa	15	15	15	15	15	2	1.6
最高工作压力/MPa	2.5	1.0	0.2	2	2	0.15	0.06
工作压力调节范围/MPa	0.1~2.5	0.1~1.0	0.01~0.2	0.1~2	0.1~2	0.01~0.15	0.02~0.06
最大放气能力/(m³/h)	80	40	10	180	—	9	—
出气口孔径/mm	6	5	3		5	4	
压力表规格/MPa	0~2.5 0~4.0	0~25 0~1.6	0~25 0~0.4	0~25 0~4	0~25 0~4	0~2.5 0~0.25	0~2.5 0~0.16
安全阀泄气压力/MPa	2.9~3.9	1.15~1.6	—	2.2	2.2	0.18~0.24	0.07~0.12
进气口联接螺纹/mm	G15.875	G15.875	G15.875	G15.875	G15.875	夹环连接	G15.875
质量/kg	4	2	2	2	3	2	2
外形尺寸/(mm×mm×mm)	200×200×200	165×170×160	165×170×160	170×200×142	200×170×220	170×185×315	165×190×160

(1) 氧气减压器的构造　QD-1 型氧气减压器的构造如图 2-15 所示，主要由本体、罩壳、高压螺钉、调压弹簧、弹性薄膜装置(由弹簧垫块、薄膜片、耐油橡胶平垫片等组成)、减压活门、活门座、安全阀、进出气口接头及高压表与低压表等部分组成。

本体上设有与低压气室 1 相通的安全阀 15。当减压器发生故障时，低压气室的压力超过安全阀泄气压力，气体就自动打开安全阀而逸出(2.9MPa 开始泄气，3.9MPa 完全打开)。既能保护低压表不受冲击而损坏，又避免了超过工作压力的气体流出而造成其他事故。当气压降低后，安全阀自动关闭，保持气密性。

减压器的进气接头螺母的螺纹尺寸为 G5/8″接头的内孔直径为 55mm，而出气接头的内孔直径为 6mm，其最大流量为 250m³/h。

减压器本体还装有 0~25MPa 的高压氧气气压表和 0~4MPa 的低压氧气气压表，分别指示高压气室 11(氧气瓶内)和低压气室 1 的压力。

减压器外壳漆成天蓝色，与氧气瓶颜色一致。

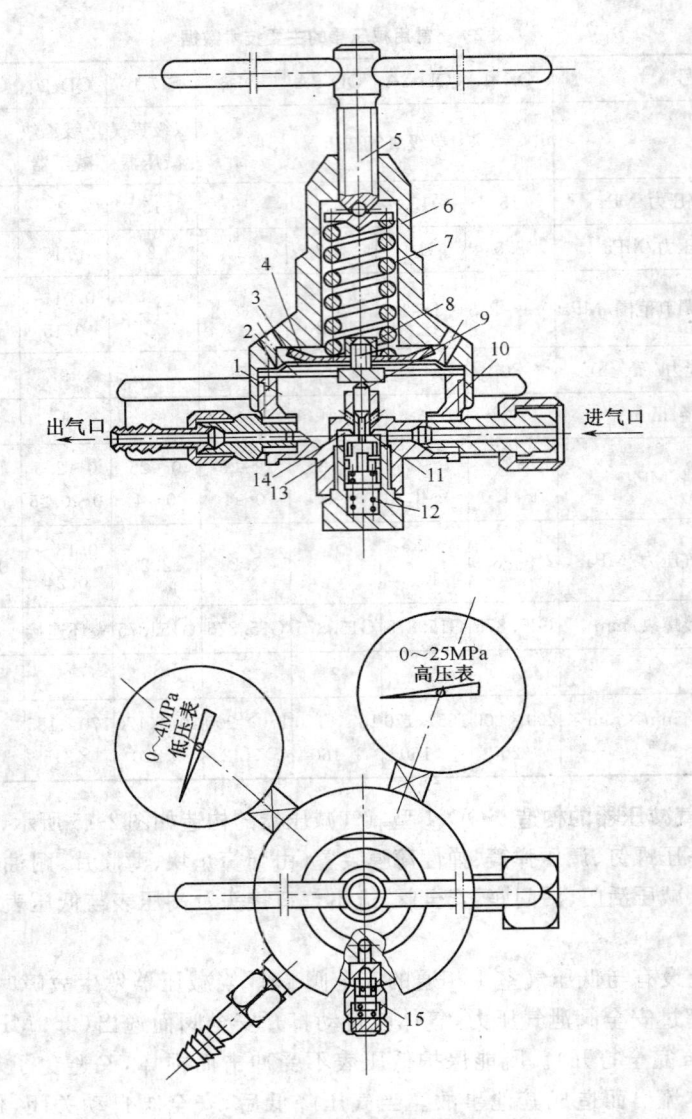

图 2-15　QD-1 型氧气减压器的构造

1. 低压气室　2. 耐油橡胶平垫片　3. 薄膜片　4. 弹簧垫块　5. 调压螺钉
6. 罩壳　7. 调压弹簧　8. 螺钉　9. 活门顶杆　10. 本体　11. 高压气室
12. 副弹簧　13. 减压活门　14. 活门座　15. 安全阀

(2) 氧气减压器的工作原理　QD-1 型氧气减压器的工作原理如图 2-16 所示。减压器处于非工作状态时,调压螺钉 15 逆时针方向松开,调压弹簧 14 处于松弛状态,当氧气瓶阀开启时,高压氧气进入高压气室 4,但由于减压活门 8 被副弹簧压紧在活门座 3 上，高压氧气无法进入低压气室 2 内，如图 2-16a 所示；顺时针方向旋转调压螺钉 15，将减压活门 8 顶开，此时高压氧气从缝隙中流入低压气室 2，如图 2-16b 所示。高压氧气从高压气室流入低压气室，体积膨胀压力降低。经过降压后的氧气接入到焊炬的氧气接入管上，供气焊使用。此时，即是减压器的工作状态（减压原理）。

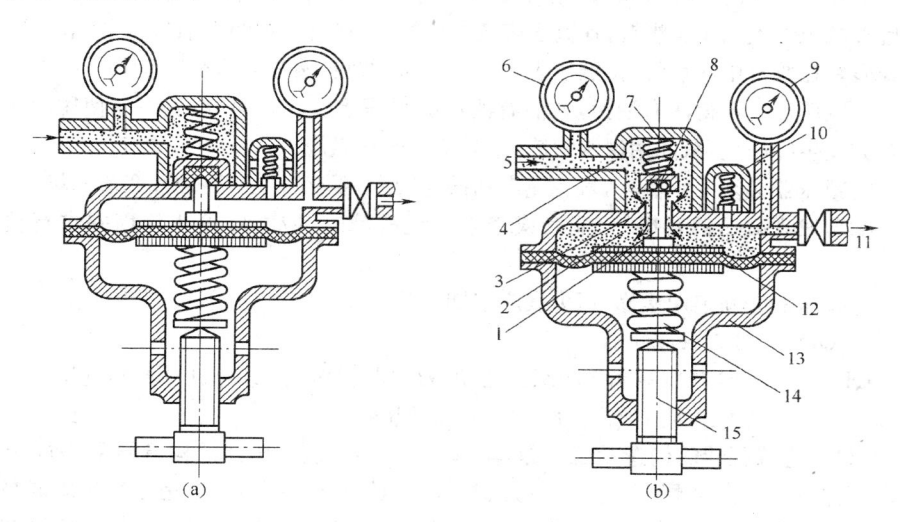

图 2-16　QD-1 型氧气减压器的工作原理
(a)非工作状态　(b)工作状态
1. 传动杆　2. 低压气室　3. 活门座　4. 高压气室　5. 气体入口　6. 高压表
7. 副弹簧　8. 减压活门　9. 低压表　10. 安全阀　11. 气体出口
12. 弹性薄膜　13. 外壳　14. 调压弹簧　15. 调压螺钉

在使用过程中，如果氧气输出量减少，低压气室的压力会增高，此时，通过弹性薄膜 12、压缩调压弹簧 14，带动减压活门 8 向下移动，使开度减小，低压气室的压力会降低；反之，活门的开度会增加，使低压气室压力提高，保持输出的压力稳定。

(3)氧气减压器的使用注意事项

①在安装减压器时应首先检查联接螺钉的规格，螺纹是否有损坏。

②安装氧气减压器之前，先逆时针方向缓慢旋转氧气瓶阀上的手轮，利用高压氧气吹除瓶阀出口的污物，然后立即关闭瓶阀。将氧气减压器的进口对准瓶阀出口，使压力表处于竖直位置，然后用无油脂扳手将联接螺母拧紧。

③将黑色的氧气胶管插入减压器出口管接头上，用管卡夹紧。

④逆时针旋转减压器上调节螺钉，待完全旋松后，再缓慢开启氧气瓶阀，以防止高压气体突然冲到低压气室，而使弹性薄膜装置或低压表损坏。在开启气瓶阀时，

操作者不应站在减压器的正面和气瓶阀出气口前面。然后用肥皂水检查减压器各接头部位有无漏气现象。

⑤工作时,沿顺时针方向缓慢旋转调压螺钉,直至减压器的低压表指针指到所需的压力为止(0.1～2.5MPa)。

⑥停止工作时,应先顺时针方向旋转瓶阀手轮,将瓶阀关闭。然后沿顺时针方向旋转减压器上的调压螺钉,使高压表读数为"0"。接着将焊炬上氧气调节阀旋开,放掉残留在胶管中的氧气,待低压表为"0"后,再逆时针旋松调压螺钉。

⑦减压器上不得沾有油污,如沾有油污必须马上清除干净,然后才能使用。减压器如发生冷冻结,只能用温水解冻,绝对禁用明火烘烤。

⑧减压器必须妥善保存,避免撞击和振动,并不要存放在有腐蚀性介质的场合。

⑨若发现减压器有损坏、漏气或产生其他故障时,应立即停止使用并进行检修。

⑩减压器必须定期检修、压力表应定期检验。

3. QD-20型乙炔减压器

QD-20型乙炔减压器属于单级式乙炔减压器,供溶解乙炔减压用,其进口压力为2.0MPa,工作压力调节范围为0.01～0.15MPa。

(1)乙炔减压器的构造及工作原理 QD-20型乙炔减压器的构造如图2-17所示。其构造和工作原理基本上与单级式氧气减压器相似,所不同的是乙炔减压器高压气室与乙炔瓶阀的联接是采用特殊的夹环并借助紧固螺钉加以固定的。乙炔减压器低压气室装有安全阀,在大于0.18MPa时开始泄气,在压力达到0.24MPa时完全打开,减压器在工作压力为0.15MPa时,通过直径4mm喷口的最大流量为5m³/h。乙炔减压器的本体上,装有0～4MPa的高压乙炔表和0～0.25MPa的低压乙炔表,在减压器的压力表上均有指示该压力表最大许可工作压力的红线,以便使用时严格控制。乙炔减压器的外壳涂成白色。

(2)QD-20型乙炔减压器的使用注意事项

①安装乙炔减压器前,先用扳手打开乙炔瓶阀,吹掉出气口的污物,然后关闭。将乙炔减压器的进气口对准乙炔瓶阀的出气口,并拧紧固定螺钉,将减压器固定在瓶阀上。

②将红色的乙炔胶管插入减压器出口管接头上,并用钢丝或管卡夹紧。

③逆时针方向缓慢转动减压器上的调压螺钉,待调松后,用方形套筒扳手缓慢打开乙炔瓶阀。

④顺时针方向缓慢转动减压器上的调压螺钉,直至调到所需的工作压力为止。

⑤停止工作时,先关闭乙炔瓶阀,打开焊炬上的乙炔开关,排除减压器内的余气。最后放松高压螺钉,使所有压力表指"0"位。

⑥定期检修减压器,校验压力表。

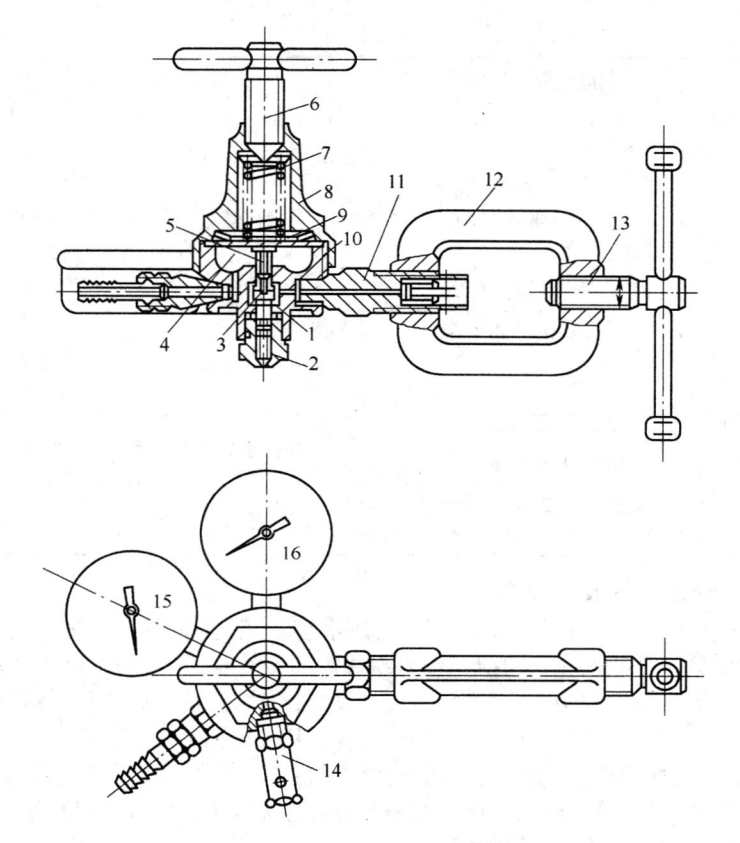

图 2-17 带夹环的乙炔减压器的构造

1. 高压气室 2. 副弹簧 3. 减压活门 4. 低压气室 5. 活门顶杆 6. 调压螺栓
7. 调压弹簧 8. 罩壳 9. 弹性薄膜 10. 减压器本体 11. 过滤接头
12. 夹环 13. 紧固螺栓 14. 安全阀 15. 低压表 16. 高压表

4．减压器的常见故障、预防措施和维修方法（表2-9）

表 2-9　减压器的常见故障、预防措施和维修方法

常见故障	故障部位及原因	预防措施和维修方法
减压器漏气	减压器连接部分漏气，螺纹配合松动或垫圈损坏	拧紧螺钉；更新垫圈或加石棉绳
	1. 安全阀漏气； 2. 活门垫料损坏或弹簧变形	1. 调整弹簧； 2. 换用新活门垫料（青钢纸、塑料或有机玻璃板）
	减压器弹性薄膜损坏或螺钉拧得不紧，造成漏气	更换弹性薄膜；拧紧螺钉

续表 2-9

常见故障	故障部位及原因	预防措施和维修方法
减压器表针爬高（自流）	调节螺栓松开后,气体继续流出（低压表针继续上升）: 1. 活门或门座上有污物; 2. 活门密封垫或活门座不平（有裂纹或压痕）; 3. 副弹簧损坏,压紧力不足	将活门螺母松开,取出活门进行检查,按损坏情况分别处理: 1. 将活门或门座上的污物去净; 2. 将活门不平处用细砂布磨平,如有裂纹,要换用新的; 3. 调整弹簧长度或更换弹簧
氧气瓶阀打开时,高压表针指示有氧,但低压表不动作或动作不灵敏	调节螺栓已紧到底,但工作压力不升或升得很少,其原因是主弹簧损坏或传动杆弯曲	拆开减压器盖,更换主弹簧或传动杆
	工作时氧气压力下降,或表针有剧烈跳动,原因为减压器内部冻结	用热水加热解冻后,把水分吹干
	低压表已指示工作压力,但使用时突然下降,原因是氧气瓶阀门没有完全打开	进一步打开氧气阀门

二、乙炔过滤器及干燥器

乙炔气体中含有很多杂质,如水蒸气、硫化氢、磷化氢等,焊割时影响火焰温度,降低焊割质量。因此,焊割重要产品时,乙炔需要过滤和干燥。乙炔化学过滤器如图 2-18 所示,所使用的乙炔清净剂的配方为无水铬酸 11%～13%,硫酸 17%～20%,硅藻土 45%～55% 和水 18%～28%。药剂失效后变为绿色,所以使用一段时间后,应进行检查,及时换用新的药剂。为了避免乙炔中水分被带到焊割炬里面使火焰温度降低,可装干燥器。干燥器可根据使用乙炔量的大小,自行制作。干燥剂可选用块状电石。乙炔干燥器如图 2-19 所示。

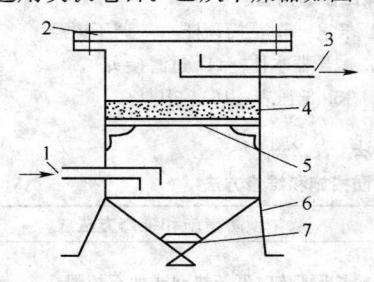

图 2-18 乙炔化学过滤器
1. 乙炔入口 2. 法兰及盖板
3. 乙炔出口 4. 乙炔清净剂 5. 筛板
6. 支架 7. 放水阀

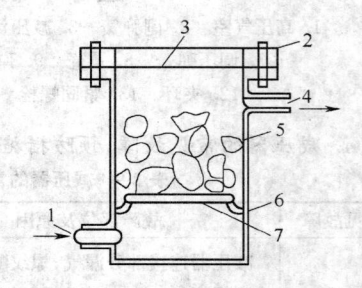

图 2-19 乙炔干燥器
1. 乙炔入口 2. 法兰
3. 橡胶薄膜（防爆用） 4. 乙炔出口
5. 块状电石 6. 桶体 7. 带孔隔板

三、液化石油气汽化器

如图 2-20 所示,汽化器是蛇管式或列管式换热器。管内通液化气,管外通

40℃～50℃的热水，以供给液化气蒸发所需要的热量。热水可由外部供给，也可以用本身的液化气燃烧起来加热。加热水所消耗的燃料仅占整个汽化量的 2.5％左右。通常在用户量较大、液化气中丁烷含量大、饱和蒸气压低和冬季在室外作业的情况下，才要考虑使用汽化器。

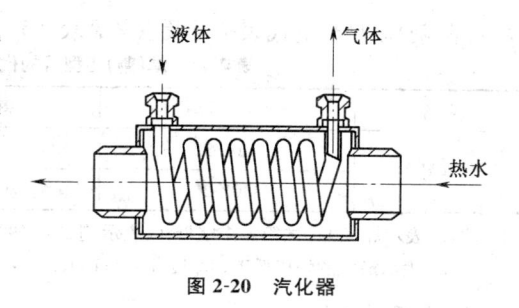

图 2-20　汽化器

四、焊炬

焊炬又称为焊枪、龙头、烧把和熔接器，其作用是使可燃气体与氧气按一定比例混合，并形成具有一定热能的焊接火焰，它是气焊及软、硬钎焊时，用于控制火焰进行焊接的主要器具之一。

1. 焊炬的类型

焊炬按气体的混合方式分为射吸式焊炬和等压式焊炬两类；按火焰的数目分为单焰和多焰两类；按可燃气体的种类分为乙炔用、氢气用、汽油用等；按使用方法分为手工和机械两类。常用焊炬的类型及特点见表 2-10。

表 2-10　常用焊炬的类型及特点

焊炬类型	工作原理	优　点	缺　点
射吸式	使用的氧气压力较高而乙炔压力较低，利用高压氧从喷嘴喷出时的射吸作用，使氧与乙炔均匀地按比例混合	工作压力在 0.001MPa 以上即可使用，通用性强，低、中压乙炔都可用	较易回火
等压式	使用的乙炔压力与氧气压力相等或接近，乙炔与氧的混合是在焊（割）嘴接头与焊（割）嘴的空隙内完成，主要用于割炬	火焰燃烧稳定，不易回火	只能使用中压、高压乙炔，不能用低压乙炔

2. 焊炬型号的表示方法

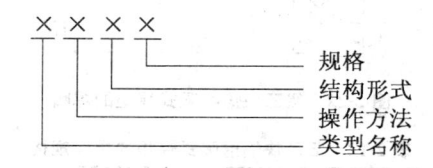

```
× × × ×
│ │ │ └── 规格
│ │ └──── 结构形式
│ └────── 操作方法
└──────── 类型名称
```

【例 2-1】

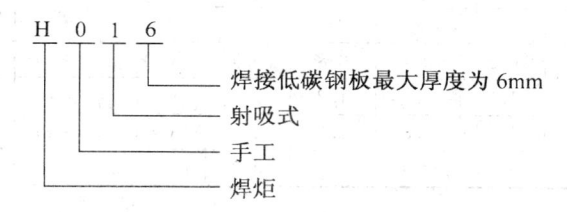

```
H 0 1 6
│ │ │ └── 焊接低碳钢板最大厚度为 6mm
│ │ └──── 射吸式
│ └────── 手工
└──────── 焊炬
```

焊(割)炬型号的代表符号及意义见表2-11。

表2-11 焊(割)炬型号的代表符号及意义

名称	焊 炬	割 炬	焊割两用炬
型号	H02-12	G02-100	HG02-12/100
	H02-20	G02-300	HG02-20/200

注：H表示焊(Han)的第一个字母；G表示割(Ge)的第一个字母；0表示手工；2表示等压式；12、20表示最大的焊接低碳钢厚度(mm)；100、200、300表示最大的切割低碳钢厚度(mm)。

3. 射吸式焊炬

(1)射吸式焊炬的构造 射吸式焊炬是可燃气体靠喷射氧流的射吸作用与氧气混合的焊炬。射吸式焊炬的构造如图2-21所示。乙炔靠氧气的射吸作用吸入射吸管，因此它适用于低压及中压(0.001～0.1MPa)乙炔。

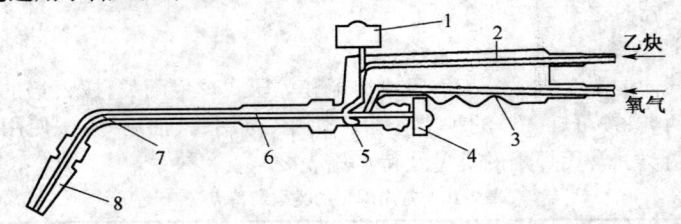

图2-21 射吸式焊炬的构造
1. 乙炔阀 2. 乙炔胶管 3. 氧气胶管 4. 氧气阀
5. 喷嘴 6. 射吸管 7. 混合气管 8. 焊嘴

(2)射吸式焊炬的焊嘴规格 氧乙炔焰射吸式焊炬的焊嘴如图2-22所示，其规格见表2-12。

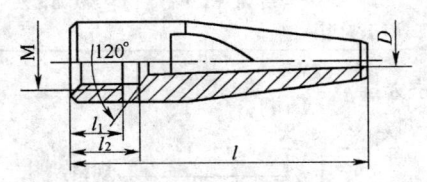

图2-22 氧乙炔焰射吸式焊炬的焊嘴

表2-12 氧乙炔焰射吸式焊炬的焊嘴规格 (mm)

型号	D					M	l	l_1	l_2
	1#	2#	3#	4#	5#				
H01-2	0.5	0.6	0.7	0.8	0.9	M6×1	≥25	4	6
H01-6	0.9	1.0	1.1	1.2	1.3	M8×1	≥40	7	9
H01-12	1.4	1.6	1.8	2.0	2.2	M10×1.25	≥45	7.5	10
H01-20	2.4	2.6	2.8	3.0	3.2	M10×1.25	≥50	9.5	12

(3) 射吸式焊炬的型号和主要技术数据 见表 2-13。

表 2-13 射吸式焊炬的型号和主要技术数据

型号①	焊嘴号码	焊嘴孔径/mm	焊接低碳钢板最大厚度/mm	气体压力/MPa 氧气	气体压力/MPa 乙炔	气体消耗量/(m³/h) 氧气	气体消耗量/(m³/h) 乙炔	焰芯长度②≥/mm	焊炬总长度/mm
H01-2	1	0.5	0.5~2	0.1	0.001~0.10	0.033	0.04	3	300
	2	0.6		0.125		0.046	0.05	4	
	3	0.7		0.15		0.065	0.08	5	
	4	0.8		0.175		0.10	0.12	6	
	5	0.9		0.2		0.15	0.17	8	
H01-6	1	0.9	2~6	0.2	0.001~0.10	0.15	0.20	8	400
	2	1.0		0.25		0.20	0.24	10	
	3	1.1		0.3		0.24	0.28	11	
	4	1.2		0.35		0.28	0.33	12	
	5	1.3		0.4		0.37	0.43	13	
H01-12	1	1.4	6~12	0.4	0.001~0.10	0.37	0.43	13	500
	2	1.6		0.45		0.49	0.58	15	
	3	1.8		0.5		0.65	0.78	17	
	4	2.0		0.6		0.86	1.05	18	
	5	2.2		0.7		1.10	1.21	19	
H01-20	1	2.4	12~20	0.6	0.001~0.10	1.25	1.50	20	600
	2	2.6		0.65		1.45	1.70	21	
	3	2.8		0.7		1.65	2.0	21	
	4	3.0		0.75		1.95	2.3	21	
	5	3.2		0.8		2.25	2.6	21	

注：①H 表示焊（Han）的第一个字母；0 表示手工；1 表示射吸；2、6、12、20 分别表示焊接低碳钢最大厚度为 2mm、6mm、12mm 和 20mm。

②是指与氧气压力符合本表，乙炔压力为 0.006~0.008MPa 时的数据。

(4) 射吸式焊炬的使用注意事项

①根据焊件的厚度，按表 2-13 推荐的数据，选择适当的焊炬和焊嘴。更换焊嘴一定要用扳手拧紧，防止漏气。

②检查焊炬的射吸能力是否正常，先将黑色的氧气管接在焊炬下方的氧气管接头上（暂不接乙炔管），打开氧气瓶阀，调节减压器螺钉，向焊炬输送氧气，然后打开乙炔调节阀和氧气调节阀。当氧气从焊嘴流出时，用手指按在乙炔进气管接头处，若手指感到有足够的吸力，则表明焊炬射吸能力正常，否则，焊炬不能工作，需要修理。

③确定焊炬射吸能力正常后，可将红色的乙炔管接在乙炔接头上。再用管卡将

红、黑两个管接头处夹紧,使焊炬处于可用状态。

④使用时,先打开乙炔瓶阀,按表2-13要求调节氧气和乙炔的压力,然后关闭焊炬上氧气和乙炔调节阀,用肥皂水检查各接口处和焊嘴是否漏气。若漏气,需经修复后才能使用。

⑤点火时,先微开氧气调节阀,然后再开乙炔调节阀,用点火枪点火。点燃之后再调节火焰的形状和大小,直至达到所需的火焰为止。

⑥不得将正在燃烧的焊炬随意放在焊件或地面上。

⑦使用过程中若发生回火,应迅速关闭乙炔调节阀,同时关闭氧气调节阀。待回火熄灭,打开氧气调节阀,吹除残留在焊炬内的余烟,并将焊炬前部放到水中冷却。

⑧停止使用时,应先关乙炔调节阀,再关氧气调节阀。

⑨焊炬各部分及内部通路都禁止用油脂擦拭,而且也不允许沾染油污,保持干爽状态。

⑩工作结束时,将氧气瓶阀和乙炔瓶阀关闭,并放掉余气,使所有压力表都回"0"。将软管盘好,悬挂在固定的地方。

⑪焊嘴被堵塞时,要用通针清理,禁止在工件上摩擦。

(5)射吸式焊炬的常见故障及排除方法 见表2-14。

表2-14 射吸式焊炬的常见故障及排除方法

故障现象	产生原因	排除方法
气阀处漏气	1. 压紧螺母松动; 2. 垫圈损坏	1. 拧紧螺母; 2. 更换垫圈
射吸能力小	1. 调节氧气流的射流针尖灰分太厚; 2. 射流针尖弯曲; 3. 射流针尖与射流孔不同心	1. 消除灰分; 2. 调直射流针尖; 3. 更换射流针尖
无射吸能力	1. 射吸管孔处有杂质; 2. 焊嘴堵塞	1. 清除射吸管孔处杂质; 2. 清理焊嘴
氧气逆流至乙炔管道	射流针与射流孔座零件松动漏气	更换损坏零件
使用时间过长,火焰发出"啪、啪"响声,并连续熄火	1. 焊嘴松动; 2. 焊嘴、混合管温度高; 3. 射吸管内壁吸附杂质太厚	1. 拧紧焊嘴; 2. 焊嘴或混合管降温; 3. 清除吸附杂质

4. 等压式焊炬

(1)等压式焊炬的构造 等压式焊炬是氧气与可燃气体压力相等,混合室出口压力低于氧气及燃气压力的焊炬,等压式焊炬的构造如图2-23所示。压力相等或相近的氧气、乙炔气同时进入混合室,工作时可燃气体流量保持稳定,火焰燃烧也稳定,并且不易回火,但它仅适用于中压乙炔。

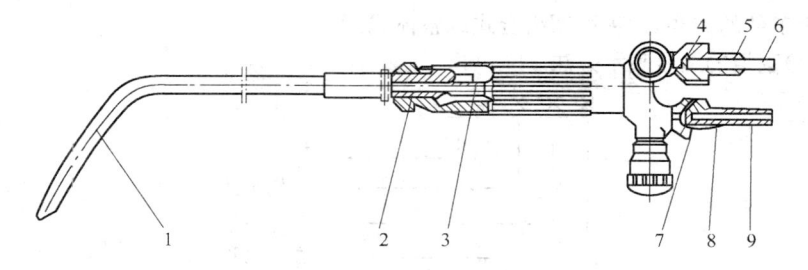

图 2-23 等压式焊炬的构造
1. 焊嘴 2. 混合管螺母 3. 混合管接头 4. 氧气螺母 5. 氧气接头螺纹 6. 氧气软管接头 7. 乙炔螺母 8. 乙炔接头螺纹 9. 乙炔软管接头

(2) 等压式焊炬的型号及技术数据　见表 2-15。

表 2-15　等压式焊炬的型号及技术数据

型号	焊嘴号码	焊嘴孔径/mm	焊接低碳钢最大厚度/mm	气体压力/MPa 氧气	气体压力/MPa 乙炔	焰芯长度≥/mm	焊炬总长度/mm
H02-12	1	0.6	0.5～12	0.2	0.02	4	500
	2	1.0		0.25	0.03	11	
	3	1.4		0.3	0.04	13	
	4	1.8		0.35	0.05	17	
	5	2.2		0.4	0.06	20	
H02-20	1	0.6	0.5～20	0.2	0.02	4	600
	2	1.0		0.25	0.03	11	
	3	1.4		0.3	0.04	13	
	4	1.8		0.35	0.05	17	
	5	2.0		0.4	0.06	20	
	6	2.6		0.5	0.07	21	
	7	3.0		0.6	0.08	21	

注：H 表示焊(Han)的第一个字母；0 表示手工；2 表示等压式；12、20 表示焊接低碳钢最大厚度为 12mm、20mm。

五、割炬

割炬的作用是将可燃气体与氧气按一定的比例和方式混合后，形成具有一定热能和形状的预热火焰，并在预热火焰中心喷射切割氧气流进行切割。

割炬按可燃气体和氧气混合方式的不同分为射吸式和等压式两种，射吸式使用广泛；按用途分为普通割炬、重型割炬和焊割两用炬。

1. 射吸式割炬

射吸式割炬采用固定射吸管，更换切割氧孔径大小不同的割嘴，以适应切割不同厚度工件的需要,割嘴可用组合式或整体式。

(1) 割炬的型号表示方法

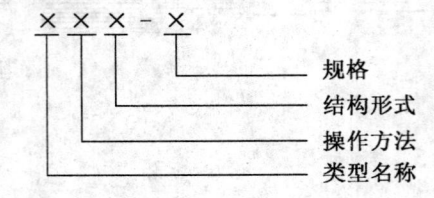

```
× × × - ×
          ├── 规格
        ├──── 结构形式
      ├────── 操作方法
    ├──────── 类型名称
```

【例 2-2】

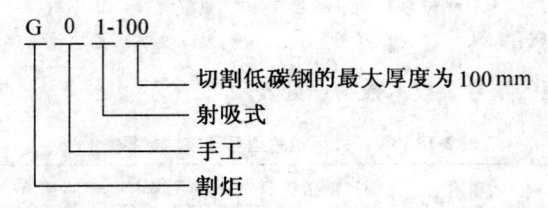

```
G 0 1 - 100
          ├── 切割低碳钢的最大厚度为 100 mm
        ├──── 射吸式
      ├────── 手工
    ├──────── 割炬
```

(2) 射吸式割炬的构造 射吸式割炬的构造如图 2-24 所示。射吸式割炬适用于低压、中压乙炔气。

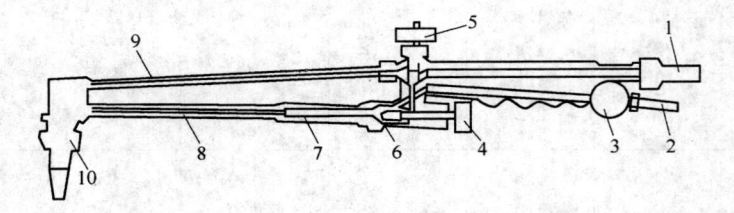

图 2-24 射吸式割炬的构造
1. 氧气进口 2. 乙炔进口 3. 乙炔阀门 4. 氧气阀 5. 高压氧气阀
6. 喷嘴 7. 射吸管 8. 混合气管 9. 高压氧气管 10. 割嘴

① 氧乙炔焰射吸式割炬的割嘴如图 2-25 所示,其规格见表 2-16。

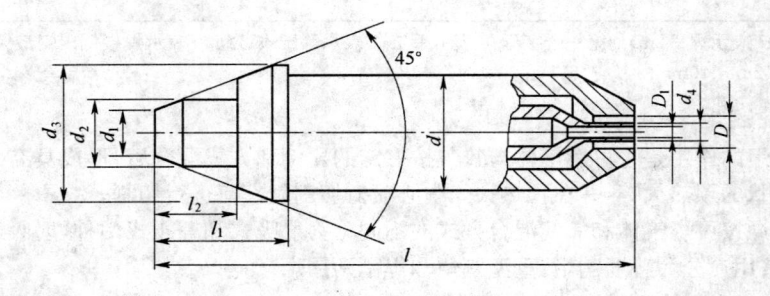

图 2-25 氧乙炔焰射吸式割炬的割嘴

表 2-16　氧乙炔焰射吸式割炬割嘴的规格　　　　　　　　　　　　（mm）

型号	G01-30			G01-100			G01-300		
l	$\geqslant 55$			$\geqslant 65$			$\geqslant 75$		
l_1	16			18			19		
l_2	10			11.5			12		
d	$13^{-0.150}_{-0.260}$			$15^{-0.150}_{-0.260}$			$16.5^{-0.150}_{-0.260}$		
d_1	4.5			5.5			5.5		
d_2	7			8			8		
d_3	16			18			19		
嘴号	1	2	3	1	2	3	2	3	4
D	2.9	3.1	3.3	3.5	3.7	4.1	4.5	5.0	5.5	6.0
D_1	0.7	0.9	1.1	1.0	1.3	1.6	1.8	2.2	2.6	3.0
d_4	2.4	2.6	2.8	2.8	3.0	3.3	3.8	4.2	4.5	5.0

② 焊嘴和割嘴的截面形状如图 2-26 所示。

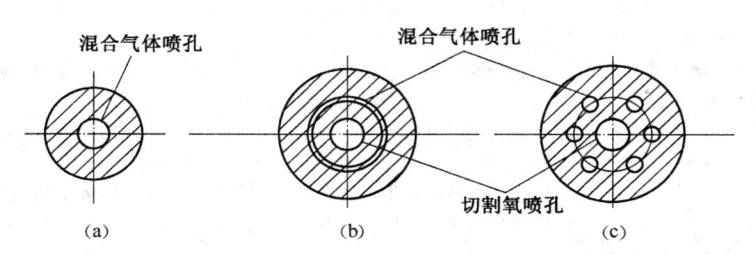

图 2-26　焊嘴和割嘴的截面形状
(a) 焊嘴　(b) 环形割嘴　(c) 梅花形割嘴

③ 常用射吸式割炬的型号和主要技术数据见表 2-17。

表 2-17　常用射吸式割炬的型号和主要技术数据

型号	割嘴号码	割嘴形式	切割低碳钢厚度/mm	切割氧孔径/mm	气体压力/MPa		气体消耗量/(L/min)	
					氧气	乙炔	氧气	乙炔
G01-30	1	环形	3~10	0.7	0.2	0.001~0.1	13.3	3.5
	2		10~20	0.9	0.25		23.3	4.0
	3		20~30	1.1	0.3		36.7	5.2

续表 2-17

型号	割嘴号码	割嘴形式	切割低碳钢板厚度/mm	切割氧孔径/mm	气体压力/MPa 氧气	气体压力/MPa 乙炔	气体消耗量/(L/min) 氧气	气体消耗量/(L/min) 乙炔
G01-100	1	梅花形	10~25	1.0	0.3	0.001~0.1	36.7~45	5.8~6.7
G01-100	2	梅花形	25~50	1.3	0.4	0.001~0.1	58.2~71.7	7.7~8.3
G01-100	3	梅花形	50~100	1.6	0.5	0.001~0.1	91.7~121.7	9.2~10
G01-300	1	梅花形	100~150	1.8	0.5	0.001~0.1	150~180	11.3~13
G01-300	2	梅花形	150~200	2.2	0.65	0.001~0.1	183~233	13.3~18.3
G01-300	3	环形	200~250	2.6	0.8	0.001~0.1	242~300	19.2~20
G01-300	4	环形	250~300	3.0	1.0	0.001~0.1	167~433	20.8~26.7

注：型号中 G 表示割炬；0 表示手工；1 表示射吸式；后缀数字表示气割低碳钢的最大厚度(mm)。

(3) 射吸式割炬的常见故障及排除方法 见表 2-18。

表 2-18 射吸式割炬的常见故障及排除方法

故障现象	产生原因	排除方法
火焰弱，放炮回火频繁，有时混合管内有余火燃烧	乙炔管阻塞；阀门漏气；各部位有轻微磨损	清洗乙炔导管及阀门；研磨漏气管部位
放炮回火现象严重，清洗不见效，割嘴拢不住火，切割氧气流偏斜、无力	1. 割嘴各通道部位不光滑、不清洁，有阻塞现象；2. 环形割嘴外套和内嘴不同心；3. 射吸部位及割嘴磨损严重	1. 清洗或修理割嘴；2. 调整割嘴外套及内嘴使之同心；3. 彻底清洗、修整磨损部位
点火后火焰渐渐变弱，放炮回火，割嘴发出异样声并伴有回火现象	1. 乙炔供应不足（如接近用完，乙炔阀门开得太小，乙炔胶管不通畅等）；2. 割嘴各部位安装不严，射吸部位有轻的阻塞现象	1. 针对具体情况解决乙炔供给不足问题；2. 拧紧割嘴松动部位；用通针清理射吸管及管外的喇叭形入口处

2. 等压式割炬

等压式割炬的乙炔、预热氧、切割氧分别由单独的管路进入割嘴，预热氧和乙炔在割嘴内开始混合而产生预热火焰。它适用于中压乙炔，火焰稳定、不易回火。

(1) 等压式割炬的构造 G02-100 型等压式割炬如图 2-27 所示，G02-300 型等压式割炬如图 2-28 所示。

(2) 等压式割炬的型号及技术数据 常用等压式割炬的型号及技术数据见表 2-19。

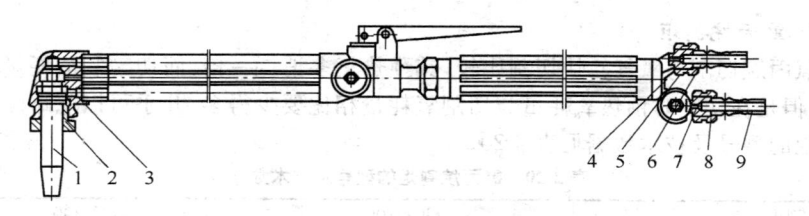

图 2-27　G02-100 型等压式割炬

1. 割嘴　2. 割嘴螺母　3. 割嘴接头　4. 氧气接头螺纹
5. 氧气螺母　6. 氧气软管接头　7. 乙炔接头螺纹
8. 乙炔螺母　9. 乙炔软管接头

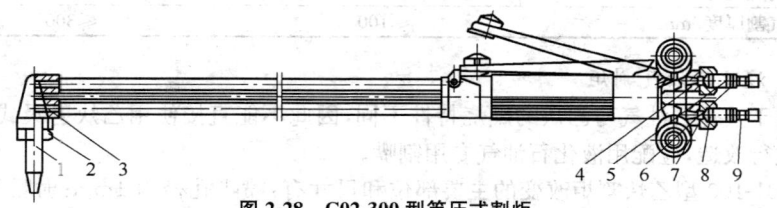

图 2-28　G02-300 型等压式割炬

1. 割嘴　2. 割嘴螺母　3. 割嘴接头　4. 氧气接头螺纹　5. 氧气螺母
6. 氧气软管接头　7. 乙炔接头螺纹　8. 乙炔螺母　9. 乙炔软管接头

表 2-19　常用等压式割炬的型号及技术数据(JB/T 7947—1999)

型号	嘴号	切割氧孔径/mm	氧气工作压力/MPa	乙炔工作压力/MPa	可见切割氧流长度/mm	割炬总长度/mm
G02-100	1	0.7	0.2	0.04	≥60	550
	2	0.9	0.25	0.04	≥70	
	3	1.1	0.3	0.05	≥80	
	4	1.3	0.4	0.05	≥90	
	5	1.6	0.5	0.06	≥100	
G02-300	1	0.7	0.2	0.04	≥60	650
	2	0.9	0.25	0.04	≥70	
	3	1.1	0.3	0.05	≥80	
	4	1.3	0.4	0.05	≥90	
	5	1.6	0.5	0.06	≥100	
	6	1.8	0.5	0.06	≥110	
	7	2.2	0.65	0.07	≥130	
	8	2.6	0.8	0.08	≥150	
	9	3.0	1.0	0.09	≥170	

3. 氧丙烷割炬

氧丙烷切割与氧气乙炔切割比较，其预热氧多消耗一倍，而切割氧消耗量是相同的，但是在切割时预热氧耗量与切割氧耗量相比要少得多，几乎可以忽略。氧丙烷割炬的型号及技术数据见表 2-20。

表 2-20　氧丙烷割炬的型号及技术数据

割炬型号	G07-100	G07-300
割嘴号码	1～3	1～4
割嘴孔径/mm	1～1.3	2.4～3.0
可换割嘴个数	3	4
氧气压力/MPa	0.7	1.0
丙烷压力/MPa	0.03～0.05	0.03～0.05
气割厚度/mm	≤100	≤300

4. 液化石油气割炬

由于液化石油气与乙炔的燃烧特性不同，因此不能直接使用乙炔射吸式割炬，需要进行改造，应配用液化石油气专用割嘴。

Q01-100 型乙炔割炬改变的主要部位和尺寸有：喷嘴孔径为 1mm；射吸管直径为 2.8mm；燃料气接头孔径为 1mm。

等压式割炬不改造也可使用，但要配专用割嘴。液化石油气割炬除可以自行改制外，某些焊割工具厂已开始生产专供液化气用的割炬，如 C07-100 型割炬，就是供液化石油气切割用的割炬。

由于丙烷和天然气与液化石油气的性质及特点很接近，因此，液化石油气割炬也可以用于丙烷切割和天然气切割。

5. 焊割两用炬

焊割两用炬即在同一炬体上，装上气焊用附件可进行气焊，装上气割用附件可进行气割的两用工具。在一般情况下装成割炬形式，当需要气焊时，只需拆换下气管及割嘴，并关闭高压氧气阀即可。常用焊割两用炬的型号及技术数据见表 2-21。

表 2-21　常用焊割两用炬的型号及技术数据

型　号		焊(割)嘴号码	焊(割)嘴孔径/mm	焊接(切割)低碳钢厚度/mm	气体压力/MPa 氧气	气体压力/MPa 乙炔	焰芯(可见切割氧流)长度≥/mm	焊割炬总长度/mm
HG02-12/100	焊	1	0.6	0.5～12	0.2	0.02	4	550
		3	1.4		0.3	0.04	13	
		5	2.2		0.4	0.06	20	
	割	1	0.7	3～100	0.2	0.04	60	
		3	1.1		0.3	0.05	80	
		5	1.6		0.5	0.06	100	

续表 2-21

型　号	焊(割)嘴号码	焊(割)嘴孔径/mm	焊接(切割)低碳钢厚度/mm	气体压力/MPa 氧气	气体压力/MPa 乙炔	焰芯(可见切割氧流)长度/mm	焊割炬总长度/mm
HG02-20/200	焊 1	0.6	0.5～20	0.2	0.02	4	600
	焊 3	1.4		0.3	0.04	13	
	焊 5	2.2		0.4	0.06	20	
	焊 7	3.0		0.6	0.08	21	
	割 1	0.7	3～200	0.2	0.04	60	
	割 3	1.1		0.3	0.05	80	
	割 5	1.6		0.5	0.06	100	
	割 6	1.8		0.5	0.06	110	
	割 7	2.2		0.65	0.07	130	

6. 割炬的使用注意事项

割炬与焊炬的原理和使用方法基本相同，因此，焊炬的使用注意事项也适用于割炬。

①由于割炬内通有高压氧气，使用之前要特别注意检查割炬各接头的密封性。

②切割时飞溅物较多，割炬的喷嘴很容易被堵塞，要经常用通针通孔，以免发生回火。

③在装、换割嘴时，必须保持内嘴与外嘴严格同轴，保证切割氧流位于环形预热火焰中心。

④在水泥地面切割时，应将割件垫起，并在下面放薄铁板或石棉板才能切割，以防水泥受热崩裂，伤及人身。

第三节　气焊、气割辅助工具

一、橡胶管

气焊、气割橡胶管是用优质橡胶掺入麻织物或棉织纤维制成的，按其所输送的气体不同分为氧气胶管、乙炔胶管、胶管接头等。

(1)氧气胶管　氧气胶管工作压力为 1.5MPa，试验压力为 3.0MPa；氧气胶管为黑色，内径为 8mm。一般情况下每副胶管的长度应≥5m。一般为 15m，如果工作地点较远，可将两副胶管串接起来使用。

(2)乙炔胶管　乙炔胶管的工作压力为 0.5MPa，乙炔胶管的内径为 10mm，乙炔胶管为红色。乙炔胶管与氧气胶管的强度不同，不能混用或互相代替。

(3)胶管接头　胶管接头是胶管与减压器、焊炬、乙炔发生器和乙炔供应点等的连接接头，胶管接头形式如图 2-29 所示。根据 GB 5017—85 国标规定，它由螺纹接头、螺纹部分及软管接头组成，燃气与氧气软管接头分别为 $\phi6mm$、$\phi8mm$、$\phi10mm$ 三种(胶管管孔径的)规格，而其螺纹部分则有 M12×1.25、M16×1.5、M18×5 三种，即减压器、焊炬、乙炔发生器等螺纹接头规格。

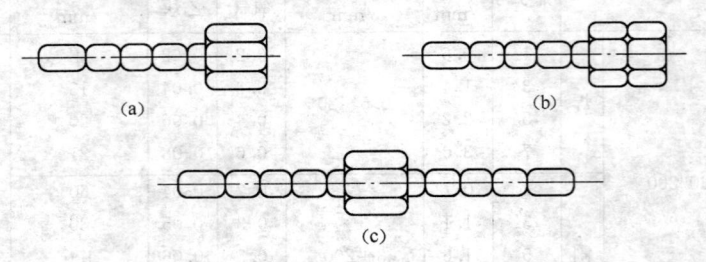

图 2-29　胶管接头形式
(a)连接氧气胶管用的接头　(b)连接乙炔胶管用的接头
(c)连接两根胶管的接头

为区别氧气胶管接头和乙炔胶管接头，在乙炔胶管接头的螺母表面刻有 1～2 条槽，如图 2-29b，且不得用含铜量在 70％以上的铜合金接头，否则将酿成严重事故。接头螺母的螺纹一般为 M16×1.5。焊炬、割炬用橡胶管禁止接触油污及漏气，并严禁互换使用。

(4)胶管的使用注意事项　新胶管初次使用时，要先将胶管内壁的滑石粉吹干净，防止堵塞焊(割)炬；不要让胶管沾油污，以防老化；防止火烫与折伤；严禁使用被回火烧损的胶管；胶管与各接头处的连接要密封可靠；乙炔管使用中脱落、破裂或着火时，应首先关闭焊(割)所有的调节阀将火焰熄灭，然后再关乙炔气瓶；氧气胶管着火时应迅速关氧气瓶阀，停止供气，禁止用弯折气管的方法来熄灭火焰。

二、护目镜

气焊时使用护目镜，主要是保护焊工的眼睛不受火焰亮光的刺激，以便在焊接过程中能够仔细地观察熔池金属，又可防止飞溅金属微粒进入眼睛内。护目镜片颜色的深浅根据焊工的需要和被焊材料性质进行选用，颜色太深或太浅都会妨碍对熔池的观察，影响工作效率，一般宜用 3～7 号的黄绿色镜片。

三、点火枪

使用手枪式点火枪点火最为安全方便。当用火柴点火时，必须把划着了的火柴从焊嘴或割嘴的后面送到焊嘴或割嘴上，以免手被烧伤。

四、其他工具

清理割缝的工具，如钢丝刷、錾子、手锤及锉刀。连接和启闭气体通路的工具，如钢丝钳、铁丝、卡子、皮管夹头及扳手等。清理焊嘴或割嘴用的通针，每个气割工都应备有粗细不等的钢质通针一组，以便清除堵塞焊嘴或割嘴的脏物。

第四节 气焊、气割用材料

一、气焊、气割用气体

(1)氧气 在常温、常压下氧是气态。氧气的分子式为 O_2。氧气是一种无色、无味、无毒的气体,比空气略重。在标准状态下($0℃$,$0.1MPa$)氧气的密度是 $1.429kg/m^3$(空气为 $1.293kg/m^3$)。当温度降到 $-183℃$ 时,氧气由气态变成淡蓝色的液体。当温度降到 $-218℃$ 时,液态氧就会变成淡蓝色的固体。

氧气的纯度对气焊和气割的质量、生产效率和氧气本身的消耗量都有直接影响。气焊与气割对氧气的要求是纯度越高越好。氧气纯度越高,工作质量和生产效率越高,而氧气的消耗量却大为降低。

气焊与气割用的工业用氧气纯度一般分为两级,一级氧氧气含量 $\geqslant 99.2\%$,二级氧氧气含量 $\geqslant 98.5\%$,水分的含量两种每瓶都 $\leqslant 10ml$。一般情况下,由氧气厂和氧气站供应的氧气可以满足气焊和气割的要求。对于质量要求较高的气焊应采用一级纯度的氧。气割时,氧气纯度应 $\geqslant 98.5\%$。

(2)乙炔 乙炔俗称电石气,它是由电石和水相互作用分解而得到的。电石是钙和碳的化合物碳化钙(CaC_2),在空气中易潮化。乙炔是一种无色而带有特殊臭味的碳氢化合物,其分子式为 C_2H_2。在标准状态下密度是 $1.179kg/m^3$,比空气轻。

乙炔是可燃性气体,它与空气混合燃烧时所产生的火焰温度为 $2350℃$,而与氧气混合燃烧时所产生的火焰温度为 $3000℃\sim3300℃$,足以迅速熔化金属进行焊接或切割。

乙炔是一种具有爆炸性的危险气体,当压力在 $0.15MPa$ 时,如果气体温度达到 $580℃\sim600℃$,乙炔就会自行爆炸。压力越高,乙炔自行爆炸所需的温度就越低;温度越高,则乙炔自行爆炸所需的压力就越低。乙炔与空气或氧气混合而成的气体也具有爆炸性,乙炔的含量(按体积计算)在 $2.2\%\sim81\%$ 范围内与空气形成的混合气体,以及乙炔的含量(按体积计算)在 $2.8\%\sim93\%$ 范围内与氧气形成的混合气体,只要遇到火星就会立刻爆炸。因此,刚装入电石的乙炔发生器应首先将混有空气的乙炔排除后才可使用。加装电石时应特别注意避开明火与火星,并应严防氧气倒流入乙炔发生器中。

乙炔与铜或银长期接触后会生成一种爆炸性的化合物,即乙炔铜和乙炔银,当它们受到剧烈振动或者加热到 $110℃\sim120℃$ 时就会引起爆炸。所以,凡是与乙炔接触的器具设备禁止用银或铜制造,只准用含铜量不超过 70% 的铜合金制造。乙炔和氯、次氯酸盐等化合会发生燃烧和爆炸,所以乙炔燃烧时,绝对禁止用四氯化碳来灭火。

乙炔爆炸时会产生高热,特别是产生高压气浪,其破坏力很强,因此使用乙炔时必须注意安全。若将乙炔储存在毛细管中,其爆炸性就大大降低,即使把压力增高到27MPa也不会爆炸。另外,乙炔能大量溶解于丙酮溶液中,这样就可以利用乙炔的这个特性,将乙炔装入乙炔瓶内(瓶内装有丙酮和活性炭)储存、运输和使用。

(3)氢气 是无色、无味的气体,氢气扩散速度极快,导热性很好,在空气中的自燃点为560℃,在氧气中的自燃点为450℃,是一种极危险的易燃、易爆气体。氢气与空气混合其爆炸极限为4%~80%,氢气与氧气混合其爆炸极限为4.65%~93.9%。氢气极易泄漏,其泄漏速度是空气的2倍,氢气一旦从气瓶或导管中泄漏被引燃,将会使周围的人员遭受严重烧伤。

(4)液化石油气 是油田开发或炼油工业中的副产品,其主要成分是丙烷(占50%~80%)、丁烷、丙烯、丁烯和少量的乙烯、乙烷、戊烷等。它有一定的毒性,当空气中液化石油气的体积分数(含量)超过0.5%时,人体吸入少量的液化石油气,一般不会中毒,若在空气中其体积分数超过10%时,停留2min,人体就会出现头晕等中毒症状。

液化石油气的密度为1.6~2.5kg/m³,气态时比同体积空气、氧气重,是空气密度的1.5倍,易于向低洼处流动、滞流积聚。液态时比同体积的水和汽油轻。液化石油气中,当体积分数为2%~10%的丙烷与空气混合就会发生爆炸,与氧气混合的爆炸极限为3.2%~64%。丙烷挥发点为-42℃,闪点为-20℃,与氧气混合燃烧的火焰温度为2200℃~2800℃。液化石油气从容器中泄漏出来,在常温下会迅速挥发成250~300倍体积的气体向四周快速扩散。液化石油气达到完全燃烧所需的氧气比乙炔需氧气量大,采用液化石油气替代乙炔后,消耗的氧气量较多,所以,不能直接用氧乙炔焊(割)炬进行焊(割)工作,必须对原有的焊(割)炬进行改造。

二、气焊丝

(1)焊接对气焊丝的要求 在气焊过程中,气焊丝的正确选用十分重要,因为焊缝金属的化学成分和质量在很大程度上取决于焊丝的化学成分。一般来说,焊接钢铁材料和非铁金属所用焊丝的化学成分,基本上与被焊金属化学成分相同,有时为了使焊缝有较好的质量,在焊丝中加入其他合金元素。一般对气焊丝的要求是焊丝应符合国家标准和有关行业标准;焊丝的熔点应等于或略低于被焊金属的熔点;焊丝所焊的焊缝应具有良好的力学性能,应能保证焊缝具有必要致密性,即不产生裂纹、气孔和夹渣等缺陷;焊丝的化学成分应基本上与焊件相符,无有害杂质,以保证焊缝有足够的力学性能;焊丝熔化时应平稳,不应有强烈的飞溅或蒸发;焊丝表面应洁净,无油脂、油漆和锈蚀等污物。

(2)常用的气焊丝 分为碳素结构钢焊丝、合金结构钢焊丝、不锈钢焊丝、铜及铜合金焊丝、铝及铝合金焊丝和铸铁气焊丝等。

①钢焊丝的牌号及用途见表 2-22。

表 2-22 钢焊丝的牌号及用途

\multicolumn{3}{c	}{碳素结构钢焊丝}	\multicolumn{3}{c}{合金结构钢焊丝}
牌 号	代 号	用 途	牌 号	代 号	用 途
焊 08	H08	焊接一般低碳结构钢	焊 08 铬钼高	H08CrMoA	焊接铬钼钢等
焊 08 高	H08A	焊接较重要低、中碳钢及某些低合金结构钢	焊 18 铬钼高	H18CrMoA	焊接结构钢,如铬钼钢、铬钼硅钢等
焊 08 特	H08E	用途与 H08A 相同,但工艺性能较好	焊 30 铬锰硅高	H30CrMnSiA	焊接铬锰硅钢
焊 08 锰	H08Mn	焊接较重要的碳素钢及普通低合金结构钢,如锅炉、受压容器等	焊 10 钼铬高	H10MoCrA	焊接耐热合金钢
焊 08 锰高	H08MnA	用途与 H08Mn 相同,但工艺性能较好	\multicolumn{3}{c}{不锈钢焊丝}
焊 15 高	H15A	焊接中等强度焊件	牌 号	代 号	用 途
焊 15 锰	H15Mn	焊接高强度焊件	焊 00 铬 19 镍 9	H00Cr19Ni9	焊接超低碳不锈钢
\multicolumn{3}{c	}{合金结构钢焊丝}	焊 0 铬 19 镍 9	H0Cr19Ni9	焊接 18-8 型不锈钢
牌 号	代 号	用 途	焊 1 铬 19 镍 9	H1Cr19Ni9	焊接 18-8 型不锈钢
焊 10 锰 2	H10Mn2	用途与 H08Mn 相同	焊 1 铬 19 镍 9 钛	H1Cr19Ni9Ti	焊接 18-8 型不锈钢
焊 08 锰 2 硅	H08Mn2Si		焊 1 铬 25 镍 13	H1Cr25Ni13	焊接高强度结构钢和耐热合金钢等
焊 10 锰 2 钼高	H10Mn2MoA	焊接普通低合金钢	焊 1 铬 25 镍 20	H1Cr25Ni20	焊接高强度结构钢和耐热合金钢等
焊 10 锰 2 钼钒高	H10Mn2MoVA	焊接普通低合金钢			

②铜及铜合金焊丝牌号及用途见表 2-23。

表 2-23 铜及铜合金焊丝牌号及用途

名 称	牌 号	代号	熔点	识别标记	用 途
紫铜丝	HSCu	201	1083℃	浅灰	紫铜的焊接
1号黄铜丝	HSCuZn-1	221	886℃	大红	黄铜的焊接,也可作为铜、钢、铜镍合金、灰口铸铁,以及镶嵌硬质合金等的钎焊
2号黄铜丝	HSCuZn-2	222	860℃	苹果绿	
3号黄铜丝	HSCuZn-3	223	890℃	紫蓝	
4号黄铜丝	HSCuZn-4	224	905℃	黑色	
锌白铜丝	HSCuZnNi	231	—	棕色	白铜的焊接
白铜丝	HSCuNi	234	—	中黄	
硅青铜丝	HSCuSi	211	—	紫红	青铜的焊接
锡青铜丝	HSCuSn	212	—	粉红	
铝青铜丝	HSCuAl	213	—	中蓝	
镍铝青铜丝	HSCuAlNi	214	—	中绿	

③铝及铝合金焊丝的型号、牌号及用途见表 2-24。

表 2-24 铝及铝合金焊丝的型号、牌号及用途

名称	型号	牌号	用 途
纯铝	SAl-1	—	纯铝及对焊接性能要求不高的铝合金的焊接,是含铝大于99.5%的纯铝焊丝,广泛应用于化学工业铝制设备上
	SAl-2	—	
	SAl-3	HS301	
铝镁	SAlMg-1	—	铝镁合金的焊接,耐腐蚀性及抗裂性好,强度高
	SAlMg-2	—	
	SAlMg-3	—	
	SAlMg-5	HS331	
铝铜	SAlCu	—	铝铜合金的焊接
铝锰	SAlMn	HS321	铝锰及其他铝合金的焊接
铝硅	SAlSi-1	HS311	除铝镁以外的铝合金的焊接
	SAlSi-2	—	

④铸铁焊丝的型号、牌号及用途见表 2-25。

表 2-25 铸铁焊丝的型号、牌号及用途

名 称	型 号	牌 号	用 途
灰铸铁焊丝	RZC-1	HS402	中小型薄壁件铸铁的焊接
	RZC-2	—	

续表 2-25

名 称	型 号	牌 号	用 途
合金铸铁焊丝	RZCH	—	高强度灰口铸铁及合金铸铁的焊接
球墨铸铁焊丝	RZCQ-1	HS402	球墨铸铁、高强度灰口铸铁及可锻铸铁的焊接
	RZCQ-2	—	

三、气焊熔剂

气焊熔剂是气焊时的辅助熔剂，作用是去除焊接过程中形成的氧化物，改变润湿性能，并有精炼作用，可促使获得致密的焊缝组织。对气焊熔剂的要求如下：

① 应具有很强的反应能力，即能迅速溶解一些氧化物，或与一些高熔点化合物作用后生成新的低熔点和易挥发的化合物。

② 熔剂熔化后黏度要小，流动性要好，产生的熔渣熔点要低，密度要小，容易浮出熔池表面而不留在焊缝中。

③ 能减小熔化金属的表面张力，使熔化的填充金属与焊件容易结合。

④ 在焊接过程中，释放的有害气体较少，对焊缝无腐蚀作用，生成的熔渣要便于清除。气焊熔剂的牌号、名称及用途见表 2-26。

表 2-26 气焊熔剂的牌号、名称及用途

牌号	名 称	用 途
CJ101	不锈钢及耐热钢气焊熔剂	不锈钢及耐热钢气焊时的助熔剂
CJ201	铸铁气焊熔剂	铸铁件气焊时的助熔剂
CJ301	铜气焊熔剂	铜及铜合金气焊时的助熔剂
CJ401	铝气焊熔剂	铝及铝合金气焊时的助熔剂

第三章 气焊工艺与操作基础

> **培训学习目的** 了解气焊的火焰;掌握焊缝符号及其标注、气焊焊接参数的选择;熟练掌握气焊基本操作方法。

第一节 气焊的火焰

气焊的火焰是用来对焊件和填充金属进行加热、熔化和焊接的热源,气割的火焰是预热的热源,火焰的气流又是熔化金属的保护介质。焊接火焰直接影响到焊接质量和焊接生产率,气焊、气割时要求焊接火焰应有足够的温度、体积要小、焰芯要直、热量要集中,还要求焊接火焰具有保护性,以防止空气中的氧、氮对熔化金属的氧化及污染。

一、气焊火焰的种类

气焊、气割的气体火焰包括氧乙炔焰、氢氧焰和液化石油气体[丙烷(C_3H_8)含量占 50%~80%,此外还有丁烷(C_4H_{10})、丁烯(C_4H_8)等]燃烧的火焰。乙炔与氧混合燃烧形成的火焰,称为氧乙炔焰。氧乙炔焰具有很高的温度(约 3200℃),加热集中,因此,是气焊、气割中主要采用的火焰。

氢与氧混合燃烧形成的火焰,称为氢氧焰。氢氧焰是最早的气焊利用的气体火焰,由于其燃烧温度低(温度可达 2770℃),且容易发生爆炸事故,未被广泛用于工业生产,目前主要用于铅的焊接及水下火焰切割等。

液化石油气燃烧的温度比氧乙炔火焰要低(丙烷在氧中燃烧温度为 2000℃~2850℃)。液化石油气体燃烧的火焰主要用于金属切割,金属预热时间稍长,但可以减少切口边缘的过烧现象,切割质量较好,在切割多层叠板时,切割速度比使用乙炔快 20%~30%。液化石油气体燃烧的火焰除越来越广泛地应用于钢材的切割外,还用于焊接非铁金属。国外还有采用乙炔与液化石油气体混合,作为焊接气源。

乙炔(C_2H_2)在氧气(O_2)中的燃烧过程可以分为两个阶段,首先乙炔在加热作用下被分解为碳(C)和氢(H_2),接着碳和混合气中的氧发生反应生成一氧化碳(CO),形成第一阶段的燃烧;随后在第二阶段的燃烧是依靠空气中的氧进行,一氧化碳和氢气与氧发生反应分别生成二氧化碳(CO_2)和水(H_2O),上述的反应释放出热量,即乙炔在氧气中燃烧的过程是一个放热的过程。

氧乙炔火焰根据氧和乙炔混合比的不同,可分为中性焰、碳化焰和氧化焰 3 种,氧乙炔火焰的种类如图 3-1 所示。

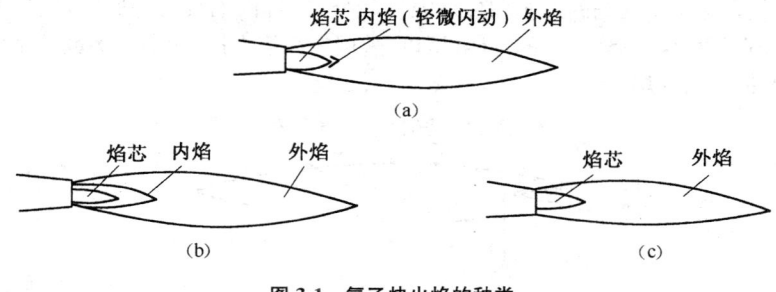

图 3-1 氧乙炔火焰的种类
(a)中性焰 (b)碳化焰 (c)氧化焰

1. 中性焰

中性焰是氧与乙炔体积比值(O_2/C_2H_2)为 1.1～1.2 的混合气,燃烧形成的气体火焰,中性焰在第一燃烧阶段既无过剩的氧又无游离的碳。当氧与丙烷容积的比值(O_2/C_3H_8)为 3.5 时,也可得到中性焰。中性焰热量集中,温度可达 3050℃～3150℃。中性焰有 3 个区域,分别为焰芯、内焰和外焰,如图 3-1a 所示。

(1)**焰芯** 中性焰的焰芯呈尖锥形,色白而明亮,轮廓清楚。它是由氧气和乙炔组成,焰芯外表分布有一层由乙炔分解所生成的碳素微粒,由于炽热的碳粒发出明亮的白光,因而有明亮而清楚的轮廓。在焰芯内部进行着一阶段的燃烧。焰芯虽然很亮,但温度较低(800℃～1200℃),这是由于乙炔分解而吸收了部分热量的缘故。

(2)**内焰** 内焰主要由乙炔的不完全燃烧产物,即来自焰芯的碳和氢气与氧气燃烧的生成物一氧化碳和水所组成。内焰位于碳素微粒层外面,呈蓝白色,有深蓝色线条。内焰处在焰芯前 2～4mm 部位,燃烧量激烈,温度最高可达 3100℃～3150℃。气焊时,一般利用内焰温度区域进行焊接,因而称为焊接区。

由于内焰中的一氧化碳(CO)和氢气(H_2)能起还原作用,所以焊接碳钢时,都在内焰进行,将工件的焊接部位放在距焰芯尖端 2～4mm 处。内焰中的气体中一氧化碳的含量占 60%～66%,氢气的含量占 30%～34%,由于对许多金属的氧化物具有还原作用,所以焊接区又称为还原区。

(3)**外焰** 外焰处在内焰的外部,与内焰没有明显的界限,颜色从里向外由淡紫色变为橙黄色。外焰来自内焰燃烧生成的一氧化碳和氢气与空气中的氧充分燃烧,即进行第二阶段的燃烧。外焰燃烧的生成物是二氧化碳和水。

外焰温度为 1200℃～2500℃,由于二氧化碳(CO_2)和水(H_2O)在高温时容易分解,所以外焰具有氧化性。

中性焰应用最广泛,一般用于焊接碳钢、紫铜和低合金钢等。中性焰的温度是沿着火焰轴线而变化的,中性焰的温度分布如图 3-2 所示。中性焰温度最高处在距离焰芯末端 2～4mm 的内焰的范围内,此处温度可达 3150℃,离此处越远,火焰温度越低。此外,火焰在横断面上的温度是不同的,断面中心温度最高,越向边缘,温度就越低。由于中性焰的焰芯和外焰温度较低,而且内焰具有还原性,内焰不但温度最高还可以改善焊缝金属的性能,所以,采用中性焰焊接、切割大多数的金属及其合金时,都利用内焰。

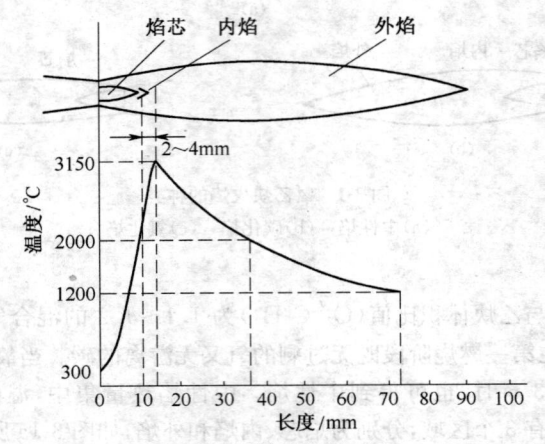

图 3-2 中性焰的温度分布

2. 碳化焰

碳化焰是氧与乙炔的体积的比值(O_2/C_2H_2)<1.1 时的混合气燃烧形成的气体火焰,因为乙炔有过剩量,所以燃烧不完全。碳化焰中含有游离碳,具有较强的还原作用和一定的渗碳作用。

碳化焰是由焰芯、内焰和外焰 3 部分组成,如图 3-1b 所示。碳化焰焰心较长,呈蓝白色。内焰呈淡蓝色,它的长度与碳化焰内乙炔的含量有关,乙炔过剩量较多时,则内焰就较长;乙炔过剩量较少时,内焰就短小。外焰带有橘红色,除了由水蒸气、二氧化碳、氧、氮组成外,还有部分碳素微粒。碳化焰三层火焰之间没有明显轮廓。

碳化焰的最高温度为 2700℃~3000℃。由于在碳化焰中有过剩的乙炔,它可以分解为氢气和碳,在焊接碳钢时,火焰中游离状态的碳会渗到熔池中去,增高焊缝的含碳量,使焊缝金属的强度提高而使其塑性降低。此外,过多的氢会进入熔池,促使焊缝产生气孔和裂纹。因而碳化焰不能用于焊接低碳钢及低合金钢。但轻微的碳化焰应用较广,可用于焊接高碳钢、中合金钢、高合金钢、铸铁、铝和铝合金等材料。

3. 氧化焰

氧化焰是氧与乙炔的体积的比值(O_2/C_2H_2)>1.2 时的混合气燃烧形成的气体火焰,氧化焰中有过剩的氧,在尖形焰芯外面形成一个有氧化性的富氧区,如图 3-1c 所示。

氧化焰也是由焰芯、内焰和外焰 3 部分组成,焰芯短而尖,因为焰芯外围没有碳粒层,所以颜色较淡,轮廓不太明显,内焰很短,几乎看不到,外焰呈蓝色,火焰挺直,燃烧时发出急剧的"嘶、嘶"声。氧化焰的长度取决于氧气的压力和火焰中氧气的比例,氧气的比例越大,则整个火焰就越短,噪声也就越大。

氧化焰的温度可达 3100℃～3400℃。由于氧气的供应量较多,使整个火焰具有氧化性。如果焊接一般碳钢时,采用氧化焰就会造成熔化金属的氧化和合金元素的烧损,使焊缝金属氧化物和气孔增多并增强熔池的沸腾现象,从而较大地降低焊接质量。所以,一般材料的焊接,绝不能采用氧化焰。但在焊接黄铜和锡青铜时,利用轻微的氧化焰的氧化性,生成的氧化物薄膜覆盖在熔池表面,可以阻止锌、锡的蒸发。由于氧化焰的温度很高,在火焰加热时为了提高效率,常使用氧化焰。气割时,通常使用氧化焰。

二、各种气焊火焰的获得方法

氧与乙炔的混合比不同,火焰的性能也各异。为获得理想的焊接质量,必须根据所焊接材料来正确调节和选用火焰。

(1)**碳化焰的获得方法** 打开焊炬的乙炔阀门,点火后,慢慢地开放氧气阀增加氧气,火焰即由橙色逐渐变为蓝白色,直到焰芯、内焰和外焰的轮廓清晰地呈现出来,这时的火焰即为碳化焰。其内焰长度(从焊嘴端开始计量)为焰芯长度的几倍,气焊中一般采用2倍或3倍的碳化焰。碳化焰的渗碳或保护作用随倍数的增大而强。

(2)**中性焰的获得方法** 在碳化焰的基础上继续增加氧气,当内焰基本上看不清时,得到的便是中性焰。如发现调节好的中性焰过大需要调小时,先减少氧气量,然后将乙炔调小,直至获得所需的火焰为止。另外,在焊接过程中由于各种原因,火焰的状态有时会发生变化,要注意及时调整,使之始终保持中性焰。

(3)**氧化焰的获得方法** 在中性焰基础上再增加氧气量,焰芯变得尖而短,外焰也同时缩短,并伴有"嘶、嘶"声,即为氧化焰。氧化焰的氧化度,以其焰芯长度比中性焰的焰芯长度的缩短率来表示,如焰芯长度比中性焰的缩短1/10,则称为1/10或10%氧化焰。

三、各种气焊火焰的适用范围

氧与乙炔不同体积比值(O_2/C_2H_2)对焊接质量关系很大。各种金属材料气焊时火焰的选用见表3-1。

表 3-1 各种金属材料气焊时火焰的选用

焊件材料	选用火焰	焊件材料	选用火焰
低碳钢	中性焰或轻微碳化焰	铬镍不锈钢	中性焰或轻微碳化焰
中碳钢	中性焰或轻微碳化焰	紫铜	中性焰
低合金钢	中性焰	锡青铜	轻微氧化焰
高碳钢	轻微碳化焰	黄铜	氧化焰
灰铸铁	碳化焰或轻微碳化焰	铝及其合金	中性焰或轻微碳化焰
高速钢	碳化焰	铅、锡	中性焰或轻微碳化焰
锰钢	轻微氧化焰	蒙乃尔合金	碳化焰
镀锌铁皮	轻微氧化焰	镍	中性焰或轻微碳化焰
铬不锈钢	中性焰或轻微碳化焰	硬质合金	碳化焰

第二节 焊缝符号及其标注

一、气焊接头形式及坡口形式

①板料气焊接头形式有卷边接头、对接接头、搭接接头和角接头等几种。一般气焊主要采用对接接头形式。气焊焊缝坡口的基本形式和尺寸见表 3-2。

表 3-2 气焊焊缝坡口的基本形式和尺寸

序号	工件厚度 δ/mm	名称	符号	坡口形式	焊缝形式	坡口尺寸/mm $a/(°)$	b	p	R
1	0.5~1	卷边坡口	⊔			—	—	—	1~2
2	1~2	卷边坡口	⌐			—	—	—	1~2
3	1~3	I形坡口	‖			—	0~0.5	—	—
4	≥3	Y形坡口	Y			40~60	2	1~4	—

②常用的棒料气焊接头形式如图 3-3。

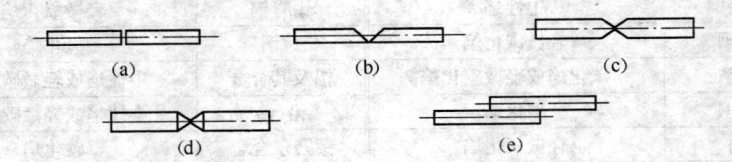

图 3-3 常用的棒料气焊接头形式
(a)不开坡口对接接头 (b)V形坡口对接接头 (c)双V形坡口对接接头
(d)圆周坡口对接接头 (e)搭接接头

③管子气焊的坡口形式及尺寸见表3-3。

表3-3 管子气焊的坡口形式及尺寸

管壁厚度/mm	≤2.5	≤6	6~10	10~15
坡口形式	—	V形	V形	V形
坡口角度	—	60°~90°	60°~90°	60°~90°
钝边/mm	—	0.5~1.5	1~2	2~3
间隙/mm	1~1.5	1~2	2~2.5	2~3

注：采用右焊法时坡口角度为60°~70°。

④垂直固定管对接接头形式如图3-4所示。

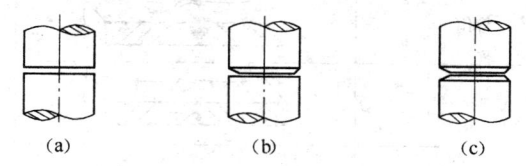

图3-4 垂直固定管对接接头形式
(a)不开坡口对接接头 (b)单边开V形坡口对接接头
(c)V形坡口对接接头

二、气焊的代号

可用不同的气焊方式进行焊接，气焊的代号见表3-4。

表3-4 气焊的代号

代号	气焊方式	代号	气焊方式
3	气焊	32	空气燃气焊
31	氧燃气焊	321	空气乙炔焊
311	氧乙炔气焊	322	空气丙烷焊
312	氧丙烷焊	33	气乙炔喷焊(堆焊)
313	氢氧气焊	—	—

三、焊缝符号的组成

在施工图纸上标注焊接方法、焊缝形式和焊缝尺寸的符号，称为焊缝符号。根据国家标准(GB/T 324—88)《焊缝符号表示》的规定，焊缝符号主要由基本符号、辅助符号、补充符号、引出线、焊缝尺寸符号等组成。

(1)**基本符号** 是表示焊缝横截面形状的符号，基本符号见表3-5。

(2)**辅助符号** 是表示焊缝表面形状特征的符号，如不需要确切地说明焊缝表面形状时，可用不同辅助符号。辅助符号见表3-6。

(3)**补充符号** 是为了补充说明焊缝的某些特征而采用的符号。补充符号见

表 3-7。

表 3-5 基本符号

序号	名称	示意图	符号
1	卷边焊缝（卷边完全熔化）		八
2	I 形焊缝		‖
3	V 形焊缝		V
4	单边 V 形焊缝		V
5	带钝边 V 形焊缝		Y
6	带钝边单边 V 形焊缝		Y
7	带钝边 U 形焊缝		Y
8	带钝边 J 形焊缝		Y
9	封底焊缝		◡
10	角焊缝		▷
11	塞焊缝或槽焊缝		⊓

续表 3-5

序号	名称	示意图	符号
12	点焊缝		○
13	缝焊缝		⊖

表 3-6　辅助符号

序号	名称	示意图	符号	说明
1	平面符号		—	焊缝表面齐平（一般通过加工）
2	凹面符号		⌣	焊缝表面凹陷
3	凸面符号		⌢	焊缝表面凸起

表 3-7　补充符号

序号	名称	示意图	符号	说明
1	带垫板符号		▭	表示焊缝底部有垫板
2	三面焊缝符号		⊏	表示三面带有焊缝
3	周围焊缝符号		○	表示环绕工件周围焊缝

续表 3-7

序号	名 称	示 意 图	符 号	说 明
4	现场符号		⚑	表示在现场或工地上进行焊接
5	尾部符号		<	可以参照 GB 5185 标注焊接工艺方法等内容

四、引出线

引出线一般由带箭头的指引线(简称箭头线)和两条基准线(一条为实线,另一条为虚线)组成,如图 3-5 所示。

箭头线相对焊缝的位置,一般没有特殊要求,但是在标注 V、Y、J 形焊缝时,箭头线应指向带有坡口一侧的工件。必要时,允许箭头线折弯一次。

基准线的虚线可以画在基准线的实线下侧或上侧。基准线一般应与图样的底边相平行,但在特殊条件下,亦可与底边相垂直。焊缝基本符号在基准线上的位置规定如下:

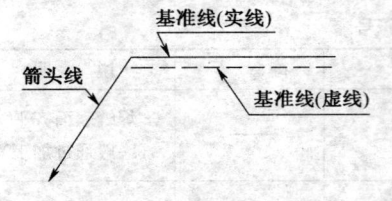

图 3-5 引出线的画法

①如果焊缝在接头的箭头侧(指箭头线箭头所指的一侧),则将基本符号标在基准线的实线侧,如图 3-6a 所示。

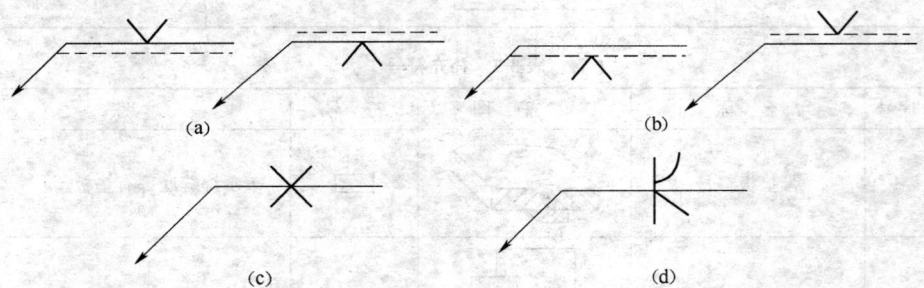

图 3-6 基本符号相对基准线的位置
(a)焊缝在接头的箭头侧 (b)焊缝在接头的非箭头侧
(c)对称焊缝 (d)双面焊缝

②如果焊缝在接头的非箭头侧,则将基本符号标在基准线的虚线侧,如图 3-6b 所示。

③标注对称焊缝及双面焊缝时,可不加虚线,如图 3-6c、d 所示。

五、焊缝尺寸符号及数据标注原则

焊缝尺寸一般不标注,如需要注明焊缝尺寸时,其尺寸符号见表3-8。

表3-8 焊缝尺寸符号

符号	名 称	示 意 图	符号	名 称	示 意 图
δ	工件厚度		c	焊缝宽度	
α	坡口角度		R	U形坡口圆弧半径	
b	根部间隙		l	焊缝长度	
p	钝边高度		n	焊缝段数	
e	焊缝间距		N	相同焊缝数量符号	
K	焊角高度		H	坡口深度	
d	焊点直径		h	焊缝余高	
S	焊缝有效厚度		β	坡口面角度	

焊缝尺寸符号标注时,应注意标注位置的正确性,标注位置原则如下:

①焊缝横截面上的尺寸标在基本符号的左侧,如钝边高度 p、坡口深度 H、焊角

高度 K、焊缝余高 h、焊缝有效厚度 S、U 形坡口圆弧半径 R、焊缝宽度 c、焊点直径 d 等。

②焊缝长度方向尺寸标注在基本符号的右侧,如焊缝长度、焊缝间距等。

③坡口角度 α、根部间隙等尺寸标在基本符号的上侧或下侧。

④相同的焊缝数量符号标在基准线尾部。

⑤当需要标注的尺寸数据较多又不易分辨时,可在数据前面增加相对应的尺寸符号。

第三节 气焊焊接参数的选择

一、焊丝直径的选择

焊丝的直径应根据焊件的厚度、坡口的形式、焊缝位置、火焰能率等因素确定。在火焰能率一定时,即焊丝熔化速度确定的情况下,如果焊丝过细,填充金属不足,易形成外观缺陷,也会降低焊接速度以致形成过烧等缺陷。如果焊丝过粗,在焊丝加入熔池时,会突然降低熔池温度,由于填充金属过多,会妨碍火焰对母材的熔化,还会形成焊肉过高、过宽、溢流等缺陷。焊丝直径通常根据焊件厚度初步选择,试焊后再调整确定。碳钢气焊时焊丝直径的选择可参照表 3-9。对于多层焊,第一、第二层应选用较细的焊丝,以后各层可采用较粗的焊丝。一般平焊应比其他焊接位置选用粗一号的焊丝,右焊法比左焊法选用的焊丝要适当粗一些。

表 3-9 碳钢气焊时焊丝直径的选择

焊件厚度/mm	1~2	2~3	3~5	5~10	10~15	>15
焊丝直径/mm	1~2 或不用焊丝	2~3	3~4	3~5	4~6	6~8

二、火焰种类的选择

氧气与乙炔的混合比(比值用 β 表示)不同时,其火焰种类也有所不同,火焰结构和性质都会变化。因此,氧乙炔焰可分为中性焰、碳化焰和氧化焰等,各种金属材料气焊火焰的选择可参见表 3-1。

三、火焰能率的选择

火焰能率是指单位时间内可燃气体(乙炔)的消耗量,单位为 L/h,其物理意义是单位时间内可燃气体所提供的能量。

火焰能率应根据焊件的厚度、母材的熔点和导热性及焊缝的空间位置来选择。如果焊接较厚的焊件、熔点较高的金属,导热性较好的铜、铝及其合金时,就要选用较大的火焰能率,才能保证焊件焊透;在焊接薄板时,为防止焊件被烧穿,火焰能率应适当减小。平焊时可用稍大的火焰能率,以提高生产率。立焊、横焊、仰焊时火焰能率要适当减小,以免熔滴下坠造成焊瘤。在实际生产中,在保证焊接质量的前提下,应尽量选择较大的火焰能率。

焊接低碳钢和低合金钢、铸铁、黄铜、青铜、铝和铝合金时,乙炔的消耗量可以按下列经验公式计算:

左焊法 $\quad V=(100\sim120)\delta \quad$ (3-1)

右焊法 $\quad V=(120\sim150)\delta \quad$ (3-2)

式中,V 为火焰能率(L/h);δ 为钢板厚度(mm)。

在焊接紫铜时,乙炔消耗量可用下式计算:

$$V=(150\sim200)\delta \quad (3-3)$$

根据上述公式计算出的乙炔消耗量,可以选择合适的焊嘴、焊炬。焊嘴号码越大,火焰能率也越大,反之则小。所以火焰能率的选择实际上是确定焊炬的型号和焊嘴的号码。

四、焊嘴倾斜角度的选择

焊嘴倾角是指焊嘴与焊件间的夹角,如图 3-7 所示。焊嘴倾角 α 愈大,热量越集中。焊嘴倾角的大小主要取决于焊嘴的大小、焊件厚度和焊件金属的热物理性能,即在焊接厚度大、熔点高、导热性好的焊件时,焊嘴倾角要大些,焊接厚度小、熔点低、导热性差的焊件时,

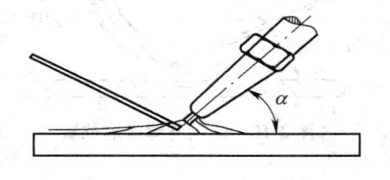

图 3-7 焊嘴倾角

焊嘴倾角要小些。焊接碳素钢时,焊嘴倾斜角度与焊件厚度的关系如图 3-8 所示,所焊材料不同,焊嘴倾角不同,如焊铜时,$\alpha=80°$;焊铝时,$\alpha=10°$。

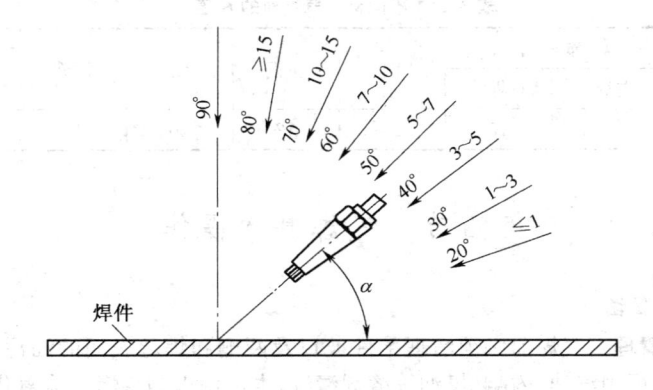

图 3-8 焊嘴倾斜角度与焊件厚度的关系

在气焊过程中,焊嘴的倾斜角度还应根据施焊情况进行变化。如在焊接开始时,为了使焊件尽快加热形成熔池,焊嘴的倾角就要大一些,有时甚至需要 $80°\sim90°$;熔池形成后,要迅速改变倾角,进行正常焊接。当焊接结束时,焊件温度较高,为了填满熔池和防止收尾处过热,这时就要使焊嘴倾角小一些,同时将火焰上下晃

动,交替地使焊丝和熔池加热,直到填满熔池为止。焊嘴倾斜角度在焊接过程中的变化如图3-9所示。在气焊过程中,焊丝与焊件表面的倾斜角一般为30°~40°,它与焊炬中心线的角度为90°~100°,焊嘴与焊丝的位置如图3-10所示。

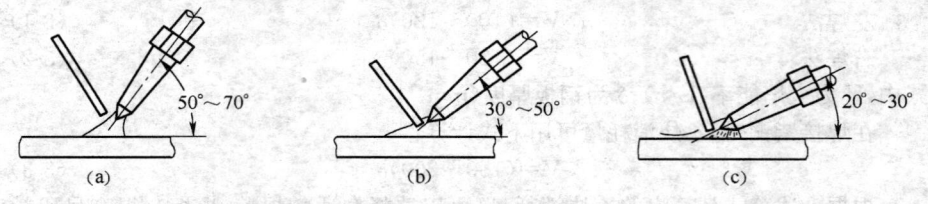

图 3-9　焊嘴倾斜角度在焊接过程中的变化
(a)焊前预热　(b)焊接过程中　(c)收尾时

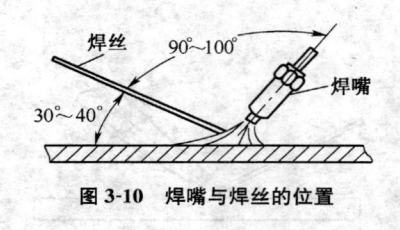

图 3-10　焊嘴与焊丝的位置

五、焊接速度的选择

焊接速度应根据焊件的接头形式、焊件厚度、坡口尺寸、材料性能等来选择。在保证质量的前提下,应尽量提高焊接速度,以提高生产率。焊接速度通常以每小时完成的焊缝长度来表示,其经验公式为

$$v_{焊} = \frac{K}{\delta} \quad (3-4)$$

式中,$v_{焊}$ 为焊接速度(m/h);δ 为焊件厚度(mm);K 为系数。

不同材料气焊时的 K 值见表 3-10。

表 3-10　不同材料气焊时的 K 值

材料名称	碳素钢		铜	黄铜	铅	铸铁	不锈钢
	左焊法	右焊法					
K 值	12	15	24	12	30	10	10

第四节　气焊基本操作

一、焊前准备

(1)焊前清理　气焊前必须清理工件坡口及两侧和焊丝表面的油污、氧化物等脏物。去油污可用汽油、丙酮、煤油等溶剂清洗,也可用火焰烘烤。除氧化膜可用砂纸、钢丝刷、锉刀、刮刀、角向砂轮机等机械方法清理,也可用酸或碱溶解金属表面氧化物。清理后用清水冲洗干净,用火焰烘干后进行焊接。

(2)定位焊和点固焊　为了防止焊接时产生过大的变形,在焊接前,应将焊件在适当位置实施一定间距的点焊定位。对于不同类型的焊件,定位方式略有不同。

①薄板类焊件的定位焊从中间向两边进行,定位焊焊缝长为5~7mm,间距为

50～100mm。薄板定位焊顺序应由中间向两边交替点焊,直至整条焊缝布满为止,如图3-11所示。

②较厚板($\delta \geqslant 4$mm)定位焊的焊缝长度为20～30mm,间距为200～300mm。较厚板定位焊顺序从焊缝两端开始向中间进行,如图3-12所示。

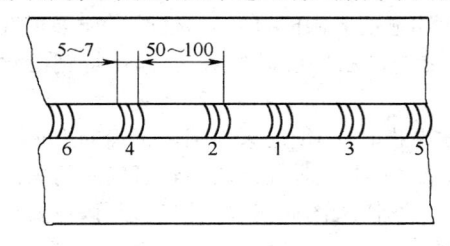

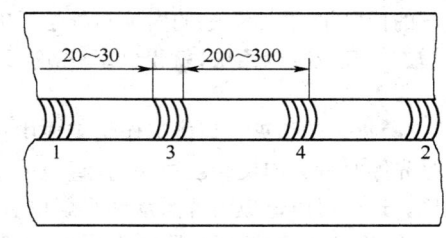

图3-11 薄板定位焊顺序
1～6. 薄板定位焊顺序号

图3-12 较厚板定位焊顺序
1～4. 较厚板定位焊顺序号

③管子定位焊焊缝长度均为5～15mm,管径<100mm时,将管周均分3处,定位焊两处,另一处作为起焊处;管径在100～300mm,将管周均分4处,对称定位焊4处,在1与4之间作为起焊处;管径在300～500mm时,将管周均分8处,对称定位焊7处,另一处作为起焊处。定位焊缝的质量应与正式施焊的焊缝质量相同,否则应铲除或修磨后重新定位焊接,如图3-13所示。

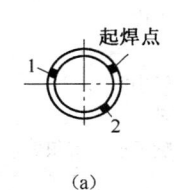

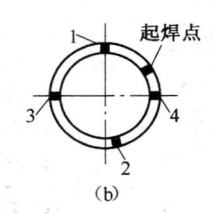

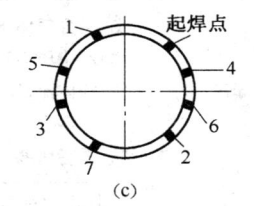

图3-13 管状定位焊
(a) 管径<100mm (b) 管径为100～300mm (c) 管径为300～500mm

(3) 预热 施焊时先对起焊点预热。

二、基本操作要点

1. 焊炬的使用

(1) 焊炬的握法 一般操作者均用左手拿焊丝,用右手掌及中指、无名指、小指握住焊炬的手柄,用大拇指放在乙炔开关位置,由拇指向伸直方向推动打开乙炔开关,用食指放在氧气开关位置进行拨动,有时也可用拇指来协助打开氧气开关,这样可以随时调节气体的流量。

(2) 火焰的点燃 先逆时针方向微开氧气开关放出氧气,再逆时针方向旋转乙炔开关放出乙炔,然后将焊嘴靠近火源点火,点火后应立即调整火焰,使火焰达到正常形状。开始练习时,可能出现连续的放炮声,原因是乙炔不纯,这时应放出不纯的乙炔,然后重新点火。有时会出现不易点燃的现象,多是因为氧气量过大,这时应重新微关氧气开关。点火时,拿火源的手不要正对焊嘴,也不要将焊嘴指向他人,以防烧伤。

(3)火焰的调节 开始点燃的火焰多为碳化焰,如要调成中性焰,则要逐渐增加氧气的供给量,直至火焰的内焰与外焰没有明显的界限时,即为中性焰。如果再继续增加氧气或减少乙炔,就得到氧化焰,反之增加乙炔或减少氧气,即可得到碳化焰。

(4)火焰的熄灭 焊接工作结束或中途停止时,必须熄灭火焰。正确的熄灭方法是先顺时针方向旋转乙炔阀门,直至关闭乙炔,再顺时针方向旋转氧气阀门关闭氧气。这样可以避免出现黑烟和火焰倒袭。此外,关闭阀门以不漏气即可,不要关得太紧,以防止磨损过快,降低焊炬的使用寿命。

(5)火焰的异常现象及处理 点火和焊接中发生的火焰异常现象,应立即找出原因,并采取有效措施加以排除,见表3-11。

表3-11 火焰的异常现象、原因及排除方法

现　　象	原　　因	排除方法
火焰熄灭或火焰强度不够	1. 乙炔管道内有水; 2. 回火保险器性能不良; 3. 压力调节器性能不良	1. 清理乙炔胶管,排除积水; 2. 把回火保险器的水位调整好; 3. 更换压力调节器
点火时有爆声	1. 混合气体未完全排除; 2. 乙炔压力过低; 3. 气体流量不足; 4. 焊嘴孔径扩大,变形; 5. 焊嘴堵塞	1. 排除焊炬内的空气; 2. 检查乙炔发生器; 3. 排除胶管中的水; 4. 更换焊嘴; 5. 清理焊嘴及射吸管积炭
脱水	乙炔压力过高	调整乙炔压力
焊接中产生爆声	1. 焊嘴过热,粘附脏物; 2. 气体压力未调好; 3. 焊嘴碰触焊缝	1. 熄灭后仅开氧气进行水冷,清理焊嘴; 2. 检查乙炔和氧气的压力是否恰当; 3. 使焊嘴与焊缝保持适当距离
氧气倒流	1. 焊嘴被堵塞; 2. 焊炬损坏无射吸力	1. 清理焊嘴; 2. 更换或修理焊炬
回火(有"嘘、嘘"声,焊炬把手发烫)	1. 焊嘴孔道污物堵塞; 2. 焊嘴孔道扩大,变形; 3. 焊嘴过热; 4. 乙炔供应不足; 5. 射吸力降低; 6. 焊嘴离工件太近	1. 关闭氧气,如果回火严重时,还要拔开乙炔胶管; 2. 关闭乙炔; 3. 水冷焊炬; 4. 检查乙炔系统; 5. 检查焊炬; 6. 使焊嘴与焊缝熔池保持适当距离

2. 焊炬和焊丝的摆动方式及幅度

焊炬和焊丝的摆动方式主要与焊件厚度、金属性质、焊件所处的空间位置及焊缝尺寸等有关。

① 沿焊接方向移动，不间断地熔化焊件和焊丝，形成焊缝。

② 焊炬沿焊缝做横向摆动，使焊缝边缘得到火焰的加热，并很好地熔透，同时借助火焰气体的冲击力把液体金属搅拌均匀，使熔渣浮起，从而获得良好的焊缝成形，同时，还可避免焊缝金属过热或烧穿。

③ 焊丝在垂直于焊缝的方向送进并做上下移动，如在熔池中发现有氧化物和气体时，可用焊丝不断地搅动金属熔池，使氧化物浮出和气体排出。平焊时常见的焊炬和焊丝的摆动方法如图 3-14 所示。

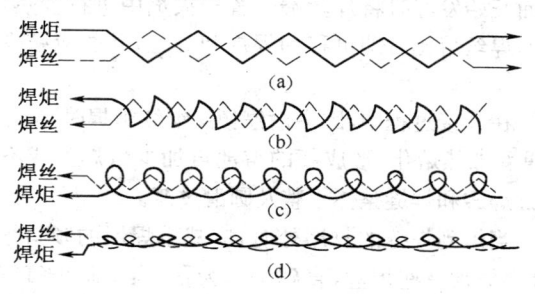

图 3-14 焊炬和焊丝的摆动方法
(a)右摆法　(b)、(c)、(d)左摆法

3. 焊接方向

气焊时，按照焊炬和焊丝移动的方向，可分为左向焊法和右向焊法两种。这两种方法对焊接生产效率和焊缝质量影响很大。

(1)右向焊法 如图 3-15a 所示，焊炬指向焊缝，焊接过程从左向右，焊炬在焊丝前面移动。焊炬火焰直接指向熔池，并遮盖整个熔池，使周围空气与熔池隔离，所以能防止焊缝金属的氧化和减少产生气孔的可能性，同时还能使焊好的焊缝缓慢的冷却，改善了焊缝组织。由于焰芯距熔池较近及火焰受焊缝的阻挡，火焰的热量较集中，热量的利用率也较高，使焊深增加并提高生产效率，所以右向焊法适合焊接厚度较大，以及熔点和热导率较高的焊件。右向焊法不易掌握，一般较少采用。

(2)左向焊法 如图 3-15b 所示，焊炬是指向焊件未焊部分，焊接过程自右向左，而且焊炬是跟着焊丝走。左向焊法由于火焰指向焊件未焊部分对金属有预热作用，因此焊接薄板时生产效率很高，同时这种方法操作简便，容易掌握，是普遍应用的方法。左向焊法的缺点是焊缝易氧化，冷却较快，热量利用率低，故适宜于薄板的焊接。

4. 焊缝的起头、连接和收尾

(1)焊缝的起头 由于刚开始焊接，焊件起头的温度低，焊炬的倾斜角应大些，

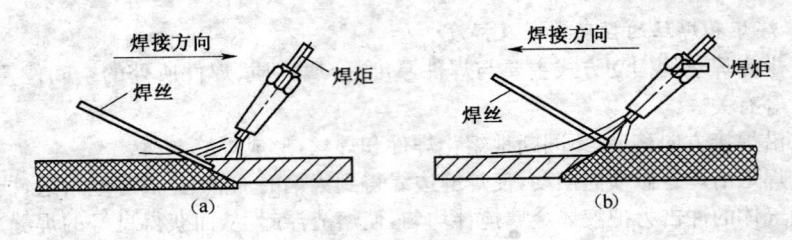

图 3-15 焊接方向
(a)右向焊法 (b)左向焊法

对焊件进行预热并使火焰往复移动,保证起焊处加热均匀,一边加热一边观察熔池的形成,待焊件表面开始发红时将焊丝端部置于火焰中进行预热,一旦形成熔池立即将焊丝伸入熔池,焊丝熔化后即可移动焊炬和焊丝,并相应减少焊炬倾斜角进行正常焊接。

(2)焊缝连接 在焊接过程中,因中途停顿又继续施焊时,应用火焰把连接部位5～10mm 的焊缝重新加热熔化,形成新的熔池再加少量焊丝或不加焊丝重新开始焊接,连接处应保证焊透和焊缝整体平整及圆滑过渡。

(3)焊缝收尾 当焊到焊缝的收尾处时,应减小焊炬的倾斜角,防止烧穿,同时要增加焊接速度并多添加一些焊丝,直到填满为止,为了防止氧气和氮气等进入熔池,可用外焰对熔池保护一定的时间(如表面已不发红)后再移开。

5. 焊后处理

焊后残存在焊缝及附近的熔剂和焊渣要及时清理干净,否则会腐蚀焊件。清理方法为先在 60℃～80℃ 热水中用硬毛刷洗刷焊接接头,重要构件洗刷后再放入 60℃～80℃,质量分数为 2%～3% 的铬酐水溶液中浸泡 5～10min,然后再用硬毛刷仔细洗刷,最后用热水冲洗干净。

清理后若焊接接头表面无白色附着物即可认为合格;或用质量分数为 2% 硝酸银溶液滴在焊接接头上,若没有产生白色沉淀物,即说明清洗干净。铸造合金补焊后消除内应力,可进行 300℃～350℃ 退火处理。

三、不同空间位置的焊接

气焊时经常会遇到各种不同空间位置的焊缝,有时同一条焊缝具有几种不同的焊接位置,如固定管子的吊焊。

熔焊时,焊件接缝所处的空间位置称为焊接位置,焊接位置可用焊缝倾角和焊缝转角来表示,有平焊、立焊、横焊和仰焊等。由于焊缝位置的不同,操作技术也不一样。

(1)平焊 焊缝倾角在 0°～5°、焊缝转角在 0°～10° 的焊接位置称为平焊位置,在平焊位置进行的焊接即为平焊。水平放置的钢板平对接焊是气焊焊接操作的基础。平对接焊操作如图 3-16 所示。

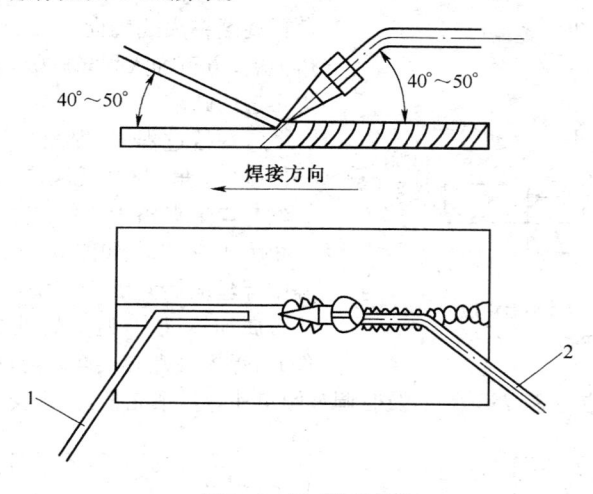

图 3-16 平对接焊操作
1. 焊丝　2. 焊炬

①采用左焊法,焊炬的倾角 40°～50°,焊丝的倾角也是 40°～50°。

②焊接时,当焊接处加热至红色时,尚不能加入焊丝,必须待焊接处熔化并形成熔池时,才可加入焊丝。当焊丝端部粘在池边沿上时,不要用力拔焊丝,可用火焰加热粘住的地方,让焊丝自然脱离。如熔池凝固后还想继续施焊,应将原熔池周围重新加热,待熔化后再加入焊丝继续焊接。

③焊接过程中出现烧穿现象,应迅速提起火焰或加快焊速,减小焊炬倾角,多加焊丝,待穿孔填满后再以较快的速度向前施焊。

④如发现熔池过小或不能形成熔池,焊丝熔滴不能与焊件熔合,而仅仅敷在焊件表面,表明热量不够,这是由于焊炬移动过快造成的。此时应降低焊接速度,增加焊炬倾角,待形成正常熔池后,再向前焊接。

⑤如果熔池不清晰且有气泡,出现火花、飞溅等现象,说明火焰性质不适合,应及时调节成中性焰后再施焊。

⑥如发现熔池内的液体金属被吹出,说明气体流量过大或焰芯离熔池太近,此时应立即调整火焰能率或使焰心与熔池保持正确距离。

⑦焊接时除开头和收尾另有规范外,应保持均匀的焊接速度,不可忽快忽慢。

⑧对于较长的焊缝,一般应先做定位焊,再从中间开始向两边交替施焊。

(2)平角焊　平角焊如图 3-17 所示。焊缝倾角为 0 的角焊接,将互相成一定角度(多为 90°)的两焊件焊接在一起的焊接方法称为平角焊。

平角焊接时,由于熔池金属的下滴,往往在立板处产生咬边和焊脚两边尺寸不等两种缺陷,如图 3-17 所示,操作时应注意以下几点:

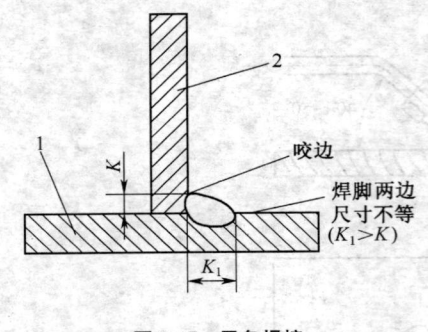

图 3-17 平角焊接
1. 平板 2. 立板

①起焊前预热，应先加热平板至暗红色再逐渐将火焰转向立板，待起焊处形成熔池后，方可加入焊丝施焊，以免造成根部焊不透的缺陷。

②焊接过程中，焊炬与平板之间保持 45°～50°夹角，与立板保持 20°～30°夹角；焊丝与焊炬夹角为 100°左右，焊丝与立板夹角为 15°～20°，如图 3-18 所示。焊接过程中焊丝应始终浸入熔池，以防火焰对熔化金属加热过度，避免熔池金属下滴。操作时，焊炬做螺旋式摆动前进，可使焊脚尺寸相等。同时，应注意观察熔池，及时调节倾角和焊丝填充量，防止咬边。

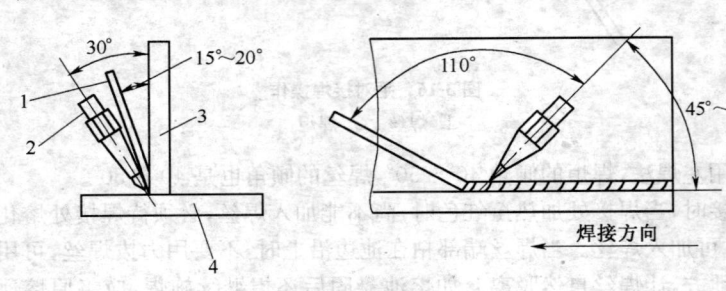

图 3-18 平角焊操作
1. 焊丝 2. 焊炬 3. 立板 4. 平板

③接近收尾时，应减小焊炬与平面之间的夹角，提高焊接速度，并适当增加焊丝填充量。收尾时，适当提高焊炬，并不断填充焊丝，熔池填满后，方可撤离焊炬。

(3) 横焊 焊缝倾角在 0°～5°，焊缝转角在 70°～90°的对接焊缝，或焊缝倾角在 0°～5°，焊缝转角在 30°～55°的角焊缝的焊接位置称为横焊位置，横焊位置进行焊接即为横焊，如图 3-19 所示。

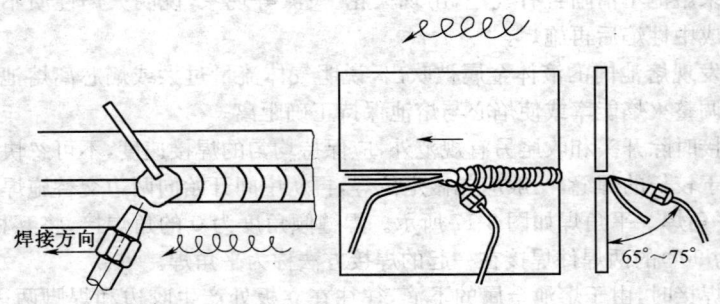

图 3-19 横焊

平板横对接焊由于金属熔池下滴,焊缝上边容易形成焊瘤或未熔合等缺陷,操作时应注意以下几点:

①选用较小的火焰能率(比立焊的稍小些)。

②适当控制熔池温度,既保证熔透,又不能使熔池金属因受热过度而下坠。

③操作时,焊炬向上倾斜,并与焊件保持65°~75°角,利用火焰的吹力来托住熔池金属,防止下滴。

④焊接时,焊丝要始终浸在熔池中,并不断把熔化金属向上边推去,焊丝做来回半圆形或斜环形摆动,并在摆动的过程中被焊接火焰加热熔化,以避免熔化金属堆积在熔池下面而形成咬边、焊瘤等缺陷。在焊接薄件时,焊嘴一般不做摆动,焊接较厚件时,焊嘴可做小的环形摆动。

⑤为防止火焰烧手,可将焊丝前端50~100mm处加热弯成<90°(一般为45°~60°)的角度,手持的一端宜垂直向下,如图3-19所示。

(4)立焊 焊缝倾角在80°~90°、焊缝转角在0°~180°的焊接位置称为立焊位置,在立焊位置进行焊接的操作称为立焊。立焊时熔池金属更容易下淌,焊缝成形困难,不易得到平整的焊缝。

平板立对接焊如图3-20所示,一般采用自下而上的左焊法。焊嘴、焊丝与工件的相对位置如图3-20a所示。

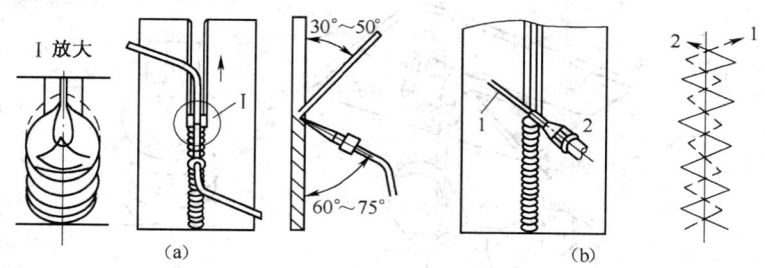

图 3-20 平板立对接焊
(a)焊嘴、焊丝与工件的相对位置 (b)焊丝和焊嘴的运动
1. 焊丝 2. 焊嘴

①立焊时,焊接火焰应向上倾斜,与焊件成60°夹角,并应少加焊丝,采用比平焊小15%左右的火焰能率进行焊接。

②焊接过程中,在液体金属即将下淌时,应立即把火焰向上提起,待熔池温度降低后,再继续进行焊接。一般为了避免熔池温度过高,可以把火焰较多地集中在焊丝上,同时增加焊接速度来保证焊接过程的正常进行。

③要严格控制熔池温度,不能使熔池面积过大,深度也不能过深,以防止熔池金属下淌。熔池应始终保持扁圆或椭圆形,不要形成尖瓜形。

④焊炬沿焊接方向向上倾斜,借助火焰的气流吹力托住熔池金属,防止下滴。

⑤为方便操作,将焊丝弯成120°~140°,便于手持焊丝正确施焊。

⑥焊接时,焊炬不做横向摆动,只做单一上下跳动,给熔池一个加快冷却的机会;保证熔池受热适当;焊丝应在火焰气流范围内做环形运动,将熔滴有节奏地添加到熔池中。

⑦立焊 2mm 以下厚度的薄板,宜加快焊速,使液体金属不等下淌就凝固。此时需注意,不要使焊接火焰做上下的纵向摆动,可做小的横向摆动,以疏散熔池中间的热量,并把中间的液体金属带到两侧,以获得较好的成形。

⑧焊接 2~4mm 厚的工件可以不开坡口,为保证熔透,应使火焰能率适当大些。焊接时,在起焊点应充分预热,形成熔池,并在熔池上熔化出一个直径相当于工件厚度的小孔,然后用火焰在小孔边缘加热熔化焊丝,填充圆孔下边的熔池,一面向上扩孔,一面填充焊丝完成焊接。

⑨焊接 5mm 以上厚度的工件应开坡口,最好也能先烧一个小孔,将钝边熔化掉,以便焊透。

(5)仰焊 焊缝倾角在 0°~15°、焊缝转角在 165°~180°的对接焊缝或焊缝倾角在 0°~15°、焊缝转角在 115°~180°的角焊缝的焊接位置称为仰焊位置,在仰焊位置进行焊接即为仰焊。通俗地讲,仰焊是指焊接火焰在工件下方,焊工需仰视工件方能进行焊接的操作,平板对接仰位气焊如图 3-21 所示。

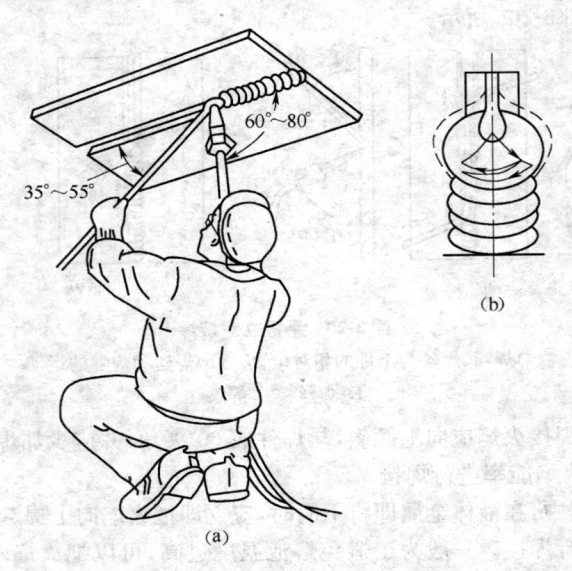

图 3-21 平板对接仰位气焊

仰焊由于熔池向下,熔化金属易下坠,甚至滴落,劳动条件差,生产效率低,所以难以形成满意的熔池及理想的焊缝形状和焊接质量,仰焊一般用于焊接某些固定的焊件。仰焊基本操作方法如下:

①选择较小的火焰能率,所用的焊炬的焊嘴较平焊时小一号。
②严格控制熔池温度、形状和大小、保持液态金属始终处于黏团状态。
③应采用较小直径的焊丝,以薄层堆敷上去。
④仰焊带坡口或较厚的焊件时,必须采取多层焊,防止因单层焊熔滴过大而下坠。
⑤对接接头仰焊时,焊嘴与焊件表面成60°～80°角,焊丝与焊件夹角35°～55°,在焊接过程中焊嘴应不断做扁圆形横向摆动,焊丝做"之"字形运动,并始终浸在熔池中,如图3-21b所示,以疏散熔池的热量,让液体金属尽快凝固,可获得良好的焊缝成形。
⑥仰焊可采用左焊法,也可用右焊法。左焊法便于控制熔池和送入焊丝,操作方便,较多采用;采用右焊法,焊丝的末端与火焰气流的压力能防止熔化金属下淌,使得焊缝成形较好。
⑦仰焊时应特别注意操作姿势,防止飞溅金属微粒和金属熔滴烫伤面部及身体,并应选择较轻便的焊炬和细软的橡胶管,以减轻焊工的劳动强度。

四、T形接头和搭接接头的焊接

(1) **T形接头和搭接接头的平焊** 焊接方法近似对接接头的横焊,由于液体下流,易造成角焊缝上薄下厚和上部咬边。因为平板散热条件较好,焊嘴与平板夹角要大一些(60°),而且焊接火焰主要指在平板上。焊丝与平板夹角更要大一些(70°～75°),以遮挡立板温度高熔化金属下流,角焊时焊嘴、焊丝与工件的相对位置如图3-22所示。

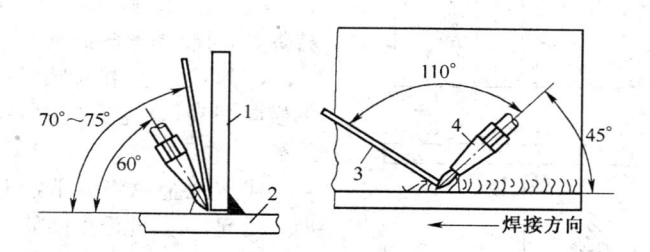

图3-22 角焊时焊嘴、焊丝与工件的相对位置
1. 立板 2. 平板 3. 焊丝 4. 焊嘴

在焊接过程中,焊接火焰要做螺旋式一闪一闪的摆动。并利用火焰的压力把一部分液体金属挑到熔池的上部,使焊缝金属上下均匀,同时使上部液体金属早些凝固,避免出现上薄下厚的不良成形。

(2) **T形接头和搭接接头的立焊** 除按平焊掌握焊嘴和焊丝与工件的夹角外,还要兼有立焊的特点。焊嘴与水平成15°～30°夹角,火焰往上斜,焊嘴和焊丝还要做横向摆动,以疏散熔池中部的热量和液体金属,避免中部高,两边薄的不良成形。T形接头和搭接接头的立焊如图3-23所示。

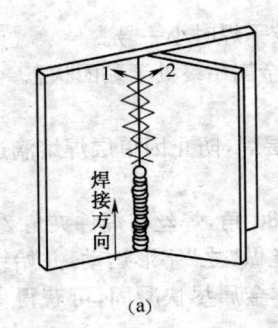

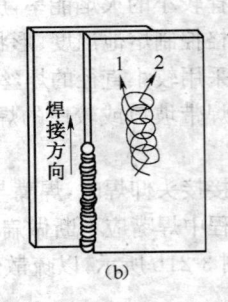

图 3-23 T形接头和搭接接头的立焊
(a)T形接头 (b)搭接接头
1. 焊嘴运动路线 2. 焊丝运动路线

(3) T形接头的立角焊 图 3-24 所示为 T 形接头的立角焊, 自下而上的焊接操作方法如下:

① 起焊时用火焰交替加热起焊处的腹板和盖板, 待形成熔池即添加焊丝, 抬起焊炬, 让起焊点的熔池凝固之后, 才可以向前施焊。

② 焊接过程中, 焊炬向上倾斜, 与焊件成 60°左右的夹角并与盖板成 45°～50°角, 焊丝与焊件成 20°～25°角, 为方便执持焊丝, 可将焊丝弯折成 140°～150°。

③ 焊接过程中, 焊炬和焊丝做交叉的横向摆动, 避免产生中间高两侧低的焊缝。

④ 熔池金属将要下淌时, 应将焊炬向上挑起, 待熔池温度降低后继续焊接。

⑤ 在熔池两侧多添加一些焊丝, 防止出现咬边。

⑥ 收尾时, 稍微抬起焊炬, 用外焰保护熔池, 并不断加焊丝, 直至收尾处熔池填满方可撤离焊炬。

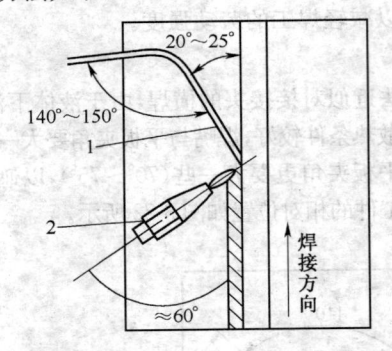

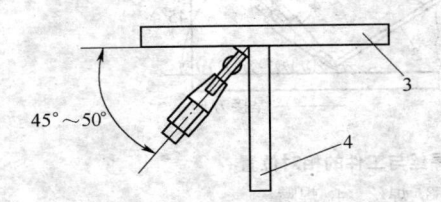

图 3-24 T形接头的立角焊
1. 焊丝 2. 焊炬 3. 盖板 4. 腹板

(4) T形接头的侧仰焊 焊嘴与工件的夹角和平焊一样, 但焊接火焰向上斜, 形成熔池后火焰偏向立面, 借助火焰压力托住三角形焊缝熔池。焊嘴沿焊缝方向一扎一抬, 借助火焰喷射力把液体金属引向三角形顶角中去, 焊嘴还要上下摆动, 使熔池金属被挤到上平面去一部分, 焊丝端头应放在熔池上部, 并向上平面拨引液体金属, 所以焊接火焰总的运动就成了平行熔池的螺旋式运动。T形接头侧仰焊时焊嘴和焊丝与工件的相对位置如图 3-25 所示。

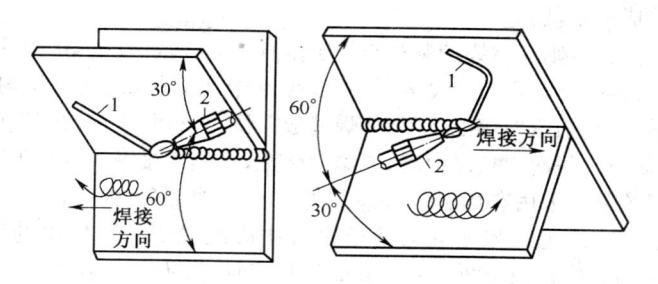

图 3-25 T形接头侧仰焊时焊嘴和焊丝与工件的相对位置
1. 焊丝 2. 焊嘴

五、管子的气焊

管子气焊时，一般采用对接头。管子的用途不同，对其焊接质量的要求也不同，对于重要的管子的焊接，如电站锅炉管，往往要求单面焊双面成形，以满足较高工作压力的要求。对于中压以下的管子，如水管、风管等，应要求对接接头不泄漏，且要达到一定的强度。对于比较重要管子的气焊，当壁厚＜2.5mm时，可不开坡口；当壁厚＞2.5mm时，为使焊缝全部焊透，需将管子开成 V 形坡口，并留有钝边。

管子对接时坡口的钝边和间隙大小均要适当，不可过大或过小。当钝边太大，间隙过小时，焊缝不易焊透，如图 3-26a 所示，会降低接头的强度；当钝边太小，间隙过大时，容易烧穿，使管子内壁产生焊瘤，如图 3-26b 所示，会减少管子的有效截面积，增加气体或液体在管内的流动阻力。接头一般可焊两层，应防止焊缝内外表面凹陷或过分凸出，一般管子焊缝的加强高度不得超过管子外壁表面 1～2mm（或为管子壁厚的 1/4），其宽度应盖过坡口边缘 1～2mm，并应均匀平滑地过渡到母材金属，如图 3-26c 所示。

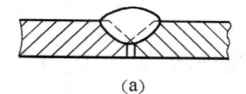

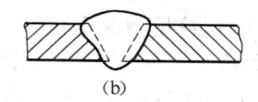

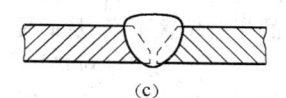

图 3-26 管子的对口
(a)钝边太大，间隙过小 (b)钝边太小，间隙过大 (c)合格

普通低碳钢管件气焊时，采用 H08 焊丝基本上可以满足产品要求，但焊接重要的低碳钢管子时，如电站锅炉 20# 钢管，必须采用低合金钢焊丝，如 H08MnA 等。

(1)转动管子的焊接 由于管子可以自由转动，因此焊缝熔池始终可以控制在方便的位置上施焊。若管壁＜2mm 时，最好处于水平位置施焊；对于管壁较厚和开有坡口的管子，不应处于水平位置焊接，应采用爬坡焊。因为管壁厚，填充金属多，加热时间长，如果熔池处于水平位置，不易得到较大的熔深，也不利于焊缝金属的堆高，同时焊缝成形不良。

采用左焊法时，则应始终控制在与管子垂直中心线成 20°～40°角的范围内进行焊接，如图 3-27a 所示，可以加大熔深，并能控制熔池形状，使接头均匀熔透。同时使填充金属熔滴自然流向熔池下部，使焊缝成形快，且有利于控制焊缝的高度，更好地保证焊接质量。每次焊接结束时，要填满熔池，火焰应慢慢离开熔池，以避免出现气孔、凹坑等缺陷。采用右焊法时，火焰吹向熔化金属部分，为防止熔化金属因火焰吹力而造成焊瘤，熔池应控制在与管子垂直中心线成 10°～30°角的范围内，如图 3-27b 所示。当焊接直径为 200～300mm 的管子时，为防止变形，应采用对称焊法。

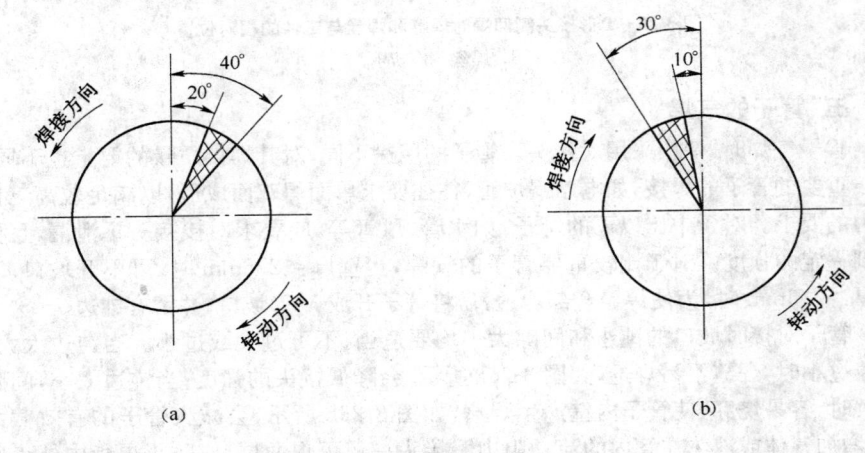

图 3-27 转动管子的焊接位置
(a)左向爬坡焊　(b)右向爬坡焊

(2)垂直固定管的气焊　管子垂直立放，接头形成横焊缝，其操作特点与直缝横焊相同，只需随着环形焊缝的前进而不断地变换位置，以始终保持焊嘴、焊丝和管子的相对位置不变，从而更好地控制焊缝熔池的形状。

垂直固定管对接接头形式如图 3-28 所示。通常采用右焊法，焊嘴、焊丝与管子轴线的夹角如图 3-29 所示；焊丝、焊嘴与管子切线方向的夹角如图 3-30 所示。

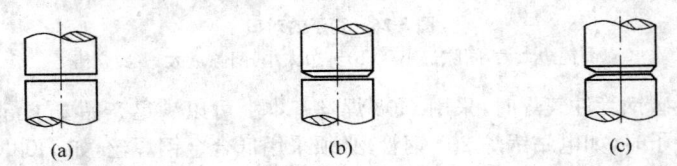

图 3-28 垂直固定管对接接头形式
(a)不开坡口对接接头　(b)单边开 V 形坡口对接接头
(c)V 形坡口对接接头

图 3-29　焊嘴、焊丝与管子轴线的夹角

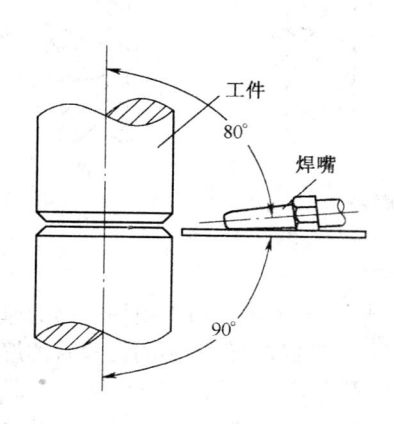

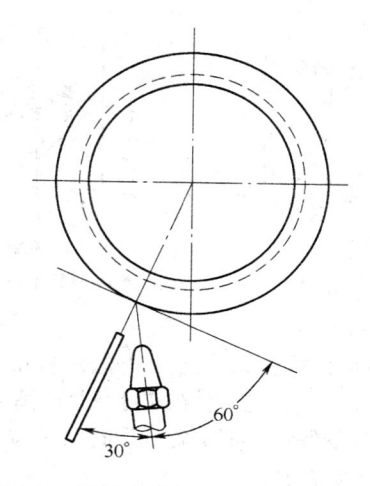

图 3-30　焊丝、焊嘴与管子切线方向的夹角

①采用右焊法,在开始焊接时,先将被焊处适当加热,然后将熔池烧穿,形成一个熔孔,这个熔孔一直保持到焊接结束,右焊法双面成形一次焊满运条法如图 3-31 所示。形成熔孔的目的有两个:一是使管子熔透,以得到双面成形;二是通过控制熔孔的大小还可以控制熔池的温度。熔孔的大小以控制在等于或稍大于焊丝直径为宜。

图 3-31　右焊法双面成形一次焊满运条法

②熔孔形成后,开始填充焊丝。施焊过程中焊炬不做横向摆动,而只在熔池和熔孔间做前后微摆动,以控制熔池温度。若熔池温度过高时,为使熔池得以冷却,此时火焰不必离开熔池,可将火焰的焰芯朝向熔孔。这时内焰区仍然笼罩着熔池和近缝区,保护液态金属不被氧化。

③在旋焊过程中,焊丝始终浸在熔池中,不停地以 r 形往上挑钢水,如图 3-31 所示。运条范围不要超过管子对口下部坡口的 1/2 处,如图 3-32 所示,要在 a 范围内上下运条,否则容易造成熔滴下坠现象。

④焊缝因一次焊成,所以焊接速度不可太快,必须将焊缝填满,并有一定的加强高度。如果采用左焊法,需进行多层焊,多层焊焊接顺序如图 3-33 所示。

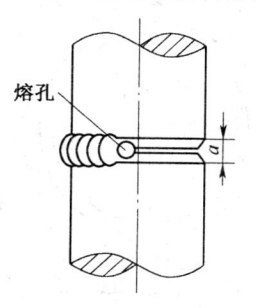

图 3-32　熔孔形状和运条范围

(3)水平固定管的气焊　水平固定管环缝包括平、立、仰 3 种空间位置的焊接,也称全位置焊接。焊接时,应随着焊接位置的变化而不断调整焊嘴与焊丝的夹角,使夹角保持基本不变。焊嘴与焊丝的夹角,

图 3-33 多层焊焊接顺序

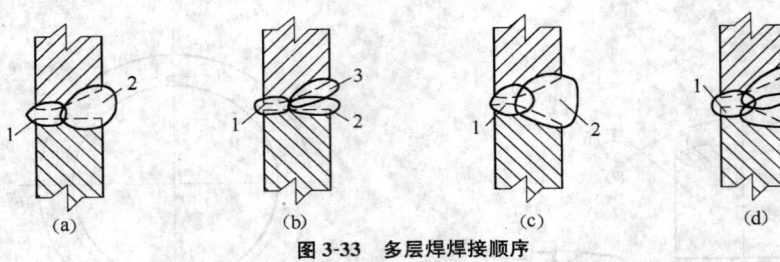

(a)、(b)单边 V 形坡口多层焊　(c)、(d) V 形坡口多层焊

1～3. 焊接顺序号

通常应保持在 90°；保持焊丝、焊嘴和工件的夹角，一般为 45°，但需根据管壁的厚薄和熔池形状的变化，在实际焊接时适当调整和灵活掌握，以保持不同位置时的熔池形状，既保证熔透，又不致过烧和烧穿。水平固定管全位置焊接的分布情况如图 3-34 所示。

在焊接过程中，为了调整熔池的温度，建议焊接火焰不要离开熔池，利用火焰的温度分布进行调节。当温度过高时，将焊嘴对着焊缝熔池向里送进一点，一般为 2～4mm 的调节范围。火焰温度可在 1000℃～3000℃ 范围内进行调节，既能调节熔池温度，又不使焊接火焰离开熔池，让空气有侵入的机会，同时又保证了焊缝底部不产生内凹和未焊透，特别是在第一层焊接时更为有利。但这种操作方法因焊嘴送进距离很小，内焰的最高温度处至焰芯的距离，通常只有 2～4mm，所以难度较大，不易控制。

水平固定管的焊接，应先进行定位焊，然后再正式焊接。在焊接前半圈时，起点和终点都要超过管子的垂直中心线 5～10mm；焊接后半圈时，起点和终点都要和前段焊缝搭接一段，以防止起焊处和收口处产生缺陷。搭接长度一般为 10～20mm，水平固定管焊接的搭接如图 3-35 所示。

图 3-34　水平固定管全位置焊接的分布情况

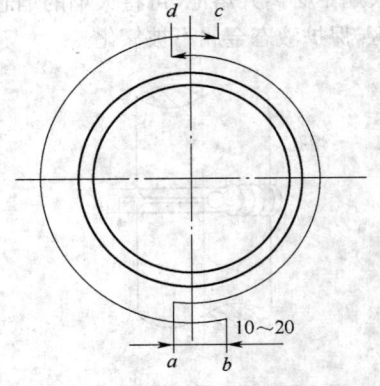

图 3-35　水平固定管焊接的搭接

a、d—先焊半圈的起点和终点

b、c—后焊半圈的起点和终点

(4)主管与支管的装配焊接 主管与支管的连接件通常称为三通,如图 3-36 所示,是主管水平放置、支管竖直向上的等径固定三通和主管竖直、支管水平放置的不等径固定三通的焊接顺序。三通的装配焊接的操作要点如下:

①等径固定三通和不等径固定三通的定位焊位置和焊接顺序如图 3-36 所示,采用这种对称焊接顺序可以避免焊接变形。

②管壁厚度不等时,火焰应偏向较厚的管壁一侧;焊接不等径固定三通时,火焰应偏向直径较大的管子一侧。

③选用的焊嘴要比焊同样厚度的对接接头大一号。

④焊接中碳钢钢管三通时,要先预热到 150℃～200℃,当与低碳钢管厚度相同时,应选比焊低碳钢小一号的焊嘴。

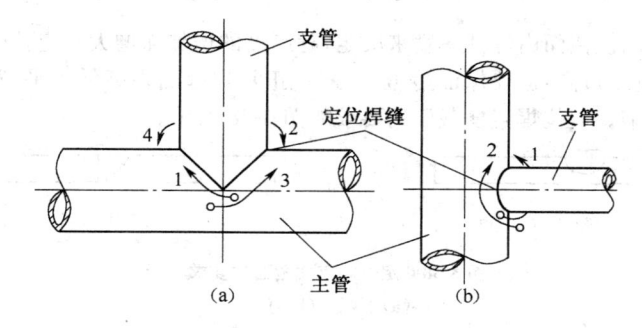

图 3-36 三通的焊接顺序
(a)主管水平放置、支管竖直向上的等径固定三通
(b)主管竖直、支管水平放置的不等径固定三通

第五节 气焊基本操作技能训练实例

一、低碳钢薄板的平对接气焊技能训练实例

1. 操作准备

①设备和工具为氧气瓶和乙炔瓶、减压器、射吸式焊炬 H01-6。

②辅助器具为气焊眼镜、通针、火柴或打火枪、工作服、手套、胶鞋、锤和钢丝钳等。

③焊件为低碳钢板两块,长 200mm,宽 100mm,厚 2mm。

2. 操作要点

将厚度和尺寸相同的两块低碳钢板,水平放置到耐火砖上,目的是不让热量传走,钢板必须摆放整齐,为了使背面焊透,需约 0.5mm 的间隙。

(1)定位焊 作用是装配和固定焊件接头的位置。定位焊焊缝的长度和间距视焊件的厚度和焊缝长度而定,焊件越薄,定位焊焊缝的长度和间距应越小,反之则应加大。焊件较薄时,定位焊可由焊件中间开始向两头进行,如图3-37a所示,定位焊焊缝的长度为5~7mm,间隔50~100mm;焊件较厚时,定位焊则由两头开始向中间进行,定位焊焊缝的长度为20~30mm,间隔200~300mm,如图3-37b所示。

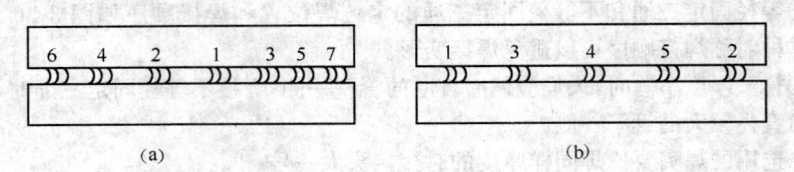

图3-37 焊件定位焊的顺序
(a)薄焊件的定位焊 (b)厚焊件的定位焊

定位焊点的横截面由焊件厚度来决定,随厚度的增加而增大。定位焊点不宜过长,更不宜过宽或过高,但要保证熔透,以避免正常焊缝出现高低不平、宽窄不一和熔合不良等缺陷。定位焊点横截面的要求如图3-38所示。

图3-38 定位焊点横截面的要求
(a)不好 (b)好

定位焊后,为了防止角变形,并使背面均匀焊透,可采用焊件预先反变形法,即将焊件沿接缝向下折成160°左右,如图3-39所示,然后用胶木锤将接缝处校正平齐。

(2)焊接 从接缝一端预留30mm处施焊,其目的使焊缝处于板内,传热面积大,基体金属熔化时,周围温度已升高,冷凝时不易出现裂纹。焊接到终点时,再焊预留的一段焊缝,采取反方向施焊,接头应重叠5mm左右,起焊点的确定如图3-40所示。

图3-39 预先反变形法

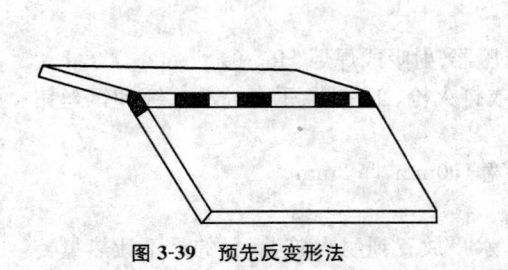

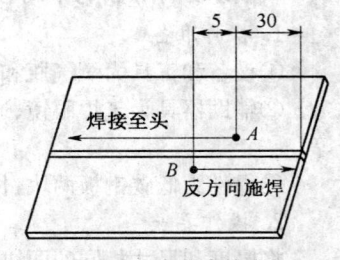

图3-40 起焊点的确定

采用左向焊法时,焊接速度要随焊件熔化情况而变化。要采用中性焰,并对准接缝的中心线,使焊缝两边缘熔合均匀,背面要均匀焊透。焊丝位于焰芯前下方

2～4mm处,如在熔池边缘下被粘住,这时不要用力拔焊丝,可用火焰加热焊丝与焊件接触处,焊丝即可自然脱离。

在焊接过程中,焊炬和焊丝要做上下往复相对运动,其目的是调节熔池温度,使焊缝熔化良好,并控制液体金属的流动,使焊缝成形美观。如果发现熔池不清晰,有气泡、火花飞溅或熔池沸腾现象,原因是火焰性质发生了变化,应及时将火焰调节为中性焰,然后进行焊接,始终保持熔池大小一致才能焊出均匀的焊缝。熔池大小可通过改变焊炬角度、高度和焊接速度来调节。如发现熔池过小,焊丝不能与焊件熔合,仅敷在焊件表面,表明热量不足,因此应增加焊炬倾角,减慢焊接速度。如发现熔池过大,且没有流动金属时,表明焊件被烧穿。此时应迅速提起火焰或加快焊接速度,减小焊炬倾角,并多加焊丝。如发现熔池金属被吹出或火焰发出"呼、呼"响声,说明气体流量过大,应立即调节火焰能率;如发现焊缝过高,与基体金属熔合不圆滑,说明火焰能率低,应增加火焰能率,减慢焊接速度。

在焊件间隙大或焊件薄的情况下,应将火焰的焰芯指在焊丝上,使焊丝阻挡部分热量,防止接头处熔化过快。在焊接结束时,将焊炬火焰缓慢提起,使焊缝熔池逐渐减小。为了防止收尾时产生气孔、裂纹和熔池没填满产生凹坑等缺陷,可在收尾时多加一点焊丝。

在整个焊接过程中,应使熔池的形状和大小保持一致。焊接尺寸应随焊件厚度的增加而增加,如焊缝高度、焊缝宽度都要增加。本焊件厚度为2mm,合适的焊缝高度为1～2mm,宽度为6～8mm。不卷边平对接气焊如图3-41所示。

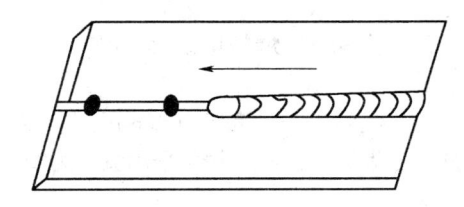

图3-41 不卷边平对接气焊

(3)焊接注意事项

①定位焊产生缺陷时,必须铲除或打磨修补,以保证质量。

②焊缝不要过高、过宽、过低、过窄。

③焊缝边缘与基体金属要圆滑过渡,无过深、过长的咬边。

④焊缝背面必须均匀焊透。

⑤焊缝不允许有粗大的焊瘤和凹坑,焊缝直线度要好。

二、低碳钢薄板过路接线盒气焊技能训练实例

过路接线盒是电气线路中一种常用的安全、保护装置,其作用是保护几路电线汇合或分叉处的接头。

1. 操作准备

过路接线盒如图3-42所示。过路接线盒由厚1.5～2mm的低碳钢板折边或拼制成,尺寸大小视需要而定,外形尺寸:长200mm,宽100mm,高80mm。

2. 操作要点

①焊前将被焊处表面用砂布打磨出金属光泽。

②采用直径为φ2mm 的 H08A 焊丝，使用 H01-6 焊炬，配2号嘴，预热火焰为中性焰。

③定位焊必须焊透，焊缝长度为5～8mm，间隔为50～80mm。焊缝交叉处不准有定位焊缝。定位焊顺序如图3-43。

④采用左焊法，先焊短缝，后焊长缝，这样每条焊缝在焊接时都能自由的伸缩，以免接线盒出现过大的变形。

⑤焊接速度要快，注意焊嘴与熔池的距离，使焊丝与母材的熔化速度相适应。

⑥收尾时火焰缓慢离开熔池，以免冷却过快而出现缺陷。

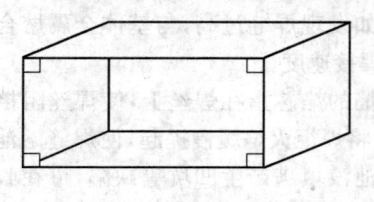

图 3-42 过路接线盒　　　　图 3-43 定位焊顺序

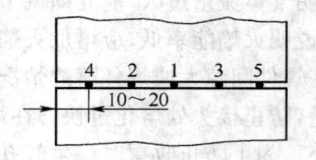

三、水桶的气焊技能训练实例

1. 操作准备

某水桶高为1m，直径为0.5m，用板厚为1.5mm 的低碳钢板制成。气焊时选用 H01-6 型焊炬，配2号焊嘴，采用直径为2mm 的 H08A 低碳钢焊丝。焊接方向选择左焊法。

焊接桶体的纵向对接焊缝时应考虑到焊接变形，采用退焊法焊接。如图3-44 所示，纵缝气焊时，焊炬和焊缝夹角为20°～30°，焊炬和焊丝之间夹角为100°～110°。

2. 操作要点

焊接时焊嘴做上下摆动，可防止气焊时将薄板烧穿。桶体纵缝焊完后，在焊接桶体和桶底的连接焊缝时，桶底采用卷边形式，卷边高度 h 可选为2mm。焊接时，焊嘴做轻微摆动，卷边熔化后可加入少许焊丝，为避免桶体热量过大，焊接火焰应略为偏向外侧。焊嘴、焊丝、焊缝之间的夹角和纵缝焊接时基本相同，桶体和桶底的焊接如图3-45 所示。

四、链环的气焊技能训练实例

1. 操作准备

链环一般采用低碳钢棒料制成，每个接头部位都应进行焊接。小直径的链环接头常采用气焊方法焊成。用气焊方法焊接链环，应注意防止接头处产生过热或过烧现象，接头的过热或过烧会降低接头的强度，严重时造成报废。所以针对不同直径的链环，应考虑采取不同的气焊工艺和具体的操作方法。

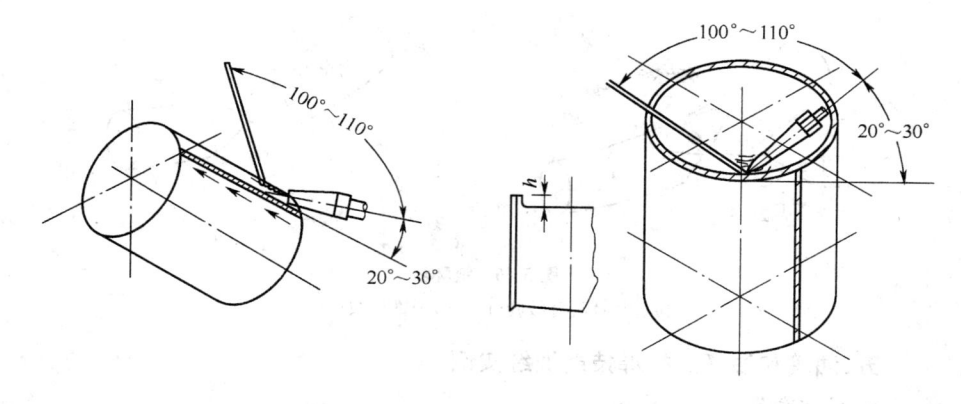

图 3-44 桶体纵缝焊接　　图 3-45 桶体和桶底的焊接

当气焊直径＜4mm 的链环时,其对接接头可以不开坡口,但在装配时应留 0.5～1.5mm 的间隙,操作时只需要单面焊接即可。

2. 操作要点

①操作时,选用较弱的中性焰,把环接头放成平焊位置。刚开始加热时,火焰要避开链环的其他部位,而焊丝则应靠近被焊处,使之同时和被焊处一起受到火焰的加热。当链环焊处熔化时,焊丝也同时熔化,立即把焊丝熔滴滴向熔化的被焊部位,然后将火焰立即移开被焊部位,这样被焊部位就形成了牢固的焊接接头。

②焊完后,如果接头不够饱满,可再滴上一滴熔滴;如果焊缝金属偏向一侧,可用火焰再加热略为使之熔化,让偏多一侧的焊缝金属流向偏少一侧,使之形成均匀的气焊接头。

③小直径链环气焊时,稍不注意就会产生熔合不良、烧穿、塌腰、过热或过烧等缺陷。气焊这类链环应十分小心谨慎,注意焊件、焊丝和火焰之间的互相协调。

④当气焊 4mm 以上、8mm 以下直径的链环时,也可采用不开坡口的接头形式,但装配间隙应考虑加大,一般取 2～3mm。气焊时采用双面焊的形式,一面焊完后再焊另一面,然后修整两个侧面的成形。这类链环气焊时,应注意保证焊透,同时避免产生过烧等现象。

⑤气焊直径＞8mm 的链环时,其接头开焊接坡口,链环坡口如图 3-46 所示。在装配时留有 2～3mm 间隙,并留有 1～2mm 的钝边。

⑥气焊时,如果选择图 3-46a 所示鸭嘴形坡口时,先焊一面再焊另一面,然后修整两侧;如果选择图 3-46b 所示圆锥形坡口,要沿圆周进行焊接。链环接头应保证均匀饱满,通常焊完后表面有 1～1.5mm 的加强高。

图 3-46 链环坡口
(a)鸭嘴形坡口 (b)圆锥形坡口

五、油箱和油桶的补焊技能训练实例

1. 操作准备

油箱或油桶在使用过程中，由于某种原因造成磨损、裂纹、撞伤等，产生漏油现象，一般采取气焊补焊修复。其补焊方法与气焊薄板工件相同，但必须将油箱或油桶内的汽油及残余可燃气体清除干净，以防止在补焊过程中发生爆炸事故。因此，对油箱或油桶内部清理是十分重要的，油箱或油桶的补焊应包括油箱或油桶的清洗和油箱或油桶的具体补焊方法。

为防止油箱或油桶补焊时发生爆炸，补焊前首先应将油箱或油桶内剩余汽油倒净，然后用碱水清洗。火碱的用量一般每个汽油箱或油桶使用 500g，分三次用。首先往油箱内倒入半箱（桶）开水，并将火碱投入箱（桶）内，将口堵住，用力摇晃箱（桶）体半小时，然后将水倒出，再加入碱水洗涤，共进行 3 次。敞开口，静放 1~2 天，待残存的可燃气体排净后再焊接。或者经清洗干净后装水，水面距焊缝处 50mm 立即焊接。对于柴油箱（桶）和机油箱（桶），用热水清洗几次后，装水即可焊接。

补焊前，必须把油箱或油桶的所有孔盖全部打开，以便排气。为确保安全，焊工应尽量避免站在桶的端头处施焊，以防爆炸伤人。

2. 操作要点

①所补缺陷为裂纹时，若长度为 8mm 以下可直接补焊，长度＞8mm 者应在裂纹末端钻 $\phi 2 \sim \phi 3$mm 的止裂孔，如图 3-47a 所示，或先将裂纹的两端封焊，以免受热膨胀时使裂纹延伸。

②补焊处若是穿孔，其穿孔面积＜25mm² 时，可直接补焊，补焊时由孔的周围逐步焊至中心；若穿孔面积＞25mm² 时，需加补片进行补焊。补片的材料及厚度要与该油箱相同。将穿孔边沿卷起 2~2.5mm，卷边 90°，然后根据补焊孔洞的大小制作补片，并将补片做成凹形进行卷边焊，如图 3-47b 所示。焊接所用的火焰性质、火焰能率、焊丝和焊嘴的运动情况同气焊薄钢板一样。

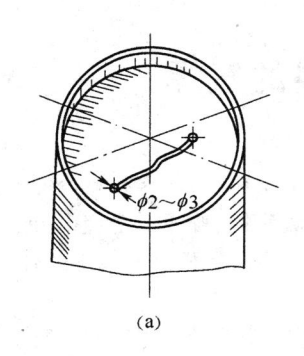

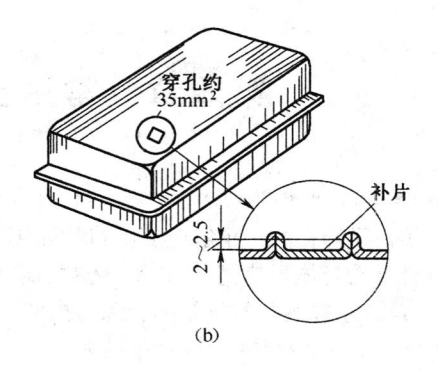

第三章　气焊工艺与操作基础　117

图 3-47　油箱裂纹及穿孔补焊前的处理
(a)桶底裂纹　(b)油箱底穿孔

第四章 常用金属材料的气焊

> **培训学习目的** 了解金属材料的焊接性;熟练掌握碳素钢、普通低合金钢、低合金珠光体耐热钢、不锈钢、铸铁、铜及其合金、铝及其合金和铅的气焊操作方法;掌握气焊常见缺陷及预防措施。

第一节 金属材料的焊接性

一、金属材料焊接性的概念

金属材料的焊接性是指被焊金属材料在采用一定的焊接工艺方法、焊接材料、焊接参数和结构形式条件下,对焊接加工的适应性。焊接性包括工艺焊接性和使用焊接性两方面,同一种金属材料,若采用不同的焊接方法或材料,则其焊接性可能有很大差别。

(1)工艺焊接性 主要指在一定的焊接工艺条件下,获得优秀焊接接头的难易程度。

(2)使用焊接性 主要指在一定的焊接工艺条件下,焊接接头在使用中的可靠性,包括焊接接头的力学性能(强度、延性、韧性、硬度和抗裂纹扩展的能力等)和其他特殊性能(如耐热、耐蚀、耐低温、抗疲劳、抗时效等)。

当采用新的金属材料制造焊件时,了解及评价新材料的焊接性,是产品设计、施工准备和正确拟订焊接工艺的重要依据。

焊接性的评定,通常是检查金属材料焊接时产生裂纹的倾向性。

二、影响金属材料焊接性的因素

(1)母材、焊接材料 母材和焊接材料(如气焊丝、气焊熔剂等)直接影响焊接性,所以正确选用母材和焊接材料是保证焊接性良好的重要基础。

(2)焊接工艺 对同一母材采用不同的工艺方法和措施,所表现的焊接性不同。如钛合金对氧、氮、氢极为敏感,用气焊和焊条电弧焊很难实现焊接,而用氩弧焊或等离子弧焊则可以取得满意的效果。气焊时,采取不同的焊接方法,控制火焰性质、火焰能率等,有利于改善金属的接合性能。合理的工艺措施对于防止焊接接头缺陷和提高使用性能,有着重要的作用。焊接工艺措施包括焊前预热和焊后缓冷等,它可以防止焊接热影响区淬硬变脆,降低焊接应力,避免冷裂纹的产生。合理地安排焊接顺序,也能够减小焊接应力和焊接变形。

三、焊接性的试验及确定

1. 焊接性试验的目的

①选择合理的焊接工艺,包括焊接方法、焊接规范、预热温度、焊后缓冷及焊后热处理方法等。

②选择合理的焊接材料,并用来研究制造焊接性能良好的新材料。

2. 焊接性试验方法

焊接性试验方法很多,现将常用的两种方法介绍如下:

(1)碳当量法 碳当量法是根据钢材的化学成分对钢材焊接热影响区淬硬性的影响程度,粗略地评价焊接时,产生冷裂纹倾向及脆化倾向的一种估算方法。

在钢材成分中,对热影响硬化影响最大的是含碳量,其次是锰、铬、钼。把碳和碳以外的合金元素的影响换算等效的含碳量,即为碳当量。碳钢及低合金结构钢常用的碳当量公式见式 1-8。

根据碳当量 C_E 的大小焊接性的确定见表 4-1。

表 4-1 焊接性的确定

碳当量 C_E(%)	焊 接 性
<0.4	优良,焊接时可不预热
0.4～0.6	需采取适当预热,并控制线能量
>0.6	淬硬倾向大,较难焊,需采取较高的预热温度和严格的工艺措施

碳当量法只能初步估计钢材的可焊性,若要比较精确地了解材料的焊接性,还应通过焊接试验来确定。

(2)小型抗裂试验法 这类试验方法的试样尺寸较小,应用简便,能定性地评定不同拘束形式的接头产生各种裂纹的倾向。常用的小型抗裂试验方法见表 4-2。

表 4-2 常用的小型抗裂试验方法

名 称	适用范围
Y 形坡口试验法	板厚≥12mm,用以检验冷裂及再热裂纹
刚性固定试验法	冷裂、热裂、再热裂纹
十字接头试验法	冷裂
⊓形刚性固定角焊试验法	层状撕裂及焊趾裂纹
刚性节点角焊试验法	板厚≥7mm 冷裂及热裂
T 形热裂纹试验法	热裂
环形镶块抗裂试验法	厚板、薄板、冷裂、热裂
压板对接试验法	板厚 1～4mm,热裂

第二节 碳素钢的气焊

一、低碳钢的气焊

1. 低碳钢的焊接性

低碳钢包括普通低碳钢、优质低碳钢、低碳锅炉钢和低碳容器用钢、桥梁用钢等，含碳量低于 0.25%。由于低碳钢含碳量低，焊接性好，通常不需要采取特殊的工艺措施就可以获得优质的焊接接头。低碳钢焊接性的主要特点为塑性好，淬火倾向小，焊缝近缝区不易产生冷裂纹；一般焊前不需要预热，但对于大厚度的结构或在寒冷地区焊接时，需要将焊件预热至 150℃ 左右；在焊接沸腾钢时，由于钢中杂质硫、磷含量较多，有产生裂纹的倾向；如果火焰能率过大或焊接速度过慢等，会出现热影响区晶粒长大的现象。

2. 低碳钢的气焊工艺

厚度为 1～3mm 的低碳钢薄板件的焊接，气焊是首选的焊接方法，超过 6mm 最好采用电弧焊。焊接时板件的坡口形式及尺寸见表 3-2。

对于一般结构，焊丝可用 H08、H08A；对于重要结构，焊丝可采用 H08MnA、H15Mn。焊丝直径应根据板厚按表 3-9 选择。低碳钢的焊接，一般情况下不用气焊熔剂，焊接时采用中性焰，要求乙炔的纯度应在 94% 以上，氧气采用工业氧即可。乙炔消耗量 Q 可根据焊件厚度 δ，按 $Q=(100～120)\delta$ 计算，单位为 L/h。焊炬的型号和焊嘴号码应根据乙炔消耗量或焊接厚度按表 2-13 选择。

二、中碳钢的气焊

1. 中碳钢的焊接性

中碳钢的含碳量为 0.25%～0.60%，由于含碳量比低碳钢高，因而焊接性较差。中碳钢焊接性的主要特点为含碳量越高、板厚越大，淬火的敏感性也越大，在焊缝金属中容易产生热裂纹，在热影响区容易产生淬硬组织；由于熔池中含碳量较高，在焊接过程中产生的一氧化碳（CO）就较多，因此焊缝容易产生气孔；如果焊件刚度较大，焊接参数和焊接材料选用不当，就容易产生冷裂纹。

2. 中碳钢的气焊工艺

对于中碳钢的气焊，预热是焊接的主要工艺措施。尤其在焊接厚度、刚度较大的焊件时，更需要预热，以避免产生冷、热裂纹，从而改善焊接接头的塑性。通常厚度＞3mm 的中碳钢焊件，预热温度为 250℃～350℃。在气焊时，可直接用气焊火焰进行预热。焊后要逐渐抬高焊嘴使其缓冷。气焊中碳钢用的焊丝，要求其含碳量不得超过 0.25%。如果要求焊缝金属具有较高的强度，可采用合金钢焊丝，如 H08Mn、H08MnA、H15MnA、H10MnNi、H12CrMoA 和 H18CrMoA 等。

中碳钢的熔点与低碳钢相比较低。所以在焊接中碳钢时的火焰能率要比焊接低碳钢时小 10%～15%，并且火焰焰芯末端与熔池的距离应保持在 3～5mm，以避免母材过热。一般采用左焊法，焊后可用小锤捶击焊缝，以提高焊缝的力学性能。

三、高碳钢的气焊

1. 高碳钢的焊接性

高碳钢的含碳量＞0.60%，由于含碳量很高，因此，焊接性较差。

高碳钢在焊接时，由于焊接高温的影响，碳化物容易在晶界处积聚长大，并且晶粒长大快，使接头强度降低。钢的含碳量增加，使钢在焊接时对淬硬和冷裂的倾向增大，又因高碳钢的导热性能也比低碳钢差，故在熔池及热影响区急剧冷却时，将产生脆硬组织，在结构中引起很大的应力集中，结果导致形成冷裂纹。高碳钢焊接的主要问题是焊缝区容易产生热裂纹，近缝区极易形成冷裂纹。

2. 高碳钢的气焊工艺

①当焊接要求不高的焊件时，可采用低碳钢焊丝；当焊接要求较高的焊件时，则选用与母材成分相近的焊丝，甚至选用合金结构钢焊丝。

②可采用轻微碳化焰。用汽油清除焊接区表面的油垢。对于厚度≥5mm 的焊件，尽量开 X 形坡口。

③制备引出板，将焊缝首尾引出。引出板与焊件等厚，材料与焊件相同。

④焊前进行预热，即将焊件坡口及两边各 25～30mm 范围（连同引出板）内的金属，一起加热到 800℃～900℃，最好将焊接区域底下垫铺的耐火砖表面也预热到红色，以利于保温。

⑤采用反面中间分段焊，以消除焊缝中的裂纹。这种焊法就是焊好正面之后，在焊反面时，先从焊件的中间向一侧施焊，然后再焊另一侧，接头重叠 10mm 左右。

⑥焊件焊后应整体退火，以消除焊接残余应力，然后再根据需要进行其他的热处理。高碳钢焊件也可在焊后进行高温回火，回火温度为 700℃～800℃，可以消除应力，防止产生裂纹，并改善焊缝的脆性组织。

四、碳素铸钢的补焊

大多数铸钢件，如齿轮、齿圈等，都是采用中碳钢浇注而成的。因此，它们的补焊工艺基本上和中碳钢相似。补焊时一般都选用低合金钢焊丝，如 H30CrMnSiA 或 H18CrMoA 等焊丝。若补焊部位刚性大或厚度不均时，要局部预热或整体预热到 250℃～300℃，再进行焊接，以防产生裂纹或变形。

第三节　普通低合金钢的气焊

一、普通低合金钢的焊接特点

(1) 普通低合金钢热影响区的淬硬倾向　普通低合金钢的热影响区有较大的淬硬倾向，这是普通低合金钢焊接的重要特点之一。随着强度等级的提高，热影响区的淬硬倾向也就显著增加，但普通低合金钢中强度等级较低而且含碳量较少的一些钢种，如 09Mn2、09Mn2Si 和 09MnV 等的热影响区的淬硬倾向并不大。

(2)普通低合金钢的冷裂纹倾向　随着普通低合金钢强度等级的提高，其焊接热影响区的冷裂倾向显著加大，尤其是在厚板中。冷裂纹一般是在焊后冷却过程中产生，在刚度较大的焊接头中，这种冷裂纹还具有延迟性，即焊后停放一段时间（几小时、几天甚至十几天）才出现，所以这种焊接冷裂纹又称为延迟裂纹。因此，对刚性大的焊接结构，焊后必须及时进行消除应力处理。

此外，在低合金高强度钢焊后热处理过程中还有可能出现再热裂纹。在焊接时应尽量采用强度较低的焊接材料，使得焊后热处理过程中发生的变形集中在焊缝金属处，以避免热影响区开裂。再者，对于大厚度轧制普通低合金钢钢板的焊接，在三通管接头及丁字接头的角焊缝处的热影响区，有可能产生与板表面平行的裂纹，称为层状撕裂。

300～350MPa 强度级的普通低合金钢薄板多采用气焊，这一类普通低合金钢的可焊性均较好，特别是 300MPa 等级的钢种，由于其含碳量低，其可焊性比 20 钢还要好些。因此可按照焊接碳钢的方法来焊接普通低合金钢，没有特殊的工艺要求。

对 350MPa 以上等级的普通低合金钢，由于强度级别增高，并含有一定量的合金元素，因而淬硬倾向较低碳钢要大，在结构刚性大、冬季野外施工、气温低的情况下，有冷裂的倾向。所以，这时在焊前应少许预热，而且气焊本身有预热、缓冷的作用，对焊接有利。350MPa 级的普通低合金钢，由于其中锰等元素有脱硫作用，含碳量又低，因而热裂的可能性很小。焊接普通低合金钢时，要注意保护熔池，以免合金元素烧损。

二、16Mn 钢的气焊

1. 16Mn 钢的焊接性

16Mn 钢是含有 Mn 和 Si 的普通低合金钢，它比低碳钢 Q235 仅增加了少量的 Mn，但屈服强度却增加了 50％左右。16Mn 钢具有良好的焊接性，但由于它含有一定量的 Mn，故焊接时淬硬倾向和产生冷裂纹的倾向均比 Q235 钢要大。

2. 16Mn 钢的气焊工艺

16Mn 的气焊工艺与低碳钢相近。但由于 16Mn 钢的淬火倾向稍大，所以要注意适当预热和缓冷，另外还应避免合金元素的烧损。焊 16Mn 钢时，除按照气焊工艺进行外，还需注意以下几点：

①气焊火焰应采用中性焰或轻微碳化焰，以避免合金元素的烧损，火焰能率（乙炔流量）根据焊件厚度而定，一般应按下式进行选择。

$$Q = 75S$$

式中，S 为焊件厚度（mm）；Q 为乙炔流量（L/h）。

火焰能率要比低碳钢小10%～15%,以免焊件过热,施焊时应采用左焊法。

②焊丝可用H08Mn或H08MnA,对于一些不重要的焊件也可采用H08A。

③焊接过程中,火焰要始终覆盖着熔池,不做横向摆动。施焊中避免中间停顿,焊缝收尾时火焰必须缓慢离开熔池,以防止合金元素的烧损,避免产生气孔和夹渣等缺陷。

④焊接结束后,应立即用火焰将接头处加热至暗红色(600℃～650℃),然后缓慢冷却,以减少焊接应力和促进有害气体(氢)的扩散,提高接头的性能。

⑤在冬季或低温环境中施焊时,焊前应用气焊火焰将焊接区稍微预热。定位焊时,焊点不能太薄,焊点数量要适当增加,以防止定位焊点产生裂纹。

第四节 低合金珠光体耐热钢的气焊

低合金珠光体耐热钢是以铬(Cr)、钼(Mo)为基本合金元素的低合金钢,与普通碳素钢相比,具有良好的抗氧化能力和热强性;与高合金钢相比,有较好的冷、热加工及焊接性能。因此,锅炉过热器管、汽轮机、内燃机、热处理炉等设备的耐热零件常用这类钢来制造。

一、低合金珠光体耐热钢的焊接性

由于该种合金钢中含有一定量的Cr、Mo及其他一些合金元素,淬硬性较强,所以在焊接热循环作用下,焊接接头中容易形成马氏体组织,在低温焊接时或焊接刚性较大的结构时,容易产生冷裂纹。另外,合金元素易氧化形成难熔的氧化物(如氧化铬),这将会影响金属的可焊性。

二、低合金珠光体耐热钢的气焊工艺

低合金珠光体耐热钢的气焊工艺包括焊接参数的选择、焊前准备、焊前预热、装配定位焊、焊接和焊后热处理等。

①焊丝直径和焊嘴型号的选择见表4-3。

表4-3 焊丝直径和焊嘴型号的选择

焊件厚度/mm	焊丝直径/mm	焊嘴容量/L·h^{-1}
≤3	2～3	150～300(相当于H01-6焊炬1～3号焊嘴)
≤6	3～4	300～500(相当于H01-6焊炬3～5号焊嘴)

②气焊丝的牌号应根据焊件材料来选择。焊接用合金结构钢钢丝的牌号、代号及化学成分见表4-4。

③气焊管子时,常采用V形坡口,焊前应将坡口表面及坡口内外壁10～15mm范围内的油污和锈蚀等清除干净。

④焊前预热一般应为250℃～300℃。如果气温低于-10℃,钢材中含有钒的成分,如铬钼钒钢,应将预热温度提高到400℃以上,然后再进行焊接。

表 4-4 焊接用合金结构钢钢丝的牌号、代号及化学成分（摘自 GB/T 14957—94）

化学成分（质量分数）（%）

牌号	碳	锰	硅	铬	镍	钼	钒	其他	硫 不大于	磷 不大于
H10Mn2	≤0.12	1.50~1.90	≤0.07	≤0.20	≤0.30	—	—	—	0.040	0.040
H08Mn2Si	≤0.11	1.70~2.10	0.65~0.95	≤0.20	≤0.30	—	—	—	0.040	0.040
H08Mn2SiA	≤0.11	1.80~2.10	0.65~0.95	≤0.20	≤0.30	—	—	—	0.030	0.030
H10MnSi	≤0.14	0.80~1.10	0.60~0.90	≤0.20	≤0.30	—	—	—	0.030	0.040
H10MnSiMo	≤0.14	0.90~1.20	0.70~1.10	≤0.20	≤0.30	0.15~0.25	—	—	0.030	0.040
H10MnSiMoTiA	0.08~0.12	1.00~1.30	0.40~0.70	≤0.20	≤0.30	0.20~0.40	—	钛 0.05~0.15	0.025	0.030
H08MnMoA	≤0.10	1.20~1.60	≤0.25	≤0.20	≤0.30	0.30~0.50	—	钛 0.15（加入量）	0.030	0.030
H08Mn2MoA	0.06~0.11	1.60~1.90	≤0.25	≤0.20	≤0.30	0.50~0.70	—	钛 0.15（加入量）	0.030	0.030
H10Mn2MoA	0.08~0.13	1.70~2.00	≤0.40	≤0.20	≤0.30	0.60~0.80	0.06~0.12	钛 0.15（加入量）	0.030	0.030
H08Mn2MoVA	0.06~0.11	1.60~1.90	≤0.25	≤0.20	≤0.30	0.50~0.70	0.06~0.12	钛 0.15（加入量）	0.030	0.030
H10Mn2MoVA	0.08~0.13	1.70~2.00	≤0.40	≤0.20	≤0.30	0.60~0.80	—	—	0.030	0.030
H08CrMoA	≤0.10	0.40~0.70	0.15~0.35	0.80~1.10	≤0.30	0.40~0.60	—	—	0.030	0.030
H13CrMoA	0.11~0.16	0.40~0.70	0.15~0.35	0.80~1.00	≤0.30	0.40~0.60	—	—	0.025	0.025
H18CrMoA	0.15~0.22	0.40~0.70	0.15~0.35	0.80~1.10	≤0.30	0.15~0.25	—	—	0.030	0.030
H08CrMoVA	≤0.10	0.40~0.70	0.15~0.35	1.00~1.30	≤0.30	0.50~0.70	0.15~0.5	—	0.025	0.025
H08CrNi2MoA	0.05~0.10	0.50~0.85	0.10~0.30	0.70~1.00	1.40~1.80	0.20~0.40	—	—	0.025	0.025
H30CrMnSiA	0.25~0.35	0.80~1.10	0.90~1.20	0.80~1.00	≤0.30	—	—	—	0.025	0.030
H10MoCrA	≤0.12	0.40~0.70	0.15~0.35	0.45~0.65	≤0.30	0.40~0.60	—	—	0.030	0.030
H10Cr5Mo	≤0.12	0.40~0.70	0.15~0.35	4.00~6.00	≤0.30	0.40~0.60	—	—	0.030	0.030

⑤必须使用中性焰或轻微碳化焰,绝对不能使用氧化焰。一律采用右焊法,有利于预防热裂纹和冷裂纹的形成。在焊接过程中,熔池金属应尽可能保持较稠的状态,以保持最短的液态时间,同时焊接火焰要始终笼罩熔池,焊炬要平稳前移,不要一闪一闪地摆动,否则易使空气中的氧和氮侵入焊缝,降低焊缝的力学性能。

⑥在施焊过程中,要求每层焊缝力求一次完成。收尾或中途停止时,焊炬应当缓慢离开熔池,避免熔池冷却过快。中断后再次恢复焊接时,必须把整个已凝固的接头加热到300℃后才能继续进行。

⑦焊接完毕,待冷却到200℃时,即可进行焊后热处理。若不能及时进行热处理,必须用石棉绳包扎,使焊缝缓慢冷却,或采用其他方法使其缓慢冷却。

⑧焊后热处理减少残余应力,防止产生冷裂纹,同时改善组织。铬钼珠光体耐热钢焊后应进行高温回火。对于12GrMo钢管子,加热到680℃～720℃,保温半小时,然后在空气中冷却;对于钼钢,加热到850℃～900℃,保温时间按厚度计算每毫米保温1～1.5min后,空冷铬钼钢加热到930℃～950℃,保温时间按管子厚度计算每毫米保温1～1.5min,并需要用石棉布包住,使其缓慢冷却,待冷到300℃左右,方可将石棉布去除,再空冷;铬钼钒钢应加热到960℃～1000℃,保温时间按管子厚度计算,每毫米厚保温1.5～2min,也可以用石棉布包住,缓慢冷却。

加热的方法,一般都使用专用的加热设备,如电阻炉或中频感应加热器,也可采用火焰进行加热。

第五节 不锈钢的气焊

一、铬镍奥氏体不锈钢的焊接性

不锈钢中应用最广的是铬镍奥氏体不锈钢,如1Cr18Ni9Ti等。这类钢的焊接性良好,一般不需要采用特殊的工艺措施,就能获得优质的焊接接头。但是,如果焊接材料选择不当,或焊接工艺不正确,则将在接头中产生晶间腐蚀或热裂纹等缺陷。

1. 晶间腐蚀

(1)缺陷产生的原因 一般认为形成晶间腐蚀的过程是不锈钢在450℃～850℃的温度范围内停留一段时间后,奥氏体晶粒内多余的C将向晶界扩散,并与晶界附近的Cr结合,以碳化铬的形式沿奥氏体晶界析出,而晶粒内部的Cr向晶界扩散的速度较慢,来不及补充,结果使晶界处的铬含量大为下降,形成所谓"贫铬区"。如果"贫铬区"的铬含量<12%,则在腐蚀介质的作用下,"贫铬区"就会迅速地被腐蚀,即产生晶间腐蚀。已产生晶间腐蚀的不锈钢,有的从表面上看腐蚀痕迹并不明显,但在受到应力作用时,即会沿晶界断裂,几乎完全失去强度。

(2)预防缺陷的措施

①严格控制和减少焊缝金属的含碳量,通过减少或避免形成碳化物,从而降低形成晶间腐蚀的倾向。

②使焊缝形成双相组织,即在焊缝金属中加入一定量铁素体元素。实践证明,当奥氏体中有5%~10%的铁素体存在时,则会大大提高其抗晶间腐蚀的能力。因此,通常可将能形成铁素体的元素,如Cr、Al、Mo、Nb等适量加入焊缝中。

③在母材和焊丝中加入添加剂,即能够形成比碳化铬更稳定的碳化物的元素,如TI、Nb等,以减少铬的碳化,因而也就提高了材料抗晶间腐蚀的能力。

④焊后热处理可根据情况采取固溶处理和稳定化处理两种热处理方法。

固溶热处理是将焊接接头加热到1050℃~1100℃,此时C又重新溶入奥氏体中,然后急速冷却,便得到了稳定的奥氏体组织。

稳定化热处理是将焊接接头加热至850℃~1100℃,保温2h,此时奥氏体晶粒内部的Cr就能扩散到晶界上,使晶界附近产生稳定的碳化铬,且不以线状分布在晶界,而成球状分离存在,这样晶间腐蚀也就不会产生。

⑤加快冷却速度。将焊件放在铜垫板上焊接,或直接用冷水冷却,使焊接接头在450℃~850℃温度区内的停留时间大大缩短,从而使产生贫铬区的可能性大为减小。

2. 热裂纹

(1)缺陷产生的原因 奥氏体不锈钢焊缝中枝晶的方向性较强,有利于低熔点杂质的偏析和晶粒缺陷的聚集,再加上奥氏体不锈钢的导热性能差(比低碳钢低2/3),线膨胀系数大(比低碳钢大50%左右),使焊缝区形成了较大的温差和收缩应力,所以奥氏体不锈钢的焊缝中很容易产生热裂纹,特别是弧坑裂纹。

(2)预防缺陷的措施

①在焊缝中加入能形成铁素体的元素,使焊缝形成奥氏体加铁素体的双相组织。铁素体的存在打乱了奥氏体结晶的方向性,细化了焊缝的组织,分离间隔了低熔点杂质和晶格缺陷,从而提高了焊缝的抗裂性能。此外铁素体可以溶解更多的有害杂质,以减少低熔点共晶在晶粒边界上的偏析。

②减少母材和接头的含碳量,可采用超低碳奥氏体钢材和焊丝,并减少焊缝金属的有害杂质磷、硫等。

③焊接时应采取尽量快的焊接速度以减少熔池和母材过热。多层焊时,要严格控制层间温度不宜过高,要等前一道焊缝冷却后再焊下道焊缝。焊接中断或结束时,弧坑要填满,以防止产生弧坑裂纹。

二、铬镍奥氏体不锈钢的气焊工艺

因气焊的铬镍奥氏体不锈钢接头抗腐蚀性能较差,所以一些薄板结构和薄壁小直径的管子,在没有耐腐蚀要求的情况下,才采用气焊。

(1) 开设坡口 对接焊接或焊件厚度 1.5mm 时,可不开坡口;焊件厚度 >1.5mm 时,开 V 形坡口,坡口角度为 60°。

(2) 清除污物 焊前要严格将焊接区的污物、杂质等清除干净。

(3) 焊丝和熔剂的选择 焊丝应根据焊件的化学成分和性能进行选用,气焊不锈钢常用的焊丝见表 4-5。尽量采用低碳的不锈钢焊丝,这样不仅可以防止热裂纹,而且也可以提高抗晶间腐蚀性能。熔剂选用气剂 101。

表 4-5 气焊不锈钢常用的焊丝

母 材	焊丝牌号	焊丝直径/mm
0Cr18Ni9 0Cr18Ni9Ti 1Cr18Ni9Ti	H00Cr21Ni10 H0Cr21Ni10	1.5~2.0
Cr18Ni10Ti	H0Cr20Ni10Ti	1.5~2.0
1Cr17Ni13Mo2Ti 1Cr17Ni13Mo3Ti	H0Cr20Ni14Mo3	1.5~2.0

(4) 焊接参数的选择 为减少过热,焊嘴号码应比焊接同样厚度的低碳钢小。其焊接参数见表 4-6。为减少合金元素的烧损,应采用中性焰或轻微碳化焰。焊接时,将熔剂涂在焊丝和焊件坡口的正反面,使焊接时有良好的润滑作用,并防止熔化金属氧化。

表 4-6 气焊不锈钢的焊接参数

焊件厚度 /mm	装配间隙 /mm	焊丝直径 /mm	焊嘴号码	氧气压力 /MPa	接头形式
0.8	1.0	2	2(H01-2 焊炬)	0.20	对接
1.0	1.0	2	2(H01-2 焊炬)	0.20	对接
1.2	1.5	2	2(H01-2 焊炬)	0.20	对接
1.5	1.5	2	2(H01-6 焊炬)	0.20	对接
2.0	1.5	2	2(H01-6 焊炬)	0.20	60°坡口,钝边 1.0
2.5	1.5	3	2(H01-6 焊炬)	0.25	60°坡口,钝边 1.0
3.0	2.0	3	2(H01-6 焊炬)	0.25	60°坡口,钝边 1.0

操作时宜采用左焊法。焊嘴与焊件的倾角为 40°~50°。焰芯到熔池的距离以 2~4mm 为宜,以减少 Ti、Cr 等元素的烧损。焊丝端头与熔池接触并与火焰一起沿接缝向前移动。焊炬不做横向摆动,焊速尽可能快,焊道宜窄,熔敷金属宜薄,并尽量避免中断。结尾时要填满弧坑,火焰要慢慢地离开熔池,否则焊缝在结尾处将产生裂纹和气孔。双面焊接时,接触腐蚀介质的一面应最后焊。

(5) 焊后处理 焊后应用 60℃~80℃ 的热水将焊缝表面残留的熔剂或熔渣洗刷干净,必要时还可进行酸洗和钝化处理,以增加接头的抗腐蚀性能。焊后热处理要根据使用要求确定,可不热处理,而采用固溶处理或稳定化处理。

第六节 铸铁的补焊

一、灰铸铁的补焊

1. 灰铸铁的焊接性

灰铸铁又称为灰口铸铁,它的焊接性较差,因而在焊接过程中,如果工艺掌握得不好,往往会产生热应力裂纹、气孔、白口组织、生成难熔氧化物和焊接位置受到限制等缺陷。

(1)焊接接头易产生热应力裂纹 铸铁的线胀系数比钢大,在焊接过程中所引起的内应力也很大,当内应力超过铸铁的强度时,沿补焊区的薄弱处就会开裂,这种裂纹称为热应力裂纹。预防产生热应力裂纹的措施如下:

①采用热焊并控制好温度,当温度高于600℃时,由于产生了一定的塑性变形,而使部分内应力得到消除。一般在600℃以上焊接时就不会产生热应力裂纹。

②采用加热减应力区法,使焊缝冷却时能不受阻碍地自由收缩,从而避免应力过大而导致裂纹。

③改变焊缝金属的化学成分和合金系统,使焊缝具有较好的塑性和较低的硬度,使之具有良好的塑性变形能力,再采用正确的工艺措施,就可以有效地防止裂纹的产生。

(2)产生气孔 产生气孔的主要原因是铸铁熔池由液态转变为固态时,过渡的时间很短,因而在凝固过程中,熔池内的气体来不及逸出所致。在操作时,一方面把火焰稍微抬高一些,使熔池周围温度升高;另一方面,将火焰围绕熔池慢慢转动。这样,使熔池中的气体能充分逸出,从而避免和减少气孔的产生。

(3)焊接接头易产生白口组织 在补焊灰铸铁时,经常会在熔合区生成一层白口组织,这种现象称为"白口化"。由于白口铁硬而脆,使得焊缝在焊后很难进行机械加工。

产生白口的原因主要是由于熔池冷却速度快和熔池中的石墨化元素(C、Si等)不足。在补焊时为了更有效地防止产生白口,可采取以下措施:

①适当调整填充金属的化学成分和改善焊缝金属的化学成分,增加石墨元素的含量。

②可在焊前将焊件整体或局部进行预热,预热温度通常是400℃左右(半热焊)或600℃~700℃(热焊)。

③在焊后保温,即焊后缓冷和延长熔合区处于红热状态的时间。

(4)容易生成难熔氧化物 气焊铸铁时会生成比铸铁的熔点还高的氧化物SiO_2,其熔点达1350℃,这种难熔氧化物薄膜覆盖在熔池表面,阻碍着焊接工作的正常进行。所以,气焊时必须加熔剂,以消除难熔氧化物。

(5)焊接位置受到限制 灰口铸铁在液态时流动性很好,所以气焊时只能采用平焊,而不能进行其他焊接位置的补焊。

2. 灰铸铁的补焊工艺

气焊火焰的温度比电弧温度低得多,对铸件的加热和冷却都比较缓慢,这就可以有效地防止白口、裂纹和气孔,故补焊灰铸铁的焊缝质量较好,焊后易于切削加工。它的缺点是生产率低,成本高,劳动条件差,对大型铸件不易焊透。

(1)操作准备

①找出裂纹并钻止裂孔。对焊件上的裂纹可用放大镜观察找出,当裂纹端不明显时,可用火焰加热至 200℃～300℃,等冷却后,裂纹即可明显显示出来。或用煤油渗透法检查裂纹,即渗煤油后,擦去表面油渍,并撒上一层薄薄的滑石粉,用小锤轻敲振动,就可显现出裂纹的痕迹来。对有密封性要求的铸件,可用水压试验检查裂纹。裂纹找出后,在裂纹的末端钻上 $\phi 4 \sim \phi 6 mm$ 的小孔,以防裂纹扩展。

②坡口准备。用剔铲或气焊火焰开槽,并彻底清除缺陷内的夹砂。坡口形式和尺寸如图 4-1 所示。

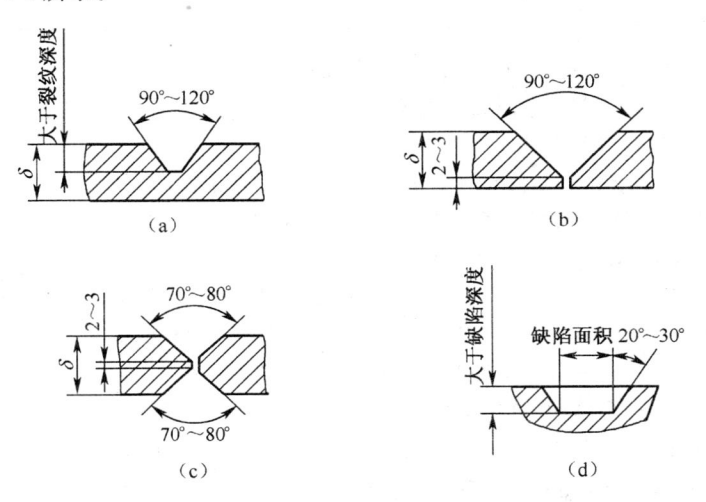

图 4-1 坡口形式和尺寸
(a)δ<15mm 未穿透裂纹的坡口　(b)δ<15mm 穿透裂纹的坡口
(c)δ≥15mm 穿透裂纹的坡口　(d)存在孔、砂眼时的坡口

对于比较厚的铸件,为增强焊缝强度,可以在焊件坡口上钻孔栽丝(攻螺纹),把螺柱拧在坡口内,末端则外露于熔化空间内。补焊时螺柱末端熔化在焊缝中,如图 4-2 所示。

③熔剂的选择。气焊灰铸铁所用

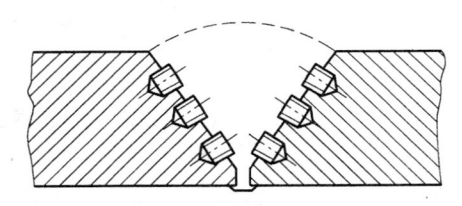

图 4-2 栽丝(攻螺纹)

熔剂的统一牌号为"GJ201"。这种熔剂的熔点较低(约650℃),呈碱性,能将气焊时产生的高熔点酸性氧化物 SiO_2 变为易熔的盐类,形成熔渣浮出焊缝表面。

④焊丝的选择。气焊所用焊丝含有较高的 C 和 Si,当不预热气焊厚大件时,应采用含硅量更高的焊丝,以提高焊缝的强度。焊丝内不能有气孔和夹渣等。焊丝直径和焊嘴型号的选择见表4-7。

表 4-7 焊丝直径和焊嘴型号的选择

焊件厚度/mm	焊丝直径/mm	焊嘴容量/(L/h)
≤3	2~3	150~300(相当于 H01-6 焊炬 1~3 号焊嘴)
≤6	3~4	300~500(相当于 H01-6 焊炬 3~5 号焊嘴)

⑤焊炬的选择。补焊铸铁所用焊炬的选择见表4-8。

表 4-8 补焊铸铁所用焊炬的选择

焊炬型号	铸铁件壁厚/mm	焊嘴孔径/mm	氧气压力/MPa
H01-12	<20	2	0.3
H01-20	20~50	3	0.6

⑥火焰性质的选择。灰铸铁补焊通常选用中性焰。

(2)操作要点 灰铸铁补焊时必须使用中性焰或轻微碳化焰。常用的补焊方法有热焊法、加热减应区法和冷焊法3种。

①热焊法要求先将铸件整体或局部预热到暗红色(600℃~700℃),补焊过程中铸件的温度不得低于400℃,焊后需加热至600℃~700℃,并缓慢冷却,消除残余应力。适用补焊结构复杂、刚度大的铸件。

热焊法操作时应采用右焊法,对促进石墨化、防止产生裂纹有利。补焊开始时,焊炬与铸件表面倾角为80°~90°,利于提高加热速度;焊接时,倾角减小至45°~75°,焊丝的倾角为20°~50°,火焰焰芯端部到铸件表面的距离为3~4mm,焊丝和焊炬的倾角如图4-3所示。当母材金属开始熔化时,应加入适当的熔剂,以便去除氧化物;当母材金属熔化达到一定熔透深度时,向熔池中添加涂有熔剂的焊丝,并不断用焊丝搅拌熔池。填补焊孔洞,应在孔洞边缘对称施焊,否则会产生局部过热使液态金

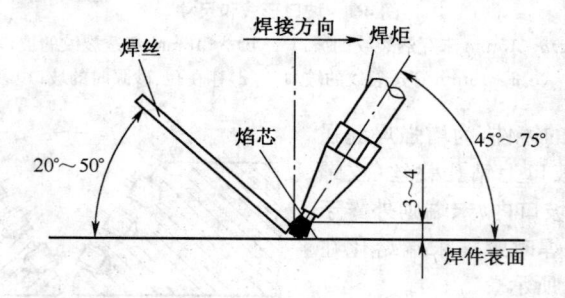

图 4-3 焊丝和焊炬的倾角

属流失。当补焊部位较大时,应经常用火焰加热已焊好的部位,使之保持适当温度,如发现低于预热温度时,应用火焰再加热至预热温度范围再行补焊。焊后用石棉布或草木灰将铸件盖好,使焊缝缓慢冷却,防止产生裂纹和白口组织。补焊应特别注意施焊的顺序和方向,以减少焊接变形,焊缝高度应略高于铸件表面,便于切削加工修复。

②加热减应区法是一种利用金属热胀冷缩的特性,只加热铸件的某一局部,而使补焊区的应力明显减小,从而达到避免产生裂纹的焊接方法。它与热焊法所不同的是热焊法需将焊件整体或大部分预热,并且补焊区也同时被顶热;而加热减应区法只用气焊火焰预热一不大的局部(减应区),补焊区有时可不必预热。

加热减应区可以选择一处或多处,其选择原则是应选择阻碍焊缝金属膨胀和收缩的区域作减应区,加热该区域后,可使焊缝金属及其他区域自由膨胀和收缩。图4-4中1、4两区对于2、3区的补焊是加热减应区。加热减应区应与其他部位联系得不多,而且比较牢固,即边、角、棱角部位。加热减应区应能很好地消除变形及应力,减应区加热后的变形应对其他部位没有太大的影响。

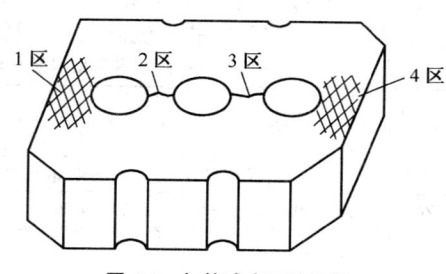

图4-4 加热减应区的选择

利用加热减应区法补焊时应注意气焊火焰在不用时,应对着空间或减应区,严禁对着铸件的其他不焊接区域,否则会产生很大的内应力,甚至会使补焊区出现裂纹。加热减应区的温度以500℃～600℃为宜,温度太高时,会使该区的性能降低。应在空气不流通的地方施焊。停止焊接时,火焰要对着减应区,保持一段时间,待焊缝凝固冷却后才离开。

加热减应区法克服了热焊法的缺点,因而获得了广泛的应用。

③冷焊法是不对铸件预先加热的焊接方法,即在常温下进行补焊的一种方法。它要求选择合理的焊接方向和速度,使补焊区能自由地膨胀和收缩,从而降低产生应力和裂纹的倾向。这种方法适用于结构简单、刚度不大的铸件。常用于铸件边、角、棱处小缺陷的补焊。

二、球墨铸铁的补焊

1. **球墨铸铁的焊接性**

球墨铸铁是在灰口铸铁中加入铜(Cu)、镁(Mg)、钼(Mo)及稀土等合金元素,促使石墨形成球形状态而存在于基体中的一种铸铁。球墨铸铁的焊接性基本上与灰口铸铁相同,但也有其自身的一些焊接特点。

①焊接时由于球化剂(铜、钼等)能增大焊接热影响区的淬硬倾向,故更易产生焊接裂纹,这是焊接球墨铸铁的主要困难。

②由于球墨铸铁本身的强度和塑性比一般灰口铸铁和可锻铸铁要高,所以,相应对球墨铸铁的焊缝金属既要有较高的强度,又要有较好的塑性。

2. 球墨铸铁的补焊工艺

由于补焊具有火焰温度低、加热及冷却缓慢的特点,因而对减弱焊接接头产生白口及马氏体形成的倾向是有利的;同时由于火焰温度低,可以减少球化剂的蒸发,促使焊缝金属的石墨化过程得到充分进行。所以,气焊有利于焊缝获得球墨铸铁组织,是焊接球墨铸铁的一种较好的方法,常用于质量要求较高的中小型球墨铸铁件(如曲轴等)的补焊。球墨铸铁焊丝有加稀土镁和稀土钇两种。钇的沸点高,抗球化衰退能力比镁强,更有利于保证焊缝球墨化,故近年来应用较多。

球墨铸铁补焊的操作方法与灰铸铁大致相同,施焊注意事项有如下几点:

① 补焊时加热速度和冷却速度应均匀、缓慢,防止产生白口和裂纹。
② 采用中性焰或轻微碳化焰,不得采用氧化焰,否则,将造成大量球化剂烧损。
③ 采用专用的焊剂(脱水硼砂)。球墨铸铁焊丝型号及化学成分见表 4-9。

表 4-9 球墨铸铁焊丝型号及化学成分(摘自 GB 10044—88)

型号	名称	化学成分(质量分数)(%)				
		C	Si	Mn	S	P
RZCQ-1	球墨铸铁焊丝-1	3.20~4.0	3.20~3.80	0.10~0.40	≤0.015	≤0.05
RZCQ-2	球墨铸铁焊丝-2	3.50~4.20	3.50~4.20	0.50~0.80	≤0.10	≤0.10

型号	名称	化学成分(质量分数)(%)				
		Fe	Ni	Mo	Ce	球化剂
RZCQ-1	球墨铸铁焊丝-1	余	≤0.50	—	≤0.20	0.04~0.10
RZCQ-2	球墨铸铁焊丝-2	余	—	—	—	0.04~0.10

④ 焊接时,还应注意焊接时间不宜过长,一般为 15~20min,否则,会降低焊接接头的力学性能。使用镁球铁焊丝时,连续焊接的时间应更短些。
⑤ 焊补球墨铸铁,焊后应缓冷。对性能要求高的球墨铸铁件在焊后应经过退火或正火热处理。

第七节 铜及其合金的气焊

一、纯铜的气焊

1. 纯铜的焊接性

纯铜(紫铜)的焊接性较差,焊接纯铜比焊接低碳钢困难得多。纯铜在焊接时会出现焊透性差、易变形、易氧化、热裂纹和气孔等问题。

(1) 焊透性差,易变形 纯铜的热导率在室温时比低碳钢约大 8 倍,在 1000℃时要大 10 倍,所以焊接区不容易加热到熔点,致使母材难以熔化,填充金属和母材不能很好的熔合,因而容易产生未焊透和未熔化现象。

铜的线膨胀系数比低碳钢要大 50% 以上,由液态转变为固态时收缩率也较大。因此,在焊接热源的作用下,当焊件刚性不大,又无防止变形的措施时,焊件焊后会产生严重的变形。

(2) 易氧化，焊接接头力学性能降低　铜在常温时不容易被氧化，但是当温度升高到300℃以上时，其氧化能力便很快增大。当温度接近熔点时，其氧化能力最强，氧化的结果生成氧化亚铜（Cu_2O）。在焊缝金属结晶时，Cu_2O和Cu会形成低熔点的共晶（1064℃），分布在铜的晶界上，使焊接接头的力学性能大为降低。其强度可降低到只有母材的1/3～1/2，所以铜的焊接接头的力学性能一般均低于母材。

(3) 热裂纹　焊接纯铜时往往在焊缝和热影响区产生热裂纹，其原因主要是铜的线膨胀系数和收缩率均比低碳钢大，对于刚性较大的焊件，焊接时会产生较大的内应力。熔池在结晶过程中，在晶界上易生成低熔点的Cu_2O-Cu共晶。铜材中Bi、Pb等杂质含量过多，会促使焊缝形成热裂纹。

(4) 气孔　铜在焊接时，由于熔池中溶解了大量的氢，当熔池凝固时，这些氢又来不及逸出，故在焊缝的中部以及靠近熔合线附近容易出现氢气孔。

2. 纯铜的气焊工艺

(1) 操作准备

①焊前清理和定位焊。焊件表面的油和氧化物，在焊接前必须清理干净。清理的方法是先用丙酮溶液将表面油污洗净，再用温水冲洗，然后在待焊处两侧20～30mm范围内用铜丝刷刷除氧化物，直至露出金属光泽为止，才能进行定位焊。定位焊时可采用密点焊法。

②准备垫板。为保证完全焊透，又不让铜液从焊缝中流失，以及使焊缝背面成形良好，在焊接处下面应放置垫板，特别是焊厚板时，焊缝熔池及装配间隙均较大，更需要使用垫板，垫板的放置如图4-5所示。垫板应放在水平位置，不能有任何方向的倾斜。垫板材料可采用钢或石墨。使用时，为减少焊缝处热量向金属垫板传

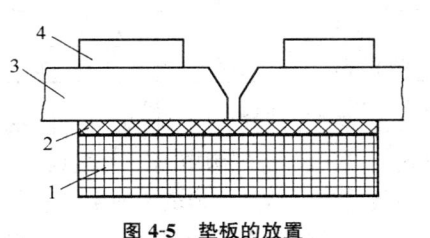

图4-5　垫板的放置
1. 垫板　2. 石棉板　3. 焊件　4. 重物

导，可预先把板加热至200℃～300℃，焊接时，为不致因温度过高而使垫板与焊件产生黏合现象，或防止用石墨垫板时的渗碳现象，必须在垫板与焊件之间放入一层导热性差的石棉板。石棉板必须烤干，除去水分。

③接头坡口形式的选择。气焊纯铜时最常用的是对接接头，其他接头形式应尽量少用。气焊纯铜（紫铜）时对接接头的坡口形式及尺寸见表4-10。

表4-10　气焊纯铜（紫铜）时对接接头的坡口形式及尺寸

坡口形式	板厚/mm	坡口角度/(°)	间隙/mm	钝边/mm	折边高度/mm
	≤2	—	0～0.5	—	1～1.5
	≤2	—	0.5～1	—	—

续表 4-10

坡口形式	板厚/mm	坡口角度/(°)	间隙/mm	钝边/mm	折边高度/mm
	3	—	1～2	—	—
	4～6	60°～90°	2～3	1～2	—
	>6	60°～80°	4～5	3～4	—

④焊丝及焊丝直径的选择。气焊紫铜时采用含脱氧元素的紫铜丝 201。此外，亦可采用一般的紫铜或母材的切条作为焊丝，此时为了消除氧的危害，可把脱氧剂加到熔池中去。焊丝直径是根据焊件厚度而定的，气焊铜及合金的焊丝直径的选择见表 4-11。

表 4-11　气焊铜及合金的焊丝直径的选择　　　　　　　　(mm)

焊件厚度	1.5	1.5～2.5	2.5～4	4～8	8～15	>15
焊丝直径	1.5	1.5～2	2～3	3～5	5～6	6～8

⑤熔剂的选择。为了还原和去除氧化物，气焊纯铜时应使用熔剂。熔剂牌号为气剂 CJ301，自行配制熔剂时要注意，市售硼砂都含有结晶水（$Na_2B_4O_7 \cdot 10H_2O$），在焊接过程中结晶水会蒸发而引起气孔。因此，使用前必须进行脱水处理。

⑥焊件的装配。焊件可用夹具，也可用定位焊装配。定位焊点长度为 20～30mm，短焊缝应先定位焊两端，再定位焊中间。

由于铜的收缩率较大，因此，考虑到焊接过程中焊缝的收缩，沿焊缝长度方向的装配间隙应逐渐增大，即每隔 100mm，装配间隙应增大 0.5～1mm。

⑦气焊火焰。火焰要严格采用中性焰，不得采用氧化焰和碳化焰。因为氧化焰易使熔池氧化，生成 Cu_2O，易引起裂纹；碳化焰含有过量的氢，易使焊缝产生气孔。

⑧焊炬和焊嘴的选择。由于铜的导热性好，因此要选择较大的火焰能率，一般比焊低碳钢要大 1～1.5 倍。火焰能率的大小通过焊炬和焊嘴的选择来达到。气焊纯铜时，焊炬和焊嘴的选择见表 4-12。

表 4-12　焊炬和焊嘴的选择

型 号	焊嘴号码	板厚/mm	可换焊嘴/个	焊嘴孔径/mm	气体压力/MPa O_2	气体压力/MPa C_2H_2
H01-20（大号）	1～5	>5	5	2.2～3	0.6～0.8	0.01～0.1

续表 4-12

型　　号	焊嘴号码	板厚/mm	可换焊嘴/个	焊嘴孔径/mm	气体压力/MPa O_2	气体压力/MPa C_2H_2
H01-12(中号)	1～5	4～5	5	1.4～2.2	0.4～0.7	0.01～0.1
H01-6(小号)	1～5	1～3	5	0.9～1.4	0.2～0.4	0.01～0.1
H01-2(特小号)	4～6	0.5～1	5	0.5～0.9	0.1～0.2	0.01～0.1

⑨预热。纯铜在气焊时必须预热，预热温度为400℃～500℃，厚大焊件的预热温度为600℃～700℃。当板厚＞10mm时，要用两把焊炬，一把用来预热，另一把用来焊接。预热火焰能率为150～200L/(h·mm)。

(2)操作要点　焊件厚度＜5mm时，采用左焊法；焊件厚度较大时，应采用右焊法。焊嘴与焊件之间的夹角为70°左右。起焊点应选在焊缝长度的$L/3$处，如图4-6所示。先焊焊缝Ⅰ，再焊焊缝Ⅱ。起焊时，焰芯距焊件表面为3～6mm。焊接过程中，焊接火焰不要离开焊缝，以防氧化。为了更好地焊透并填满焊缝，可将焊件倾斜一角度(7°～10°)进行上坡焊。高温的铜液容易吸收气体，而且热影响区金属晶粒容易长大变脆，所以焊道数愈少愈好，最好进行单道焊。

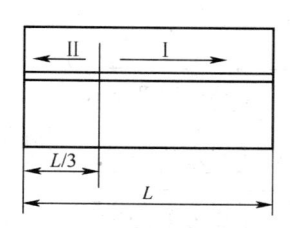

图4-6　焊铜时的起焊顺序

(3)焊后处理　气焊纯铜所获得的焊接接头，其力学性能通常比母材低些，为了提高接头的性能，可以进行捶击和热处理。焊件的厚度＜5mm时，可在冷态下进行捶击；较厚的焊件应在250℃～350℃下进行热态锤击，可提高焊接接头的强度和塑性。把焊件加热到500℃～600℃，然后在水中急冷，可以提高焊接接头的塑性和韧性，称为水韧处理。

二、黄铜的气焊

1. 黄铜的焊接性

焊接黄铜的难点，除因吸收H_2容易产生气孔和由于膨胀系数及收缩率大，容易在焊缝及热影响区产生裂纹外，锌的氧化和烧损是一个突出的问题。防止焊缝中形成气孔和裂纹的措施与焊接紫铜相类似。

锌在气焊火焰的作用下，很容易和氧化合生成氧化锌，锌的熔点为420℃，气化蒸发点为906℃，在气焊过程中极易被蒸发。锌的蒸发改变了黄铜的化学成分，使焊接接头的力学性能和抗腐蚀性能大为降低。同时锌的蒸发还破坏了焊接过程的稳定性，另一方面，蒸发的锌在空气中立即被氧化成氧化锌，形成白色的烟雾，不但使操作发生困难，而且有害焊工的健康，引起慢性中毒。

总之，黄铜中含锌量越高，锌的蒸发越严重，其焊接性就越差。由于锌是有效的脱氧剂，所以黄铜在焊接时，氧对焊接性的影响是次要的。另外，黄铜的导热系数比紫铜小，在焊接时对预热的要求也比紫铜低得多。

2. 黄铜的气焊工艺

(1) 操作准备

①焊前清洗。用浓度为10%的硫酸溶液,对焊件表面进行酸洗,以去除氧化物,然后再用热水将残液冲洗干净并擦干。在焊前必须仔细清理焊件坡口及焊丝表面。

②选择接头形式和坡口尺寸。气焊黄铜时,一般采用对接接头。气焊黄铜时对接接头的形式及尺寸见表4-13。黄铜铸件焊补时应将缺陷铲去,并铲出60°~90°的坡口,坡口角度大小以焊补方便和节约金属材料为原则。坡口应完全露出金属黄铜的本色,不允许留有脏物。

表4-13 气焊黄铜时对接接头的坡口形式及尺寸

坡口形式	板厚/mm	坡口角度/(°)	间隙/mm	钝边/mm	折边高度/mm
	<2	—	—	—	1~2
	1~3	—	1~2	—	—
	3~6	—	3~4	—	—
	6~15	70°~90°	2~4	1.5~3	—
	15~25	60°~70°	2~4	2~4	—

③焊丝的选择。为了防止锌的氧化和蒸发,常采用含硅的黄铜焊丝。用这种焊丝焊接时,会在熔池表面形成一层致密的SiO_2薄膜,它将阻碍熔池内部的锌进一步氧化和蒸发,并能有效地防止氢的溶入。除硅外,焊丝中还常含有Sn、Fe等元素,这些元素均能进一步防止锌的氧化和蒸发。

④熔剂的选择。气焊黄铜时,用气剂301(CJ301)的熔剂。也有使用硼酸甲酯加甲醇组成的气体熔剂。

⑤焊丝直径和焊炬的选择。焊丝直径和焊炬型号根据焊件板厚进行选择,黄铜气焊时焊丝直径和焊炬的选择见表4-14。

表4-14 黄铜气焊时焊丝直径和焊炬的选择

板厚/mm	焊缝层数	焊丝直径/mm	焊炬型号	焊嘴容量 乙炔流量/(L/h)	预热嘴容量
1~2.5	1	2	H01-2	100~150	—

续表 4-14

板厚 /mm	焊缝层数	焊丝直径 /mm	焊炬型号	焊嘴容量	预热嘴容量
				乙炔流量/(L/h)	
3～4	2	3	H01-2 或 H01-6	100～300	—
4～5	2	4	H01-6	225～350	225～350
6～10	正面 1 正面 2 反面 1	4 6～8 8	H01-12	500～700	500～700
>12	正面 1 正面 2 正面 3 反面 1	6 8 8 8	H01-12	750～1000	750～1000

⑥气焊火焰的选择。气焊黄铜的焊接火焰为轻微的氧化焰(混合比为 1.3～1.4),可以在熔池表面形成一层氧化锌薄膜,该薄膜能阻止熔池中锌的蒸发。

⑦预热。黄铜气焊时,对于较厚大的焊件应预热。一般预热温度为 400℃～500℃,当厚度超过 15mm 时,应将焊件预热到 550℃左右。黄铜铸件焊补前应全部或局部预热,预热温度参照上述数值。

(2)操作要点 黄铜气焊时一般采用左焊法,焊炬应沿接缝做直线移动,不做横向摆动,以减少熔池过热。火焰为轻微的氧化焰,而且要使用外焰,焰芯距离熔池表面为 5～10mm。焊丝要以很小的角度(20°～30°)有节奏地连续送入熔池中,焊丝端部应直接与焊件接触,使焊丝端部受热最少,以减少锌的蒸发。焊接速度要尽可能快些,一般不得低于 200mm/min。为了节省焊接过程中蘸熔剂的时间,焊前可先将熔剂倒入长槽中,用焊炬加热焊丝并横放在熔剂中滚动,使焊丝表面蘸上一层 0.5～1mm 厚的熔剂,以备使用。

焊接黄铜时,焊接场地应通风良好,若在容器内焊接时,焊工应戴上专用的防毒面具。

(3)焊后处理 焊后用钢丝刷清除焊缝表面的氧化物及熔剂残渣,铲除较高的焊瘤。焊接接头要进行 500℃～650℃的退火处理,以消除内应力。

三、青铜的气焊

(1)青铜的焊接性 青铜的焊接主要用于补焊铸件缺陷和损坏的机件。铸造青铜中常用的是锡青铜和铝青铜。

①锡(Sn)氧化后生成氧化锡(SnO_2),在焊缝金属中形成硬脆的夹杂物,并降低焊缝的耐腐蚀性。再则,锡青铜在加热状态时很脆,所以在焊接时要特别注意,应尽量避免撞击,焊后不得立即搬动。

②铝(Al)氧化后生成难熔的氧化铝(Al_2O_3),使熔池表面的熔渣发黏,容易产生

气孔和夹渣,并阻碍焊缝和焊件金属良好地熔合。

青铜的收缩率比较大,故焊件的内应力也大,当焊件刚度大或厚度不均匀时,或杂质过多时容易开裂。尤其是锡青铜的偏析,更容易使焊件开裂,防止开裂的方法是将焊件预热,铝青铜的预热温度要比锡青铜高些。

(2)青铜的气焊工艺

①焊前准备。应铲去铸件的缩孔、疏松、落砂等缺陷,并铲出 60°～70°的坡口,铲凿深度以出现完好的母材金属为止。焊补裂缝前,应当找到裂纹的起止点。焊补穿透的缺陷或裂开的工件时,容易出现漏铜水的现象,因而焊补件的底部可加衬垫或用封底焊。补焊的青铜件,必须妥善垫平,防止焊接时产生变形。

②锡青铜的气焊。锡青铜在高温时因有脆性,除必须进行 350℃～450℃的预热外,在焊接过程中不允许冲击,焊后也不要立即搬动。

锡青铜在气焊时,焊丝可用与母材相同的材料,但最好使含锡量比母材高出 1‰～2‰,以补充焊接过程中锡的烧损,或用含磷、硅、锰等脱氧元素的青铜材料。气焊熔剂与焊接紫铜时相同,使用气剂 301(CJ301)。

气焊锡青铜应严格采取中性焰,火焰能率与焊接碳钢时相同。火焰的位置比焊接碳钢时略高一些,焰芯与焊件表面的距离≥10mm。操作工艺基本上与气焊纯铜时相同。焊后可捶击焊缝或进行退火处理,以消除焊接残余应力,提高焊缝的机械性能和致密性。

③铝青铜的补焊。气焊时为了去除氧化铝薄膜,可采用气焊铝的熔剂(气剂 401)。除此之外,还可以用机械方法清除气化膜。

气焊铝青铜时,焊丝采用与母材化学成分相同的焊丝。焊前应预热至 500℃～600℃。火焰能率宜选大些。采用中性火焰,火焰焰芯距焊件表面 7～10mm。当在一个铸件上补焊几个缺陷时,应首先补焊最大的缺陷,然后再补焊小的缺陷。因为补焊大的缺陷时,对焊件进行了一定程度的预热,就比较容易补焊较小的缺陷。

当补焊长而深的缺陷时,最好将工件倾斜 45°后进行上坡焊,这样,可采用单道焊,对保证焊接接头的质量较为有利。

第八节 铝及其合金的气焊

一、铝及铝合金的焊接性

①铝极易氧化生成氧化铝(Al_2O_3)薄膜,厚度 0.1～0.2μm,熔点约 2025℃,组织致密,焊接时,它对母材与母材之间、母材与填充材料之间的熔合起阻碍作用,影响操作者对熔池金属熔化情况的判断,还会造成焊缝金属夹渣和气孔等缺陷,影响焊接质量。

②铝导热系数大,约为钢的 4 倍。要达到与钢相同的焊速,焊接线能量应为钢的 2～4 倍。铝的导电性好,电阻焊时比焊钢需更大功率的电源。

③铝及其合金熔点低,高温时强度和塑性低,纯铝在 640℃～656℃间的延伸率<0.69%,高温液态无显著颜色变化,焊接操作不慎时会出现烧穿、焊缝反面焊瘤等缺陷。

④铝及其合金线膨胀系数(23.5×10^{-6}/℃)和结晶收缩率大,焊接时变形较大;对厚度大或刚性较大的结构,大的收缩应力可能导致焊接接头产生裂纹。

⑤液态铝可大量溶解氢,而固态铝几乎不溶解氢。氢在焊接熔池快速冷却和凝固过程中易在焊缝中聚集形成气孔。

⑥铝及其合金一般说来焊接性是良好的,可以采用各种熔焊、电阻焊和钎焊等方法进行焊接,只要采取合适的工艺措施,完全能够获得性能良好的焊接产品。

⑦冷硬铝和热处理强化铝合金的焊接接头强度低于母材,给焊接生产造成一定困难。

铝及铝合金材料的相对焊接性见表 4-15。

表 4-15　铝及其合金材料的相对焊接性

焊接方法	材料相对焊接性				适用厚度/mm	
	工业纯铝	铝锰合金	铝镁合金	硬铝		
气焊	很好	很好	尚好或不好	差	0.5～10	0.3～25

二、铝及其合金的气焊工艺

1. 操作准备

(1)焊前清理　焊前清理是保证铝及其合金焊接质量的重要措施,应严格清除焊接处及焊丝表面的氧化层和油污。实际生产中常采用化学清洗或机械清理两种方法。

①化学清洗。化学清洗效率高、质量稳定,适于清洗焊丝及尺寸不大、成批生产的焊件,常用的清洗剂及清洗工艺是用汽油等有机溶剂浸泡或擦拭除油,再用热水清洗,接着在 50℃～60℃ 的氢氧化钠(NaOH)溶液(浓度为 30% 左右)中清洗,而后用热水或冷水清洗,最后用 30% 的硝酸溶液中和出光处理,再用清水冲洗。

②机械清理。对于尺寸较大的工件常用机械清理,清理方法是先用有机溶剂(汽油、丙酮)或松香擦拭表面以除油,随后直接用细不锈钢丝刷刷除氧化层,直至露出金属光泽为止。冲洗工作与焊接时间不能相隔太长,最多不超过两天,否则,必须重新清洗。

(2)准备垫板　为保证焊件在焊接过程中既可焊透,又不致塌陷烧穿,在焊接时可用垫板来托住熔化金属,垫板材料可用不锈钢或碳钢等,垫板表面应开一圆弧形槽,以保证焊缝反面成形。

(3)坡口及接头形式　厚度为 3～5mm 的铝板一般不需要开坡口,在接头处留 1mm 左右的间隙即可;板厚为 5～8mm 时,可开单面 U 形坡口,坡口角度为 60°～70°,钝边≤1.5 时,其间隙为 3mm 左右;板厚>8mm 时,可以开 X 形坡口或 V 形坡口,坡口角度为 60°～70°,钝边≤2.5mm 时,其间隙＜3mm。

①铝及其合金焊接接头的形式如图 4-7 所示。

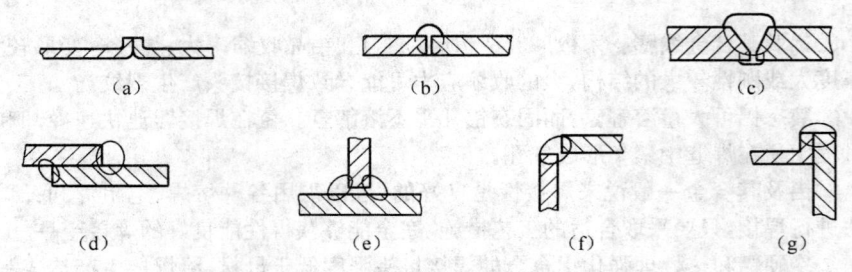

图 4-7 铝及其合金焊接接头的形式

(a)卷边对接 (b)直边对接 (c)开坡口对接 (d)搭接 (e)T字接 (f)角接 (g)端接

②薄铝板(板厚在 3～5mm)的接头形式如图 4-8 所示。对于简单的对接焊缝,可以留成斜角形间隙,如图 4-9 所示,间隙 $a_2=a_1+(0.01～0.02)l$, a_1 约为 1mm。

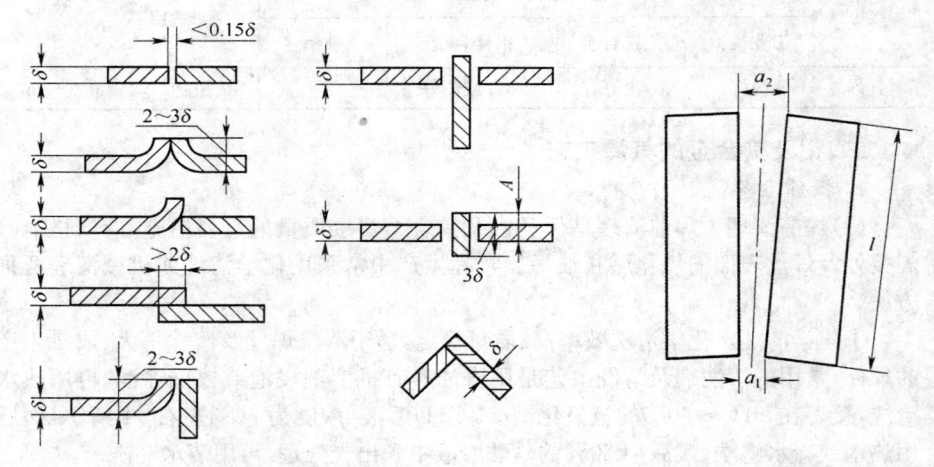

图 4-8 薄铝板的接头形式　　图 4-9 斜角形间隙

(4)焊丝及焊丝直径的选择　铝及其合金焊丝型号、牌号及用途见表 2-24。也可以用母材的切条。铝及其合金焊丝直径的选择见表 4-16。

表 4-16　铝及其合金焊丝直径的选择　　　　(mm)

焊件厚度	1.5	1.5～3	3～5	5～7	7～10
焊丝直径	1.5～2	2～3	3～4	4～4.5	4.5～5.5

(5)熔剂的选择　气焊铝及其合金用气熔剂为气剂 401(CJ401)。

(6)焊炬、焊嘴的选择　气焊铝及其合金时,焊炬型号和焊嘴的号码应根据焊件的厚度选择,铝及其合金气焊时的焊炬、焊嘴的选择见表 4-17。

表 4-17　铝及其合金气焊时的焊炬、焊嘴的选择

焊件厚度/mm	<1.5	1.5~3.0	3~4	4~10	10~20
焊炬型号	H01-6	H01-6	H01-6	H01-12	H01-12
焊嘴号数	1	1~2	2~4	1~3	3~4

(7)气焊火焰的选择　气焊火焰应采用中性焰或轻微碳化焰,过大的碳化焰会引起气孔及焊缝组织的疏松,绝不允许使用氧化焰。

(8)预热　气焊薄小焊件时,一般不要预热;当焊接厚度>5mm 及结构复杂的焊件时,为减少焊接变形及避免裂纹,可以预热,但预热温度一般不得超过 250℃。预热的方法可采用火焰或电炉加热。

(9)定位焊和起焊点的选择　为了固定焊件的相对位置和防止变形,需对焊件进行定位焊,即点固。铝及其合金定位焊点间距可参照表 4-18。在定位焊时,应采用比焊接时稍大的火焰,并快速进行施焊,以减少热变形。定位焊时,火焰与焊缝的夹角为 50℃左右。

表 4-18　铝及其合金定位焊点间距　　　　　(mm)

焊件厚度	<1.5	1.5~3	3~5	5~10	10~20
焊点间距	10~20	20~30	30~50	50~80	80~150

2. 操作要点

①气焊铝及其合金薄板时,焊嘴倾角为 30°~45°,焊丝倾角为 40°~50°;焊厚板时,焊嘴倾角应为 50°左右,焊丝倾角为 40°~50°。起焊时,由于工件温度较低,一开始不易焊透,所以焊嘴的倾角比上述规定应大些;焊接终了时,由于工件已被加热到较高的温度,为保证焊缝成形,焊嘴倾角比上述规定要小些。一般应避免焊嘴倾角过大,以免吹不开熔渣,造成夹渣缺陷。

②当焊件厚度<5mm 时,一般采用左焊法,以避免熔池过热、烧穿和防止晶粒长大;焊件厚度>5mm 时,可采用右焊法,以便于观察熔池的温度和流动情况。在焊接时,整条焊缝尽可能一次焊完,如中断应在焊缝上重叠约 20mm 处开始起焊,以保证焊透。在焊接结束或中断时,火焰应慢慢离开熔池,并要填加一些焊丝,以保证焊接质量。焊接非封闭的焊缝时,为避免起焊处出现裂纹,可以从距端头约 30mm 处开始焊接,并焊到头;然后再向相反方向焊到另一头,而在接头应重叠 20~30mm。

③由于铝在高温时颜色不变,为掌握好金属开始熔化时间及起焊时机,可用焊丝试探性地拨动加热处的金属表面,当感到加热处已带黏性,并且焊丝端头落下的熔化金属与加热处金属能熔合在一起,说明该处已达熔化温度,这时应立即进行焊接。还可以采用当铝受热表面光亮的银白色逐渐变暗,随温度升高,最后变成暗淡的银灰色时为起焊时机,被焊处表面的氧化铝薄膜微微起皱,说明加热处接近熔点。

这时便可开始加热焊丝。当火焰下面的氧化铝薄膜和基体金属出现波动现象时,说明已达到熔点,这时即可施焊。

④ 焊接时,焊嘴一边前进,一边上下跳动。当焊嘴运动到下方时,火焰加热基本金属使其熔化,并利用火焰吹力形成熔池;当焊嘴运动到上方时,火焰加热焊丝使其端部熔化,形成熔滴,这样,焊丝与坡口处的基本金属周期性地受热、熔化,从而形成焊缝。送丝时,焊丝末端应插入熔池前部,并随即将焊丝向熔池外拖出,但应特别注意,拖出时应使焊丝端部仍在火焰范围内,以避免氧化。依靠上述填加焊丝的机械作用,既能有效地搅动熔化金属,使杂质浮出,又能破坏熔池表面的氧化膜,使熔滴金属很好地与熔池金属熔合。

⑤ 当两种厚度或熔点不同的铝合金材料焊在一起时,一般应将火焰指向厚度大的和熔点高的材料。焊前,应将厚度大的材料先用焊炬预热到一定温度后再焊。薄铝板单向焊时,焊前在背面均匀地刷上一层熔剂,有助于获得背面成形良好的焊缝。

3. 焊后处理

焊后残留在焊缝表面及边缘附近的熔渣和熔剂,能与金属起化学反应,引起腐蚀,因此,焊后必须进行清洗。

在60℃~80℃的热水中,用毛刷在正反面刷洗焊缝周围。重要焊件在刷洗后,还应放入60℃~80℃、2%~3%的铬酐水溶液中浸洗5~10min,然后再用热水冲洗,并干燥。焊后清洗完成后,通常观察表面有无白色附着物,或把2%的硝酸银溶液滴在焊缝上,若没有出现白色沉淀物(即AgCl),则说明焊件已清洗干净。

三、铸造铝合金的补焊

铝合金铸件在汽车、拖拉机工业中广泛使用于制造发动机气缸体、气缸盖等。铝合金铸件在铸造或使用后,常常不可避免地出现一些缺陷或损伤,如缩孔、疏松、夹渣、裂纹及断裂等。因此,铸铝件的补焊具有一定的经济价值。

铸造铝合金的补焊与焊接变形铝(熟铝)相似,焊接工艺基本相同。在铸造铝合金中,铝硅合金的颜色发青、发暗,断口组织较细。使用气焊火焰熔化后,铝液流动性好,并在铝液上有黑色斑点。气焊后收缩率小,裂纹倾向小;铝镁合金的颜色发白,断口组织粗大,当用气焊火焰加热熔化后,有白花飞出,并冒出白烟,这是由于镁烧损的结果。

铝合金铸件上的较小缺陷用气焊方法补焊较好。壁厚≤10mm或质量<10kg的小铸件在焊前一般可不预热;厚大铸件焊前应预热至300℃左右。当壁厚>5mm时,缺陷处应加工成60°的V形坡口。如果缺陷为裂纹,裂纹两端应钻止裂孔。为了防止补焊处烧穿,反面可用钢板垫上。

焊丝可用与铸铝件同牌号的铸造铝合金或丝311,熔剂仍用气剂401(CJ401)。为了清除焊接残余应力,焊后可进行300℃~350℃退火,然后缓冷。

第九节　铅的气焊

一、铅的焊接特性

(1)容易烧穿　由于铅的熔点低(327.4℃),热导率较小(仅为钢的43%),故热传导损失比较小,焊接时容易烧坏。因此焊接铅时,应选用比碳钢小得多的焊炬和焊嘴,且火焰大小的调整要适当。以减小火焰能率,避免不慎烧损。

(2)铅液容易流失　铅的密度大,熔化后流动性又好,所以施焊铅时,若掌握不好很容易引起熔池流淌,难于施焊。为了便于施焊,有时采用模具、堵石棉及加工托垫等措施来保证焊接质量和提高焊接速度。

(3)容易被氧化　铅和氧的亲和力很强,铅表面很容易生成氧化铅膜。随着温度升高,氧化膜生成速度加快。氧化铅膜的熔点比铅高(大约800℃),它浮在熔池表面上会妨碍正常焊接并形成夹渣和隔层。因此,施焊前必须刮除焊件接缝处的氧化膜;多层焊时,每焊下一层前都要刮除焊道表面层的氧化物。

(4)能自行消除内应力　由于铅很软,可以用塑性变形来消除内应力。另外,铅的再结晶温度只有15℃~20℃,在室温下就能完成再结晶过程,所以铅焊接后,不必用热处理来消除内应力,焊后只需用木质板敲打焊缝即可。

二、铅的气焊工艺

1. 操作准备

(1)焊前清理　施焊前,必须清除掉焊缝中的一切污物,如油脂、铁锈、泥沙、水及酸碱等杂质。

(2)刮净氧化膜　焊接处表面的氧化膜,应在焊前用刀刮去,刮后应在3h内焊完。多层焊时,每层的氧化膜都必须刮净。刮净氧化膜宽度和焊件厚度的关系见表4-19。

表4-19　刮净氧化膜宽度和焊件厚度的关系　　　　　　　　(mm)

焊件厚度	≤5	5~8	8~12
刮净宽度	20~25	25~35	35~40

(3)坡口及焊接接头形式　焊件厚度≤4mm的不用开坡口,只需留有1~2.5mm的间隙。对接焊缝应根据焊件的厚度留有装配间隙或开坡口,焊接接头形式如图4-10所示。

(4)装配　焊前一定要使接缝平整、对齐,并采用定位焊定位。定位焊缝长度应根据焊件大小、受力情况选用,一般为10~25mm。定位焊缝间距应适中,如对于6mm以下平焊对接焊缝,每点长10~15mm,间距约300mm;对于7mm以下的立焊搭接缝,每点长4~10mm,间距为300~350mm;对于直径在100mm以下的铅管,可间隔120°进行定位焊,每点长20~25mm;直径在100mm以上的铅管,可间隔90°或

图 4-10 焊接接头形式

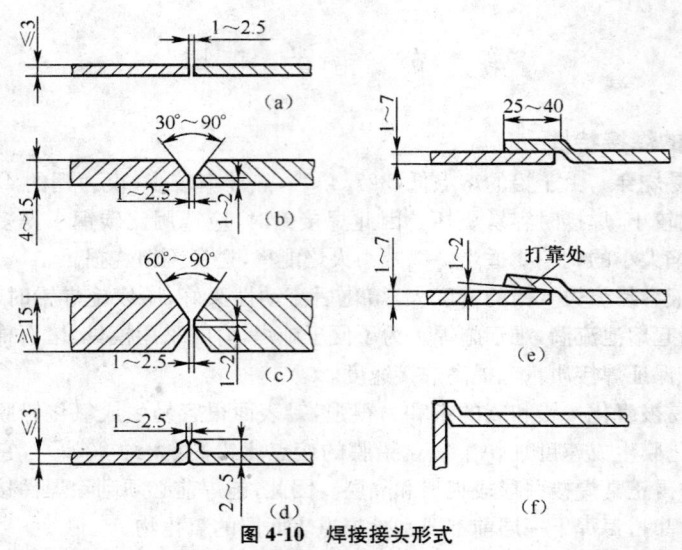

(a) 3mm 以下对接焊缝 (b) 4～15mm 对接焊缝 (c) 15mm 以上对接焊缝
(d) 3mm 以下卷边对接 (e) 平焊搭接 (f) 横立焊搭接

60°进行定位焊,每点长 30～35mm,定位焊缝高度约为管壁厚的 3/5。定位焊缝一定要保证焊透。

(5) 焊丝及直径的选择 除了厚度在 7mm 以下的立焊搭接缝、坡度较大的搭接焊缝及卷边对接焊不需要焊丝外,其余焊缝全靠焊丝熔化后填满,所以焊丝质量直接影响焊缝质量。一般铅焊丝多为自制的,可将铅板材剪成细条焊丝,也可以用铁模浇铸法制作铅焊丝,但使用时必须将表面氧化膜刮净。铅焊丝的规格见表 4-20。

表 4-20 铅焊丝的规格

焊丝号	特	1	2	3	4	5
直径×长度/(mm×mm)	2～3×220	5×230	8×250	11×280	14×300	18×320

对于厚度不同的焊件和位置不同的焊缝,应选用不同牌号的铅焊丝,铅焊丝的选用见表 4-21。

表 4-21 铅焊丝的选用

板厚/mm \ 焊丝号 \ 焊缝位置	平焊	坡焊(坡角 30°)	横焊	立焊	仰焊
1～2	1	1	特	特	特
3～4	2	1	特	特	特
5～7	3	2	1	1	特
8～10	4	3	2	4(用挡模)	/
12～15	5	4	3	5(用挡模)	/

(6)焊嘴的选择 焊铅时,焊嘴大小应根据焊件厚度、尺寸大小和焊缝位置来选择。平焊焊丝直径、焊嘴孔径与焊件厚度的关系见表4-22。

表4-22 平焊时焊丝直径、焊嘴孔径与焊件厚度的关系 (mm)

焊件厚度	焊丝直径	氧乙炔焰焊嘴孔径
1~3	2~3	0.5
3~6	3~5	0.75
6~12	5~7	1.25
12~25	7~12	1.25 或用普通最小气焊嘴

(7)焊接火焰 严格采用中性焰,以适应铅流动性强的特性。

(8)焊接层数 对接焊缝时,一般下部都要加垫板。当焊件厚度在1.5mm以下时,平焊对接缝可一遍焊完;厚度为3~6mm的可分为2~3层焊完;厚度为15~20mm的可以采用双面焊。

2. 操作要点

焊接铅时,可以在平焊、坡焊、立焊、横焊、仰焊等各种位置焊接。

①铅板对接平焊采用左焊法,焊嘴、焊丝与焊件表面关系如图4-11所示。火焰应对正焊缝,焊炬可做适当摆动。单层焊或多层焊的第一层,应在背面垫上石棉垫板,防止烧穿流淌。焊接其他各层时,应将前一层焊缝表面的氧化铅刮干净再施焊。

②分层焊接时,第一层应少加焊丝,火焰主要对着接缝处,

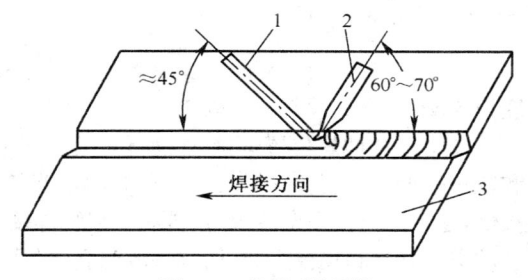

图4-11 铅板对接平焊
1. 焊丝 2. 焊嘴 3. 焊件

使之熔透,第一层焊道厚度为1~2mm;第二层施焊时,火焰应对着第一层焊道,并且左右摆动,使加入的焊丝与两侧和第一层焊道熔合,第二层焊道可达焊件厚度的2/3;最后一层应根据焊道的高度、宽度标准适当加入焊丝。

③平焊搭接与对接的施焊方法基本相同,但平焊搭接的第一层,火焰应主要对着下部铅板,并稍微摆动,使加入的焊丝焊接在下部的铅板上,并与搭接边缘熔合。当焊道还没有焊到高出上部铅板时,焊嘴应向搭接边倾斜约20°,这样可使上部铅板边缘有足够的热量与下部铅相熔接。直到焊至与上部铅板等高后,再做最后一层焊,使焊道高出上部搭接铅板。

④平焊卷边对接缝时,可以不加焊丝一遍焊成。焊接时焊嘴距熔池应略低一些,可做轻微摆动。焊嘴与焊件表面保持45°~60°角,焊接速度不宜过快,必须保证焊透。焊缝的高度以高出母材1.5mm为宜。

⑤铅板的横焊有搭接、对接和倒口横焊三种形式,铅板横焊形式如图4-12所

示。搭接横焊的操作方法类似平焊,比较容易掌握;倒口横焊类似于仰焊,操作极困难,一般不用。

⑥铅板对接横焊的操作方法如图 4-13 所示。为便于操作,焊前将在上面的一块铅板的边缘加工成坡口,如图 4-12b 所示。焊第一层时,焊丝在焊嘴前方并垂直靠近铅板,焊嘴稍向外靠,焰芯略偏向下板。焊接时的角度如图 4-13 所示。

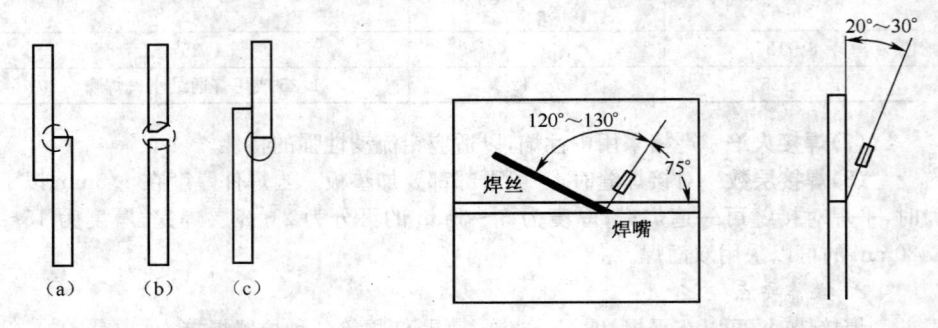

图 4-12　铅板横焊形式
(a)搭接　(b)对接　(c)倒口

图 4-13　铅板对接横焊的操作方法

⑦用上坡焊可加大熔深,减少焊接层数,如采用坡度角为 30°的上坡焊时,可将厚度为 6mm 以下的焊件一次焊成。

⑧在立焊和仰焊位置焊接时,为了防止铅液流坠,必须采用比平焊小一号的焊嘴和较短的火焰长度。立焊时,由下向上焊,当接头处金属熔化,加入焊丝后,稍抬起火焰,趁熔池还未完全冷凝时,再向上继续焊接。为便于操作,立焊时常采用不加焊丝的搭接立焊和挡模立焊,仰焊一般与立焊相同。

⑨焊接铅时应防止铅中毒,这是由于铅的沸点较低,铅蒸气氧化后生成有毒的氧化物,对焊工身体有害,因此焊接铅时应有防护措施。

第十节　气焊常见缺陷及预防措施

常见的气焊焊接缺陷,按其在焊缝中的位置不同,可分为外部缺陷和内部缺陷两大类。外部缺陷位于焊缝的外表面,用肉眼或低倍放大镜即可发现,如焊缝尺寸不符合要求、表面气孔、裂纹、咬边、弧坑、烧穿和焊瘤等;内部缺陷位于焊缝内部,需用无损探伤或破坏性试验等方法才能发现,如内部气孔、裂纹、夹渣和未焊透等。

一、焊缝外形尺寸不符合要求

(1)缺陷现象　焊缝表面高低差较大,焊波粗劣;焊缝宽度不均匀及焊缝余高过高或过低等,均属焊缝外形尺寸不符合要求,如图 4-14 所示,不仅造成焊缝成形难看,而且还会影响焊缝与母材的结合,或造成应力集中,影响焊件的安全使用。

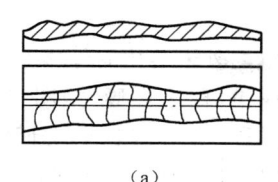

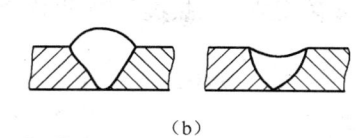

图 4-14 焊缝外形尺寸不符合要求

(a)焊缝高低不平、宽窄不均匀、焊波粗劣　(b)余高过高或过低

(2)产生原因　工件坡口角度不当或装配间隙不均匀,火焰能率过大或过小,焊丝和焊炬的角度选择不合适和焊接速度不均匀。

(3)预防措施　提高气焊的操作水平;焊丝和焊嘴的角度要配合好,选择适当的火焰能率;焊接速度要力求均匀等。

二、咬边

(1)缺陷现象　咬边是指由于焊接参数选择不正确或操作方法不正确,沿着焊趾的母材部位产生的沟槽或凹槽,如图 4-15 所示。由于咬边会使基体金属的有效截面减小,不仅会减弱焊接接头的强度,而且在咬边处引起应力集中,承载后有可能在此处产生裂纹。在一般的焊接构件中咬边深度通常不允许超过 0.5mm;对于特别重要的焊接构件,如高压容器、管道等,咬边是不允许存在的。

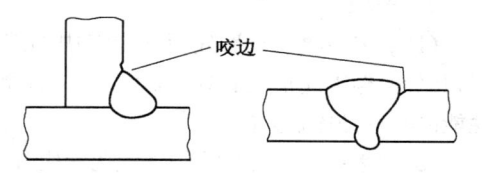

图 4-15　咬边

(2)产生原因　火焰能率过大;焊嘴倾斜角度不正确;焊嘴与焊丝摆动不当等引起的。

(3)预防措施　正确地选择火焰能率,焊嘴与焊丝摆动要适宜,正确掌握焊嘴的倾角等。

三、烧穿

(1)缺陷现象　在焊接过程中由于焊接参数选择不当、操作工艺不良或者焊件装配不好等原因造成熔化金属自坡口背面流出,形成的穿孔现象称为烧穿,如图 4-16 所示。烧穿不仅影响焊缝的外观质量,而且使该处焊缝的强度显著减弱,应尽量避免此缺陷的产生。

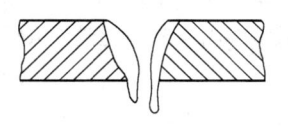

图 4-16　烧穿

(2)产生原因　接头处间隙过大或钝边太薄,火焰能率太大,气焊速度过慢。

(3)预防措施　选择合理的坡口,其坡口角度和间隙不宜过大,钝边不宜过小;火焰能率和焊接速度要适当,且在整条焊缝上保持一致。

四、焊瘤

(1) 缺陷现象　焊接过程中，熔化金属流淌到焊缝之外未熔化的母材上所形成的金属瘤，称为焊瘤，如图 4-17 所示。焊瘤不仅影响焊缝的外观，而且在焊瘤下面常存在着未焊透等缺陷，容易引起应力集中。管道内部的焊瘤，还会使管内的有效面积减小，甚至造成堵塞现象。在立焊和横焊时较易产生。

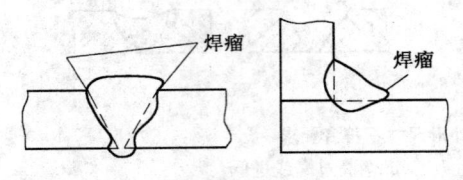

图 4-17　焊瘤

(2) 产生原因　火焰能率太大；焊接速度过慢，焊件装配间隙过大；焊丝和焊嘴角度不当等。

(3) 预防措施　当立焊或仰焊时，应选用比平焊小些的火焰能率；焊件装配间隙不能太大；焊丝和焊炬角度要恰当。

五、夹渣

(1) 缺陷现象　焊后残留在焊缝中的熔渣称为夹渣。夹渣多呈不规则的多边形，其尖角会引起很大的应力集中，承载后往往导致裂纹的产生，故夹渣对焊接接头性能的影响是比较大的。

(2) 产生原因　母材或焊丝的化学成分不当，焊缝金属中含有较多的 O_2、N_2 和 S；焊件边缘、焊层和焊道间的熔渣未清除干净；火焰能率过小，使熔池金属和熔渣所得到的热量不足，流动性降低，而且熔池金属凝固速度过快，熔渣来不及浮出，焊丝和焊嘴角度不正确等。

(3) 预防措施　选用合格的焊丝；彻底消除锈皮和焊层间的熔渣；选择合适的火焰能率；注意熔渣的流动方向，随时调整焊丝和焊嘴的角度，使熔渣能顺利地浮到熔池的表面。

六、未焊透

(1) 缺陷现象　焊接时接头根部未完全熔透的现象称为未焊透，如图 4-18 所示。未焊透不仅降低了焊接接头的力学性能，而且在未焊透处的缺口和端部易形成应力集中点，该处承载后往往会引起裂纹。尤其在重要焊缝中，未焊透这一缺陷是不允许存在的，必须铲除，重新补焊。

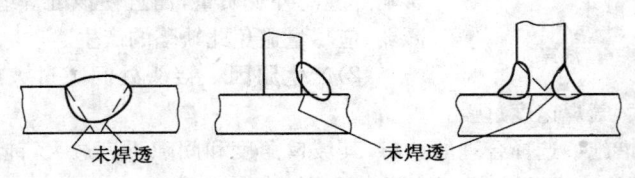

图 4-18　未焊透

(2)**产生原因**　焊接接头的坡口角度小、间隙过小或钝边太厚；火焰能率过小或焊接速度过快；焊件散热速度太快，熔池存在的时间短，以致与母材之间不能充分的熔合所造成的。

(3)**预防措施**　选用正确的坡口形式和适当的焊件装配间隙，并消除坡口两侧和焊层间的污物及熔渣；选择合适的火焰能率和焊接速度；对导热快、散热面大的焊件，需进行焊前预热或焊接过程中加热。

七、气孔

(1)**缺陷现象**　焊接时，熔池中的气体在焊缝金属凝固时未能来得及逸出，而残留在焊缝金属中所形成的空穴称为气孔。处于焊缝表面的气孔称为表面气孔，位于焊缝内部的气孔称为内部气孔。气孔的形状有球形、椭圆形、链状及蜂窝状等，如图4-19所示。气孔缺陷减少了焊缝的有效工作面积，使焊缝的力学性能下降。破坏了焊缝金属的致密性，甚至会造成泄漏，因此，在重要的焊接结构中是不允许有链状和蜂窝状的气孔存在的。

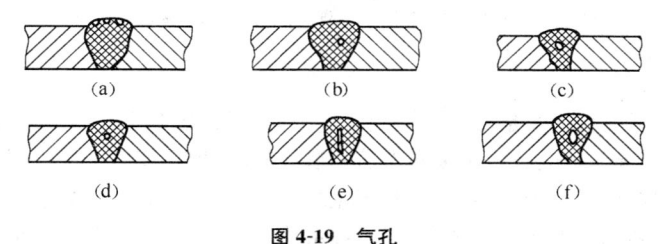

图 4-19　气孔
(a)表面气孔　(b)内部气孔　(c)圆形气孔　(d)椭圆形气孔
(e)链状气孔　(f)蜂窝状气孔

(2)**产生原因**　气焊时，熔池周围充满着气体，气焊火焰燃烧分解的气体，工件上的铁锈、油污、油漆等杂质受热后产生的气体，以及使用返潮的气焊熔剂受热分解产生的气体，所有这些气体都不断地与熔池产生作用，一些气体通过化学反应或溶解等方式进入熔池，使熔池的液体金属吸收了相当多的气体。在熔池结晶过程中，如果熔池的结晶速度比较快，这些气体来不及排出，则留在焊缝中的气体就成为气孔。

(3)**预防措施**　施焊前应将焊缝两侧20～30mm范围内的铁锈、油污、油漆等杂质清除干净；气焊熔剂使用前应保持干燥，防止受潮；根据实际情况适当放慢焊接速度，使气体能从熔池中充分逸出；焊丝和焊炬的角度要适当，摆动要正确；提高焊工的操作水平。

八、过热和过烧

(1)**缺陷现象**　气焊时，当金属被加热到一定的温度之后，其组织和性能将发生变化。金属过热的特征是金属表面发黑并起氧化皮，金属的晶粒粗大，使金属变脆。金属过烧的特征除晶粒粗大外，晶粒表面还被氧化，破坏了晶粒之间的相互连接，使金属变脆。

(2) **产生原因** 当火焰能率过大,焊接速度过慢,焊炬在某处停留时间过长时,都容易引起过热和过烧。此外,过烧还与采用氧化焰焊接有关。

(3) **预防措施** 根据焊件厚度选用合适的焊炬和焊嘴;采用中性焰,正确地掌握焊接速度,使熔池金属温度不至于过高。

九、未熔合

(1) **缺陷现象** 熔焊时,焊道与母材之间或焊道与焊道之间,未完全熔化结合的部分,称为未熔合,如图 4-20 所示。未熔合不仅减少了焊缝的有效工作断面,使焊接接头的承载能力下降,而且在未熔合处易形成应力集中点,承载后往往会引起裂纹。因此,在重要焊接接头中,这一缺陷是不允许存在的。

图 4-20 未熔合

(2) **产生原因** 主要是由于火焰能率过小;气焊火焰偏于坡口一侧,使母材或前一层焊缝金属未熔化就被填充金属敷盖而造成的;当坡口或前一层焊缝表面有锈或污物,焊接时由于温度不够,未能将其熔化而盖上填充金属时,也会形成未熔合。

(3) **预防措施** 焊嘴的角度要合适,焊炬摆动要适当;要注意观察坡口两侧熔化情况;采用稍大的火焰能率;焊速不宜过快,以确保母材或前一层焊缝金属的熔化;仔细清除坡口和焊缝上的锈和污物等。

十、弧坑

(1) **缺陷现象** 焊接时,在焊道末端形成的低洼部分称为弧坑,如图 4-21 所示。在弧坑内不仅容易产生气孔、夹渣或微小裂纹,而且会使该处焊缝的强度严重减弱,所以熄弧时一定要将弧坑填满。

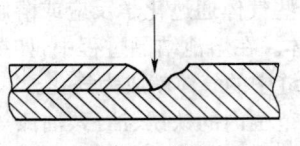

图 4-21 弧坑

(2) **产生原因** 产生弧坑主要是由于气焊薄板时,火焰能率过大或收尾时间过短,未将熔池填满所造成的。

(3) **预防措施** 收尾时应多添加焊丝,以填满弧坑;气焊薄板时,应正确选择火焰能率。

十一、裂纹

在焊接应力及其他致脆因素共同作用下,焊接接头中局部地区的金属原子结合力遭到破坏,形成新的界面所产生的缝隙称为焊接裂纹。它具有尖锐的缺口和大长宽比的特征。焊接裂纹的形式是多种多样的,有的分布在焊缝表面,有的则分布在焊缝或热影响区中。通常把平行于焊缝的裂纹称为纵向裂纹，垂直于焊缝的裂纹称为横向裂纹，产生在弧坑中的裂纹称为弧坑裂纹，如图 4-22 所示。

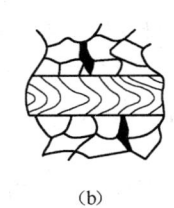

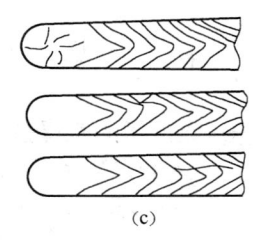

图 4-22 裂纹分布形式
(a)纵向裂纹　(b)横向裂纹　(c)弧坑裂纹

焊接裂纹是一种危害性极大的缺陷，它除降低焊接接头的强度外，还因裂纹末端存在着尖锐的缺口，会引起应力集中，使裂纹扩展。当焊件承载后，这种裂纹将成为断裂的起源，所以在焊接接头中是不允许有裂纹存在的。按照裂纹产生的温度不同，通常把裂纹分为热裂纹和冷裂纹两大类。

1. 热裂纹

(1)产生原因　当熔池冷却结晶时，由于收缩受到母材的阻碍，使熔池受到了一个拉应力的作用。熔池金属中的碳、硫等元素和铁形成低熔点的化合物。在熔池金属大部分凝固的状态下，低熔点化合物还以液态存在，形成液态薄膜。在拉应力的作用下，液态薄膜被破坏，结果形成热裂纹。

(2)预防措施　严格控制母材和焊接材料的化学成分，严格控制碳、硫、磷的含量；控制焊缝断面形状，焊缝宽深比要适当；对刚性较大的焊件，应选择合适的焊接参数、合理的焊接顺序和方向；必要时应采取预热和缓冷措施。

2. 冷裂纹

(1)产生原因　焊缝金属在高温时熔解氢量多，低温时溶解氢量少，残存在固态金属中形成氢分子，从而形成很大的内压力。焊接接头内存在较大的内应力，被焊工件的淬透性较大，则在冷却过程中，会形成淬硬组织。

(2)预防措施　严格去除焊缝坡口附近和焊丝表面的油污、铁锈等污物，减少焊缝中氢的来源；选择合适的焊接参数，防止冷却速度过快形成淬硬组织；焊前预热和焊后缓冷，改善焊接接头的金相组织，降低热影响区的硬度和脆性，加速焊缝中的氢向外扩散，起到减少焊接应力的作用。采用合理的装配、焊接顺序，以改善焊件的应力状态。重要的焊件焊后应立即进行消氢处理，以减少焊缝中的氢含量。

十二、错边

(1)缺陷现象　错边是指两个焊件(板或管)没有对正而造成两中心线的平行性偏差。

(2)产生原因　由于对接的两个焊件没有对正，而使板或管的中心线存在平行偏差的缺陷。

(3)预防措施 板或管进行定位焊时,一定要将板或管的中心线对正。

第十一节 常用金属材料的气焊技能训练实例

一、碳素钢的气焊技能训练实例

1. 低碳钢薄钢板的平对接气焊

(1)焊接参数 $\delta \leqslant 3mm$ 的薄钢板的气焊,焊炬为 H01-6,1 号焊嘴;氧气压力为 0.1~0.2MPa,乙炔气压为 0.001~0.1MPa;火焰性质为中性焰;从中间向两端进行定位焊,定位焊缝长 5~7mm,间距为 50~100mm;采用左焊法,从中间向两边交替施焊。

(2)操作要点 不卷边平对接气焊如图 4-23 所示。

①不卷边平对接气焊采用 I 形坡口形式,间隙 0.5~1mm。

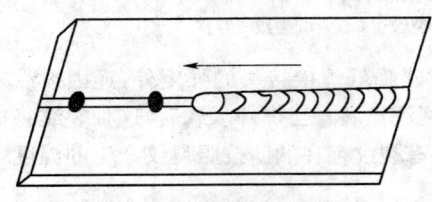

图 4-23 不卷边平对接气焊

②焊炬与焊件夹角取 30°~40°为宜(厚板),火焰气流不要正对焊件,可略向焊丝。

③焊炬做上下跳动,均匀填充焊丝,焊接速度适当,均匀。

2. 中碳钢管的气焊

其焊接工艺如下:

(1)操作准备 $\phi 38mm \times 2.5mm$ 的中碳钢管对接,将管子端头制成 70°左右的 V 形坡口,并做好焊接接头处的清理工作;选用 $\phi 3mm$ 的 H08MnA 焊丝;使用 H01-6 型焊炬,2 号焊嘴,中性焰;焊前先用气焊火焰将管子待焊处周围稍加预热,然后再进行焊接。

(2)操作要点 焊接时采用左焊法。火焰焰芯距离熔池保持 3~4mm,焊炬沿坡口间隙做轻微的往复摆动前移,不做横向摆动。开始焊接时,焊嘴的倾角可大些(约 45°),待形成熔池后焊嘴倾角可小至 30°左右,并保持这一角度向前施焊。焊丝应均匀快速填加,以减少母材的熔化,焊接速度应尽量快。每条接缝应一层焊完,并注意中间尽量不要停顿。焊完后,用气焊火焰将接头周围均匀加热至暗红色(600℃~680℃),再慢慢抬高焊炬,用外焰烘烤接头使其缓冷,以减少焊接残余应力。

二、低合金珠光体耐热钢的气焊技能训练实例

1. 锅炉过热器 $\phi 32mm \times 4mm$ 的 15CrMo 钢管的对接气焊

(1)操作准备 开 V 形坡口,使装配后的坡口角度为 60°~65°;清除坡口及其内外壁 20~35mm 范围内的油污、铁锈等杂质,直至露出金属光泽为止;焊丝也应去除油污和铁锈等。装配时两管要确实对准中心,两个端口外壁周围要平行一致,可用

V形铁垫在管子下面或用专用夹具以保证装配要求。对称定位焊点固两点,点固缝长度为10mm左右,点固焊的厚度要低于管壁厚的1/3。并且在定位焊和正式焊之前都要把接头预热到250℃～300℃。应选用含碳量较母材低的焊丝H12CrMo,焊丝直径为2～3mm,选用H01-6型焊炬,3号焊嘴,中性火焰。

(2)操作要点 焊缝分两层焊好,第一层采用"击穿焊法",即将熔池烧穿,形成熔孔,并应严格掌握熔池温度,如发现小孔(熔孔)中有火花飞溅,则表示金属有过烧现象。焊第二层时,焊速要快,火焰焰心距熔池表面为3～5mm,焊炬要平稳前移,焊丝要始终处于火焰的保护下。

熔池中的液态金属要保持较稠的状态,以免氧化,同时还应特别注意焊缝接头处。尤其是第一层焊缝接头,如掌握不好,就会出现热裂纹。焊接焊缝接头时,火焰焰心应从焊接处向后带回10mm左右,再立即快速向前施焊,待焊到与焊缝始端相遇处,应重叠10mm左右,以保持焊缝成形美观和避免产生裂纹。每层焊缝应一次焊完。第一层与第二层的焊缝接头应相互错开20mm以上。

(3)焊后热处理 焊接结束后,立即将接头正火处理,其方法是在焊缝金属两侧30～40mm范围内,用铬镍电阻丝加热至910℃～930℃,并保持5～7min,然后在空气中自然冷却。焊接环境应尽可能避免在0℃以下或风雨雪环境。

2. 10CrMo910管的气焊

(1)操作准备 10CrMo910是国外的耐热合金钢种,主要用于工作温度为540℃、10MPa的锅炉高温过热器管、蛇形管、汽轮机主蒸汽管和其他高温高压容器的导管等。10CrMo910具有良好的焊接性,气焊时选用H08CrMoA焊丝,也可以用H08CrMoVA焊丝。

(2)操作要点 10CrMo910钢含铬量较高,熔池液体金属较黏,容易产生内凹、气孔和裂纹,所以在气焊时,要求火焰能率要大,焊接焊缝根部时要将铁水向内倾,注意收口。

(3)焊后处理 焊后用石棉布包住焊缝,保温缓冷,然后进行回火热处理,加热至720℃～750℃,保温不小于1h,然后空冷,回火温度不得低于700℃,也不得高于780℃。

三、铸铁的补焊技能训练实例

1. 灰口铸铁摇臂柄的补焊

(1)操作准备 如图4-24所示,当补焊A、B两处的裂纹时,可采用冷焊方法,因为A、B两处均可自由收缩,在补焊时即使有焊接应力,也不至于拉裂。而焊接C处裂纹时要预热,因C处不能自由收缩,焊接应力可能将该处拉裂。

(2)操作要点

①焊前用钢丝刷、砂纸、锤、刀等将裂纹处油

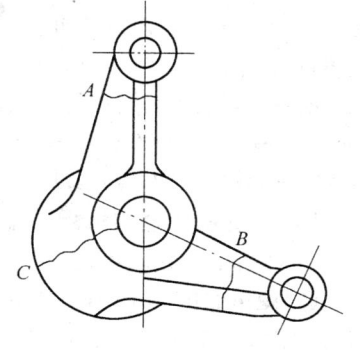

图4-24 摇臂柄的补焊

污清理干净,开 90°～120°的坡口。

②用炉子或气焊火焰预热工件至 600℃～650℃。

③焊炬型号 H01-12 型、5 号焊嘴、中性焰,采用铸铁焊丝(丝 401-A)和气焊熔剂(气剂 201)。

④当焊件加热至红热状态时,撒上气焊熔剂,在焊接时应用焊丝不断地搅动熔池,以便使溶渣浮在熔池表面,焊丝不应伸入火焰太深,以免大段熔化,降低熔池温度,产生白口。焊接应一次完成,中途不得中断,否则,使铸铁白口化。

⑤为保持孔内光滑,避免焊后机加工,在焊前应在孔内塞上石棉绳或黏土,并防止预热时氧化,焊后必须将零件放在石棉灰中缓冷,待完全冷却后取出。

2. 铸铁齿轮的补焊

(1) 操作准备　铸铁齿轮断齿或磨损后,采用气焊进行焊补,如图 4-25 所示。焊补铸铁齿轮,应选用铸铁焊丝 401A 和气焊熔剂(气剂 201),焊炬型号为 H01-12,4 号焊嘴。焊补前应将需修复的断面上的杂质,用钢丝刷子清除干净。

(2) 操作要点　如果焊后需要进行机加工,则应采用热焊法,首先将齿轮预热到 500℃～600℃,以后用中性焰焊接,并在红热前把熔剂撒在焊接处,焊完后立即埋入石灰或炉灰中,经过 10 多个小时的缓慢冷却,这样就可以进行机加工了。

补焊时,尤其是补焊第一层时,应时刻注意基本金属的熔透情况。在基本金属熔透后再加入焊丝的熔滴,为了确保熔敷金属与基本金属结合牢固,避免夹渣,加入熔剂的量要适当。一般只在开始熔化时加一些熔剂,而在正常焊接过程中就不再加了。补焊快要结束时,应进行适当整形。补焊工作应一次完成,即一次将堆焊层焊至所需要高度,为了减少焊缝热量,避免因合金元素烧损过多,而使铸铁性质变脆、变坏,要求焊接速度尽可能快。

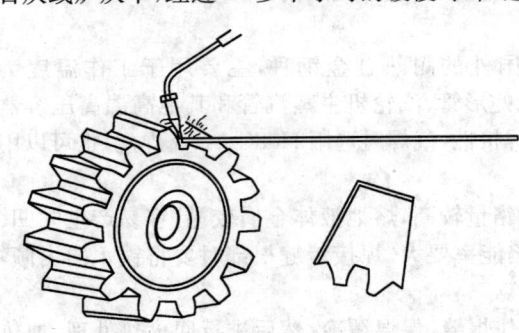

图 4-25　铸铁齿轮的补焊

如果补焊后不需要进行机械加工的厚、大齿轮,可采用冷焊法,但要求每焊高 10mm 左右,就应用气焊火焰,烧烤侧面逸出的填充金属,待熔化后,用焊丝的端部将其拨掉,并需要整形,并要用样板对齿轮和齿厚进行校正,如图 4-25 所示。

四、铜及铜合金的气焊技能训练实例

1. 紫铜管水平对接气焊

(1) 操作准备　ϕ10mm×1.5mm 的紫铜管的气焊,选用的焊炬为特小号 H01-2 型,5 号焊嘴,熔剂为气剂 301(CJ301),焊丝为丝 202,气焊火焰选用中性焰。

(2) 操作要点　气焊前将两铜管待焊处用砂布打磨至露出金属光泽,再用细锉刀将小铜管待焊处锉平,然后将两铜管对接,不留间隙。焊接时,先在焊接处上下移动焊炬进行预热。当焊件预热至暗红色时,将焊丝一端烧热蘸上熔剂涂在待焊处周围,这时应注意焊丝的尖端要在外焰中。在达到焊接温度时,把焊丝送到焊接处熔化一滴,这滴铜水和焊件熔合后,应及时把火焰和焊丝移开,等铜熔液稍凝固,再送入焊丝,如此连续进行焊接。

2. 纯铜圆管的水平转动对接气焊

如图 4-26 所示为 $\phi 57mm \times 4mm$ 纯铜管水平转动对接气焊示意图。

(1) 操作准备

图 4-26 纯铜管水平转动对接气焊

①将铜管接头端用车刀车成 30°～35° 坡口,留钝边 1mm。

②用砂布打磨坡口内外侧及焊丝表面,露出金属光泽。

③选用 H01-12 型焊炬、3 号焊嘴,直径 4mm 的 HS201 焊丝,CJ301 熔剂。

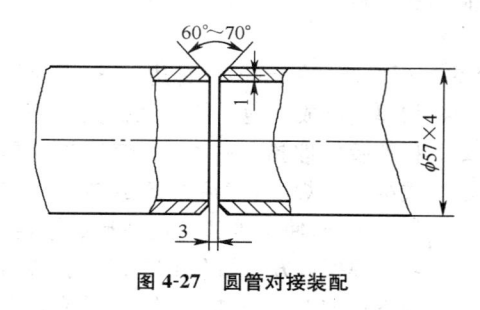

④在 V 形槽上,圆管对接气焊装配如图 4-27 所示,装配间隙为 3mm。为防止热量散失,在铜管和 V 形架间垫一块石棉垫,用中性火焰对图 4-26 中 1、2 两点进行定位焊。

⑤用火焰加热焊丝,然后把焊丝放入熔剂槽中蘸上一层熔剂。

图 4-27 圆管对接装配

(2) 操作要点

①如图 4-26 所示的 10°～15° 位置进行预热,预热温度为 400℃～500℃。看到坡口处氧化,表明已达到预热温度。

②预热后,应压低焊嘴,使焰芯距铜管表面 4～5mm,焊嘴与管子切线方向成 60°～70° 夹角。同时均匀转动铜管加热,加热到坡口处铜液冒泡现象消失时,说明已达到焊接温度,应迅速填加蘸有熔剂的焊丝。

③施焊时,焊嘴应做画圈动作,以防铜液四散和焊缝成形不良。

④收尾点应超过起焊点 10～20mm,熔池填满后方可慢慢抬起焊嘴,待熔池凝固后再撤走焊炬。

(3) 焊后处理 用球面小锤轻轻敲击焊缝,将接头加热到 500℃～600℃(暗红色),放入水中急冷,可提高接头的塑性和韧性,取出后清除表面残渣。

3. 宽80mm、厚6mm导电铜排的对接气焊

要求焊缝全焊透,不得有气孔、裂纹及夹渣等缺陷。

(1)操作准备

①把焊件接缝处机械加工成70°Y形坡口,如图4-28所示。

②用铜丝刷清除焊件接缝坡口两侧的氧化物和进行脱脂处理。

③选用H01-20型焊炬,3号焊嘴,直径为4mm的HS201特制纯铜焊丝及脱水硼砂。

④将石棉板烘干后,按图4-29所示组装铜排,并在焊缝终端进行定位焊。

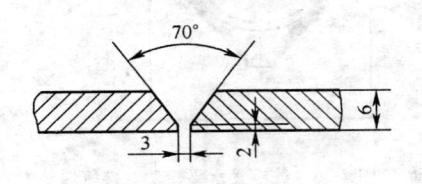

图4-28 70°Y形坡口

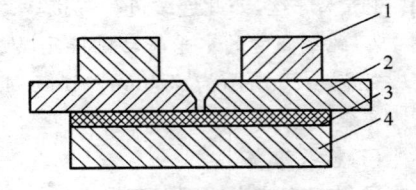

图4-29 组装铜排的方法
1. 压铁 2. 焊件 3. 石棉板 4. 衬垫

(2)操作要点 焊件预热时,火焰焰芯与焊件表面的距离要大些,一般为20~30mm,当预热温度达到500℃左右时,可向接头处撒上一层熔剂。

采用双面焊的操作要点:

①首先加热起焊处,此时焰芯距焊件表面应保持3~6mm,使钝边熔化,同时填加焊丝形成熔池。待熔池扩大到一定程度后立即抬起焊炬,使熔池凝固形成第一个焊点,然后继续加热该焊点的1/3处,使其重新熔化并形成熔池,双面焊操作方法如图4-30所示。待熔池不冒泡时填加焊丝,然后再抬起焊炬使熔池凝固,这样又形成了一个焊点。如此反复操作,直至焊完整条焊缝为止。

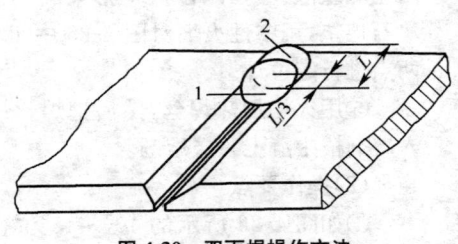

图4-30 双面焊操作方法
1. 熔池 2. 焊点

②焊接开始时,焊嘴和焊件表面的倾角一般为70°~80°,焊丝与焊件表面的倾角为30°~45°。焊丝的末端应置于熔池边缘,填丝时动作要均匀协调,并不断蘸取熔剂,将熔剂送往熔池。

③施焊过程中,焊嘴移动要稳,一般不要左右摆动,只做上下跳动和前后摆动。控制熔池温度主要通过调节焊嘴与焊件表面距离及焊嘴倾角来实现。

④焊接收尾时,焊嘴和焊件表面的倾角应小些,一般为50°~60°,并应填满熔坑。待熔池凝固后,焊炬才可以慢慢地离开。

⑤正面焊好后翻转焊件,用扁铲清根,并用铜丝刷清除氧化物,随后继续采用上述的操作方法焊接反面。

采用单面焊双面成形的操作要点:

①必须在成形垫块上进行焊接,单面焊双面成形方法如图 4-31 所示。成形垫块是由耐火砖制成的,根据铜排宽度,在其平面上开一条半径为 2mm 的圆弧槽,成形垫块需经烘干后才可使用。

②焊接应分两层完成。焊第 1 层时,先加热起始端,焊嘴和焊件表面的倾角为 80°~90°,火焰焰芯与焊件表面的距离为 4~6mm。当起始端钝边熔化后,应立即向坡口两侧填加焊丝,同时应增大焊嘴的倾角,缩短焰芯到焊件表面的距离,利用火焰的吹力使熔化的铜液迅速流入成形垫块的圆弧槽内。

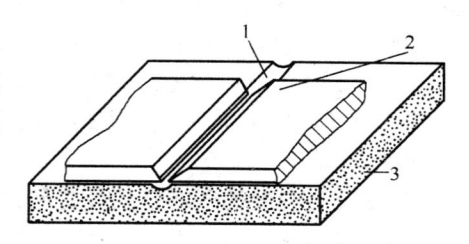

图 4-31 单面焊双面成形方法
1. 圆弧槽 2. 导电铜排 3. 成形垫块

③熔化金属流入成形垫块的圆弧槽后,焊嘴前移,继续做熔化钝边、填加焊丝、强迫铜液流入圆弧槽等动作,直至焊完第 1 层。

④焊第 1 层时,焊炬只做上、下、前、后的摆动,一般不应做较大的横向摆动。

⑤焊第 2 层前应用铜丝刷仔细地清除第 1 层焊缝的焊接缺陷和氧化物,必要时还需进行返修。

⑥焊第 2 层的操作方法与双面焊操作相同。

(3)焊后处理 焊后应用圆头小锤从焊缝中间向两端捶击焊缝,焊后处理方法如图 4-32 所示,并将焊渣去除干净。

4. 冷凝器壳体的气焊

(1)操作准备 冷凝器壳体的气焊如图 4-33 所示,壳体材料为 HSn62-1,板材规格 $\delta=8$mm,壳体直径为 $\phi600$。

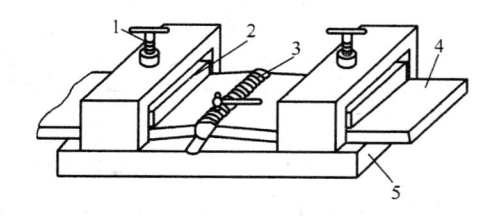

图 4-32 焊后处理方法
1. 压紧螺钉 2. 钢垫板 3. 焊缝
4. 导电铜排 5. 成形垫块

图 4-33 冷凝器壳体的气焊

(2)操作要点

①采用 V 形坡口,单边坡口角度为 30°,卷筒后双边达 75°左右,根部间隙 4mm,

钝边 2mm。

②用丙酮将焊丝及坡口两侧各 30mm 范围内的油、污清理干净,用钢丝刷清除焊件表面的氧化膜,直至露出金黄色。

③选用焊丝 HS212,ϕ4mm,气剂 CJ301。

④使用 H01-12 焊炬,接头处预热 350℃,并边预热边焊接,火焰为微弱氧化焰。

⑤采用双面焊、左向焊法直通焊,焊接方向如图 4-33 箭头所示。

⑥焊后局部退火 400℃。

五、铝及铝合金的气焊技能训练实例

1. 导电铝排的气焊

(1)操作准备 铝排为纯铝材料,为保证焊后导电性能良好,要求焊缝金属致密无缺陷。焊炬选用 H01-12 型、3 号焊嘴,焊丝选用丝 301,熔剂为气剂 401(CJ401),火焰性质为中性焰或轻微碳化焰。板厚为 10mm 时,采用 70°左右的 V 形坡口,钝边为 2mm,受热后的组对间隙为 2.5mm。焊前用钢丝刷将坡口及坡口边缘 20~30mm 范围内的氧化膜清除掉,并涂上熔剂。

(2)操作要点

①正面分两层施焊。第 1 层用 ϕ3mm 焊丝焊接,为防止起焊处产生裂纹,焊接第 1 层铝排接头及起焊点如图 4-34 所示,即从 A 处焊至端头①,再从 B 处向相反方向焊至端头②;第 2 层用 ϕ4mm 焊丝,焊满坡口;然后将背面焊瘤熔化平整,并用 ϕ3mm 焊丝薄薄地焊一层,最后在焊缝两侧面进行封端焊。

②焊炬的操作方式如图 4-35 所示。

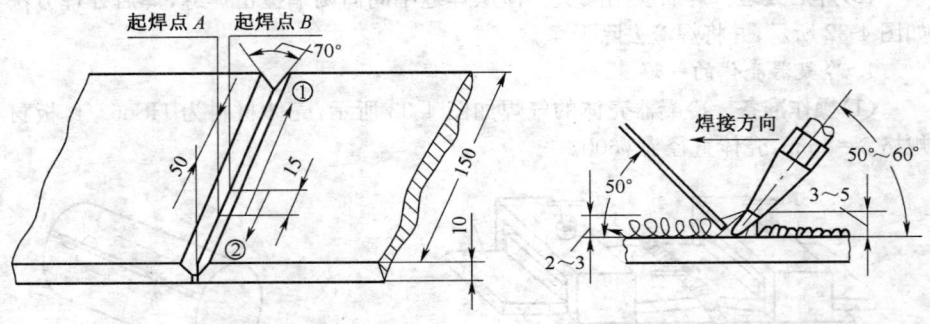

图 4-34 铝排接头及起焊点

图 4-35 焊炬的操作方式(焊炬平移前进)

③焊炬用 60℃~80℃热水和硬毛刷冲洗熔渣及残留的熔剂,以防残留物腐蚀铝金属。

2. ϕ110mm×4mm 纯铝管的水平转动气焊

(1)操作准备 用化学清洗方法或用直径为 0.2~0.5mm 的钢丝刷,清除铝管接缝端面及内外表面 20~30mm 范围内的氧化物。选用 H01-6 型号炬,3 号焊嘴,直径为 3mm 的 HS301 焊丝,CJ401 熔剂。先用砂布清除焊丝表面的氧化物,然后用

丙酮去除砂粒及粉尘。在焊丝表面和铝管端部焊接处涂上用蒸馏水调制的糊状熔剂。组装时两管对接间隙保持1.5mm。

(2)操作要点

①如图4-36所示定位焊点位置,在A处起焊,并将铝管放在转台上,以便于水平转动施焊。

②用中性陷将接缝处两侧预热到300℃~350℃(用划蓝色粉笔法判断)后,再加热起焊点A。当接缝外铝管边棱消失时,应迅速用焊丝挑破两侧熔化金属的氧化膜,使两侧的液体金属熔合在一起形成熔池。继续加热,待该处熔透时再填加焊丝。

③焊接时,焊嘴应始终处于如图4-36所示的上坡焊位置,并保持与铝管切线方向成60°~80°倾角不变,而焊丝必须快速上下跳动,并要不断地将氧化物挑出,这样就可以避免烧穿、焊瘤和夹渣等缺陷的产生。

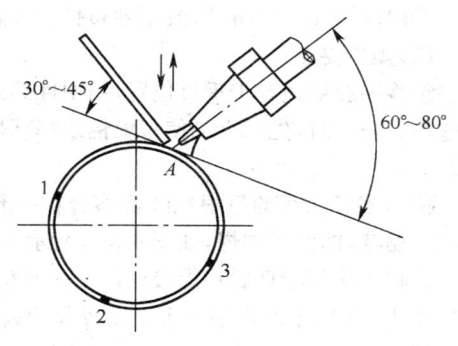

图4-36 定位焊点位置

④收尾处应和已焊焊缝重叠15~20mm。收尾时应待熔坑填满后再慢慢地提起焊炬,焊炬等熔池完全凝固后才可撤离焊接区。

(3)焊后处理 焊后用80℃~100℃的热水或蒸汽,将铝管内外残留的熔剂和焊渣冲刷干净。

3. 多股铝线与接线板的气焊

(1)操作准备

①将电线端头的绝缘层剥去110mm左右,然后用单根细铁丝把端头铝线扎紧,如图4-37a所示。

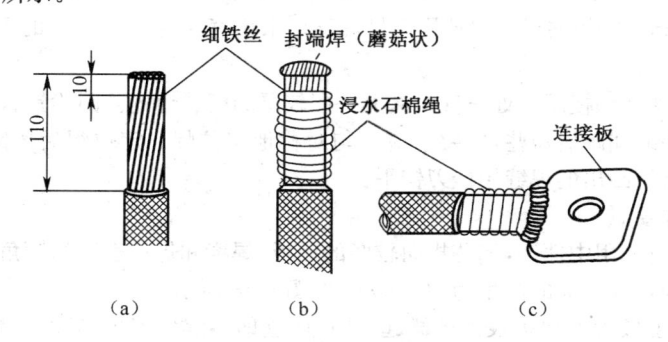

图4-37 多股线与接线板的气焊
(a)剥去绝缘层捆扎端头 (b)封端焊 (c)铝线和接线板的焊接

②在铁丝上部 10mm 处用钢锯将铝线锯平,然后用氢氧化钠溶液清除铝线端头的氧化膜和污物,并用清水冲洗干净。

③在铁丝的下部装夹一个可以分开的石墨或铁制模子,也可以如图 4-37b 所示缠上浸湿的石棉绳,以防焊接时烧坏绝缘层。

④选用 H01-6 型焊炬,2 号焊嘴,直径为 2mm 的 HS301 焊丝和 CJ401 熔剂。

⑤焊丝需经化学清理,或用砂布打磨去除氧化物和污物。

(2)操作要点

①将多股铝线置于垂直位置,用中性焰或轻微碳化焰从截面中心开始依次向外圆施焊。施焊时,先用火焰使每根铝线端部熔化,但不得漏焊,不要向熔化处填加焊丝。

②当多股铝线的每根铝线都熔合在一起后,再填加蘸有熔剂的焊丝,直至端部焊成蘑菇状,即为封端焊,如图 4-37b 所示。封端焊要一次完成,中途不得停顿。

③将连接板清理后在焊接处涂上一层糊状熔剂,使铝线封端焊一端和连接板处于如图 4-37c 所示的水平位置。用较大的火焰能率加热连接板和铝线端头,待熔化后即可填加焊丝进行施焊。填丝时,应用焊丝端部搅拌熔池,使杂质能尽快地浮出。每个接头应一次焊完。

(3)焊后处理 焊后应用 60℃~80℃ 的热水或硬毛刷,将残渣和熔剂冲刷干净。

4. 不同厚度纯铝板的对接气焊

(1)操作准备

①用碱水洗去铝板表面的污物,晾干后用布将焊缝两侧 20~30mm 范围内擦亮。

②薄铝板可在质量分数为 25% 的磷酸溶液中处理,然后用清水冲洗晾干。

③选用 H01-6 型焊炬,焊嘴的大小要根据铝板厚度来确定。一般 0.7mm 与 2mm 铝板的对接焊选用 2 号焊嘴;0.7mm 与 3mm 铝板的对接焊选用 3 号焊嘴;6mm 与 1.5mm 铝板的对接焊选用 1 号焊嘴。采用直径为 2~3mm 的 HS302 焊丝及 CJ432 熔剂。

④在焊丝和铝板焊接处正反面涂上一层较厚的糊状熔剂。因为铝板较薄,易变形,故定位焊缝间距应短些,并要求应均匀对称地定位焊。定位焊后用锤子将焊件轻轻敲平,且把凸出的焊缝用锉刀锉平。

(2)操作要点

①气焊时采用中性焰,焰芯指向较厚的铝板,焊嘴和焊件表面的倾角保持在 30°左右,焊丝与焊件表面的倾角为 40°~50°,如图 4-38 所示。

②当厚度较大的铝板表面微微起皱时,应立即将焊丝熔化,较厚板熔化后便自然地与薄板熔合在一起。焊嘴和焊丝在施焊过程中应稍作斜向摆动。若摆动均匀,则背面就能形成焊波。

③收尾时应填满熔坑,待熔池凝固后,为防止焊后产生裂纹,应用轻微的碳化焰进行远距离烘烤。烘烤时摆动幅度要大,以防止烧穿薄板,待较厚板的温度逐渐下降至与薄板温度相等时,再撤离焊炬。

(3)焊后处理 焊后应用60℃~80℃的热水和硬毛刷,刷洗掉残留在焊件上的熔剂和焊渣。

5. 补焊断裂的电动机风叶

电动机风叶如图4-39所示,它是由硅铝合金浇铸而成的。

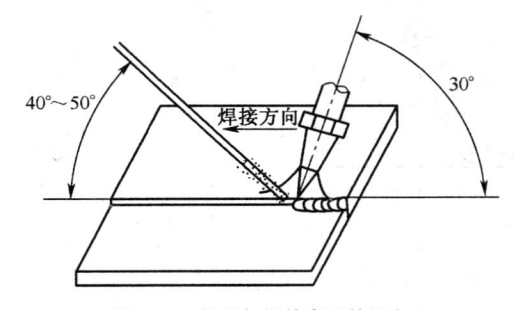

图4-38 焊丝与焊件表面的倾角

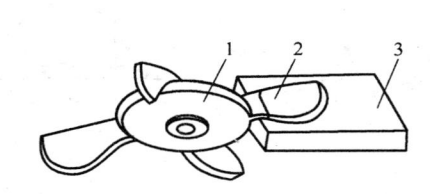

图4-39 电动机风叶
1. 主体　2. 叶片　3. 耐火砖衬垫

(1)操作准备
①在叶片断裂处开60°的V形坡口,并用钢锉或刮刀去除叶片表面的氧化物及杂质。然后如图4-39所示的耐火砖衬垫上将损坏的叶片组装好,组装时不得留间隙。
②选用H01-12型焊炬,2号焊嘴,直径为3mm的HS311焊丝及CJ401熔剂。

(2)操作要点
①将火焰调节为中性焰,用较大的火焰能率预热主体部分。当主体部分达到300℃时,应将火焰移向补焊处,并将火焰偏向主体一侧。
②当断裂处两侧的叶片熔化后,用较粗的铁丝蘸上熔剂在熔池内拨动,挑去氧化膜及杂质,使铝熔液熔合在一起,形成底层焊缝。
③焊好底层焊缝后,将叶片翻转,采用较小的火焰能率焊接背面,焊嘴和焊丝按图4-40a的方式运动,然后再翻转叶片,用同样的操作方法焊接正面的表层焊缝。焊接正面表层焊缝时,焊缝不要堆得太高。
④收尾时,应填满熔坑,直到熔池凝固后焊炬方可慢慢离开。

(3)焊后处理 焊后用60℃~80℃的热水和硬毛刷,冲刷残留在叶片上的熔剂和残渣。

六、铅的气焊技能训练实例

1. 铬酸电镀池铅衬板的气焊

铬酸电镀池内壁衬铅板,具有抗酸腐蚀的性能,铅板厚6mm,铅衬板形状和尺

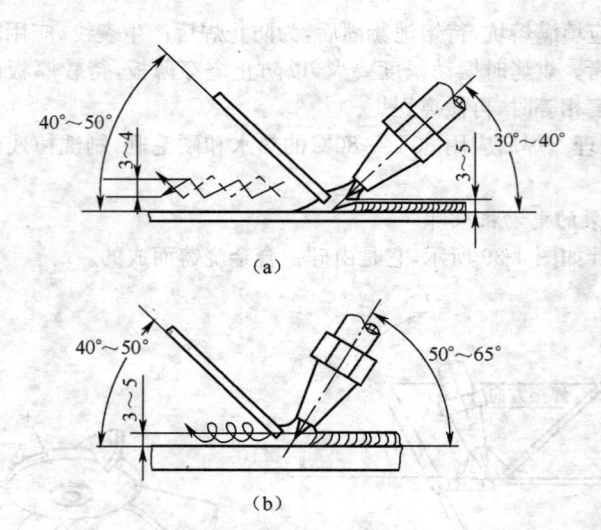

图 4-40　焊嘴和焊丝的运动方式
(a)焊嘴、焊丝上下跳动　(b)焊嘴平直前移
←──焊嘴运动　←---焊丝运动

寸如图4-41a所示。铅板搭接接头如图4-41b所示。有平焊、横焊及立焊三种位置的焊缝。

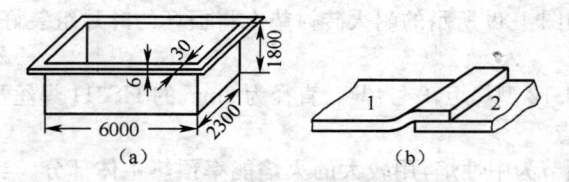

图 4-41　铬酸电镀池铅衬板的气焊
(a)铅衬板形状和尺寸　(b)铅板搭接接头

操作要点如下：

①焊丝可选用母材剪条，或将母材边料熔化，消除表面熔渣后浇注在角钢中。焊丝表面用砂布擦至发亮、光滑。

②氧气瓶和乙炔瓶均使用气割用剩后调换下来的压力极低的气瓶。

③用特小号焊炬，立焊和横焊配1号嘴，平焊配2号嘴，火焰选用中性焰。

④铅板装配时，用木锤敲打池外壁。

⑤用钢丝刷清除接头边缘20mm内的油脂、污物等，随焊随清。

⑥定位焊缝间距为300～350mm。

⑦因接头采用搭接形式，焊接时火焰可偏向板2处，如图4-41b所示，并稍微摆动，使焊丝熔滴滴在板2上，与板1边缘连接良好。

⑧平焊时,焊炬与焊缝保持 50°~70°夹角,焊丝与焊炬的夹角约 80°。焊丝微微抬起,前后递送。根据熔池温度,焊炬做适当的月牙形摆动,以防止过热、烧穿。

⑨立焊与横焊时,为防止液态金属下淌。尽量采用小的火焰,焊丝准确地送入熔池。焊完后再用焊炬对焊缝从头至尾做月牙形摆动加热,使之成形。

2. 圆罐铅板衬的气焊

5mm 厚的铅板衬直径 1m,高 2m 的圆罐,操作要点如下:

①把罐体吊装在转台上。并在罐内按要求预焊铅钉,其直径为 20~30mm。

②把下好的料板卷成 U 形吊入罐中,并用木锤打靠在罐体上。

③把设备壁板上预焊的铅钉与铅板焊在一起,以固定各铅板的位置。

④铅板间的焊缝,采用搭接平焊。搭接长度 40~50mm,定位焊距离 300~350mm。

⑤用氢氧焰的中性焰,用 4 号焊嘴,火焰长度 100mm 左右,分两遍焊完,操作要点同上。

第五章 气体火焰钎焊

> **培训学习目的**　了解气体火焰钎焊的特点、种类和适用范围；了解气体火焰钎焊的原理；熟悉气体火焰钎焊的设备和材料；熟练掌握气体火焰钎焊工艺及预防接头缺陷的方法。

第一节　气体火焰钎焊概述

气体火焰钎焊是采用比母材熔点低的金属材料作钎料，将焊件和钎料加热到高于钎料熔点、低于母材熔点的温度，利用液态钎料润湿母材，填充接头间隙并与母材相互扩散实现连接焊件的方法。

一、气体火焰钎焊的特点

气体火焰钎焊的优点是设备简单，燃气来源广与灵活性大；焊件母材的组织及性能变化比较小，且焊件变形很小，容易保证焊件的尺寸精确；钎焊接头平整光滑、外形美观。适用于各种金属材料、异种金属、金属与非金属的连接；可以施焊极薄或极细的零件，以及粗细、厚薄相差很大的零件。根据需要可以将某些材料的钎焊接头拆开，经过修整后可以重新钎焊，焊工劳动条件较好。

气体火焰钎焊的缺点是接头强度一般较低，接头的耐热能力比较差，工作温度较低。焊件表面清理及接头装配精度要求比较高，手工操作时生产效率低。

二、气体火焰钎焊的种类

火焰钎焊时，通常采用氧乙炔焰来加热，也有采用喷灯（用汽油、酒精或煤油作燃料）或空气汽油燃烧火焰来加热的。

三、气体火焰钎焊的适用范围

气体火焰钎焊适用于工件的形状、尺寸不能用其他方法焊接的大型件钎焊；可采用火焰自动钎焊；可钎焊钢、不锈钢、硬质合金、铸铁、铜、银、铝等；可用于铜锌、铜磷、银基、铝基钎料。

四、气体火焰钎焊的原理

火焰钎焊是使用可燃气体与氧气（或压缩空气）混合燃烧的火焰进行加热的一种钎焊方法，如图5-1所示。火焰钎焊方法虽与其他钎焊方法所用的热源不同，但它们的钎焊机理都是依靠液态钎料在钎缝间隙内流动、填缝，钎料在填缝过程中与母材发生相互熔解、扩散作用而实现连接。

1. 熔态钎料的填缝原理

钎焊时,并非任何液体金属都能填充接头间隙(简称填隙),必须具备润湿作用和毛细作用条件的液体金属才行。

图 5-1 气体火焰钎焊

(1) **钎料的润湿作用**　润湿是液态物质与固态物质接触后相互粘附的现象。钎焊时,若熔态钎料不能粘附在固态母材的表面就不可能填充接头间隙,只有在熔态钎料能润湿母材的情况下,填缝才有可能实现。所以,熔态钎料对母材浸润和附着的性能,即润湿性,是获得优质钎焊接头难易程度的重要因素。通过大量实践证明,影响钎料润湿性的因素有以下几个方面:

① 钎料和母材成分。一般说来,当液态钎料与母材在液态或固态下均不发生作用时,则它们之间的润湿性很差。如果液态钎料能与母材相互熔化或形成化合物,则钎料便能较好地润湿母材,如银与铁、铅与铜、铅与铁、铜与钼互不作用,它们之间润湿性极差,而银在779℃时能溶于铜(3%),故银在铜上的润湿性良好。

② 钎焊温度。钎焊温度升高,有助于提高钎料对母材的润湿性,但是钎焊温度太高,往往会发生钎料的流失、熔蚀和母材晶粒长大等现象。

③ 金属表面氧化物。金属表面的氧化物将阻碍着钎料与母材的直接接触,使液态钎料团聚成球状,因此润湿现象就不容易产生,所以钎焊时必须将金属表面的氧化物彻底清除干净,以保证发生良好的润湿作用。

④ 母材表面粗糙度。通常钎料在粗糙表面的润湿性比在光滑表面上要好,是由于纵横交错的细纹对液态钎料起着特殊的毛细作用,促进了钎料沿钎焊面的流布。不过当钎料与母材相互作用很强烈时,由于这些细纹将迅速被液态钎料所熔化而失去作用,致使表面粗糙对润湿性的影响也就表现得不明显了。

⑤ 钎剂。钎焊时使用钎剂可以清除钎料和母材表面的氧化物,改善润湿作用,同时钎剂还能减小液态钎料的界面张力,因此选用适当的钎剂提高钎料对母材的润湿作用是非常有效的。

(2) **钎料的毛细作用**　钎焊时液态钎料不是单纯地沿固态母材表面铺展,而是流入并填充接头间隙。通常间隙很小,类似毛细管,钎料就是依靠毛细管作用在间隙内流动的,因此,钎料的填缝效果还与毛细管作用有关。

当间隙很小的两平行板插入液体中时,液体在平行板的间隙内会自动上升或下降。当液体能润湿平板时,间隙内液体上升;否则下降。所以,只有当熔态钎料对母材具有良好的润湿能力时才能实现填隙。

液体沿间隙的上升高度与间隙大小成反比。随着间隙减小,上升高度增大。因此,为使液态钎料能填充全部接头间隙,必须在设计和装配钎焊接头时保证较小的间隙。

2. 钎料与母材的相互作用

钎焊时熔化的钎料在填缝过程中与母材发生相互作用,这种作用可归结为母材熔化于液态钎料中和液态钎料向母材的扩散两种。

(1) 母材熔化于液态钎料中　凡钎料和母材在液态下能够相互熔化的，则钎焊时母材就能熔化于钎料中，如将铜散热器浸入液态锡钎料中钎焊时发现，随着钎焊次数的增多和钎焊温度的升高，液态钎料中的铜量也相应增加，这说明熔化作用在钎焊过程中是存在的。

熔化作用对于钎焊接头的影响有利也有弊，如果母材向钎料发生适当的熔化，表层熔于钎料中，相当于在表面产生"清理"作用，使母材以纯净表面与钎料接触，有利于提高润湿性；其次，有些母材元素溶于钎料中，能对钎料起合金化作用，可提高钎焊接头的强度；但当钎料与母材能形成化合物时，母材熔入钎料后即会形成脆性化合物，使钎缝强度和韧性降低，甚至促使钎缝产生间隙腐蚀。

母材向钎料熔化作用的大小取决于母材和钎料的成分、钎焊温度、保温时间和钎料数量等。

(2) 液态钎料向母材的扩散　钎焊过程中，在母材熔化于液态钎料的同时，也出现钎料向母材中扩散的现象，如用铜钎料钎焊铜时，在接近液态的母材中，发现有锌在铜中的固溶体。与此类似，用锡钎料钎焊铜或铜合金时，在母材与钎料的交界面上，发现有金属间化合物，这都证明在钎焊时发生着钎料向母材扩散的过程。

综上所述，钎焊时钎料与母材相互熔化、扩散的结果就形成了钎缝。

第二节　气体火焰钎焊的设备与材料

一、气体火焰钎焊的设备

氧乙炔火焰钎焊是最常用的气体火焰钎焊方法。氧乙炔火焰钎焊所用设备为乙炔发生器或乙炔气瓶、氧气瓶、焊炬等。为使被钎焊工件均匀加热，可采用专用的多焰焊嘴或固定式多头焊嘴。压缩空气雾化汽油火焰的温度比氧乙炔火焰低，适用铝焊件钎焊或采用低熔点钎料的场合。

液化石油气与氧气或空气混合燃烧的火焰也常用于火焰钎焊。目前，国产液化石油气空气透平焊炬用于铝钎焊、瓶装乙炔空气透平焊炬用于一般钎焊，效果均良好。

① THS 系列透平焊炬规格及特性见表 5-1。

表 5-1　THS 系列透平焊炬规格及特性

型号	使用燃气	焊炬嘴径 /mm	0.17MPa 燃气消耗量 /(kg/h)	火焰温度≥ /℃
S-2	液化石油气	8	0.06	960
S-4		12	0.18	
S-5		20	0.50	
S-6		25	0.95	

②THY 系列透平焊炬规格及特性见表 5-2。

表 5-2　THY 系列透平焊炬规格及特性

型　号	使用燃气	焊炬嘴径/mm	0.1MPa燃气消耗量/(kg/h)	火焰温度≥/℃
Y-4	乙炔	6	0.10	1400
Y-6	乙炔	12	0.31	1400
Y-9	乙炔	20	0.94	1400

二、气体火焰钎焊常用材料

1. 钎料

(1) 对钎料的基本要求

①钎料应具有合适的熔化温度范围,至少应比母材的熔化温度范围低 40℃～60℃,接头在高温下工作时,钎料熔点应高于工作温度。

②在钎焊温度下,对母材应具有良好的润湿性,能充分填满钎缝间隙。

③钎料与母材应有扩散作用和熔化能力,以保证它们之间形成牢固的钎焊接头。

④钎料应具有稳定的化学成分,尽量减少钎焊过程中合金元素的损失。

⑤钎料应能满足钎焊接头的物理、化学和力学性能方面的要求,如抗拉强度、导电性、耐蚀性及抗氧化性等。

⑥钎料应尽量少含或不含稀有金属和贵重金属,以降低成本,还应保证钎焊的生产率要高。

⑦钎料的热膨胀系数应与母材相近,以避免在钎缝中产生裂纹。

(2) 常用钎料的分类　钎料按其熔点不同可分为软钎料和硬钎料两类。硬钎料的熔点在 450℃以上,常用于火焰钎焊,也用于工作温度和强度要求较高焊件的钎焊。用于火焰钎焊的硬钎料主要是银钎料、铝基钎料和铜基钎料等。

①银钎料　它是 Ag、Cu 和 Zn 的合金,并有少量的 Cd 和 Ni 等。这种钎料由于熔点低、润湿性好、操作容易、强度高、导电性和耐蚀性优良,所以得到了广泛应用。它可以钎焊铜及其合金、钢铁、不锈钢、耐热合金、硬质合金等,银钎料的化学成分见表 5-3,几种银钎料的主要特性和用途见表 5-4。

②铝基钎料　它主要以铝硅合金为基体,有时加入铜、锌、锗等元素以满足工艺性要求。铝基钎料用来钎焊铝和铝合金。铝基钎料的化学成分、特性和用途见表 5-5。

③铜基钎料　由于铜基钎料的经济性较好,所以广泛应用于碳素钢、合金钢、铜及铜合金等材料的钎焊。铜基钎料又分为铜及铜锌钎料和铜磷钎料。

表 5-3 银钎料化学成分 (GB/T 10046—2000)

型号	化学成分 (%)											杂质总量 (%)	参考值		
	Ag	Cu	Zn	Cd	Ni	Sn	Li	In	Al	Mn		固相线温度/℃	液相线温度/℃	钎焊温度/℃
B-Ag72Cu	71.0~73.0	余量	—	—	—	—	—	—	—	—	≤0.15	779	779	770~900
B-Ag94Al	余量	—	—	—	—	—	—	—	4.5~5.5	0.7~1.3		780	779	825~925
B-Ag72CuLi	71.0~73.0	余量	—	—	—	—	0.25~0.50	—	—	—		766	766	766~871
B-Ag72CuNiLi	71.0~73.0	余量	—	—	0.8~1.2	—	0.40~0.60	—	—	—		780	800	800~850
B-Ag25CuZn	24.0~26.0	40.0~42.0	33.0~35.0	—	—	—	—	—	—	—		700	800	800~890
B-Ag45CuZn	44.0~46.0	29.0~31.0	23.0~27.0	—	—	—	—	—	—	—		665	745	745~815
B-Ag50CuZn	49.0~51.0	33.0~35.0	14.0~18.0	—	—	—	—	—	—	—		690	775	775~870
B-Ag60CuSn	59.0~61.0	余量	—	—	—	9.5~10.5	—	—	—	—		600	720	720~840
B-Ag35CuZnCd	34.0~36.0	25.0~29.0	19.0~23.5	17.0~19.0	—	—	—	—	—	—		605	700	700~845
B-Ag45CuZnCd	44.0~46.0	14.0~16.0	14.0~18.0	23.0~25.0	—	—	—	—	—	—		—	620	620~760

续表 5-3

型号	化学成分(%) Ag	Cu	Zn	Cd	Ni	Sn	Li	In	Al	Mn	杂质总量(%)	参考值 固相线温度/℃	液相线温度/℃	钎焊温度/℃
B-Ag50CuZnCd	49.0~51.0	14.5~16.5	14.5~18.5	17.0~19.0	—	—	—	—	—	—	≤0.15	625	635	635~760
B-Ag40CuZnCdNi	39.0~41.0	15.5~16.5	14.5~18.5	25.1~26.5	0.1~0.3	—	—	—	—	—		595	605	605~705
B-Ag50CuZnCdNi	49.0~51.0	14.5~16.5	13.5~17.5	15.0~17.0	2.5~3.5	—	—	—	—	—		630	690	690~815
B-Ag34CuZnSn	33.0~35.0	35.0~37.0	25.0~29.0	—	—	2.5~3.5	—	—	—	—		—	730	730~820
B-Ag56CuZnSn	55.0~57.0	21.0~23.0	15.0~19.0	—	—	4.5~5.5	—	—	—	—		620	650	650~760
B-Ag49CuMnNi	48.0~50.0	15.0~17.0	余量	—	4.0~5.0	—	—	—	—	6.5~8.5		625	705	705~850
B-Ag40CuZnIn	39.0~41.0	29.0~31.0	23.5~26.5	—	—	—	—	4.5~5.5	—	—		635	715	715~780
B-Ag34CuZnIn	33.0~35.0	34.0~36.0	28.5~31.5	—	—	—	—	0.8~1.2	—	—		660	740	740~800
B-Ag30CuZnIn	29.0~31.0	37.0~39.0	25.5~28.5	—	—	—	—	4.5~5.5	—	—		640	755	755~810

表 5-4　几种银钎料的主要特性和用途

型　　号	主要特性和用途
BAg72Cu	不含易挥发元素，对铜、镍润湿性好，导电性好；用于铜、镍真空和还原性气氛中钎焊
BAg72CuLi	锂有自钎剂作用，可提高对钢、不锈钢的润滑能力；适用保护气氛中沉淀硬化不锈钢和 1Cr18Ni9Ti 的薄件钎焊，接头工作温度达 438℃；若沉淀硬化热处理与钎焊同时进行时，改用 BAg92CuLi 效果更佳
BAg25CuZn	含 Ag 较低，有较好的润湿和填隙能力；用于承受动荷、工件表面平滑、强度较高的工件，在电子、食品工业中应用较多
BAg45CuZn	性能和作用与 BAg25CuZn 相似，但熔化温度稍低，接头性能较优越，要求较高时选用
BAg50CuZn	与 BAg45CuZn 相似，但结晶区间扩大了；适用钎焊间隙不均匀或要求圆角较大的零件
BAg60CuSn	不含挥发性元素；用于电子器件保护气氛和真空钎焊，与 BAg50Cu 配合可进行分步焊，BAg50Cu 用于前步，BAg60CuSn 用于后步
BAg40CuZnCd	熔化温度是银基钎料中最低的，钎焊工艺性能很好；常用于铜、铜合金、不锈钢的钎焊，尤其适宜要求焊接温度低的材料，如铍青铜、铬青铜、调质钢的钎焊，焊接要注意通风
BAg50CuZnCd	与 BAg40CuZnCd 和 BAg45CuZnCd 相比，钎料加工性能较好，熔化温度稍高，用途相似
BAg35CuZnCd	结晶温度区间较宽，适用于间隙均匀性较差的焊缝钎焊，但加热速度应快，以免钎料在熔化和填隙产生偏析
BAg50CuZnCdNi	Ni 提高抗蚀性，防止了不锈钢焊接接头的界面腐蚀；Ni 还提高了对硬质合金的润湿能力，适用于硬质合金钎焊
BAg40CuZnSnNi	取代 BAg35CuZnCd，可以用于火焰、高频钎焊；可以焊接接头间隙不均匀的焊缝
BAg56CuZnSn	用锡取代镉，减小毒性，可代替 BAg50CuZnCd 钎料，钎焊铜、铜合金、钢和不锈钢等，但工艺性稍差

为防止钎焊时焊件的氧化，纯铜钎料多用于还原性、惰性气氛及真空条件下的钎焊。由于铜对钢的润湿性和填满间隙的能力很好，因此要求钎焊接头的间隙很小（0～0.05mm）。铜锌钎料的力学性能和熔点与锌的含量有关。它具有较好的抗腐蚀性能，配合钎剂可钎焊铜、含锌较少的黄铜、钢及铸铁等。火焰钎焊常用的铜锌钎料有 HL102 和 HL103。铜和铜锌钎料的化学成分、特性和用途见表 5-6。

表 5-5　铝基钎料的化学成分、特性和用途(GB/T 13815—1992)

钎料型号(牌号)	化学成分(质量分数%)					熔化温度范围/℃	特性和用途
	Al	Si	Cu	Mg	其他		
B-Al92Si(Cu) (HlAlSi7.5)	余量	6.8~7.2	0.25	—	—	577~613	流动性差,对铝的熔蚀小。制成片状用于炉中钎焊和浸渍钎焊
B-Al90SiMg(Cu) (HlAlSi10)	余量	9~11	0.3	—	—	577~591	制成片状用于炉中钎焊和浸渍钎焊,钎焊温度比HlAlSi7.5低
B-Al88SiMg(Cu) (HlAlSi12)	余量	11~13	0.3	—	—	577~582	是一种通用钎料,适用于各种钎焊方法,具有极好的流动性和抗腐蚀性
B-Al86SiMg (HlAlSiCu10)	余量	9.3~10.7	3.3~4.7	—	—	521~583	适用于各种钎焊方法。钎料的结晶温度间隔较大,易于控制钎料流动
B-Al12Si(SrLa)	余量	10.5~12.5	—	—	Sr0.03 La0.03	572~597	锶、镧的变质作用使钎焊接头延性优于用 HlAl-Si12 钎料钎焊的接头延性
B-Al80SiZn (Hl403)	余量	10	—	—	Zn10	516~560	适用于火焰钎焊,熔化温度较低,容易操作,钎焊接头的抗腐蚀性低于铝硅钎料
B-Al67CuSi (Hl401)	余量	5	28	—	—	525~535	适用于火焰钎焊,熔化温度低,容易操作;钎料脆,接头抗腐蚀性比用铝硅钎料钎焊的低
B-Al60GeSi	余量	4~6	—	—	Ge35	440~460	铝基钎料中熔点最低的一种,适用于火焰钎焊,性脆、价昂贵
B-Al90SiMg(Cu) (HlAlSiMg7.5-1.5)	余量	6.6~8.2	0.25	1~2	—	559~607	真空钎焊用片状钎料,根据不同钎焊温度要求选用
B-Al88SiMg(Cu) (HlAlSiMg10-1.5)	余量	9~10	0.25	1~2	—	559~579	
B-Al86SiMg(Cu) (HlAlSiMg12-1.5)	余量	11~13	0.25	1~2	—	559~569	真空钎焊用片状、丝状钎料,钎焊温度比 HlAl-SiMg7.5-1.5 和 HlAl-SiMg10-1.5 钎料低

表5-6 铜和铜锌钎料的化学成分、特性和用途（GB/T 6418—1993）

钎料型号	牌号	化学成分（质量分数%）							熔化温度/℃	抗拉强度/MPa	用途
		Cu	Sn	Si	Fe	Mn	Zn	其他			
B-Cu	—	≥99	—	—	—	—	—	—	1083	—	主要用于还原性气氛、惰性气氛和真空条件下钎焊低碳钢、低合金钢、不锈钢等
B-Cu54Zn	H62	62±1.5	—	—	—	—	余量	—	900~905	313.8	应用最广的铜锌钎料，用来钎焊受力大的铜、镍、钢制零件
B-Cu54Zn	HlCuZn46 HL103	54±2	—	—	—	—	余量	—	885~888	254	钎料延性较差，主要用来钎焊不受冲击和弯曲的铜及其合金零件
	HlCuZn52 HL102	48±2	—	—	—	—	余量	—	860~870	205	钎料相当脆，主要用来钎焊不受冲击质量分数大于68%的铜合金
	HlCuZn64 HL101	36±2	—	—	—	—	余量	—	800~823	290	钎料极脆，钎焊接头性能差，主要用于黄铜的钎焊

续表 5-6

钎料型号	牌号	化学成分(质量分数/%)								熔化温度/℃	抗拉强度/MPa	用途
^^^	^^^	Cu	Sn	Si	Fe	Mn	Zn	其他	^^^	^^^	^^^
B-Cu54Zn	Cu-MnZn-Si	余量	—	0.2~0.6	—	24~32	14~20	—	825~831	411.6	用于硬质合金的钎焊
^^^	HLD2	余量	—	—	—	6~10	34~36	2~3	830~850	372	代替银钎料用于带锯的钎焊
B-Cu60ZnFe(RE)	HS222	58±1	0.85±0.15	0.1±0.05	0.8±0.4	0.06±0.03	余量	—	860~900	333.4	与 B-Cu60ZnSn(RE) 钎料相同
B-Cu60ZnSn(RE)	HS221	60±1	1±0.2	0.25±0.1	—	—	余量	—	890~905	343.2	可取代 H62 钎料以获得更致密的钎缝,尚可作为气焊黄铜用的焊丝
B-Cu58ZnMn	HL105	58±1	—	—	0.15	4±0.3	余量	—	880~909	304.2	锰可提高钎料的强度、延性和对硬质合金的润湿能力,广泛用于硬质合金刀具、模具及采掘工具的钎焊
B-Cu48ZnNi (RE)	—	48±2	—	0.15±0.1	—	—	余量	Ni 10±1	921~935	—	用于有一定耐热要求的低碳钢、铸铁、镍合金零件的钎焊,对硬质合金工具也有良好的润湿能力

铜磷钎料是以 Cu、P 和 Cu、P、Ag 合金为基体的钎料，具有良好的漫流性，适用于钎焊纯铜和黄铜，但不能钎焊钢铁材料，因为它不能润湿钢铁材料表面，并且在钎缝靠基体金属的边界处，易生成脆性的磷化铁（Fe_3P），使钎缝变脆。铜磷钎料钎焊的接头能很好地在拉伸状态下工作，并且有良好的导电性，但钎缝塑性差，故处于弯曲、冲击状态下工作的接头不宜采用。火焰钎焊常用的铜磷钎料有 HL201、HL202、HL203、HL204 和 HL205。铜磷钎料的化学成分、特性及用途见表 5-7。

表 5-7 铜磷钎料的化学成分、特性及用途（GB/T 6418—1993）

钎料型号	牌号	主要化学成分（质量分数 %）	熔化温度/℃ 固相线	熔化温度/℃ 液相线	力学性能 抗拉强度/MPa	力学性能 抗剪强度/MPa	用途
BCu93P	HL201	P6.8～7.5 Cu余量	710	800	161① 176②	171① 283②	钎焊铜及铜合金，工艺性能良好，塑性较差，广泛用于电机制造和仪表工业
BCu94P	HL202	P5～7 Cu余量	710	890	175① 195②	170① 280②	同 BCu93P，但熔点较高，塑性略有改善
BCu92PSb	HL203	P5.8～6.7 Sb1.5～2.5 Cu余量	690	800	160① 196②	187① 264②	同 BCu93P，由于加入适量的锑，使熔点降低
BCu80PAg	HL204	P4.8～5.3 Ag14～16 Cu余量	640	815	208① 269②	183① 393②	钎焊铜及铜合金、银、钼等；熔点低，强度、塑性、导电性及漫流性较好，在电机制造中使用最广
—	HL205	P5.8～6.7 Ag4.8～5.2 Cu余量	640	800	180① 208②	179① 361②	同 BCu80PAg，但强度、塑性稍差
—	HL206	P3～10 Sn3～10 Ni2～10 Cu余量	620	660	201①②	—	钎焊纯铜时不用钎剂，用于冰箱、空调、制冷设备、热交换器等
—	HL207	P4.8～5.8 Ag4.5～5.5 Sn9.5～10.5 Cu余量	560	650	144①	断母材	广泛用于电机制造和仪表工业钎焊铜及铜合金
—	HL208	P5～7.5 Sn5～6 Cu余量	650	800	—	—	用于电机、空调、冷冻机制造工业，钎焊铜及铜合金
—	HL209	P6.8～7.2 Ag1.8～2.2 Cu余量	684	710	190① 200②	170① 180②	广泛用于冰箱、空调、电器等行业中钎焊铜及铜合金

注：① 钎焊纯铜时的数据。
　　② 钎焊 H62 黄铜时的数据。

2. 钎剂

钎剂是钎焊时使用的熔剂，它的作用是清除钎料和母材表面的氧化物，减小液态钎料的表面张力，以改善液态钎料对母材的润湿性，并保护焊件和液态钎料在钎焊过程中免于氧化。钎焊时使用钎剂的目的是促进钎缝的形成，即保证钎焊过程顺利进行以及获得优质的钎焊接头。

(1) 对钎剂的基本要求 钎剂应能有效地熔化或破坏焊件和钎料表面的氧化膜。钎剂的熔点和最低活性温度应比钎料低，在活性温度范围内有足够的流动性。钎剂在钎焊温度下具有足够的润湿性。钎剂中各组分的气化（蒸发）温度应比钎焊温度高，以避免钎剂挥发而丧失作用。钎剂以及清除氧化物后的生成物，其密度均应尽量小，有利于浮在表面，不致在钎缝中形成夹缝。钎剂及其残渣对钎料及母材的腐蚀性要小。钎剂加热挥发物应当无毒性或毒性要小。钎焊后，残留钎剂及钎焊残渣应当容易清除。钎剂原料供应充足、经济性合理。

(2) 常用钎剂的分类 钎剂可分为软钎剂和硬钎剂两大类。用于火焰钎焊的是硬钎剂，在使用铜锌钎料时，常用的硬钎剂以硼砂为主。硬钎剂由硼化物和氧化物组成，配合银钎料，主要用来钎焊铜及其合金、钢和不锈钢等。由于钎焊不锈钢和耐热合金钢时，表面有难以去除的钛、铬等氧化物薄膜，所以在钎剂中必须加入具有去膜能力更强的氧化物和硼化物。常用的硬钎剂的组成成分及用途见表 5-8。

表 5-8 常用的硬钎剂的组成成分及用途

牌 号	组 分(%)	钎焊温度/℃	用 途
YJ1	硼砂 100	800~1150	铜基钎料钎焊碳钢、铜、铸铁、硬质合金等
YJ2	硼砂 25,硼酸 75	850~1150	铜基钎料钎焊不锈钢和高温合金
YJ6	硼砂 15,硼酸 80,氟化钙 5	850~1150	
YJ7	硼砂 50,硼酸 35,氟化钾 15	650~850	银基钎料钎焊钢、铜合金、不锈钢和高温合金
YJ8	硼砂 50,硼酸 10,氟化钙 40	>800	铜基钎料钎焊硬质合金
YJ11	硼砂 95,过锰酸钾 5		铜锌钎料钎焊铸铁
QJ-101	硼酐 30,氟硼酸钾 70	550~850	银基钎料钎焊铜和铜合金、钢、不锈钢和高温合金
QJ-102	氟化钾 42,硼酐 35,氟硼酸钾 23	650~850	银铜锌镉钎料钎焊
QJ-103	氟硼酸钾 >95	550~750	
F(粉)301	硼砂 30,硼酸 70	850~1150	同 YJ1 和 YJ2
200	硼酐 66±2,脱水硼砂 19±2,氟化钙 15±1	850~1150	铜基钎料或镍基钎料钎焊不锈钢和高温合金
201	硼酐 77±1,脱水硼砂 12±1,氟化钙 10±0.5		
QJ(剂)105	氯化镉 29~31,氯化锂 24~26,氯化钾 24~26,氯化锌 13~16,氯化铵 4.5~5.5	450~600	钎焊铜和铜合金
铸铁钎剂	硼酸 40~45,磷酸锂 11~18,碳酸钠 24~27,氟化钠+氯化钠 10~20 (NaF：NaCl=27：73)	650~750	活性温度低,适宜于银基钎料和低熔点铜基钎料钎焊和修补铸铁

铝用硬钎剂的基本组成成分是碱金属及碱土金属的氯化物,它使钎剂具有合适的熔化温度和黏度,加入氟化物的目的是去除铝表面的氧化物(Al_2O_3),在火焰钎焊和炉中钎焊时,为了进一步提高钎剂的活性,除加入氟化物外,还可以加入一种或几种重金属氯化物。铝用硬钎剂的组成成分及用途见表5-9。

表5-9 铝用硬钎剂的组成成分及用途

牌号	组成成分(%)	钎焊温度/℃	用途
211	KCl47,NaCl27,LiCl14,CdCl₂4,ZnCl₂3,AlF₃.5	>550	火焰钎焊,炉中钎焊
YJ17	KCl51,LiCl41,AlF₃4.3,KF3.7	>500	浸蘸钎焊
	KCl44,LiCl34,NaCl12,KF-AlF₃共晶(46%KF,54%AlF₃)10	>560	
剂201	KCl30,LiCl32,ZnCl₂28,NaF10	460~620	火焰钎焊,某些钎料炉中钎焊
剂202	KCl28,LiCl42,ZnCl₂24,NaF6	450~620	火焰钎焊
H701	KCl46,LiCl12,NaCl26,KF-AlF₃共晶10,ZnCl₂1.3,CdCl₂4.7	>560	火焰钎焊,炉中钎焊
1712B	KCl47,LiCl23.5,NaCl21,AlF₃3,ZnCl₂1.5,CdCl₂2	>500	火焰钎焊,炉中钎焊
OF	TlCl₂KF·2H₂O42~44AlF3·2H₂O56~58	>570	炉中钎焊

注:OF型氟化物钎剂不含氯化物,钎剂本身不吸潮,钎剂残渣也不吸潮,对铝和铝合金不起腐蚀作用。

第三节 气体火焰钎焊工艺

一、钎焊的适应性

1. 钎焊接头形式的选择

钎焊接头形式有对接、斜接、搭接、T字接、卷边及套接等,如图5-2所示。对接

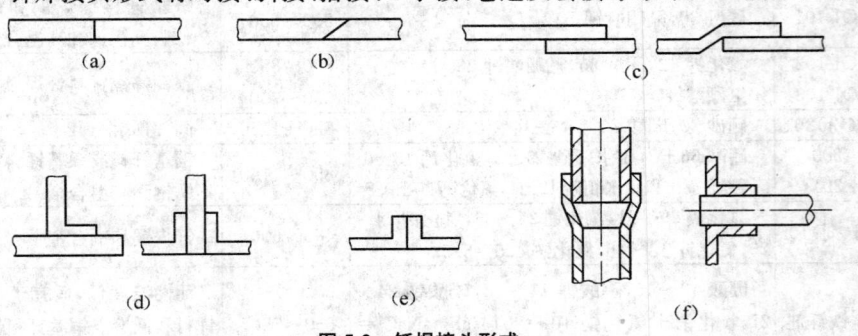

图5-2 钎焊接头形式
(a)对接 (b)斜接 (c)搭接 (d)T字接 (e)卷边 (f)套接

形式钎焊接头的强度比母材低,只适用于钎焊不重要的或低负荷的焊件;常用的是搭接、套接、T字接和卷接等接头形式。这几种接头的接触面积大,能够承受较大的负荷。接触面积大小要根据焊件的厚度及工作条件来确定。钎焊接头的基本形式见表 5-10。

表 5-10 钎焊接头的基本形式

序号	接头形式	接头特点
1	(a) (b) (c) (d)	钎接面积小,承载能力小,用在受力不大的结构上
2	(a) (b) (c) (d) (e) (f) (g) (h) (i)	钎接面积增大,从而提高了承载能力,用于受力较大的结构上,其搭接长度一般为厚度的 3 倍,薄件还要适当增加
3	(a) (b) (c) (d) (e)	应力集中小,抗冲击、抗振动性能好。用于受冲击、受振动的结构上
4	(a) (b) (c) (d)	为了便于钎焊定位,可采用滚花压配、凸肩、扩管、冲刺和焊接点固等办法
5	(a) (b) (c)	为了能让钎料填满间隙,提高钎透率,这类接头要预先打出排气孔
6	(a) (b) (c)	炉中钎焊时,接头制造要考虑钎料的安置和选用适当的钎料形状(丝、片、粉等)

2. 钎焊接头间隙的选择

钎焊接头间隙的大小对钎缝的致密性和接头强度有较大影响,间隙过大,会破坏毛细管的作用,间隙愈小,强度愈高,但接头间隙过小会妨碍液态钎料的流入,使钎料不能充满整个钎缝。接头间隙的大小不但与钎焊金属及钎料的性能有关,而且与焊件形状、尺寸及钎焊工艺有关。钎焊接头间隙与接头强度的关系见表 5-11。

表 5-11 钎焊接头间隙与接头强度的关系

钎焊金属	钎 料	间隙/mm	抗剪强度 σ_τ/MPa
碳钢	紫铜	0.01～0.05	98～147
	黄铜	0.05～0.20	196～245
	银基	0.02～0.15	147～235
	锡铅	0.05～0.20	37～50
不锈钢	紫铜	0.02～0.07	—
	黄铜	0.02～0.3	
	铜镍	0.03～0.2	360～490
	银基	0.02～0.15	186～225
	镍基	0.04～0.1	186～206
	锰基	0.04～0.15	294
	锡铅	0.20～0.75	—
铜及铜合金	黄铜	0.04～0.20	铜 157～176
	银磷铜	0.02～0.15	黄铜 157～216
	银基	0.05～0.13	铜 21～451
	锡铅	0.05～0.3	黄铜 27～45
	镉基	0.05～0.2	39～78
铝及铝合金	铝基	0.10～0.30	
	铝	0.10～0.30	78～110
	锌基	0.1～0.25	39～78
镍合金	镍铬合金	0.05～0.1	
钛及钛合金	紫铜、黄铜、铜 磷、银、银镉	0.03～0.05 0.03	—

接头间隙的影响因素如下:

① 垂直位置的接头间隙应小些,以免钎料流出;水平位置的接头、搭接长度大的接头,间隙应大些。

② 采用钎剂时,接头间隙应当大些。对于真空或气体保护钎焊时,没有排渣的过程,接头间隙应选小些。

③ 使用流动性好的钎料,接头间隙应小些;流动性差的钎料,接头间隙应大些。

④ 母材与钎料的相互作用程度较小时,接头间隙可取小些,当母材与钎料的相

互作用强烈时,间隙应大些。

⑤异种材料的钎接接头,必须根据材质的热膨胀数据计算出钎焊温度时的接头间隙,图 5-3 是确定在钎焊温度下异种金属径向间隙的计算图。

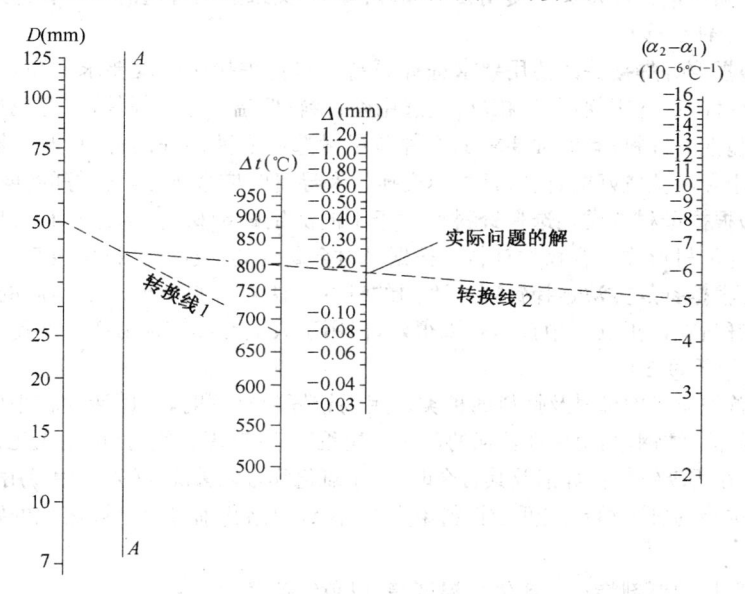

图 5-3 确定在钎焊温度下异种金属径向间隙的计算图

D—接头的正常直径(mm)　Δt—钎焊温度减去室温(℃)　Δ—间隙的变化(mm)
α_1—内插件平均热膨胀系数(℃$^{-1}$)　α_2—外套件平均热膨胀系数(℃$^{-1}$)
当 $\alpha_1 > \alpha_2$ 时:$\alpha_2 - \alpha_1$ 为负值,Δ 读数也是负值,表示加热时接头间隙缩小
当 $\alpha_2 > \alpha_1$ 时:Δ 读数为正值,表示加热时接头间隙增大

【**例 5-1**】 当 $D = 50 \text{mm}, \Delta t = 680℃, \alpha_2 - \alpha_1 = -5 \times 10^{-6} ℃^{-1}$;连接 D 与 Δt 相应点在 AA 线上有一交点,将此交点与 $(\alpha_2 - \alpha_1)$ 的相应点连线得到与 Δ 的交点即为实际问题的解 $\Delta = -0.17 \text{mm}$。此外,不同线膨胀系数材料装配间隙与装配方式的关系,如图 5-4 所示。

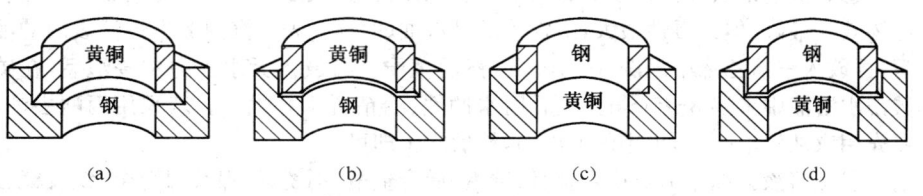

图 5-4 不同线膨胀系数材料装配间隙与装配方式的关系
(a)黄铜套在钢中室温时大间隙　(b)黄铜套在钢中钎焊温度时合适间隙
(c)钢套在黄铜中室温时小间隙　(d)钢套在黄铜中钎焊温度时合适间隙

二、钎料和钎剂的选择

钎焊接头的性能和质量,在很大程度上取决于所用的钎料和钎剂,因此火焰钎焊时,必须根据钎焊接头的使用要求和母材的种类来选用合适的钎料和钎剂。

1. 钎料的选择

(1) 根据钎焊接头的使用要求选择钎料 对钎焊接头强度要求不高,工作温度较低的焊件,可选用软钎料;相反,应选用硬钎料;低温工作的焊件,应避免选择含锡等有冷脆性的钎料;有耐蚀要求的焊件应尽量选用耐蚀性好的钎料;对电器件的钎焊应选用导电性较好的钎料;钎焊热交换器及导管时应选用导热性好的钎料。

(2) 根据母材的类别选择钎料 对于不同类别的母材,应选择对其有良好润湿性且不与母材形成化合物的钎料。根据母材金属的类别选择钎料见表 5-12。

(3) 根据钎焊方法选择钎料 不同的钎焊方法对钎料的要求是不同的,如含锰较高的钎料在保护气氛中钎焊效果很好,但用于火焰钎焊时则易产生气孔。

2. 钎剂的选择

① 首先应考虑母材及钎料的种类。用锡铅钎料钎焊时,可用活性较小的松香钎剂;若钎焊不锈钢,则用活性较强的氯化锌盐酸溶液;钎焊碳钢时,可用氯化锌水溶液作钎剂;在用软钎料钎焊铝及其合金时,由于氧化膜难以去除,必须选用专用铝钎剂。

② 选择的钎剂熔点应低于钎料熔点,以便钎料熔化前母材已被熔化的钎剂覆盖保护。

③ 选择的钎剂沸点应比钎焊温度高,以免钎剂蒸发。

④ 对结构比较复杂的焊件,应选择腐蚀性较小的钎剂,以便于去除钎剂的残留物。

常用金属火焰钎焊时钎料和钎剂的选择见表 5-13。

三、钎焊前焊件的表面处理

钎焊前必须仔细地清除焊件表面的氧化物、油脂、脏物和油漆等。熔化了的钎料不能润湿未经清理的零件表面,也无法填充间隙。

(1) 清除油污 焊件表面粘附的矿物油可用有机溶剂清洗,动植物油可用碱液清洗,但实际情况往往两种油脂同时存在,因此必须用两种或更多种方法清洗。

① 有机溶剂去油。常用的有机溶剂有三氯乙烯、汽油、丙酮、四氯化碳等。三氯乙烯效果最好,但是毒性最大,最常用的是汽油、丙酮。先用汽油擦去焊件表面的油污,再放入三氯乙烯中浸洗 5~10min,然后擦干。再放入无水乙醇中浸泡后,在碳酸镁水溶液中煮沸 3~5min。最后用水冲洗、酒精脱水并烘干。若采用丙酮去油,要先用汽油浸泡除油,再用丙酮洗净,然后吹干即可。

② 碱溶液去油。铜及铜合金、低碳钢、低合金钢、不锈钢、镍及镍合金、钛及钛合金等,可放在 80℃~90℃ 的 10%NaOH 水溶液中浸洗 8~10min。铝及铝合金可放在 70℃~80℃ 的 Na_3PO_4 50~70g/L、Na_2SiO_3 25~30g/L、肥皂 3~5g/L 的水溶液中浸洗 10~15min,然后用清水冲洗干净。

表 5-12 根据母材金属的类别选择钎料

母材类别	铝及其合金	碳钢	铸铁	不锈钢	耐热合金	硬质合金	铜及其合金
铝及其合金	铝基钎料 (如 HL401①等) 锡锌钎料 (如 HL501①等)	—	—	—	—	—	—
碳钢	锡锌钎料 锌镉钎料 锌铝钎料	锡铅钎料 (HL603 等) 黄铜钎料 (如 HL101 等) 银钎料 (如 HL303)	—	—	—	—	铜磷钎料 (如 HL201 等) 黄铜钎料 (如 HL103 等) 银钎料 (如 HL303 等)
铸铁	不推荐	黄铜钎料 (如 HS221 等) 锡铝钎料	黄铜钎料 (如 HS221 等) 锡铝钎料	—	—	—	—
不锈钢	不推荐	黄铜钎料 锡铜钎料 银钎料	锡铝钎料 黄铜钎料 银铝钎料	黄铜钎料 (如 HL101①等) 银钎料 (如 HL312①等) 锡铝钎料 (如 HL603 等)	—	—	锡铝钎料 黄铜钎料 银钎料
耐热合金	不推荐	黄铜钎料 银钎料	黄铜钎料 银钎料	黄铜钎料 银钎料	黄铜钎料 银钎料	黄铜钎料 银钎料 (如 HL315①等)	银钎料
铜及其合金	锡锌钎料 锌镉钎料 锌铝钎料	—	—	—	—	—	铜磷钎料 (如 HL201 等) 黄铜钎料 (如 HL103 等) 银钎料 (如 HL303 等) 锡铅钎料

注:①此类钎料没有国标对应的牌号。

表 5-13 常用金属火焰钎焊时钎料和钎剂的选择

钎焊金属	钎料	钎剂
碳钢	铜锌钎料(如 HL103) 银钎料(如 HL303)	硼砂或硼砂 60%+硼酸 40%,或钎剂 102
不锈钢	铜锌钎料(如 HL103) 银钎料(如 HL304)	钎剂 102 或硼砂,或硼砂 60%+硼酸 40%
铸铁	铜锌钎料(如 HL103) 银钎料(如 HL304)	硼砂或硼砂 60%+硼酸 40%,或钎剂 102
硬质合金	铜锌钎料(如 HL103) 银钎料(如 HL304)	硼砂或硼砂 60%+硼酸 40%,或钎剂 102
铜及其合金	铜磷钎料(如 HL204) 铜锌钎料(HL103) 银钎料(如 HL303)	钎焊纯铜时不用钎剂,钎焊铜合金时可用硼砂或硼砂 60%+硼酸 40%、钎剂 102 或钎剂 103

(2)氧化物及锈斑清理 焊件表面的氧化及锈斑单件生产时,可用锉刀、砂纸、金属刷手工清理。小批量生产时,可用喷砂、砂轮、机动金属刷清理。用砂纸等清理时,注意不要使砂粒残留在接合面上。铝及铝合金、钛合金的表面不宜用锉刀、砂纸等机械清理氧化物的方法。

对大批量生产,要求生产率高和可靠性时,可采用化学清理方法。常用材料表面氧化膜的化学清理方法见表 5-14,清理后应进行光亮处理和水冲洗。清洗后的焊件表面严禁手摸或与脏物接触。清洗后的焊件应当立即装配或放入干燥器内保存。装配时,应戴棉布手套操作,防止污染焊件。

表 5-14 常用材料表面氧化膜的化学清理方法

焊件材料	浸蚀溶液配方	化学清理方法
低碳钢和低合金钢	(1)H_2SO_4 10%水溶液①	40℃～60℃下浸蚀 10～20min
	(2)H_2SO_4 5%～10% HCl① 2%～10%水溶液,加碘化亚钠 0.2%(缓蚀剂)②	室温下浸蚀 2～10min
不锈钢	(1)HNO_3 150mL,NaF 50g,H_2O 850mL	20℃～90℃下浸蚀到表面光亮
	(2)H_2SO_4 10%(浓度 94%～96%) HCl① 15%(浓度 35%～38%) HNO_3 5%(浓度 65%～68%)H_2O 64%	100℃下浸蚀 30s,再在 $HNO_3$① 15%的水溶液中光化处理,然后 100℃下浸蚀 10min,适用于厚壁焊件
	(3)HNO_3 10%,$H_2SO_4$① 6%,HF 50g/L,余为 H_2O	室温下浸蚀 10min 后,在 60℃～70℃热水中洗 10min,适用于薄壁焊件
	(4)HNO_3 3%,HCl① 7%,H_2O 90%	80℃下浸蚀后热水冲洗,适用于含钨、钼的不锈钢深度浸蚀

续表 5-14

焊件材料	浸蚀溶液配方	化学清理方法
铜及铜合金	(1) $H_2SO_4$① 12.5%，$Na_2CO_3$② 1%～3%，余量 H_2O	20℃～77℃下浸蚀
	(2) $H_2SO_4$① 10%，$FeSO_4$② 10%，余量 H_2O	50℃～80℃下浸蚀
铝及铝合金	(1) NaOH② 10%，余量 H_2O	60℃～70℃下浸蚀 1～7min 后用热水冲洗，并在 HNO_3 15%的水溶液中光亮处理 2～5min，最后在流水中洗净
	(2) NaOH 20～35g/L，Na_2CO_3 20～30g/L，余量 H_2O	先在 40℃～55℃下浸蚀 2min，然后用上法清理
	(3) Cr_2O_3 150g/L，H_2SO_4 30g/L，余量 H_2O	50℃～60℃下浸蚀 5～20min
镍及镍合金	(1) H_2SO_4（密度 1.87g/cm³）1500mL，HNO_3（密度 1.36g/cm³）2250mL，NaCl 30g，H_2O 1000mL	—
	(2) $HNO_3$① 10%～20%，HF① 4%～8%，余量 H_2O	
钛及钛合金	(1) $HNO_3$① 20%，HF①（浓度 40%）1%～3%，余量 H_2O	适用于氧化膜薄的零件
	(2) HCl① 15%，$HNO_3$① 5%，NaCl② 5%，余量 H_2O	适用于氧化膜厚的零件
	(3) HF① 2%～3%，HCl① 3%～4%，余量 H_2O	
钨、钼	$HNO_3$① 50%，$H_2SO_4$① 30%，余量 H_2O	—

注：① 此百分数为体积分数。
② 此百分数为质量分数。

(3) 焊件表面镀覆金属 在母材表面镀覆一层金属，其目的是改善钎焊性，增加钎料对母材的润湿性，减少母材与钎料的互相作用，防止产生裂纹以及在界面产生脆性化合物。金属镀层还可作为钎料，以减少放置钎料的麻烦，简化生产过程，提高生产率。镀覆的方法有电镀、化学镀、热浸蘸、轧制包覆等。镀覆的方法及作用见表 5-15。

表 5-15 镀覆的方法及作用

母材	镀覆材料	镀覆方法	镀覆层用途
铜	银	电镀、化学镀	用作钎料
铜	锡	热浸	提高钎料润湿性
不锈钢	铜、镍	电镀、化学镀	提高钎料润湿性，铜还可作钎料

续表 5-15

母材	镀覆材料	镀覆方法	镀覆层用途
钼	铜	电镀、化学镀	提高钎料润湿性
石墨	铜	电镀	提高钎料润湿性
钨	镍	电镀、化学镀	提高钎料润湿性
可伐合金	铜、镍	电镀、化学渡	防止母材开裂
钛	钼	电镀	防止界面产生脆性相
铝	镍、铜、锌	电镀、化学镀	提高钎料润湿及接头抗蚀性
铝	铝硅合金	包覆	用作钎料

四、钎焊接头的装配定位和钎料放置

(1) **钎焊接头的装配固定方法** 钎焊前应将焊件装配定位,以确保它们之间的相对位置。典型零件钎焊接头定位方法如图 5-5 所示。其中过盈配合定位主要用于铜钎料钎焊钢。滚花、翻边、扩口、咬口、收口、旋压定位方法简单,但难以保证间隙均匀;螺钉、铆钉、定位销定位准确,能保证间隙均匀,但施工麻烦;点焊定位简单可靠,但焊点周围易被氧化。对于结构复杂、大批量生产的零件一般采用专用夹具定位,以提高定位精度和提高生产率。钎焊夹具的材料应具有良好的耐高温及抗氧化性,应与钎焊焊件材质具有相近的热膨胀系数。

(2) **钎料的放置** 火焰钎焊通常要求预先将钎料安置在接头的指定位置。安置钎料时,应尽量利用间隙的毛细作用、钎料的重力作用,使钎料填满装配间隙。图 5-6 是常用的钎料放置方法。图 5-6a、b 钎料环高于焊缝,可防止钎料沿工件水平面流淌;图 5-6c、d 钎料环低于法兰盘上端面,可防止钎料沿法兰盘上平面流淌;图 5-6e、f 钎料紧贴焊缝,便于充分利用毛细现象填满间隙;图 5-6g、h 焊缝较长,配合紧密,在厚件上开钎料槽,可防止流淌,有利于充分利用毛细现象填充间隙;图 5-6i、j、k 用箔状钎料、放置焊件中间,为填满间隙,可利用自重或按箭头方向施加一定压力。对于膏状钎料可以直接涂在焊缝处。粉末状钎料可选用适当的粘结剂调和后粘附在接头上。

五、钎焊焊接参数的选择

钎焊过程中变化的焊接参数主要是温度和时间。钎焊温度是保证钎焊质量的关键因素。钎焊温度通常高于钎料熔点 25℃～60℃,以保证钎料能填满间隙。若希望钎料与母材充分反应,钎焊温度应适当提高一些。如用镍基钎料焊接不锈钢时,焊接温度可以高于钎料液相线 100℃ 左右。钎焊时间的选择以温度均匀、填满焊缝为原则。

钎焊保温时间与焊件尺寸、钎料与母材相互作用的剧烈程度有关。大件的保温时间应当长些。如果钎料与母材作用强烈,则保温时间应短些。一定的保温时间促使钎料与母材相互扩散,形成优质接头,但保温时间过长将会造成熔蚀等缺陷。

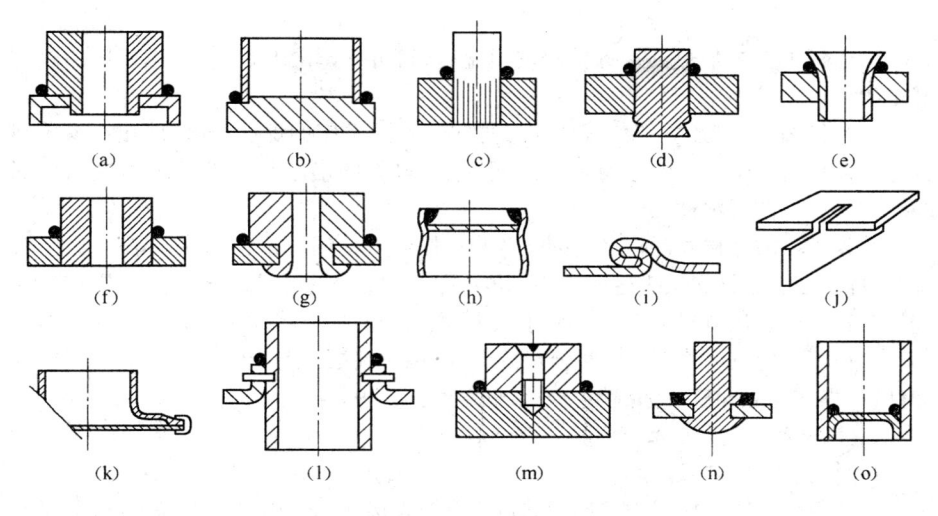

图5-5 典型零件钎焊接头定位方法

(a)重力定位 (b)过盈配合定位 (c)滚花定位 (d)翻边定位 (e)扩口定位
(f)旋压定位 (g)模锻定位 (h)收口定位 (i)咬口定位 (j)开槽和弯边定位
(k)夹紧定位 (l)定位销定位 (m)螺钉定位 (n)铆接定位 (o)点焊定位

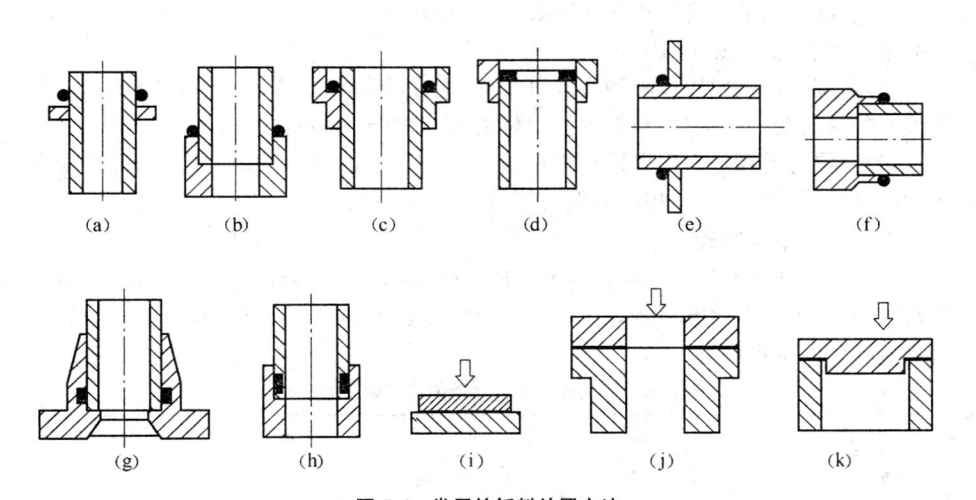

图5-6 常用的钎料放置方法

(a)~(h)环状钎料的放置 (i)~(k)箔状钎料的放置

六、气体火焰钎焊的操作方法

1. 同种金属气体火焰钎焊操作要点

①先用轻微碳化焰的外焰加热焊件,焰芯距焊件表面15~20mm,以增大加热

面积。

②当钎焊处被加热到接近钎料熔化温度时,可立即涂上钎剂,并用外焰加热使其熔化。

③当钎剂熔化后,立即使钎料与被加热到钎焊温度的焊件接触、熔化并渗入到钎缝的接头间隙中。当液态钎料流入间隙后,火焰的焰芯与焊件的距离应加大到35～40mm,以防钎料过热。

④为了增加母材和钎料之间的熔解和扩散能力,应适当地提高钎焊温度。但若温度过高,会引起钎焊接头过烧,因此钎焊温度一般以控制在高于钎料熔点30℃～40℃为宜。同时还应根据焊件的尺寸大小,适当控制加热持续时间。

⑤钎焊后应迅速将钎剂和熔渣清除干净,以防腐蚀。对于钎焊后易出现裂纹的焊件,钎焊后应立即进行保温缓冷或做低温回火处理。

2. 异种金属气体火焰钎焊操作要点

(1)钎料和钎剂的选择

①钎料的选择应根据两种母材的材质及钎焊接头的使用要求来确定,通常可参照表5-12选用。

②钎剂的选择除根据钎料的种类外,还应考虑到两种母材的材质,所选用的钎剂应能同时清除两种母材的氧化物。

(2)装配间隙的确定　可以参照表5-11选定,并应根据两种金属材料的线膨胀系数来确定装配间隙的大小。

(3)套接接头的应用　异种金属钎焊时,若采用套接接头,一般应把熔点低、导热性差的材料套入熔点高、导热性好的材料内,以便于钎焊时加热。

(4)钎焊时的加热　为保证钎焊接缝处能均匀地加热到钎焊温度,应对热异率大的母材进行预热或将钎焊火焰偏向热导率大的母材。

七、焊后焊缝清理

钎焊残渣多数对钎焊接头有腐蚀作用,并影响外观,妨碍检查,应当清除。所用焊剂不同,产生的残渣性质特点不同,清除的方法也不同。不同焊剂生成残渣的特点和清除方法见表5-16。

表5-16　不同焊剂生成残渣的特点和清除方法

焊剂组成	残渣特点	清除方法
松香	无腐蚀性	可不清除
松香+活性元素	有腐蚀性不溶于水	用有机溶剂清洗。有机溶剂为:异丙醇、酒精、汽油、三氯乙烯
有机酸和盐	溶于水	热水冲洗
含凡士林膏状	不溶于水	用有机溶剂酒精、丙酮、三氯乙烯清洗
无机盐软钎剂	溶于水	用热水冲洗

续表 5-16

焊剂组成	残渣特点	清除方法
含碱土金属及氯化物(氯化锌)	金属氧化物和氯化锌复合物,不溶于水	用2%盐酸洗涤,再用 NaOH 热水溶液中和盐酸残液,若焊剂含凡士林油脂,需先用有机溶液除油
硼砂、硼酸	坚硬、不溶于水、难以清除	1. 焊件热态,立即投入水中,使渣壳炸裂而清除; 2. 用10℃～90℃、2%～3%重铬酸钾溶液长时间浸泡
氟硼酸钾或氟化钾硬钎剂	溶于水	1. 水煮; 2. 10%柠檬酸热水溶液浸泡
焊铝用含 Zn、Sn 软钎剂	有腐蚀性	用有机溶剂甲醇等清洗
焊铝用含氟化物钎剂	无腐蚀性	在7%草酸或7%硝酸溶液中,用刷子清洗焊缝,再浸泡1.5h,然后取出用冷水冲洗
焊铝用含 Al、Si 等硬钎焊钎剂	残渣有严重腐蚀性	1. 60℃～80℃热水浸泡10min,用毛刷清洗焊缝,冷水冲洗,然后用15%HNO$_3$溶液浸泡30min,再用冷水冲洗; 2. 60℃～80℃流动热水冲洗10～15min,放在2%Cr$_2$O$_3$+5%H$_3$PO$_4$的65℃～75℃水溶液中浸泡5min,再用冷水清洗、热水煮、冷水浸泡8h; 3. 60℃～80℃流动热水冲洗10～15min,流动冷水冲洗30min,放在2%～4%草酸+1%～7%NaF+0.05%洗涤剂中浸泡5～10min,流动冷水冲洗20min,然后用10%～15%HNO$_3$溶液浸泡5～10min,再用冷水冲洗

八、常用金属材料的钎焊

1. 碳钢、低合金钢的钎焊

(1)钎焊特点

①碳钢、低合金钢的钎焊性较好。

②基本上可采用所有的钎焊方法进行钎焊,最常用的方法有烙铁钎焊、火焰钎焊、浸渍钎焊、感应钎焊、电阻钎焊、气体保护钎焊和真空钎焊及普通炉中钎焊等。

③软钎焊比硬钎焊的选择及应用范围广。

(2)钎料的选用　根据碳钢及低合金钢焊件的不同用途、钎焊温度、接头性能、生产成本,推荐使用的钎料主要有锡铅钎料、银钎料、铜基钎料等,其中以锡铅软钎料应用最广泛。锡铅钎料是用于碳钢和低合金钢的主要钎料。

①低碳钢用软钎料钎焊的接头强度见表5-17。

表 5-17 低碳钢用软钎料钎焊的接头强度

钎料牌号	抗剪切强度/MPa			抗拉强度/MPa
	低碳钢	镀锌铁皮	镀锡铁皮	低碳钢
纯锡	38	51	—	79
纯铅	14	17	—	79
HL601	51	43	46	105
HL602	50	42	36	115
HL603	61	57	49	101

②当采用铜、铜基钎料及银钎料进行硬钎焊时,可获得较高的接头强度。低碳钢用硬钎焊的接头强度见表 5-18。

表 5-18 低碳钢用硬钎焊的接头强度

钎料	抗剪切强度/MPa	抗拉强度/MPa
纯铜	176	343
H62	225	323
B-Ag40CuZnCd	203	386
B-Ag50CuZnCd	231	402
B-Ag45CuZn	197	363
B-Ag25CuZn	197	375
B-Ag10CuZn	198	376

(3)钎剂的选用 使用铜基钎料时,采用硼砂硼酸类钎剂或 QJ301。用银钎料时,采用 QJ101、QJ102 等,详见表 5-8。

2. 不锈钢的钎焊

(1)钎焊特点

①表面氧化膜。不锈钢的钎焊特点取决于其表面氧化物的化学稳定性。由于不锈钢均含有 Cr,有些还含有 Ni、Ti、Mn 等元素,它们所形成的氧化物的化学稳定性高而难以去除,如 Cr_2O_3,因此必须采用活性强的钎剂。

②加热温度对不锈钢性能的影响。奥氏体不锈钢的加热温度应为 1150℃～1200℃,高于此温度会引起严重的晶粒长大现象。非稳定的镍铬不锈钢在 535℃～870℃加热时析出碳化物而引起抗腐蚀性降低。超低碳钢或含有钛、铌稳定化合物的镍铬不锈钢在温度 535℃～870℃内钎焊则抗腐蚀性影响不大。马氏体不锈钢的钎焊温度可以与淬火温度相适应(1000℃左右),也可以与略低于回火温度相适应(650℃左右)。

③应力腐蚀作用。所有镍铬不锈钢与液态钎料接触时均有应力腐蚀倾向,与液

态黄铜作用最为明显。为了防止或减少应力腐蚀,采用钎焊前应对工件进行退火,钎焊过程中尽量对工件进行均匀加热。

(2) 钎料的选用　根据钎焊件的使用要求、钎焊接头的性能、钎焊温度等,可选用不同的软钎料及硬钎料。

① 1Cr18Ni9Ti 不锈钢用软钎料钎焊的接头强度见表 5-19。

表 5-19　1Cr18Ni9Ti 不锈钢用软钎料钎焊的接头强度

钎料牌号	抗剪切强度/MPa	钎料牌号	抗剪切强度/MPa
锡	31	HL603	32
HL601	22	HL604	33
HL602	33	HLAgPb97	21

② 银钎料钎焊 1Cr18Ni9Ti 的接头强度见表 5-20。

表 5-20　银钎料钎焊 1Cr18Ni9Ti 的接头强度

牌号	润湿性		钎焊接头强度/MPa	
	温度/℃	流布面积/cm²	抗拉强度	抗剪切强度
HL301	900	3.7	394	202
HL302	800	4.9	350	194
HL303	800	5.3	403	202
HL312	700	6.8	417	209
HL313	700	7.5	438	228
HL315	750	5.0	435	221

注：采用 QJ102 作钎剂。

(3) 钎剂的选用　由于铬会形成稳定的氧化物,因此应该采用活性很强的钎剂。软钎焊时,必须采用氯化锌盐酸溶液、氯化锌氯化铵盐酸溶液或磷酸;硬钎焊时,在用银铜锌、银铜锌镉钎料时可采用 QJ101、QJ102。用铜基钎料钎焊时,应采用含氟化钙的 QJ200。

3. 铜及铜合金的钎焊

(1) 钎焊特点　除了铝黄铜和铝青铜的钎焊性差以外,其他铜及铜合金的钎焊性均较好。可采用包括火焰钎焊在内的各种钎焊方法进行钎焊。铅黄铜、硅黄铜、白铜在局部加热时有应力腐蚀倾向。铍青铜在淬火时效状态下使用,钎焊时必须考虑钎焊温度对合金性能的影响。

(2) 钎料的选用　软钎焊时采用锡铅、镉基、锌基钎料。硬钎焊时采用铜基、铜磷、银钎料,可根据焊件的结构、性能要求和用途选用。

① 软钎料钎焊铜及黄铜的接头强度见表 5-21。

表 5-21 软钎料钎焊铜及黄铜的接头强度

钎料牌号	抗拉强度/MPa 铜	抗拉强度/MPa H62 黄铜	抗剪强度/MPa 铜	抗剪强度/MPa H62 黄铜
HL601	86	94	38	38
HL602	78	88	37	38
HL603	78	80	37	46
HL604	90	91	46	45
HL605	83	89	38	38
HLAgPb97	51	60	34	35
HL503	89	90	45	47
HL506	92	98	49	56

② 硬钎料钎焊铜及黄铜的接头强度见表 5-22。

表 5-22 硬钎料钎焊铜及黄铜的接头强度

钎料牌号	抗拉强度/MPa 铜	抗拉强度/MPa H62 黄铜	抗剪强度/MPa 铜	抗剪强度/MPa H62 黄铜
HL101	150	—	135	—
HL102	170	—	157	—
HL103	175	—	165	—
HL201	165	180	175	289
HL202	175	190	170	280
HL203	163	200	191	270
HL204	212	275	187	401
HL205	184	213	183	369
HL301	120	320	161	164
HL302	172	322	170	188
HL303	185	332	181	220
HL304	178	335	175	213
HL306	181	341	175	215
HL307	189	328	170	203
HL308	181	—	168	—
HL312	183	346	171	198
HL313	215	383	181	231

(3) 钎剂的选用　软钎焊铜及铜合金时采用氯化锌溶液、氯化锌氯化铵溶液、钎剂膏、松香型及活化松香型等软钎剂。硬钎焊铜及铜合金时，铜基钎料配用硼砂硼酸类、粉 301 等钎剂，银钎料或含磷钎料配用 QJ101、QJ102、QJ104。

4. 铝及铝合金的钎焊

(1)钎焊特点

①铝极易氧化而形成一层致密而化学稳定的氧化膜,它是钎焊时的主要障碍之一。特别是对含镁量>3%的铝合金,目前尚无法有效地去除表面氧化膜,铝硅合金软钎焊时的表面氧化膜也难以去除。

②铝及铝合金的熔化温度与硬钎料的熔化温度相差不大,钎焊时必须严格控制温度,若采用手工钎焊难以控制钎焊温度。

③对热处理强化铝合金,会因钎焊加热而发生时效或退火等现象,导致结构性能降低。

④用软钎料钎焊时,由于钎料与母材之间存在的电位差异较大而影响到接头的抗腐蚀性能。

(2)钎料、钎剂的选择

①铝及铝合金软钎焊钎料、钎剂的选择见表5-23。

表 5-23 铝及铝合金软钎焊钎料、钎剂的选择

被钎焊材料	钎 料	钎 剂	注意事项
纯铝 LF21 LY16 LD2 LD5 ZL201 ZL402	1. HL501 (200℃～350℃) 2. HL502 (265℃～399℃) 3. HL505 (430℃～485℃) 4. Zn—5Al |Ag—|Cu (380℃～395℃)	$ZnCl_2$88+ $NH_4Cb_2$110+ NaF2 $QJ_2$03 或 ZnCl290+ LiCl5.4+ KCl3.6+ NaCl1+ NiCl1	1. 火焰钎焊时,火焰不能直接加热钎剂;钎剂冒白烟时,将钎料及时加入 2. 这四种钎料的钎焊接头耐腐蚀性较低,不能用于重要结构

②铝及铝合金硬钎焊钎料、钎剂的选择见表5-24。

表 5-24 铝及铝合金硬钎焊钎料、钎剂的选择

被钎焊材料	钎 料	钎 剂	钎焊方法
纯铝 LF21	HL400 或 HL402	QJ207 或 KF44.8+$AlF_3$54.2+LiF1	适于炉中钎焊和火焰钎焊
LD2 LF2 ZL101	HL401 或 HL403	QJ201	适于火焰钎焊
LY12 LD10	Al-35Ge-3.5Si	QJ201	适于火焰钎焊

(3)操作要点　铝及铝合金的软钎焊主要采用烙铁、火焰、刮擦和超声波等钎焊方法。由于软钎焊得到的接头抗腐蚀能力差,所以应用不太普遍,只用在不重要的

结构上。铝及铝合金的硬钎焊,可以使用所有类型的空气可燃气体或氧气可燃气体的焊炬,焊炬要调节得使火焰稍带轻微还原性。硬钎焊操作方法通常有两种:

①用火焰加热钎料的末端,用已被加热的钎料末端蘸上干粉状的钎剂,接着加热母材,并用钎料棒置于接头附近试验温度,若母材已达到钎焊温度,则钎剂与母材接触后,立即熔化并铺展在钎焊面上,去除氧化膜,这时熔化的钎料便很好地润湿母材,流入间隙形成牢固的钎焊接头。如果熔化的钎料发黏而不润湿母材,则说明母材加热还不够。

②将钎剂用蒸馏水或酒精混合,在工件和钎料上用刷子刷上、浸蘸上或涂上钎剂,然后用火焰加热工件,将钎剂的水分蒸发,并待钎剂熔化后,使钎料迅速加入加热的接头间隙中。

5. 铸铁的钎焊

(1)钎焊特点

①钎焊接头脆性大,钎焊灰口铸铁时温度高于重结晶温度则使奥氏体转变为脆性的马氏体或二次渗碳体组织,因此钎焊后应进行缓慢冷却。钎焊可锻铸铁和球墨铸铁时温度高于800℃则会析出更多的渗碳体组织和马氏体组织,因此钎焊时的温度最好控制在800℃以下。

②钎焊铸铁的另一困难在于组织中石墨可使钎料的润湿作用变坏,特别对灰口铸铁钎焊的影响更大。

(2)钎料的选择 由于铸铁钎焊主要用于补焊,所以一般不采用软钎焊而采用硬钎焊。

硬钎焊时常选择铜基钎料或银钎料。铜基钎料常用 BCu60ZnSn-R 和 BCu58ZnFe-R,用这类钎料钎焊的铸铁接头强度可达 117~147MPa。为了进一步提高接头性能和降低钎料的熔化温度,可选择含 Cu49%、Mn10%、Ni4%、Sn0.5%余量为 Zn 的钎料,接头强度可达 205MPa。银钎料可选择 BAg50CuZnCdNi,接头强度高于铸铁本身的强度。

(3)钎剂的选择 铜基钎料可使用硼砂或硼酸的混合物,银钎料可使用 QJ102。

九、气体火焰钎焊接头的缺陷及排除方法

钎焊接头的缺陷、产生原因及排除方法见表 5-25。

表 5-25 钎焊接头的缺陷、产生原因及排除方法

缺陷的种类	产生原因	排除方法
部分间隙未填满	1. 接头设计不合适或接头装配不好,如间隙太大或太小,装配时零件歪斜; 2. 钎焊前焊件表面清洗不干净; 3. 钎剂选择不当,如活性不足、润湿性不好,钎剂与钎料熔点相差过大; 4. 钎焊时焊件加热不够; 5. 钎料数量不足	对未填满的钎缝重新进行钎焊

续表 5-25

缺陷的种类	产生原因	排除方法
钎缝成形不良	1. 钎料流布性不好； 2. 熔剂数量不足； 3. 焊件加热不均匀； 4. 钎焊温度下保温时间太长； 5. 熔剂颗粒太大	用钎焊方法焊补
钎焊区域钎料表面不光滑	1. 钎焊温度过高； 2. 钎焊时间过长； 3. 钎剂不足； 4. 钎料金属晶粒粗大	用机械方法修锉
钎缝中存在气孔	1. 熔化钎料中混入游离氧化物，如表面清洗不干净及使用不适当的钎剂； 2. 母材或钎料中析出体； 3. 钎缝金属过热	清除表面的钎缝，重新钎焊
钎缝中夹渣	1. 钎剂颗粒太大； 2. 钎料量不足； 3. 钎料从钎缝两面同时填缝； 4. 钎焊接头间隙选择不适当； 5. 钎料与钎剂熔点相差过大； 6. 钎剂的密度过大； 7. 焊件加热不均匀； 8. 钎焊时钎剂被流动的钎料包围	清除有夹杂物的钎缝，用钎焊方法焊补
钎焊区域有裂纹	1. 钎料凝固时工件移动； 2. 钎料的固相线与液相线相差过大	用重新钎焊的方法焊补
母材区域有裂纹	1. 母材过烧或过热； 2. 钎料向母材晶间渗入； 3. 母材导热性不好造成加热不均匀； 4. 钎料与母材的线胀系数相差较大	用重新钎焊的方法焊补

第四节 气体火焰钎焊基本技能训练实例

一、铜管接头的钎焊技能训练实例

图 5-7 所示为 30m³ 制氧机封头上的管接头的结构。封头材料为厚度 1.5mm 的 H62 黄铜，插入封头上的紫铜管，其直径为 35mm、14mm 和 8mm，管壁厚为

1.5mm 或 1mm，接头间隙为 0.2mm 左右。

钎料选用直径为 1.2～2mm 的银钎料 302，钎剂采用 QJ102 或用 50％硼砂、35％硼酸和 15％的氟化钠。

钎焊前应将钎焊处清理干净。钎焊时先用气焊火焰均匀加热管接头四周，并且上下摆动焊炬使整个钎缝被加热均匀。

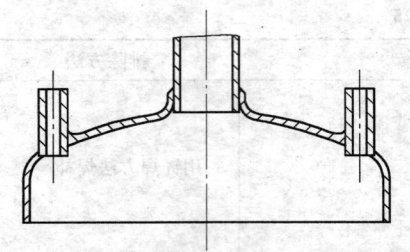

图 5-7 30m³ 制氧机封头上管接头的结构

加热或钎焊时应采用中性焰，当焊件达到橘红色时，用钎料把沾在上面的钎剂涂抹在钎缝处，等到钎剂熔化填完接头间隙后立即加入钎料，并用外焰前后移动加热搭接部分，使钎料均匀地渗入钎缝。

如果钎缝未形成饱满的圆根时，可再加些钎料，直至整个钎缝形成有饱满的圆根为止。在钎焊较粗的管子时，钎料分几次沿钎缝加入。在加入钎料时应注意火焰不能直接指向钎缝，管接头钎焊如图 5-8 所示。

图 5-8 管接头钎焊
(a)火焰不能直接指向钎缝 (b)分几次加入钎料

二、纯铜弯头和纯铜管子的钎焊技能训练实例

图 5-9 为散热器上纯铜弯头和纯铜管子的钎焊示意图。要求钎焊接头在 2.8MPa 压力下不泄漏。钎焊操作要点如下：

(1)操作准备　在钎焊之前，钎焊处用蒸汽做脱脂处理。装配时，在弯头每个脚上套上用直径为 0.7mm 的钎料 HL204 割成的钎料圈。要求装钎料圈时，必须将它紧套在弯头上，在钎焊时，就可以借助母材金属的热传导将其熔化。

(2)操作要点　由于钎料 HL204 中的磷能还原铜中的氧化物，可起到钎剂的作用，因此，不必加钎剂。钎焊时可用叉形双嘴氧乙炔焊炬加热管子(切勿加热钎料)，熔化的钎料流入接头间隙，钎焊即告成功。

三、不锈钢燃油软管接头的钎焊技能训练实例

不锈钢燃油管接头如图 5-10 所示，燃油软管由不锈钢蛇皮管和外面一层不锈钢丝网套相叠而成，由螺纹接头与油枪联接，接头插入管内，在不锈钢丝网外加一不锈钢管箍，钎焊成一体。接头要求承受 2MPa 的压力，且不得渗漏。

(1)操作准备　将内外各接触面用细砂纸打磨干净，其表面粗糙度应为

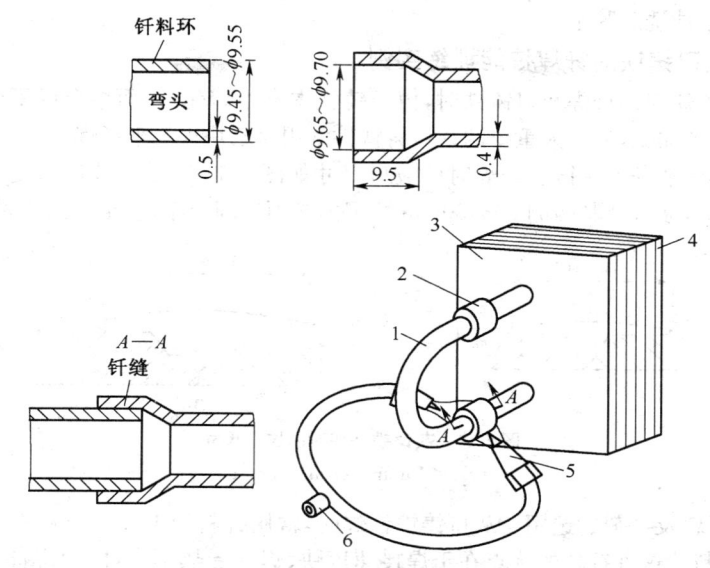

图 5-9 纯铜弯头和纯铜管子的钎焊
1. 铜弯头 2. 铜散热器管 3. 铝压板 4. 铝翅板 5. 焊嘴 6. 氧乙炔焊炬

$Ra3.2\mu m$。蛇皮管凹入部分和丝网外面也要清理干净,最好用酸洗清理,然后用酒精或汽油擦洗,晾干后装配。接头与蛇皮管、不锈钢箍与钢丝网间的装配间隙应为 0.05～0.15mm。

(2) **操作要点** 由于对燃油软管仅有致密性和强度要求,可采用 HL201 或 H202 铜磷钎料,配合使用钎剂 QJ101 或 QJ102。若钎焊处于高应力和高温条件下的不锈钢工件时,应采用熔点和强度较高的 HL302 或 HL303 银钎料和钎剂 QJ103 或 QJ102。

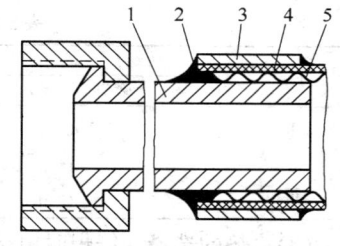

图 5-10 不锈钢燃油管接头
1. 接头 2. 钎缝 3. 箍 4. 钢丝网 5. 蛇皮管

使用火焰能率较大的轻微碳化焰预热后,将调配好的糊状钎剂抹在焊缝周围。然后采用中性焰均匀地加热焊件,当钎剂在焊件上漫流并浸入间隙时,把涂有钎剂的钎料填入缝隙,直至钎料进入缝隙,并且填满钎缝形成圆滑的过渡后将火焰移开。

钎焊时应注意待钎料完全凝固后方可移动焊件。钎焊燃油管接头应先将不锈钢箍套好并与钢丝网和蛇皮管钎焊成一整体,然后将接头和蛇皮管里面挂上钎剂并加热到钎焊温度(钎剂在焊件上漫流),把接头插入蛇皮管内,使管口向上,把蘸有钎剂的钎料填入缝隙。

(3) **焊后处理** 钎焊好后的焊件冷却后,必须对钎焊接头立即进行清理,否则,残留的钎剂将腐蚀焊件。清理时可用 15%柠檬酸水溶液刷洗钎焊接头及其附近,然后用清水冲洗后晾干。

四、灰口铸铁的钎焊技能训练实例

用氧乙炔火焰钎焊灰口铸铁时,由于铸铁本身不熔化,因而熔合区不会出现白口,易于切削加工,故不太重要的灰口铸铁件常用氧乙炔火焰来钎焊。

(1)操作准备 灰铸铁钎焊时的坡口尺寸如图 5-11 所示。坡口深度应在厚度的 4/5 以上,坡口及其两侧 20~30mm 范围内必须清理干净,直至露出金属光泽。

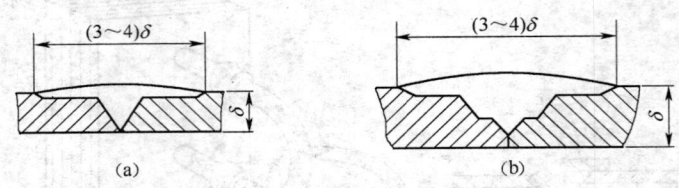

图 5-11 灰铸铁钎焊时的坡口尺寸
(a)δ<15mm (b)δ>15mm

(2)钎料及钎剂的选用 灰口铸铁钎焊时,常用钎料为 HL103(铜锌钎料,详见表 5-6)钎料。这种钎料的优点在于焊接速度快、焊件受热不大,因而焊件不会因局部过热而产生白口,同时热应力也较小,不易产生裂纹。钎焊灰口铸铁所用的钎剂,除采用钎剂 QJ102 外,还可以从表 5-26 中选用。

表 5-26 钎焊灰口铸铁用钎剂

序号	成分(%)		
	硼砂(脱水)	硼酸	食盐
Ⅰ	100	—	—
Ⅱ	50	50	—
Ⅲ	70	10	20

(3)火焰的选择 钎焊时由于铜锌钎料 HL103 中锌的蒸发,不仅使钎焊接头的塑性降低和易出现气孔,而且会使焊工中毒。因此,应采用氧化焰,使熔池表面形成一层氧化锌薄膜,以减少熔池内锌的蒸发和氧化。

(4)操作要点 用气体火焰将坡口边缘加热到红热状态后,立即撒上钎剂。当温度升至 900℃左右时,用钎料在此段涂擦一层铺底,然后逐渐填满整段焊缝。

钎焊时,火焰焰芯与熔池间的距离比一般焊接时要大些,火焰不要往复运动,填加钎料要快,加热部位要小,勿使钎焊处母材过热。焊接次序应由里向外,左右交替。长焊缝应分段施焊,每段以 80mm 为宜,第一段填满后待温度下降到 300℃以下时,再焊第二段,这样做可使钎焊时的应力减小。

五、硬质合金刀具的钎焊技能训练实例

硬质合金刀具单件或小批制造时,通常采用氧乙炔火焰钎焊刀片。不过钎焊的硬质合金刀片,往往容易产生裂纹,刀片在使用过程中易破碎。为防止裂纹产生,除正确设计刀槽和选用钎料外,还应正确掌握钎焊操作工艺。

常用刀槽形状如图 5-12 所示。刀槽可以用铣床或刨床加工,要求加工面的表面粗糙度 $Ra6.3\mu m$。刀槽内的棱角处应带有小圆弧,以避免刀体产生裂纹。

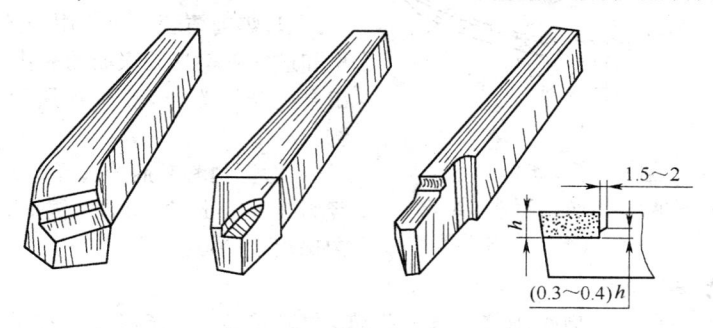

图 5-12 常用刀槽形状

(1) **操作准备** 刀片的清理通常采用喷砂处理,或在碳化硅砂轮上轻轻磨去钎焊面的表层。切不可用机械方法夹住刀片在砂轮机或磨床上磨削,以免刀片产生裂纹。更不能采用化学机械研磨方法,这样会将刀片表面腐蚀掉,使钎料很难润湿刀片,造成钎焊接头强度下降,甚至根本焊不牢。刀槽在钎焊前应将毛刺去除掉,并进行喷砂处理,或用汽油、丙酮清洗,以便去除油污。

(2) **钎料和钎剂的选择** 钎焊硬质合金刀片时,一般选用 HL103 铜锌钎料,也可以采用 HS221 锡黄铜焊丝或 HS224 硅黄铜焊丝。钎剂采用 QJ102 或用脱水硼砂。当使用脱水硼砂时为了降低其熔点,可采用 60%硼砂加 40%硼酸。当钎焊碳化钛含量较高的硬质合金刀片时,可在硼酸中加入 10%左右的氟化钾或氟化钠,以提高钎剂的活性。

(3) **操作要点**

① 如图 5-13 所示,将刀片放入刀槽后,用氧乙炔火焰加热刀槽四周,并少许加热刀片,一直加热到接近钎料熔化的温度。

② 用轻微氧化焰将钎料的一端加热后蘸上钎剂。

图 5-13 硬质合金刀片钎焊

③ 继续加热刀槽四周,当出现深红色时,应立即将蘸有钎剂的钎料送入火焰下的接头缝隙处,并接触缝隙边沿,利用刀槽和刀片的热量使其快速熔化并渗入和填满间隙。

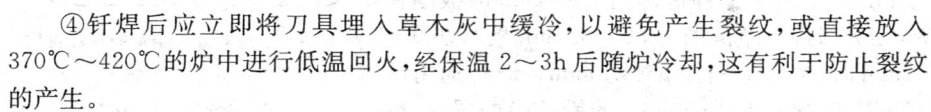

④ 钎焊后应立即将刀具埋入草木灰中缓冷,以避免产生裂纹,或直接放入 370℃～420℃的炉中进行低温回火,经保温 2～3h 后随炉冷却,这有利于防止裂纹的产生。

六、蒸煮锅的进气管和衬里的钎焊技能训练实例

如图 5-14 所示,蒸煮锅的外壳材料为 10mm 厚的低碳钢板,衬里材料是壁厚为

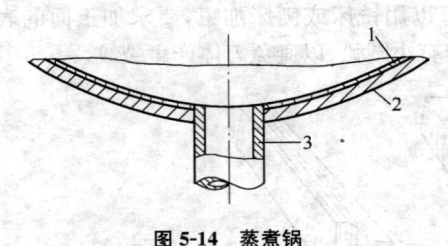

图 5-14 蒸煮锅
1. 衬里　2. 外壳　3. 进气管

3mm 的纯铜,进气管是 φ108mm×4mm 的 1Cr81Ni9Ti 不锈钢管。

(1)焊前清理　焊前用铜丝刷清除衬里和进气管待焊处表面的氧化物,直至露出金属光泽为止,然后再用丙酮清洗污物。

(2)钎料和钎剂的选择　钎料选用直径为 3～4mm 的 HS221 锡黄铜焊丝,钎剂选用 QJ200。

(3)操作要点

①采用 H01-12 型焊炬、2～3 号焊嘴,中性焰或轻微碳化焰,在进气管端头 10mm 范围内均匀加热。当其达到暗红色时,用钎料棒蘸上钎剂沿管端涂抹,同时用钎料棒在管端头接触试探。当钎料棒接触到管端头即被熔化时,可连续在管端头表面均匀堆焊,堆焊层的厚度不超过 1mm,长度不超过离管端 6mm。

②用车刀车削进气管端的堆焊层,使其与衬里孔保持 0.1mm 左右的装配间隙。

③将堆焊了过渡层的进气管装入衬里的孔内。

④用中性焰加热进气管四周的纯铜衬里,并均匀地向待焊处撒上一层钎剂。此时火焰切勿直接加热进气管端头,否则堆焊的钎料将熔化并流失。

⑤当钎焊处被加热到 890℃(钎料熔点)时,应立即向钎缝处填加钎料,直至填满间隙为止。

(4)焊后清理　钎焊后向接头处倾倒热水,并用毛刷清除残留在焊件上的钎剂和熔渣,然后用煤油进行渗漏试验。经煤油检验无渗漏后,可用直径为 3.2mm 的 A302 焊条,将低碳钢外壳与不锈钢进气管焊牢。

七、不锈钢与铅的钎焊技能训练实例

在石油、化工等行业使用的耐腐蚀的管道,是由 18-8 型不锈钢管与铅管采用钎焊焊接而成的。不锈钢管与铅管的钎焊结构如图 5-15 所示。

(1)操作准备　焊前将两种母材金属接头表面用机械方法(如刮刀)去除氧化膜。当铅板厚度在 5mm 以下时,刮净范围为 20～25mm;板厚在 5～8mm 时,刮净范围为 30～35mm;板厚在 9～12mm 时,刮净范围为 35～40mm。钎料选用质量分数 50%的锡(Sn)、50%的铅(Pb)的焊丝,也可选用纯铅棒。选用牌号为 QJ102 的钎剂,可有

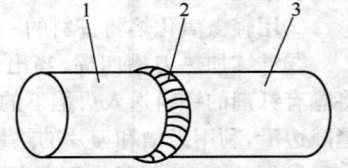

图 5-15 不锈钢管与铅管的钎焊结构
1. 18-8 型不锈钢管　2. 钎焊接头　3. 铅管

效地清除氧化膜,增加熔态钎料的流动性。钢板和铅板可采用对接或搭接接头;钢

管与铅管钎焊一般应采用搭接接头。

（2）操作要点 钢与铅钎焊时，用氢氧焰或氧乙炔焰做加热热源。目前也有采用液化石油气（C_3H_8等）作为热源的，焊接效果很好，而且焊接成本显著降低。在加热和钎焊的过程中，铅与硫、硒和碲元素化合，形成各种化合物，对焊接不利，应边焊边用钎剂去除。钎焊时，由于铅及铅所形成的各种化合物均有毒，必须采取强力通风，除掉粉尘和烟雾，保证焊接顺利进行。不锈钢与铅的钎焊焊接规范和焊接参数详见表5-27。

表5-27 不锈钢与铅的钎焊焊接规范和焊接参数

两种母材厚度/mm	钎料成分	钎料直径/mm	热源种类	氢氧焰 焊嘴直径/mm	氧乙炔焰 焊嘴直径/mm
1+1	Pb-Sn 或纯Pb	2	氢氧焰、氧乙炔焰、液化气焰	0.5	0.5
2+2		2		0.5	0.5
3+3		3		0.5	0.5
4+4	Pb-Sn 或纯Pb	3	氢氧焰、氧乙炔焰、液化气焰	0.8	0.5
5+5		4		1.1	0.75
6+6		5		1.5	0.75
7+7		5		1.5	0.75
8+8		5		1.5	0.75
9+9		5		1.5	0.75
10+10		6		1.6	1.25
11+11		6		1.6	1.25
12+12		7		1.9	1.25
16+16		8		2.0	1.25
18+18		10		2.0	1.25
20+20		10		2.3	1.5
25+25		12		2.5	1.5
30+30		14		2.5	2.0
35+35		16		2.5	2.0
40+40		16		2.5	2.5

第六章 火焰喷熔和喷涂

培训学习目的 掌握氧乙炔火焰喷熔方法;掌握氧乙炔火焰喷涂方法;了解亚音速火焰喷涂及喷涂层缺陷的预防。

火焰喷熔(又称为喷焊)和喷涂是利用热源(氧乙炔焰)将金属粉末加热后喷射,熔化并沉积在金属制件表面,使其形成具有耐腐蚀、耐磨损等特殊性能的表面敷层,它是一种表面处理的工艺方法。

喷熔和喷涂是焊接领域近年发展起来的新兴技术。特别是近 20 年来,在国内的推广应用更为广泛。喷熔和喷涂施工的工艺简单、灵活、生产成本较低,它在大型微腐蚀容器内壁以及各种形状的零部件修复中,有着独特的优越性,为此,引起人们的重视。

第一节 氧乙炔火焰喷熔

一、基本原理

以氧乙炔火焰为热源,将自熔性合金粉末喷涂在经过制备的工件表面上,然后对喷涂层加热熔化并润湿,通过液态合金和固态工件表面的相互熔化和扩散,形成牢固结合的表面熔敷层。

二、特点及应用范围

经喷涂处理的涂层,熔敷层薄而光滑,稀释率极低,熔敷层与母材金属呈冶金结合强度高,且涂层致密,无气孔和氧化物夹渣。使用自熔合金粉末,成分调整方便。喷熔处理所用设备简单,用火焰喷涂的设备即可,投资少,操作方便,较易掌握,在现场及野外都能施工。缺点是重熔处理时温度要求高,工件易产生变形。广泛应用于各类机械零件的保护和维修,但母材的熔点必须高于自熔合金粉末的熔点,否则不能进行喷熔处理。母材金属对喷熔处理的适应性见表 6-1。

表 6-1 母材金属对喷熔处理的适应性

适合于喷熔的母材金属	需经预热至 250℃~375℃,喷熔后必须缓冷的母材金属	喷熔后需等温退火的母材金属	不适合喷熔的母材金属
低碳钢,低合金钢,Mn、Mo、V、Cr、Ni 总含量<3%的结构钢,18-8 型不锈钢,镍不锈钢,可锻铸铁、球墨铸铁,低碳纯铁,紫铜	中碳钢,合金钢 Mn、Mo、V、Ni 的含量>3%的结构钢,含 Cr≤2%的结构钢	含 Cr≥11%的马氏体铬不锈钢,含 C≥0.4%的铬钼钢	低于自熔性合金熔点的材料,如铝及其合金,镁及其合金、黄铜、青铜、淬硬性高的 NiCr 和 NiCrMo 合金钢,含 Cr>18%的马氏体高铬钢

三、喷熔设备

火焰喷熔设备包括各种喷枪和重熔枪、氧乙炔供给系统及辅助装置、喷涂机床、保炉、干燥箱等,关键设备是喷枪、重熔枪和接长管。

(1)喷枪 除 SPH-1/h、SPH-4/h 中小型喷枪外,还有 SPHT-6/h、SPH-8/h、SPHD-E、QSH-4 等大型喷枪。

我国自行设计制造的 QSH-Z 型等压式喷焊枪的工作原理如图 6-1 所示。它由氧气流送粉,氧气和乙炔由不同孔道进入喷射器,由氧气在射吸室中产生负压吸粉,并带粉至混合室与乙炔气混合,随后混合气体将粉末通过喷嘴,喷射到工件表面上。这种喷焊枪的火焰燃烧稳定,氧气射流造成的负压吸力大,可带走合金粉末,且不易产生回火。

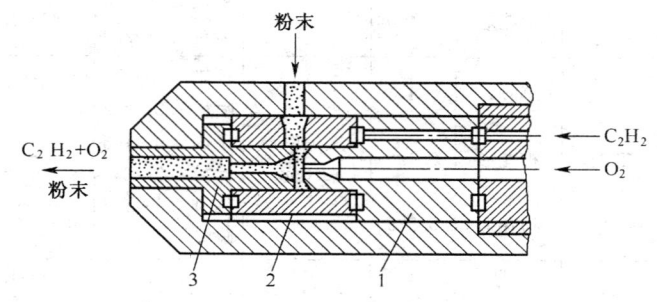

图 6-1 QSH-Z 型等压式喷焊枪的工作原理
1. 喷射器 2. 射吸室 3. 混合室

(2)重熔枪 当工件体积较大时,则需要较大的预热和重熔火焰能率,喷枪不能满足上述要求时,需用特制的重熔枪,实际上就是大型的氧乙炔火焰加热器。为了加大火焰能率,将燃烧气体喷嘴的孔排成梅花形,混合气管也比一般气焊炬长,这样可加大操作者与火焰间的距离,改善劳动条件。

(3)常用喷枪和重熔枪的技术数据 两用枪接长管系 SPH-E 型两用枪的配套件,可扩大应用范围,对内孔表面进行喷涂、喷熔处理。JCG-50 型接长管配有 45°、80°喷嘴各一只,45°喷嘴的接长管可喷内孔 $\phi150 \sim \phi200$ mm 的工件,80°喷嘴可喷内孔 $>\phi200$ mm 的工件,可喷内孔深度为 500mm。常用喷枪和重熔枪的技术数据见表 6-2。

表 6-2 常用喷枪和重熔枪技术数据

名 称	型 号	喷嘴	气体压力/MPa		气体消耗量/(m³/h)		出粉量/(kg/h)
			氧气	乙炔	氧气	乙炔	
喷熔枪	SPH-1/h	1号	0.196	>0.049	0.16~0.18	0.14~0.15	0.6~1.0
		2号	0.245		0.26~0.28	0.22~0.24	
		3号	0.294		0.41~0.43	0.35~0.37	
喷熔枪	SPH-2/h	1号	0.294	>0.049	0.50~0.65	0.45~0.55	1.2
		2号	0.343		0.72~0.86	0.60~0.80	1.6
		3号	0.392		1.00~1.20	0.90~1.10	2.0

续表 6-2

名称	型号	喷嘴	气体压力/MPa 氧气	气体压力/MPa 乙炔	气体消耗量/(m³/h) 氧气	气体消耗量/(m³/h) 乙炔	出粉量/(kg/h)
喷熔枪	SPH-4/h	1号 2号 3号	0.392 0.441 0.490	0.049~ 0.0784	1.60~1.70 1.80~2.00 2.10~2.30	1.45~1.55 1.65~1.75 1.85~2.30	2.4 3.0 4.0
喷涂喷熔两用枪	SPHT-6/h	环形 梅花形 梅花形	0.392 0.441 0.490	>0.0392	预热 0.9~1.2 喷粉 1.2~1.7 预热 0.5~0.8 喷粉 0.8~1.8 预热 1.0~1.3 喷粉 1.2~2.3	0.78~1.00 0.43~0.70 0.86~1.15	4~6
喷涂喷熔两用枪	SPHT-8/h	环形 梅花形 梅花形	0.441 0.490 0.539	0.049~ 0.098	预热 0.9~1.2 喷粉 1.2~2.2 预热 1.0~1.3 喷粉 1.3~2.3 预热 1.0~1.4 喷粉 1.3~2.4	0.78~1.00 0.86~1.15 0.9~1.20	6~8
圆形多孔喷熔枪	SPH-C	1号 2号 3号	0.490 0.539 0.588	0.049~ 0.098	1.3~1.6 1.9~2.2 2.5~2.8	1.1~1.4 1.6~1.9 2.1~2.4	4~6
排形多孔喷熔枪	SPH-D	1号 2号	0.490 0.588	0.049~ 0.098	1.6~1.9 2.7~3.0	1.4~1.65 2.35~2.6	4~6
重熔枪	SCR-100	1号 2号 3号	0.392 0.490 0.588	0.049~ 0.098	1.4~1.6 2.7~2.9 4.1~4.3	1.3~1.5 2.4~2.6 3.7~3.9	—
喷涂喷熔两用枪	SPH-E	—	0.490~ 0.688	>0.049	预热 1.2 喷粉 1.3	0.75	<7
重熔枪	SPH-C	大 中 小	0.441 0.441 0.392	0.0686 0.049 0.049	4.50 2.68 1.20	2.50 1.20 0.534	—
喷涂喷熔两用枪	QSH-4	—	0.392	0.00098~ 0.098	预热 0.94 喷粉 0.60	1.60	2~6
喷涂枪	BPT-1	—	0.167~ 0.206	0.0784~ 0.1078	1.3~1.7	0.9~1	<9

四、喷熔材料

火焰喷熔材料主要是喷熔合金粉末,又称为自熔合金粉末。由于合金中加入了硼(B)、硅(Si)等合金元素,因此具有熔剂作用。喷熔合金粉末主要有镍基、钴基和铁基3类,但应用较广的多为镍基粉末。

(1) 对喷熔合金粉末的要求　合金粉末的质量将直接影响着喷熔层的质量及施工操作,因此,它必须满足以下基本要求:

① 合金粉末的熔点应比被焊金属的熔点低。
② 合金粉末应具有使熔池脱氧及使氧化物浮出的能力。
③ 对被焊金属表面具有良好的润湿性。
④ 应具有合适的黏性流动(液态流动性)范围,即要求合金能在一定温度范围内,具有固液两相共存的状态,一般为100℃~150℃。
⑤ 合金应具有一定的延展性及与基体金属相接近的线膨胀系数,以防止喷熔层产生裂纹或翘起。
⑥ 粉末呈球形颗粒,具有良好的固态流动性,一般粒度为180~250目。

(2) 常用喷熔合金粉末　部分喷熔合金粉末的牌号及化学成分见表6-3。

表6-3　部分喷熔合金粉末的牌号及化学成分

系列	牌号	化学成分(%)									熔点/℃
		C	Cr	Si	B	Ni	Fe	Co	W	Mo	Cu	
镍基	F(粉)101	0.5	1.0	3.5	2.0	—	—	—	—	—	—	1050
	F(粉)101Fe	0.5	1.0	3.5	2.0		10	—	—	—	—	1050
	F(粉)102	0.8	1.6	4.5	3.5	—	—	—	—	—	—	1050
	F(粉)102Fe	0.8	1.6	4.5	3.5		15	—	—	—	—	1050
	F(粉)103	0.1	1.0	2.5	1.5		5	—	—	—	—	1100
	F(粉)104	0.8	1.6	4.5	3.5	—	—	—	—	—	—	—
	F(粉)105	粉102+50%WO										—
	F(粉)105Fe	粉102Fe+35%WO										—
钴基	F(粉)202	0.1	21	2	2.2	—	余	5	—	—	—	1150
	F(粉)202Fe	0.1	21	2	2.2	10	余	—	—	—	—	1150
	F(粉)203	—	—	—	—	—	—	—	—	—	—	1150
	F(粉)204	—	—	—	—	—	—	—	—	—	—	1150
	F(粉)205	粉204+35%WO										—
铁基	F粉301	0.5	5	3.5	3.5	30	余	—	—	5	—	1150
	F粉305	粉301+20%WO										—

五、喷熔工艺

喷熔工艺过程包括工件表面准备、工件预热、喷涂合金粉末、重熔处理、冷却、涂层后处理等。

1. 工件表面准备

喷熔工艺既不用保护气体，也不需熔剂，只靠合金粉末的自熔性均匀地熔敷于工件表面。所以对喷熔前的表面准备极为重要。自熔合金粉末中含有B，熔化时B与N结合变成既硬又脆的BN；B与C生成B_4C，也很硬、很脆，这些都会引起喷熔层翘曲，使喷熔无法进行。所以要求喷熔前一定要清除氧化物、油污等，其最好的方法是进行喷砂处理。这样可容纳一定厚度的熔敷合金层。这厚度取决于允许磨损或腐蚀的限度、承受压力状态等因素。如要承受压力，其喷熔层厚度要保证>0.5mm。

喷熔前，工件表面应整洁、无锈、无氧化皮、无油污等，经清理或喷砂的表面，不要停留时间过长，以防重新污染。对工件上的孔、槽或其他不喷熔部位应涂上耐高温涂料，防止受喷熔影响。

2. 操作要点

氧乙炔火焰金属粉末喷熔工艺，根据喷粉及熔化的先后次序，可分为一步法喷熔和二步法喷熔两种操作方法。

(1)一步法喷熔工艺 喷粉和熔化同时进行，即粉末喷撒和熔化工序交替进行，采用中小型喷枪。工艺过程包括工件表面准备、预热、预喷粉、喷熔、冷却涂层后加工。当工件表面预热到200℃～300℃时(不锈钢可到350℃～400℃)，立即预喷一层约为0.2mm厚的粉末作为保护层，然后开始局部加热这些粉末至熔化时再喷涂，并再用火焰将其加热熔化。根据粉末熔化的情况和对涂层厚度的要求，决定火焰向前移动的速度。在向前移动的过程中，既可以一面喷粉，一面熔化，也可以连续不断地将粉末送入熔池，使熔池随喷枪移动，冷却后形成涂层。喷熔时，喷枪离工件的距离在20～50mm之间变化，采用的火焰为中性焰或碳化焰。为了防止在冷却过程中产生裂纹，喷熔后的工件应均匀缓冷或立即退火处理。

(2)二步法喷熔工艺 先喷粉、后重熔。工艺过程包括工件表面准备、预热、喷粉、重熔、冷却和涂层后加工。

①喷粉。当工件表面预热到一定温度后立即喷涂合金粉末。喷粉时应采用中性焰或微碳化焰，喷枪离工件的距离对涂层质量有很大的影响，应视喷枪型号的不同来决定喷涂距离，一般为150mm左右，且喷枪的移动要均匀一致。对平面工件喷粉时，喷嘴应垂直于平面，喷枪的移动速度为75～150mm/s。对轴类工件喷粉时，喷嘴应垂直于轴的水平轴线，喷枪移动速度为5～7mm/s。

②重熔。由于喷涂的合金粉末是疏松、多孔隙的，且与母材金属间为机械结合。为了使涂层达到连续而致密的要求和提高结合强度，可采用重熔处理的方法来实现。重熔时，操作者应根据喷涂层表面状态的变化来控制温度。当观察到涂层在加热时逐渐变红，出现"镜面"反光时，即表明喷涂层已经熔融，此时应将火焰立即移到其他部位，否则会导致涂层过热或熔融金属流失。

重熔处理通常用乙炔为燃料气体，火焰应用中性焰或微碳化焰。当工件体积较小时,可用火焰喷涂枪或喷涂、喷熔两用枪进行重熔操作。当工件体积较大时,需要用专门的火焰重熔枪工作。重熔处理也可以选用电炉加热、感应炉加热、保护气氛炉加热等方法,如采用火焰重熔处理时,喷嘴与工件距离一般为20~30mm,喷嘴与工件的夹角为60°~75°。重熔速度要快、否则易产生过熔和氧化。重熔温度应凭经验掌握好,合金粉末达到熔化程度即可。

喷熔时,工件的温度应控制在500℃左右。由于自熔性合金粉末的线膨胀系数较大,塑性较差,冷却时容易发生涂层开裂。特别是工件较大或涂层较厚时,更容易产生裂纹。因此,喷熔结束后,应根据具体情况对工件采取空冷、保温缓冷、等温退火等措施。

六、喷熔层缺陷及预防措施

喷熔层缺陷产生原因及预防措施见表6-4。

表6-4 喷熔层缺陷产生原因及预防措施

喷熔层缺陷	产生原因	预防措施
剥落	1. 工件表面准备不符合要求; 2. 重熔时母材金属温度过低; 3. 熔化厚的涂层时,火焰移动太快; 4. 重熔温度太低,铁基粉末熔化时"镜面"反光不明显,比镍基粉末难于区别是否熔化	1. 表面准备应达到规定要求; 2. 重熔时先加热母材金属,待接近粉末熔化温度时再对涂层重熔处理; 3. 厚的涂层,火焰应稍作停留,使表里均达到熔化; 4. 提高操作水平,掌握好重熔温度
裂纹	1. 喷粉前工件预热温度太低; 2. 重熔后冷却速度太快,或喷熔层材料与母材金属线膨胀系数相差太大	1. 提高预热温度,为防止氧化,应先在工件表面喷一薄层合金粉末作保护层,然后再提高预热温度至400℃~500℃; 2. 喷熔后的涂层应采用缓冷措施,或进行等温退火处理
夹渣	1. 重熔时,火焰移动速度太快,熔渣来不及浮出; 2. 合金粉末自熔性差,熔点高,黏度大	1. 重熔瞬间,稍提高火焰,在熔化处停留一定时间,使渣完全浮出表面; 2. 更换粉末,然后选择好适当的合金粉末
气孔	1. 工件表面有锈、油污; 2. 工件表面和合金粉末被氧化; 3. 乙炔气体有水分; 4. 熔化温度过高,时间太长,引起喷熔层翻泡	1. 工件表面准备应达到要求; 2. 预热温度不宜过高,用二步法喷熔的粉末不要太细,回收粉末已被氧化,不能用在重要工件上; 3. 除去乙炔气中的水分; 4. 控制好重熔的温度和时间

七、喷熔的应用

氧乙炔火焰金属粉末喷熔在生产中已经得到推广使用。近年来国内氧乙炔火焰金属粉末喷焊的应用实例见表 6-5。

表 6-5　氧乙炔火焰金属粉末喷焊的应用实例

序号	零件名称及修复部位	喷熔原因	喷熔效果
1	ND$_4$ 内燃机车 AGO 柴油机排气阀阀面	磨损过限报废	运行 125900km 拆检,阀面完好
2	冷拔钢管内模(45 钢)	提高寿命	比原 45 钢渗碳淬火、镀铬可提高寿命 5～6 倍
3	玻璃模具	修复并提高寿命	比原来使用寿命提高 5 倍
4	泥浆泵活塞杆(40Cr)	预防保护	比原 50Cr 中频淬火钢寿命提高 9.5 倍
5	90t 成品剪刀机刀片(70Mn)	提高耐热耐磨	比原来提高 6 倍
6	水泵轴(18-8 不锈钢)	磨损修复	比原来不锈钢提高寿命 3 倍以上
7	水泵轴套筒	耐磨耐蚀修复	约提高 5 倍

第二节　氧乙炔火焰喷涂

火焰喷涂技术是将熔融状态的喷涂材料,通过高速气流使其雾化,喷射在零件表面上,从而形成喷涂层的一种金属表面加工方法。可分为火焰线(棒)材喷涂、火焰粉末喷涂。其喷涂材料形状有粉末型和线(棒)型两种。

一、火焰喷涂的原理、特点及适用范围

1. 火焰喷涂的原理

火焰喷涂时,被加热到熔融状态的喷涂材料粒子喷射到工件表面上,与工件表面撞击而产生变形、互相镶嵌并迅速冷却凝固,大量的变形粒子依次堆积形成喷涂层。同时,当高温高速的金属喷涂粒子与金属工件表面紧密接触,使两者间的距离达到晶格常数的范围时,在喷涂层与工件之间的界面上,可能达到微观局部焊接结合。

2. 火焰喷涂的特点

①涂层和母材材料非常广泛。用作涂层的材料有金属及其合金、塑料、陶瓷(包括金属陶瓷)及复合材料。被喷涂的工件材料可以是金属,也可以是非金属。

②喷涂工艺灵活,施工对象可以是大型结构或小型的零件。既可在整体表面上喷涂,也可以是局部区域喷涂。可真空或可控气氛下喷涂,也可按需要在野外进行现场作业。

③涂层厚度可以根据需要在较大范围内调整。

④用复合粉末制成的复合涂层,可以把金属或合金与塑料或陶瓷结合起来,以获得良好的综合性能,这是用其他加工方法难以做到的。

⑤喷涂的生产效率较高,多数喷涂工艺的生产率≤10kg/h,某些工艺可高达50kg/h。

⑥火焰喷涂是一种冷工艺,母材受热程度低,并可控制母材的金相组织和冶金质量,也不会产生应力和变形。

⑦与堆焊相比,喷涂的母材稀释率低,特别是火焰粉末喷涂工艺,其母材稀释接近于零。

⑧大多数的热喷涂工艺设备简单、操作灵活、成本低,具有良好的经济效益。

⑨火焰喷涂的缺点是在喷涂层中形成了各种封闭的、表面和穿透的孔隙。

3. 火焰喷涂的应用范围

火焰喷涂可以在普通的基体材料表面上喷涂金属、陶瓷、塑料层,以获得具有耐磨、耐蚀、抗氧化、耐高温、隔热、导电、绝缘、减磨、润滑、防辐射及其他特殊的物理和化学性能表层。因此,火焰喷涂技术适用范围非常广泛,它既可以用来恢复因表面损坏而报废的零件,也可以用于新产品的制造以提供所需的性能。

二、火焰喷涂方法的分类

火焰喷涂方法的分类及其特性见表 6-6。

表 6-6 火焰喷涂方法的分类及其特性

分类		火 焰 式			
		线材喷涂	棒材喷涂	粉末喷涂	粉末喷熔
工作气体		氧气和燃料气体(如乙炔、氧气)			
热源		燃烧火焰			
喷涂颗粒加速力源		压缩空气等		燃烧火焰	
喷涂粒子飞行速度 /(m/s)		50～100		30～90	
喷涂材料	形状	线材	棒材	粉末	
	种类	Al、Zn、Cu、Mo、Ni、NiCr 合金、碳素钢、不锈钢、黄铜和青铜等	Al_2O_3、Cr_2O_3、ZrO_2、$ZrSiO_4$ 和锆酸镁等陶瓷棒材	Ni 基、Co 基和 Fe 基自熔合金,Cu 基合金,镍包铝,Al_2O_3 等	自熔合金或在自熔合金中加部分陶瓷材料
喷涂量 /(kg/h)		2.5～3.0 (金属)	0.5～1.0	1.5～2.5 (陶瓷) 3.5～10.0 (金属)	3.5～10.0

续表 6-6

分类	火焰式			
	线材喷涂	棒材喷涂	粉末喷涂	粉末喷熔
母材受热温度/℃		250 以下		约 1050
结合强度/MPa	>9.8	—	>6.9	—
气孔率(%)	5~20	—	5~20	0

三、火焰喷涂的设备

1. 气体火焰线材喷涂设备

(1)设备组成 喷涂设备包括氧乙炔供给系统、空气压缩机及过滤器,关键设备是喷涂枪。气体火焰线材喷涂设备如图 6-2 所示。

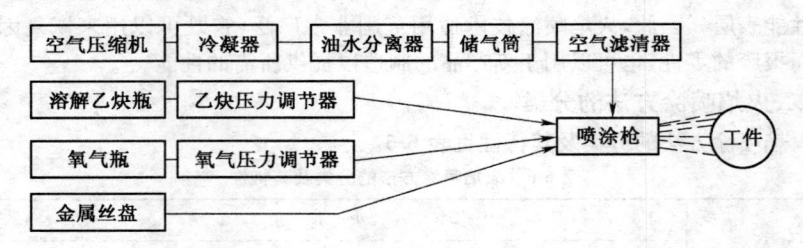

图 6-2 气体火焰线材喷涂设备

(2)技术数据 SQP-1 型射吸式火焰线材喷涂枪的技术数据见表 6-7。

表 6-7 SQP-1 型射吸式火焰线材喷涂枪的技术数据

操作方式	手持固定两用
动力源	压缩空气吹动气轮
调速方式	离合器
使用热源	氧乙炔火焰
质量/kg	≤1.9
外形尺寸/mm×mm×mm	90×180×215
气体表压力/MPa	氧 0.4~0.5 乙炔 0.04~0.07 压缩空气 0.4~0.6
气体消耗量/(m²/h)	氧 1.8 乙炔 0.66 压缩空气 1~1.2
线材直径/mm	ϕ2.3(中速)、ϕ3.0(高速)

续表 6-7

火花束角度/(°)	≤4
喷涂生产率/(kg/h)	0.4(ϕ2.2 Al$_2$O$_3$)　2.0(ϕ3.0 低碳钢) 0.9(ϕ2.3 铝)　2.65(ϕ3.0 铝) 1.6(ϕ2.3 高碳钢)　4.3(ϕ3.0 铜) 1.8(ϕ2.3 不锈钢)　8.2(ϕ3.0 锌)

2. 气体火焰粉末喷涂设备

(1) 设备组成　喷涂设备包括喷涂枪、氧乙炔供给系统、电炉、干燥箱、转胎等辅助设备。喷涂枪可根据功率的大小分为中小型和大型两类。

中小型气体火焰粉末喷涂枪如图 6-3 所示。与气焊炬相似，其区别在于喷涂枪上装有送粉机构。以我国自行设计制造的 QSH-4 型专用喷涂枪为例，它具有全位置操作的功能，可以使用低、中压乙炔，操作灵活、简便，价格便宜，适用于较小工件的局部修复。这种喷涂枪主要由两部分组成。

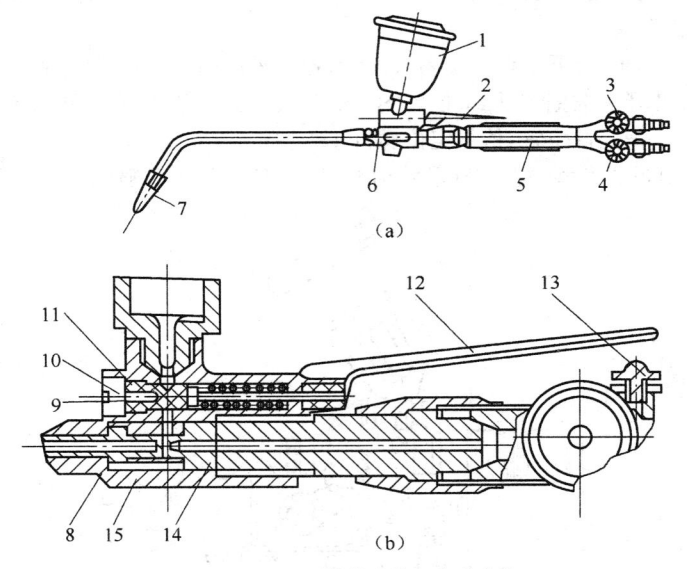

图 6-3　中小型气体火焰粉末喷涂枪
(a)喷枪外形结构　(b)送粉系统结构
1. 粉斗　2. 送粉手柄　3. 乙炔阀　4. 氧气阀　5. 手柄　6. 本体　7. 喷嘴
8. 混合室　9. 定位螺钉　10. 调节螺钉　11. 橡胶粉阀　12. 揿把
13. 揿把高低定位螺钉　14. 喷射器　15. 射吸室

① 火焰燃烧系统。火焰燃烧采用射吸式原理，即由氧气射吸带出乙炔。此种

结构对乙炔压力的适应性大,性能稳定,使用效果好。为了均匀加热粉末,火焰能率要大,所以采用了梅花形分布喷孔的喷嘴。喷嘴结构如图6-4所示,前端孔铰成1∶5的锥度,使气流的挺度大。喷嘴与喷嘴体的连接,采用了锥度密封,其密封性可靠。

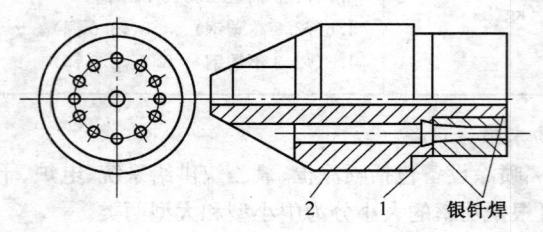

图 6-4 喷嘴结构
1. 喷嘴套 2. 喷嘴体

②粉末供给系统。它采用与燃烧焰分开的另一路氧气射吸负压,将粉末吸入,然后由氧气流运载至喷嘴中间孔喷射出来。用氧气射吸载粉,抽吸力大,结构简单,粉末的送给由开关控制。

送粉量的大小,可通过调节送粉气流量(送粉氧阀门)和调节橡胶阀门中孔的大小,即通过改变开关揿把12压下位置的高低来实现。调节螺钉10可使阀的行程位置发生变化,揿把高低位置,依靠定位螺钉13进行定位。

SPH-E射吸式大型喷枪的外形结构如图6-5所示。大型喷枪的送粉系统与氧

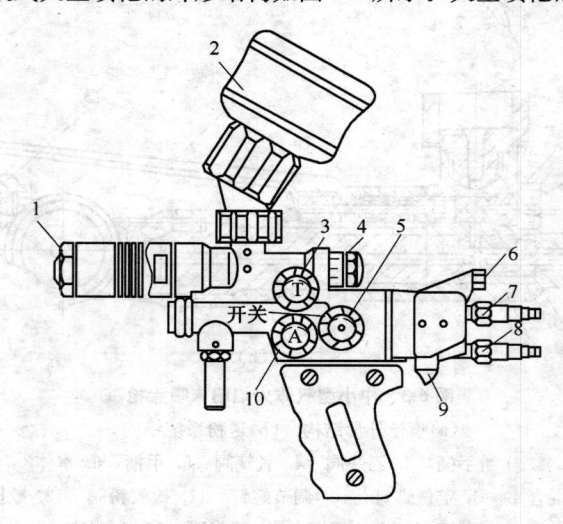

图 6-5 SPH-E 射吸式大型喷枪的外形结构
1. 喷嘴 2. 粉斗 3. 送粉气开关 4. 送粉开关 5. 氧气开关 6. 辅助送粉气进口
7. 氧气进口 8. 乙炔进口 9. 气体快速关闭安全阀 10. 乙炔开关

乙炔混合系统是分开的,所以调整火焰性质及功率与调节送粉气流是互不影响的。这类喷枪配备有适于喷涂一般粉末的通用喷嘴及喷涂特殊材料或用于喷熔的喷嘴。此外,大型喷枪都设计有辅助送粉气进口,可通入压缩空气或惰性气体等辅助气体,以提高易氧化材料或高熔点材料的喷涂质量。大型喷枪安全、可靠,对喷涂材料适用范围广,适用于较大或重要工件的强化及修复。

氧乙炔供给系统,以及转胎等辅助设备,根据喷涂工作的具体要求设置。

(2)技术数据 火焰粉末喷枪的型号及技术数据见表6-8。

表6-8 火焰粉末喷枪的型号及技术数据

型号	气体压力/kPa 氧气	气体压力/kPa 乙炔	送粉量/(kg/h)
QSH-4	400～700	100～120	2.0～6.35
SPH-E	500～600	70～80	4.5～7.0
FPD-1	600～800	80～100	5.0～8.0
SPHT-6/h	400～500	40～75	4.0～6.0
SPHT-8/h	400～500	60～80	4.0～10.0
BPT-1	180～210	70～100	9.0
SPH-F5	180～200	80～100	9.0

四、火焰喷涂材料

1. 火焰喷涂材料的分类

(1)按照材料的形状分 线材(或称为丝材)和粉末两种,棒材包括在线材范围之内。

(2)按照材料的成分结构分 金属及合金、自熔性合金、复合材料、陶瓷、塑料5种。

(3)按照喷涂材料的性质分 耐磨喷涂材料、耐腐蚀喷涂材料、结合底层材料3种。

2. 火焰喷涂材料的选用原则

①根据被喷涂工件的工作环境、使用性能的要求选择最适合要求的喷涂材料。

②火焰喷涂材料的热膨胀系数应该尽量与工件材料相接近,以获得优质的喷涂层。

③选用的火焰喷涂材料应与喷涂工艺方法及设备相适应。

④考虑喷涂材料的成本及供货来源。

3. 火焰喷涂常用材料的牌号、成分及特性

(1)火焰喷涂线材 包括纯金属丝、合金丝、复合线材等。热喷涂常用线材牌号、成分及特性见表6-9。

表 6-9 热喷涂常用线材牌号、成分及特性

类别	牌号	主要化学成分的质量分数(%)	特性
镍及其合金	N6	C0.1 Ni99.5	非氧化性酸、碱气氛和各种化学药品耐腐蚀涂层
	Cr20Ni80	C0.1 Ni80 Cr20	抗980℃高温氧化涂层和陶瓷粘结底层
	Cr15Ni60	Ni60 Cr15 Fe余	硫酸、硝酸、醋酸、氨、氢氧化钠耐蚀涂层
	蒙乃尔合金	Cu30 Fe1.7 Mn1.1 Ni余	非氧化性酸、氢氟酸、热浓碱、有机酸、海水耐蚀涂层
铁及其合金	Q215	C0.09~0.22 Si0.12~0.30 Mn0.25~0.65 Fe余	滑动磨损的轴承面超差修复涂层
	Q235		
	45钢	C0.45 Si0.32 Mn0.65 Fe余	轴类修复、复合涂层的底层、表面耐磨涂层
	2Cr13	C0.16~0.24 Cr12~14Fe余	耐磨、耐蚀涂层
	T10	C1.0 Si0.35 Mn0.4 Fe余	高耐磨零件表面强化涂层
	1Cr18Ni9	C0.12 Cr18~20 Ni9~13	耐酸、盐、碱溶液腐蚀涂层
铜及其合金	T2	Cu99.9	导电、导热、装饰涂层
	HSn60-1	Cu 60Sn1~1.5 Zn余	黄铜件修复、耐蚀涂层
	QAl9-2	Al9 Mn 2Cu余	耐磨、耐蚀、耐热涂层、Cr13涂层粘结底层
	QSn4-4-2.5	Sn4 P0.03 Zn4 Cu余	青铜件、轴承的减磨、耐磨、耐蚀涂层
锌、铝及其合金	Zn-2	Zn≥99.9	耐大气、淡水、海水等环境长效防腐
	ZnAl15	Al15Zn余	耐大气、淡水、海水等环境长效防腐,铝涂层亦可作导电、耐热、装饰等涂层
	L1	Al≥99.7	
	Al-Mg-Re	Mg0.5~0.6Re微量 Al余	
锡及其合金	Sn-2	Sn≥99.8	耐食品及有机酸腐蚀涂层、木材、石膏、玻璃粘结底层
	CH-A10	Sb7.5 Cu3.5 Pb0.25 Sn余	耐磨、减磨涂层
铅	Pb1、Pb2	Pb≥99.9	耐硫酸腐蚀、X射线防护涂层
其他金属	MoL	Mo99.5	自粘结底层,减磨、润滑、耐磨蚀涂层
	Wl	W99.95	抗高温、电触点抗烧蚀涂层
	Tal	Ta99.95	超高温打底涂层,特殊耐酸蚀涂层
	Cd-05	Cd99.95	中子吸收和屏蔽涂层

(2)火焰喷涂粉末

①喷涂复合粉末主要包括镍包铝、铝包镍、镍包石墨、镍包氧化铝、钴包碳化钨等20多种类型。国产复合粉末成分及特性见表6-10。

表 6-10 国产复合粉末成分及特性

名 称	成 分（%）	特 性
镍包铝	Ni-Al(80/20 或 90/10)	放热型自粘结材料，涂层致密，抗高温氧化，抗多种自熔合金熔体和玻璃的侵蚀
铝包镍	Ni-Al(5/95)	
镍包石墨	Ni-C(75/25 或 80/20)	良好的减磨自润滑可磨密封涂层，用于 500℃以下
镍包硅藻土	Ni-D.e.(75/25)	良好的减磨自润滑可磨密封涂层，用于 800℃以下
镍包二硫化钼	Ni-MoS$_2$(80/20)	有良好的减磨性能，用作无油润滑涂层
镍包氟化钙	Ni-CaF$_2$(75/25)	有良好的减磨性能，用于 800℃以下
镍包氧化铝	Ni-Al$_2$O$_3$(80/20,50/50,30/70)	高硬度、高耐磨、抗腐蚀涂层，随着 Al$_2$O$_3$ 含量增高，涂层韧性降低
镍包氧化铬	Ni-Cr$_2$O$_3$(20~25/80~75)	耐磨、抗腐蚀、耐高温
镍包碳化钨	Ni-WC(20/80)	高硬度、耐磨、耐蚀，用于 500℃以下
钴包碳化钨	Co-WC(12/88,17/83)	高硬度，高耐磨、耐热、耐蚀，用于 700℃以下
镍包复合碳化物	Ni-WTiC$_2$(85/15)	高硬度、高耐磨
镍包碳化铬	Ni-Cr$_3$C$_2$(20/80)	高硬度、高耐磨、耐蚀、抗高温氧化
镍铬包碳化铬	NiCr-Cr$_3$C$_2$(25/75)	高硬度、高耐磨、耐蚀、抗高温氧化、耐高温
镍基自熔合金包碳化钨	0.6C, 14Cr, 3B, 3Si, ≤9Fe, 余 Ni+20%WC	耐蚀、抗严重磨损，用于 600℃以下
镍基自熔合金包碳化钨	0.5C, 9Cr~12Cr, 2.5B~3.5B, 2Si~4Si, ≤9Fe, 余 Ni+35%WC	耐蚀、抗严重磨损，用于 600℃以下
镍基自熔合金包碳化钨	0.3C, 8Cr~9Cr, 1B, 2Si, ≤6Fe, 余 Ni+50%WC	耐蚀、抗严重磨损，用于 600℃以下
钴基自熔合金包碳化钨	0.4C, 16Ni, 17Cr~18Cr, 2.5B, 3.0Si, ≤5Fe, 5Mo, 0.4W, 余 Co+20%WC	耐热、耐腐蚀、抗氧化、抗严重磨损，用于 700℃以下
钴基自熔合金包碳化钨	0.3C, 13Ni, 14Cr, 2B, 2.5Si, 4Mo, 3W, ≤3Fe, 余 Co+35%WC	
钴基自熔合金包碳化钨	0.2C, 10Ni, 11Cr, 1.5B, 1.5Si, 3Mo, 2.5W, ≤3Fe, 余 Co+50%WC	耐热、耐腐蚀、抗氧化、抗严重磨损，用于 700℃以下

续表 6-10

名称	成分(%)	特性
铁基自熔合金包碳化钨	0.5C、6Ni、13Cr、3B、3Si，余 Fe+20%WC	用于 400℃以下，一般耐蚀，抗严重磨粒磨损
铁基自熔合金包碳化钨	0.4C、5Ni、10Cr、2.5B、2.5Si，余 Fe+35%WC	
铁基自熔合金包碳化钨	0.3C、4Ni、8Cr、1.5B、2Si，余 Fe+50%WC	
镍包金刚石	Ni-金刚石	高硬度、高耐磨、耐冲刷
钴包氧化锆	Co-ZrO$_2$	耐热、耐磨、耐腐蚀、抗氧化
镍包铜	Ni-Cu(70/30,30/70)	耐磨、抗腐蚀
镍包铬	Ni-Cr(80/20,60/40)	耐热、耐蚀、抗氧化、耐磨
镍包聚四氟乙烯	Ni-PTFE(70/30)	耐腐蚀，减磨自润滑涂层
铝-聚苯酯		摩擦系数极低，用于 300℃以下

②喷涂合金粉末又称为冷喷合金粉末，它不需或不能进行重熔处理，按其用途可分为打底层粉末和工作层粉末。打底层粉末可增加涂层与工件的结合强度，工作层粉末保证涂层具有所要求的使用性能。放热型自粘结复合粉末的涂层性能见表 6-11。国产喷涂合金粉末成分及特性见表 6-12。

表 6-11　放热型自粘结复合粉末的涂层性能

名称	化学符号	成分(%)	金属间化合物	涂层性能
镍包铝	Ni-Al	83/17	Ni$_3$Al, NiAl	自粘性，致密，抗高温氧化，耐高温，抗多种金属熔体和玻璃侵蚀
铝包镍	Al-Ni	5/95	Ni$_3$Al	
镍铬包铝	NiCr-Al	94/6	含 Cr 的 Ni$_3$Al	
钼包硅	Mo-Si	61~65/39~35	MoSi$_2$	涂层致密，高温下具有优异的抗氧化能力
硅包钼	Si-Mo	61~65/39~35	MoSi$_2$	
硅包铬	Si-Cr	15~52/85~48	Cr$_2$Si$_2$	
铬包硅	Cr-Si	85/15	Cr$_3$Si$_2$	
铬包锆	Cr-Zr	53/47	锆化铬	
钛包铬	Ti-Cr	65/35	钛化铬	
铝包镧	Al-La	25~30/75~70	铝镧化合物	熔点很高，涂层致密，具有优异的抗高温氧化能力
铝包铬	Al-Cr	38~40/62~60	铬铝化合物	
铬包铝	Cr-Al		铬铝化合物	

表 6-12 国产喷涂合金粉末成分及特性

种类	牌号	主要成分(%)	硬度(HB)	特性
镍基	Ni100	Ni-23Cr-1.2Si	100	耐热,耐高温氧化,用作绝热涂层
	粉111	Ni-15Cr-7Fe	(HV)150	易切削,用于轴承
	Ni180	Ni-14Cr-7Fe-0.8Si-0.3Al	180	加工性好,耐摩擦磨损,用于轴承面、轴类
	粉112	Ni-15Cr-7Fe-3Al	(HV)200	涂层致密,用于泵、轴
	Ni222	Ni-14Cr-7Fe-0.8Si-5Al	222	耐蚀性好,用于印刷辊、电枢轴
	粉113	Ni-10Cr-1.5B-3Si	(HV)250	耐磨性较好,用于活塞
	Ni320	Ni-14Cr-7Fe-1.5B-3Si-1.5Al	320	高硬度、耐磨,用于机床轴、电枢轴、曲轴、轧辊辊颈
	粉115	Ni-35WC	(HV)400	耐磨性好
铁基	Fe250	Fe-17Cr-1.5B-2.0Si-10Ni	250	韧性、加工性好,用于汽轮机机箱密封面、轴承面
	粉313	Fe-15Cr-1.5B	(HV)250	耐磨性较好,用于轴类
	粉314	Fe-18Cr-9Ni-1.5B	(HV)250	
	Fe280	Fe-13Cr-B-2.5Si-37Ni	280	硬度高、耐磨、抗压性好,用于各种耐磨件
	Fe300	Fe-13Cr-2B-3Si-37Ni-4.5Mo	300	
	Fe320	Fe-15Cr-2.0B-1.5Si	320	
	粉316	Fe-2C-15Cr-1.5B	(HV)400	耐磨性好,用于滚筒
	Fe500	Fe-15Cr-3B-4.5Si-12Ni	500	硬度高、耐磨、抗压性好,用于各种耐磨件
铜基	粉412	Cu-10Sn-0.3P	(HV)80	易切削,用于轴承
	粉411	Cu-10Al-5Ni	(HV)150	
	Cu150	Cu0.4P-8Sn	150	摩擦系数小、易加工,用于压力缸体、机床导轨及铝、铜件
	Cu180	Cu-5Ni-10Al	180	
	Cu200	Cu-0.4P-8Sn	200	
打底层粉末	粉511	Ni-20Al	—	有自粘结作用,用作打底层
	粉512	Ni-8.0Al-2.0Si	—	

③金属合金粉末是获得热喷涂涂层的重要材料之一。对于难以加工成线材的、延展性较差的金属或合金,多制成粉末使用。其成分及性能与线材完全一致。

(3)火焰喷涂金属陶瓷粉末 陶瓷属于高温无机材料,是金属氧化物、碳化物、硼化物、硅化物、氮化物的总称。具有熔点高、硬度高、耐腐蚀、脆性大、强度低等特点。陶瓷材料经过适当加工及喷涂在工件上，可以获得性能优良的喷涂层。表6-13列出了热喷涂常用陶瓷粉末成分及特性。

表6-13 热喷涂常用陶瓷粉末成分及特性

类别	牌号	主要化学成分的质量分数(%)	特 性
氧化铝及复合粉末	AF-251	$Al_2O_3 \geqslant 98.4$	耐磨粒磨损、冲蚀、纤维磨损。840℃～1650℃耐冲击、热障、磨耗、绝缘、高温反射涂层
	P711	$Al_2O_3\ 97\ TiO_2\ 3.0$	
	P7112	$Al_2O_3\ 余\ TiO_2\ 13$	540℃以下耐磨粒磨损、硬面磨损、微振磨损、纤维磨损、气蚀、冲蚀、腐蚀磨损涂层
	P7113	$Al_2O_3\ 余\ TiO_2\ 20$	
	P7114	$Al_2O_3\ 余\ TiO_2\ 40$	
	P7115	$Al_2O_3\ 余\ TiO_2\ 50$	
氧化锆粉末	CSZ	$ZrO_2\ 93.9\ CaO\ 4\sim6$	845℃以上耐高温、绝热、抗热振、高温粒子冲蚀、耐熔融金属及碱性炉渣浸蚀涂层
	MSZ	$(ZrO_2+MgO) \geqslant 98.45$	
	YSZ	$(ZrO_2+Y_2O_3) \geqslant 98.25$	1650℃高温热障涂层，845℃以上抗冲蚀涂层
氧化铬粉	氧化铬	$Cr_2O_3\ 91\ SiO_2\ 8\ Al_2O_3\ 0.61$	540℃以下耐磨粒磨损、冲蚀、250℃抗腐蚀、纤维磨损、辐射涂层
氧化钛粉末	P7420	$TiO_2 \geqslant 98$	540℃以下耐粘着、腐蚀磨损、光电转换、红外辐射、抗静电涂层
	$TiO_2 \cdot Cr_2O_3$	$TiO_2\ 55\ Cr_2O_3\ 45$	540℃以下抗腐蚀磨损、抗静电涂层
	TZN	$TiO_2\ 5\sim20\ ZrO_2\ 80\sim90\ Nb_2O_5\ 1$	红外及远红外波辐射涂层
	TZN-2	$TiO_2\ 77\ ZrO_2\ 20\ Nb_2O_5\ 3$	
其他粉末	OS-1	$Y\ 13.3\ Ba\ 41.2\ Cu\ 28.9\ O\ 余$	超导涂层
	TiN	TiN	1000℃以下耐热、抗氧化、耐腐蚀、抗擦伤及彩色表面装饰保护涂层

五、火焰喷涂工艺

火焰喷涂的基本工艺流程为工件表面准备、工件的预热、喷涂过渡层、喷涂工作层、喷涂后的处理。

1. 工件表面准备

工件表面准备包括表面清洗、表面预加工、表面粗化、喷涂结合底层等项工作。工件表面制备直接关系到喷涂层的质量及喷涂工艺的成败。

(1)表面清洗 喷涂前应去除工件表面的氧化皮及油污等，直到露出清洁、光亮的金属表面为止。

①热碱溶液清洗是用氢氧化钠、磷酸三钠、碳酸钠等热溶液浸泡、冲洗工件，露出金属光泽后再用清水冲净，也可以用金属洗净剂进行清洗。这种方法清洗效果较好，费用较低。

②有机溶剂清洗是用汽油、丙酮、三氯乙烷、三氯乙烯等冲洗工件。这种方法清洗效果好,费用较高。由于许多有机溶剂略有毒性,使用时应注意安全和通风。

③渗油多孔件的清洗,如长期浸在油中的铸铁件,应加热300℃,保温3~5h,使油脂全部渗出,擦净后再清洗。加热温度及保温时间可根据具体情况而定,直到铸件在加热时不冒青烟为止。对于大型铸件,整体均匀加热有困难时,也可在80℃~100℃反复烘烤,然后擦净后再做表面清洗。对于清洗后的工件,不应再沾染灰尘及油污、手印等。

(2)表面预加工 表面预加工是利用车削或磨削除去工件表面的疲劳层、腐蚀层等各种损伤或表面硬化层等,同时还可以修整不均匀的磨损表面及预留喷涂层的厚度,其预加工量主要由设计的喷涂层厚度决定。维修旧件时建议加工至最大磨损量以下0.10~0.20mm,制造新品时加工量取0.10~0.25mm,若基材强度较低,而涂层又承受较大的局部压力时,应增大预加工量。另外应保证工件边、角、变断面处的平滑过渡,以防由于断面变化较大产生内应力,造成喷涂层剥落。轴类零件预加工时的边角过渡如图6-6所示。

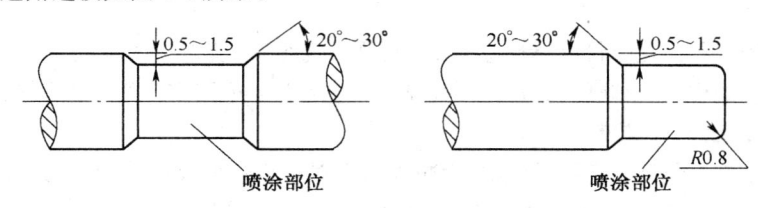

图6-6 轴类零件预加工时的边角过渡

(3)表面粗化 工件表面经过粗化处理以后,能增强基材与喷涂层的结合力。粗化的常用方法有喷砂和机加工等。

①喷砂的材料为多角冷硬铸铁砂、刚玉砂(Al_2O_3)、硅砂(SiO_2),其分别适用于硬度为HRC50、HRC40、HRC30左右的工件表面。

喷砂后,工件的表面粗糙度应达到$Ra3.2~12.5\mu m$。对于薄壁工件,表面粗糙度可为$Ra1.6\mu m$。表面粗糙度是否达到了要求可用仪表测量,但大多数情况还是凭经验观察判断喷砂结果,即在较强光线下,从各角度观察喷砂面均无反射亮斑时,认为合格。喷砂后,用压缩空气将粘附在工件表面的矿砂粒吹净。为防止污染及氧化,应尽快进行喷涂。

②机加工粗化包括车细螺纹、磨削、滚花等,表面螺纹形状如图6-7所示。机加工粗化,往往与喷砂或喷涂结合底层的方法联合使用。

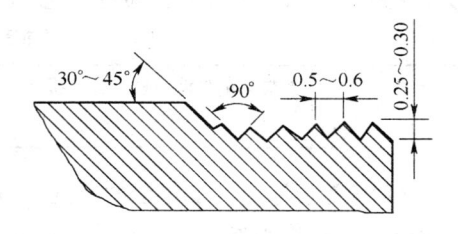

图6-7 表面螺纹的形状

③喷涂结合底层，为提高工件层与工件之间（喷涂层）的结合强度，先喷一层易与基材结合的过渡材料底层，如钼、镍铬复合材料、镍铝复合材料等，如果基材厚度太小，喷砂易造成变形时，特别适用这种方法。结合底层不宜太厚，一般控制在0.10～0.15mm。如果太厚，会使工作层的结合强度降低，而且不经济。

2. 工件的预热

工件预热的作用是可以清除工件表面的吸附水分；可使工件膨胀，以降低喷涂层冷却时产生的拉应力。

工件预热的温度为80℃～120℃，预热时加热应缓慢、均匀、防止局部过热，预热可在电炉中进行。如果是氧乙炔火焰喷涂时，可以用喷枪进行预热，火焰应为中性焰或碳化焰。

3. 喷涂过渡层

在已处理好的喷涂工件表面上，首先均匀喷上一层镍铝复合粉过渡层。过渡层的厚度应为0.1～0.5mm，这一层仅起结合作用，粉末也比较贵，所以不必喷得太厚。

由于镍包铝复合粉放热反应剧烈，放热温度很高，所以在喷涂时会大量冒烟。为减少冒烟现象，喷镍包铝粉时，要控制好工艺参数，可采用较强的火焰、较大的送粉气流以及较小的出粉量。

在喷涂镍包铝复合粉过程中，为减少烟雾对工件表面及涂层间的污染，可采用快速薄层喷涂，即喷枪往复移动，不要在表面停留时间过长。

铝包镍复合粉的工艺性能好，结合质量高，冒烟少，易掌握。所以过渡层应尽量选用这种复合粉喷涂。喷涂的火焰一般可使用中性焰。

喷涂时，喷枪与工件表面的距离一般为180mm左右，并随着火焰能率的大小、粉末在火焰中的加热状态等而变化。根据生产经验，在火焰总长的4/5区域进入工件表面较为适当，此时粉末温度较高，速度快，沉积效果也最好。

4. 喷涂工作层

(1)**喷枪与工件的相对位置要正确**　喷枪与工件要保持一定距离。不同热喷涂方法的喷涂距离见表6-14。喷枪角度应使射流轴线与工件表面之间夹角＞45°。

表6-14　不同热喷涂方法的喷涂距离

喷涂方法	丝材火焰喷涂	粉末火焰喷涂	电弧喷涂	等离子金属喷涂	等离子陶瓷喷涂
喷涂距离/mm	100～150	150～200	100～200	70～130	50～100

(2)**喷涂层厚度**　工作层的厚度一般较大，每层喷涂厚度不得超过0.15mm。总的喷涂层厚度不得超过1～1.5mm。要分层逐步加厚喷涂层，否则将降低喷涂层的结合强度。

(3)工件表面温度监视 在喷涂过程中要保持工件喷涂表面温度不超过150℃,若发现温度高于150℃,应停止喷涂,待温度下降到150℃以下时再继续操作。喷涂过程中,也可以对喷涂部位用冷却气流进行冷却降温处理。

火焰喷涂时,用中性焰或弱碳化焰,送粉量一般选在20~30g/min范围内。

5.常用的喷涂方法

(1)气体火焰线材喷涂

①采用线材或棒材喷涂材料送入氧乙炔火焰区,线端被加热熔化,借助压缩空气将熔化的喷涂材料雾化成微粒,喷向清洁而粗糙的工件表面,形成涂层,线材气喷涂原理如图6-8所示。喷涂材料可以是金属线材,也可以是陶瓷棒材。

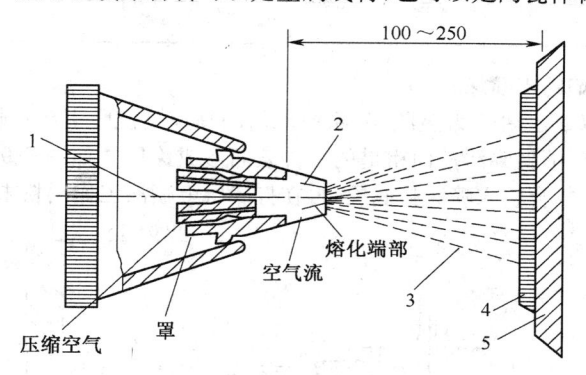

图 6-8 线材气喷涂原理
1.线材 2.火焰 3.金属微粒 4.涂层 5.工件基体

②特点是手提操作灵活方便、设备简单、成本低。广泛用于曲轴、柱塞、轴颈、机床导轨、桥梁、闸门、钢结构件的防护,以及轴瓦、退火包等喷钢、喷铝、喷锡和喷氧化铝等。

③火焰线材喷涂工艺参数见表6-15。SQP-1型火焰线材喷枪线材喷涂工艺参数见表6-16。

表 6-15 火焰线材喷涂工艺参数

压缩空气压力/MPa		0.55~0.60
工件旋转线速度/(m/min)		5~12
工件每转喷枪移动量/mm		3~10
工件与喷枪距离/mm	喷钢	100~150
	喷钼	70~80
	喷铝	100~200
	喷其他材料	100~150
喷枪中心与工件中心线关系		略仰

表 6-16 SQP-1 型火焰线材喷枪线材喷涂工艺参数

工艺参数	喷涂材料	
	喷锌	喷铝
氧气压力/MPa	0.4～0.5	0.4～0.5
乙炔压力/MPa	0.06～0.08	0.06～0.08
压缩空气压力/MPa	0.5～0.6	0.5～0.6
送丝速度/(r/min)	35～40	25～30
喷涂距离/mm	120～150	120～150
喷层厚度/mm	0.2	0.3

(2)气体火焰粉末喷涂

①原理是以氧乙炔焰为热源,喷涂粉末借助高速气流吸引到火焰区,加热到熔融或高塑性状态,喷射到清洁而粗糙的工件表面形成涂层。如图 6-9 所示。一般采用放热型铝包镍复合粉末喷涂打底层,再在打底层上喷涂工作层粉末。

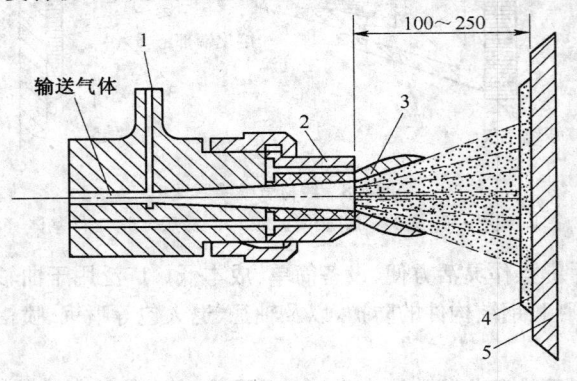

图 6-9 粉末气喷涂原理
1. 喷涂材料粉末 2. 喷嘴 3. 火焰 4. 涂层 5. 工件基体

②特点是设备简单,投资少,操作容易,工件受热温度低,变形小。适用于保护或修复已经精加工的或不允许变形的机械零件,如轴类、轴瓦、轴套等。

③普通的火焰喷枪没有精确的送粉控制装置,因此喷涂时凭经验控制送粉参数,送粉量一般为 20～30g/min。BPT-1 型喷枪常用粉末喷涂工艺参数推荐值见表 6-17。

6. 喷涂后的处理

(1)封孔处理 由于喷涂层是堆叠的,具有多孔性,而且内部的孔隙有可能相互连接,对于密封件、防腐蚀件喷涂层,必须进行封孔处理,即喷后选择合适材料填充孔隙。

表 6-17　BPT-1 型喷枪常用粉末喷涂工艺参数推荐值

粉　末	气体压力/MPa 氧气	气体压力/MPa 乙炔气	气体流量/(m³/h) 氧气	气体流量/(m³/h) 乙炔气	喷嘴	送粉阀杆	送粉气阀位置	喷距/mm	备注
镍包铝(Ni80,Al20)	0.1862	0.1029	1.15	0.75	B	B	8~9	180~250	—
铝包镍(Ni95,Al5)	0.1715	0.1029	1.1	0.8	A	B	7~8	150~180	用振动器
喷涂镍基工作层粉	0.2058	0.1029	1.25	0.8	A	C	10~12	180~250	—
喷涂铁基工作层粉	0.2058	0.1029	1.25	0.8	A	C	10~12	180~250	—
喷涂镍铬铝工作层粉	0.1715	0.1029	1.1	0.8	A	A	7~8	150~180	—
一步法自粘结喷涂粉	0.1715	0.1029	1.1	0.8	C	A	7~8	150~180	用振动器
一步法自粘结喷涂粉	0.2058	0.1029	1.2	0.8	A	A	6~7	180~250	用振动器
白色氧化铝	0.2058	0.1029	1.25	0.8	B	B	3.5~4.5	65	粉末粒度为250~400目
质量分数为25%氧化钛的氧化铝	0.2058	0.1029	1.25	0.8	A	B	3.5~4.5	65	用振动器和旁吹管
镍基自熔合金	0.2058	0.1029	1.25	0.8	A	C	10~12	230~250	—

注：A、B、C 为代号。

封孔处理之前，必须将喷涂层表面清理干净，最好是喷涂完毕马上进行封孔处理，如果喷涂层表面有油污时，应该用适当的溶剂洗净并蒸发后，方可进行封孔处理。

常用封孔材料为有机合成树脂、合成橡胶、石蜡，某些油漆及油脂等。具体选择要根据工件的工作条件和封孔材料的物理化学性能而定。若工件接触弱酸和有机溶剂，工作温度在 150℃～260℃时，可选用酚醛树脂。工件接触水、油，工件温度在 150℃以下时，可选用丙烯酸酯类厌氧胶粘剂。工件接触酸、碱、海水，工作在室温环境时，可选用微晶石蜡作为封孔剂。此外，许多工业用的密封胶也可作为喷涂层的封孔剂，封孔剂的固化方法随封孔剂不同而不同。

(2)喷涂层的机械加工　常用的机加工方法有车削和磨削。为了防止切削和磨料粒子嵌入孔隙中，在进行机加工时，先用石蜡封孔，但这对滑动配合的耐磨面的储油性能有较大影响，降低润滑效果，所以必须清除残存的石蜡，其方法是用煤油浸泡清洗。

①车削规范数据及刀具的选择。纯铁、铜、铝的喷涂层选用高速钢刀具；其他硬质耐磨涂层,选用金刚石刀具、陶瓷刀具、氮化硼刀具或添加碳化钽、碳化铌的超细晶粒硬质合金刀具。喷涂层车削规范数据见表 6-18。

表 6-18 喷涂层车削规范数据

	喷涂材料	Ni60	
	喷涂工艺	喷熔	
	喷涂层硬度（HRC）	60	
	刀具牌号	YC09	
	加工工序	半精车	精车
	车削深度/mm	0.2	0.1
	进给量/(mm/r)	0.2	0.1
刀具几何角度/(°)	前角 γ_0	−5	0～−5
	后角 α_0	8	12
	主偏角 k_r	10	15
	副偏角 k_r'	15	10
	刀倾角 λ_s	−5	0
	刀尖圆弧半径 r_s/mm	0.3	0.5

注：Ni60 为国产自熔性 Ni-Cr-B-Si 型合金喷涂粉末。

②磨削规范及砂轮的选择。磨削应选用硬度高的砂轮,如绿色碳化硅、人造金刚石、氮化硼砂轮。为减少脱落的砂粒嵌入孔隙影响磨削质量,选用粒度稍粗的砂轮。磨内圆的小直径砂轮,为提高使用寿命和保持切削能力,选用疏松组织（10 号以上）砂轮,或大气孔（组织相当于 10～14 号砂轮）,喷涂层磨削规范见表 6-19。

表 6-19 喷涂层磨削规范

砂轮速度/(m/s)	绿色碳化硅砂轮　20～25 人造金刚石砂轮　15～25 氮化硼砂轮　25～35
工件移动速度 v_w/(m/min)	10～20
轴向进给量 f_a/(mm/min)	外圆磨　0.5～1.0 平面磨　10～15
径向进给量 f_r/(mm/r)	外圆磨　0.005～0.015 内圆磨　0.002～0.010 平面磨　0.005～0.020

7. 影响喷涂层质量的因素

①工件表面的清洁度和粗糙度直接影响喷涂层和基体的结合质量,因此必须做

好预处理工作。

②预热温度不宜过高,以免待喷涂表面氧化和温度应力较大,影响喷涂层的结合质量。

③喷涂过渡层时,要严格控制合金粉末粒度和喷涂工艺参数,以减少喷涂时的冒烟,提高结合质量。

④工作层合金粉末不仅应满足各种特殊性能的要求,而且应与过渡层良好的结合,喷涂时也应控制合金粉末粒度和喷涂工艺参数。

六、喷涂的应用

国内氧乙炔火焰喷涂技术的应用是最近几年才开始的,它主要用来防护和修复承受金属间摩擦磨损、不受冲击载荷及一般腐蚀的零部件。由于在喷涂时,仅有较低热量输入到工件上,故工件温度一般不超过250℃,内应力较小,不致引起工件的变形和性能的改变,因此得到较广泛的应用。近年来国内氧乙炔火焰金属粉末喷涂的应用见表6-20。

表6-20 国内氧乙炔火焰金属粉末喷涂的应用

工件名称	基体材料	喷涂材料	喷涂原因	效果
机车柴油机曲轴	球墨铸铁	打底层 Ni80Al20,工作层粉 111	加工报废	修复使用
柴油机气泵	38CrSi	打底层 Ni80Al20,工作层粉 112	磨损报废	修复使用
柴油机机体	20 或合金铸铁	打底层 Ni80Al20,工作层粉 111	事故报废	修复使用
发电机、电动机等轴的轴颈	45	打底层 Ni80Al20,工作层粉 111	磨损报废	修复使用

第三节 亚音速火焰喷涂

在气体火焰粉末喷涂工艺中,具有突出特点的喷涂工艺要算高速火焰喷涂,即"HVOF"。而速度高到何种程度才算高速,至今尚无定论。通常所说的超音速喷涂,实际上是指焰流的速度超过了"音速",即超过了火焰区的"临界速度"。但是,由于粒子飞行速度已经比常规火焰喷射高出几倍乃至十几倍(比如 600m/s),所以这些都统称为高速。

亚音速喷涂,其粒子飞行速度达到了 150~300m/s,比常规火焰喷射的粒子飞行速度(40~50m/s)高出 4~6 倍,因此也属于高速火焰喷涂。因为热源也使用氧乙炔火焰,故将其列入"HVOF"范畴。

一、亚音速喷涂枪的特性

随着热喷涂技术的发展,近年,亚音速喷涂枪在国内应用广泛。以 CP 型为例,它在国内已形成系列产品。其中 CP-3000 型喷涂枪,是应用最普遍的氧乙炔火焰,以压缩空气作为送粉气、加速气和冷却气的一种高速粉末喷涂枪。亚音速 CP-3000 型喷涂枪,具有与"HVOF"喷涂枪的相似特点。其涂层结合强度高,气孔率低,喷涂过程中材料不易氧化,特别适合于碳化物等喷涂材料。

(1)优点 亚音速喷涂的粒子飞行速度略低于超音速,但它却有以下优点:

①由于粒子在火焰中停留的时间相对较长,可以喷涂较高熔点的材料,除熔点高于 2800℃ 以上的陶瓷材料,均可获得良好的涂层质量。

②所采用的粉末粒度范围相对较宽,通常为 260～400 目,放热型材料为 200 目。

③CP-3000 型喷涂枪的操作简单,如图 6-10 所示,枪上的控制气阀采用了挡位控制,即"关闭"、"点火"、"工作"和"吹气"程序,均可在喷枪上调整。控制气阀是一个三连珠球阀(我国专利产品),有可靠的密封性能。

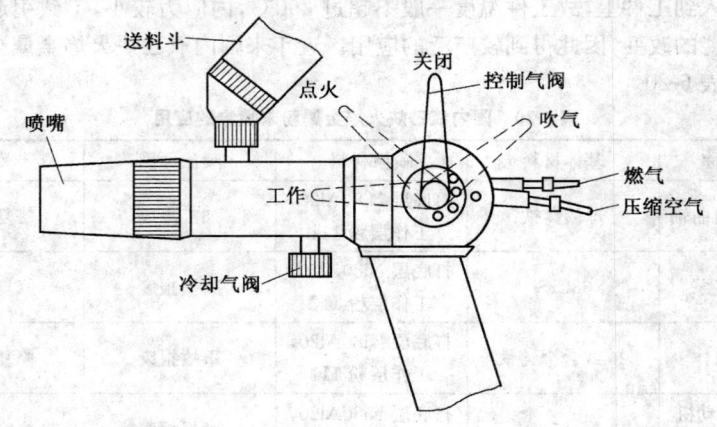

图 6-10 CP-3000 型喷涂枪

(2)使用的气体 CP-3000 型亚音速喷涂枪所使用的气体种类及消耗量见表 6-21。

表 6-21 CP-3000 型亚音速喷涂枪所使用的气体种类及消耗量

气体名称	压力/MPa	耗气量/(m³·h⁻¹)
氧气	0.6～0.9	1.5～2.0
乙炔	0.08～0.14	1.3～1.6
压缩空气	0.4(恒压)	≥6.6

注:压缩空气为经净化的干燥气体。

(3)应用材料 CP-3000 型亚音速喷涂枪,能承担多种材料的喷涂。

①合金粉末包括低熔点、易氧化的 In、Al、Ti 和 TiB_2 等材料。

②常用陶瓷包括 Al_2O_3、TiO_2、Cr_3C_2、C_2O_3、WO 和 TiB_2 等。

③当选用该喷涂枪的 3 号喷嘴和混合器组件时,可喷涂 α-Al_2O_3 和 ZrO_2 等粉末材料。

④当选用4号喷嘴和混合器组件及附件时,可喷涂多种工程塑料涂层。

二、亚音速喷涂的应用

自20世纪90年代以来,我国研制了多种亚音速喷涂枪,其中CP型喷涂枪已经形成系列产品,成为我国的专利喷涂枪。因此,在国内的推广和应用较广泛。

(1)电厂锅炉器管喷涂 锅炉器管需要抗高温氧化、耐磨性好的涂层保护,一般大都采用碳化铬75%(质量分数)的"镍铬碳化铬"涂层,这是目前抗高温、耐腐蚀、耐磨损最有效的涂层材料,但是,要使碳化铬达到75%,只有制成粉末才能实现。此外在喷涂过程中还要尽可能地少脱碳,所以只有采用高速火焰喷涂工艺,但超音速喷涂的成本较高,现场施工困难,很不方便,而采用亚音速火焰喷涂就体现了它的优越性,所以应用特别广泛。

(2)大面积防腐涂层 以往惯用的喷涂方法是采用线材火焰喷涂,但是,在线材喷涂时,由于铝表面有一层氧化膜,当在电弧喷涂时,将造成电弧的不稳定,严重影响着涂层质量。而采用亚音速火焰粉末喷涂,就显示了它的独特优越性。铝粉的喷涂速度快,当涂层厚度为 0.15～0.20mm 时,每小时约可喷涂 $10m^2$,耗用氧气和乙炔气各一瓶,所得到的涂层均匀,致密性很好,这很适合大面积的防腐涂层喷涂。

第四节 喷涂层缺陷及预防措施

热喷涂涂层的常见缺陷有涂层碎裂、涂层脱壳、涂层分层、涂层不耐磨等。表6-22为热喷涂涂层缺陷分析,针对每种缺陷的产生原因便可以相应地采取技术措施,加以防止,最终获得优质的热喷涂涂层。

表6-22 热喷涂涂层缺陷分析

缺 陷	产生原因	预防措施
涂层脱壳	1. 表面粗糙程度不够 或有灰土吸附,使喷涂层附着力减低; 2. 工件含有油脂,喷涂时油脂溢出,特别是球墨铸铁曲轴; 3. 压缩空气中有可见的油与水; 4. 喷枪离工件太远,当金属微粒到达工件前塑性降低,未能充分嵌合; 5. 车削与拉毛、拉毛与喷涂各道工序间相隔时间太久,致使表面氧化; 6. 磨削时采用氧化铝砂轮,致使涂层局部过热而膨胀; 7. 喷枪火花不集中,喷涂时火焰偏斜,致使金属微粒不能有力地粘附在工件表面; 8. 工件线速度和喷枪移动速度太慢,喷涂中的夹杂物飘附于表面,减低了附着强度	1. 表面制备应达到规定的要求,如粗化、清洁; 2. 去除工件中的油脂; 3. 压缩空气应洁净,无油、无水分; 4. 调整喷枪到工件的距离,不宜离得太远; 5. 掌握好各道工序的相隔时间,防止表面氧化; 6. 磨削时不要使用氧化铝砂轮,以防止涂层局部过热膨胀; 7. 喷枪火焰应集中,喷涂时火焰不应太偏斜; 8. 涂层后加工时应避免局部过热

续表 6-22

缺　陷	产生原因	预防措施
涂层分层	1. 采用间歇喷涂时，在即将达到标准尺寸的情况下没有一次喷完，而是停喷太久，这样的涂层在磨光时会产生分层剥落现象； 2. 喷涂中压缩空气带出的油和水溅在工件表面上； 3. 喷涂场所不洁，每一层喷涂后有大量灰尘吸附到工件表面，使层与层之间有外来物隔离或部分隔离	1. 采用间歇喷涂时，在即将达到标准尺寸的情况下应一次喷完，避免在此时停顿太久； 2. 喷涂时避免压缩空气中带出的油和水进入涂层中； 3. 喷涂时避免外界的灰尘侵入涂层内
涂层碎裂	1. 喷涂时喷枪移动太慢，以致一次喷涂的涂层过厚，造成涂层过热； 2. 喷枪距离太近，促使涂层过热； 3. 喷涂材料收缩率太高或含有较多的导致热裂冷碎的元素，如硫、磷等； 4. 气喷时，使用了氧化焰，涂层过分氧化； 5. 喷好后的工件过度激冷而碎裂； 6. 压缩空气中有水汽和油雾，降低了涂层结合强度； 7. 工件回转中心不准，喷涂火花偏斜在一面，使涂层有厚薄，收缩率不均	1. 喷涂时一次喷涂的涂层不宜太厚； 2. 喷枪与工件的距离、喷枪移动要适当，避免涂层过热； 3. 选用符合要求的喷涂材料； 4. 不应采用氧化焰，防止涂层过分氧化； 5. 喷涂后应缓冷或立即退火； 6. 压缩空气应洁净，无油和水分进入涂层内； 7. 涂层要均匀一致，避免产生厚薄不均匀现象
涂层不耐磨	1. 喷涂时喷枪离工件太远，金属颗粒提早冷却，喷到工件上后成为疏松涂层，涂层工作时，颗粒部分脱落，擦伤摩擦面； 2. 磨削时有大量的砂轮屑嵌入涂层，擦伤表面； 3. 金属丝进给速度太快，颗粒呈片状； 4. 金属丝材料不合适，硬度不高，不耐磨（如钢丝的含碳量低，涂层太软）； 5. 空气压力过低，喷枪距离太远，致使结合强度降低	1. 喷枪距工件不能太远； 2. 涂层后加工时不能有大量的砂粒屑嵌入涂层并避免划伤涂层表面； 3. 掌握好金属丝进给速度； 4. 正确选择喷涂材料； 5. 适当提高压缩空气的压力，增加金属颗粒的动能

第五节　火焰喷涂基本技能训练实例

一、水闸门火焰线材喷涂防腐涂层技能训练实例

水闸门是水利工程中的钢结构件，其工作条件是长期处于干湿交替、浸没水下

等恶劣环境中,并受日光、天气、水、水生物的浸蚀,泥沙、冰块、漂浮物等冲磨,容易发生磨蚀、大气腐蚀、锈蚀等。为提高水闸门的使用寿命,通常采用涂料保护,一般保护周期为3~4年。而采用喷锌涂层,水闸门的使用寿命可延长20~30年。

(1) 涂层选择 采用喷涂锌涂层是因为锌的标准电极电势比较低,被喷涂工件材质是钢铁,其与涂层锌将构成一个原电池,锌为阳极,而钢铁为阴极。由于阳极锌溶解缓慢,使钢铁不受腐蚀,从而延长了水闸门的使用寿命。

(2) 喷涂工艺

① 水闸门的喷涂表面进行喷砂处理、去污、除锈,并且粗化水闸门表面。喷砂时,采用硅砂,其粒径为0.5~2mm。

② 使用喷枪为SQP-1型火焰喷枪,喷涂材料为锌丝。

③ 喷涂氧气压力为392~490kPa,乙炔压力为39.2~49kPa,压缩空气力为490~637kPa,火焰为中性焰或稍偏碳化焰,喷涂距离为150~200mm;涂层总厚度为0.3mm(采用多次喷涂累计达到0.3mm),以防止涂层翘起脱落。

二、球罐的火焰粉末喷涂修复技能训练实例

被喷工件为200m³球罐,材质为Q345R(16MnR),壁厚24mm,储存介质为液化石油气。由于液化石油气中含H_2S量较高,球罐在工作5年后,发现有严重的应力腐蚀开裂,裂纹主要分布在焊接接头部位,因此对球罐的安全使用造成严重威胁。

(1) 喷涂特点 采用喷涂铜合金粉末是因为根据电化学原理,控制喷涂保护区的阴极析氢反应,造成球罐基体金属与液化石油气之间的隔离层,进行喷涂时,对金属的加热可以减少焊接接头的应力。

(2) 喷涂工艺

① 对于探伤合格的焊缝及热影响区,使用砂轮机打磨,清除锈斑。打磨宽度为150~170mm,并且用丙酮擦洗2~3次。

② 工件预热是在喷涂部位的外壁用液化石油气火焰加热。用表面温度计测量球罐内表面温度,预热温度控制在250℃~350℃。

③ 使用第一把喷枪喷镍包铝粉末,作为打底结合层,紧接着用第二把喷枪喷铜合金粉末。

④ 喷涂工艺参数:氧气压力为588~784kPa,乙炔压力为49~98kPa,喷枪与工件的距离为150~200mm,喷涂层宽度为120~150mm。

⑤ 开始喷涂后,将预热用的液化气火焰调小,当该段喷涂完毕应立即灭火。

喷涂后,球罐经182天的运转考核,效果良好,未发现应力腐蚀开裂。

第七章 焊条电弧焊

> **培训学习目的** 了解焊条电弧焊的原理、特点及应用；熟悉焊条电弧焊的焊条、电源、辅助设备及工具；熟练掌握焊接参数的选择、焊条电弧焊的操作方法。

第一节 焊条电弧焊概述

一、焊条电弧焊的原理

焊条电弧焊是利用焊条和焊件之间产生的焊接电弧来加热并熔化待焊处的母材金属或焊条以形成焊缝的，如图 7-1 所示。

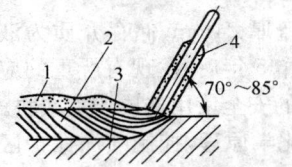

图 7-1 焊条电弧焊
1. 熔渣 2. 焊缝金属 3. 焊件 4. 焊条

二、焊条电弧焊的特点

焊条电弧焊工艺灵活、适应性强。适用于各种金属材料、各种厚度、各种结构形状及位置的焊接。由于焊接过程中用手工操作控制电弧长度、焊条角度、焊接速度等，因此，对焊接接头的装配尺寸要求可相对降低。易于通过改变工艺操作来控制焊接变形和改善接头应力状况。焊条电弧焊设备简单，操作方便，易于维修。与气体保护焊、埋弧焊等焊接方法相比，生产成本较低。生产效率较低，焊工劳动强度较大。焊接质量不够稳定，因此，对焊工的操作技术水平和经验要求较高。

三、焊条电弧焊的应用范围

焊条电弧焊在国民经济各行业中得到广泛应用，它可用来焊接低碳钢、低合金钢、不锈钢、耐热钢、铸铁和非铁金属材料等。焊条电弧焊的应用范围见表 7-1。

表 7-1 焊条电弧焊的应用范围

焊件材料	适用厚度/mm	接头形式
低碳钢、低合金钢	≥2~50	对接、T 形接、搭接、端接、堆焊
铝、铝合金	≥3	对接
不锈钢、耐热钢	≥2	对接、搭接、端接
纯铜、青铜	≥2	对接、堆焊、端接
铸铁	—	对接、堆焊、焊补
硬质合金	—	对接、堆焊

第二节 焊 条

一、焊条的组成及其作用

1. 焊条的组成

焊条是供焊条电弧焊焊接过程中使用的涂有药皮的熔化电极,它由焊芯和药皮两部分组成,如图 7-2 所示。

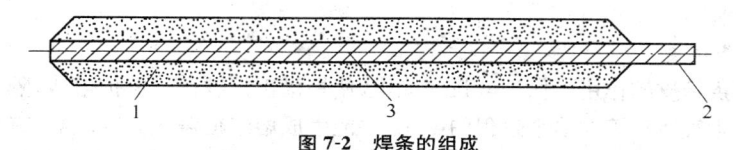

图 7-2 焊条的组成
1. 药皮 2. 夹持端 3. 焊芯

焊条药皮与焊芯的质量比被称为药皮质量系数,焊条的药皮质量系数一般为 25%～40%。焊条药皮沿焊芯直径方向偏心的程度,称为偏心度。国家标准规定,直径为 3.2mm 和 4mm 的焊条,偏心度不得大于 5%。焊条的一端没涂药皮的焊芯部分,供焊接过程中焊钳夹持之用,称为焊条的夹持端。对焊条夹持端的长短,国家标准都有详细规定,常见的碳钢焊条夹持端长度见表 7-2。

表 7-2 常见的碳钢焊条夹持端长度(GB/T 5117—1995)　　　　(mm)

焊条直径	夹持端长度
≤4.0	10～30
≥5.0	15～35

2. 焊芯

(1) 焊芯的规格　焊芯是具有一定长度和直径的金属丝。焊接时,焊芯一方面起传导焊接电流、产生电弧的作用,同时焊芯自身熔化作为填充金属与液体母材金属熔合形成焊缝,另一方面还能调节焊缝中合金元素的成分。用于制造焊芯的钢丝有碳素钢、合金钢和不锈钢 3 种。普通电弧焊条的焊芯都是碳素钢制成的,碳素钢焊条焊芯尺寸见表 7-3。

表 7-3 碳素钢焊条焊芯尺寸

焊芯直径/mm	1.6	2.0	2.5	3.2	4.0	5.0	5.6	6.0	6.4	8.0
焊芯长度/mm	200～250	250～350		350～450			450～700			

(2) 焊芯中主要合金元素对焊接的影响　焊芯中主要合金元素有碳(C)、锰(Mn)、硅(Si)、硫(S)、磷(P)等。它们对于焊接的影响是不同的。

① 碳(C)是钢中最主要的合金元素。钢中含碳量增加时,其强度和硬度明显增加,塑性则降低。含碳量增加,焊接性能恶化,会引起较大的飞溅和气孔,焊缝对裂

纹的敏感程度加大,因此,低碳钢焊芯的含碳量质量分数应<0.1%。

②锰(Mn)在钢中是有利的元素,随着含锰量增加,钢的强度和韧性都会增加。锰与硫化合生成 Mn_2S 覆盖在金属表面,抑制了 S 的有害作用。焊芯中,锰的含量一般为 0.3%~0.5%。

③硅(Si)在焊接过程中生成 SiO_2,从而使焊缝中含有较大的夹杂物,容易引起热裂纹,因此,焊芯中的含硅量越少越好。

④硫和磷(S、P)属于有害元素,焊接时会引起裂纹和气孔,焊芯中对它们的含量要严格控制。

3. 焊条药皮

(1)焊条药皮的作用 保证电弧的稳定,使焊接正常进行。保护熔池,隔绝空气中的氢、氧等气体对熔池冶金过程的影响,并能生成熔渣覆盖在焊缝表面,有利于降低焊缝的冷却速度,防止产生气孔,改善焊缝的性能。药皮中合金元素参与焊缝冶金过程,可以控制焊缝的化学成分,如脱氧、脱硫和脱磷,均有利于焊接质量的提高。

(2)焊条药皮组成物的分类 焊条药皮组成物,按其在焊接过程中所起的作用,可分为稳弧剂、造渣剂、造气剂、脱氧剂、合金剂、粘结剂、稀渣剂和增塑剂等。焊条药皮组成物及其作用见表 7-4。

表 7-4 焊条药皮组成物及其作用

名称	作用	组成物
稳弧剂	改善焊条引弧性能,提高焊接电弧稳定燃烧	碱金属或碱土金属,如碳酸钾、碳酸钠、长白粉、长石等
造渣剂	熔渣覆盖焊缝熔池表面,熔渣与熔池金属之间进行冶金反应,使焊缝金属脱氧、脱硫、脱磷,保护焊缝熔化金属不被空气氧化、氮化;减慢焊缝冷却速度,改善焊缝成形	氟石、大理石、长石、菱苦土、钛白粉、钛铁矿等
造气剂	主要是产生保护性气体,形成保护性气氛,隔离空气,保护焊接电弧、熔滴及熔池金属,防止氧化和氮化	大理石、白云石、木屑、纤维素等
脱氧剂	降低药皮或熔渣的氧化性,去除熔池中的氧	锰铁、硅铁、钛铁和铝粉等
合金剂	向焊缝金属中掺入必要的合金成分,补偿在焊接过程中被烧损和蒸发的合金元素,补加特殊性能要求的合金元素	锰铁、钛铁、硅铁、钴铁、钒铁和铬铁等
粘结剂	使药皮与焊芯牢固地粘在一起,并具有一定的强度	钠水玻璃、钾水玻璃
稀渣剂	降低焊接熔渣的黏度,增加熔渣的流动性	浮石、长石、金红石、钛铁矿、锰矿等
增塑剂	改善药皮涂料的塑性、弹性及流动性,便于制造焊条时机器挤压,并使焊条药皮表面光滑不开裂	白泥、云母、糊精、钛白粉、固态水玻璃及木粉

二、焊条的分类及其代号

1. 焊条的分类

(1) 按焊条的用途分类

① 碳钢焊条主要用于强度等级较低的低碳钢和低合金钢的焊接。

② 低合金钢焊条主要用于低合金高强度钢、含合金元素较低的钼和铬钼耐热钢及低温钢的焊接。

③ 不锈钢焊条主要用于含合金元素较高的钼耐热钢和铬钼耐热钢及各类不锈钢的焊接。

④ 堆焊焊条用于金属表层的堆焊，其熔敷金属在常温或高温中具有较好的耐磨性和耐腐蚀性。

⑤ 铸铁焊条专用于铸铁的焊接和补焊。

⑥ 镍和镍合金焊条用于镍及镍合金的焊接、补焊或堆焊。

⑦ 铜及铜合金焊条用于铜及铜合金的焊接、补焊或堆焊，也可以用于某些铸铁的补焊或异种金属的焊接。

⑧ 铝及铝合金焊条用于铝及铝合金的焊接、补焊或堆焊。

⑨ 特殊用途焊条用于在水下进行焊接、切割和管接等。

(2) 按焊条药皮熔化后的熔渣特性分类 焊接过程中，焊条药皮熔化后，按所形成熔渣呈现酸性或碱性，把焊条分为碱性焊条(熔渣碱度≥1.5)和酸性焊条(熔渣碱度≤1.5)两大类。酸性焊条和碱性焊条的工艺性能与焊缝金属性能比较，见表7-5。酸性焊条不适宜焊接合金元素较多的材料。碱性焊条的塑性、韧性和抗裂性能均好于酸性焊条，故在重要构件的焊接中一般采用碱性焊条。

表 7-5 酸性焊条和碱性焊条的工艺性能与焊缝金属性能比较

比较项目	酸性焊条	碱性焊条
工艺性能	引弧容易，电弧稳定，交直流电均可使用；对铁锈、油污和水分的敏感性不大，抗气孔能力强；焊条使用前经75℃～150℃烘焙1h；飞溅小，脱渣性好；焊接烟尘少	药皮中的氧化物影响气体电离，电弧稳定性较差，只能使用直流电；对水、锈产生的气孔敏感性较大，使用前必须经350℃～400℃烘焙1h；飞溅较大，脱渣性稍差；焊接烟尘较多
焊缝金属性能	焊缝常温、低温冲击性能一般，冶金元素烧损较多；脱硫效果差、抗热裂纹能力差	焊缝常温、低温冲击性能好；合金元素过渡效果好，塑性和韧性好；低温冲击韧性仍然良好，脱氧、脱硫能力强，焊缝中含氢、氧、硫低，抗裂性能好

2. 焊条的代号及用途

① 焊条的分类、代号及用途见表7-6。

表 7-6 焊条的分类、代号及用途

类　　别	代号	用　　途
碳素钢焊条	E	用于强度等级较低的低碳钢和低合金钢的焊接

续表 7-6

类别	代号	用途
低合金钢焊条	E	用于低合金高强度钢、含合金元素较低的钼和铬钼耐热钢及低温钢的焊接
不锈钢焊条	E	用于含合金元素较高的钼和铬钼耐热钢及各类不锈钢的焊接
堆焊焊条	ED	用于金属表面堆焊
铸铁焊条	EZ	用于铸铁的焊接和补焊
铜及铜合金焊条	ECu	用于铜及其合金的焊接、补焊或堆焊
铝及铝合金焊条	TAl	用于铝及其合金的焊接、补焊或堆焊
特殊用途焊条	TS	用于水下焊接、切割

②碳钢焊条型号表示方法 （GB/T 5117—1995）规定，×表示数字，在第 4 位数字后面附加"R"表示耐吸潮焊条，附加"M"表示对吸潮和力学性能有特殊规定的焊条，附加"-1"表示冲击性能有特殊规定的焊条。

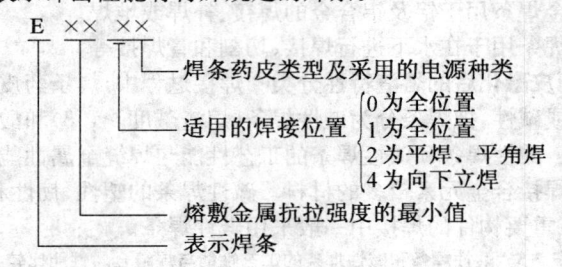

```
        E ×× × ×
              │ └── 焊条药皮类型及采用的电源种类
              └──── 适用的焊接位置   0 为全位置
                                    1 为全位置
                                    2 为平焊、平角焊
                                    4 为向下立焊
         └────── 熔敷金属抗拉强度的最小值
         └────── 表示焊条
```

碳钢焊条型号举例

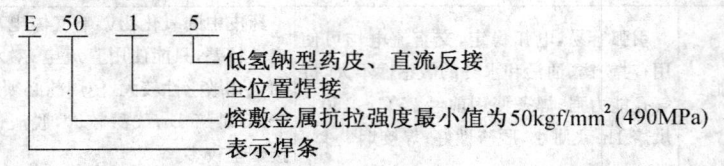

```
        E  50  1  5
              │  │  └── 低氢钠型药皮、直流反接
              │  └──── 全位置焊接
              └─────── 熔敷金属抗拉强度最小值为50kgf/mm² (490MPa)
        └────────── 表示焊条
```

其他焊条型号、牌号中数字的含义可查阅有关焊条规格的资料手册予以识别。

三、对焊条的要求与选用原则

1. 对焊条的基本要求

焊条在焊接过程中应具有良好的工艺性能和保证焊后焊缝金属具有所需的力学性能、化学成分或特殊性能。为此，对焊条应提出如下要求：

①电弧应容易引燃，在焊接过程中电弧燃烧平稳，再引弧容易。

②药皮应均匀熔化，无成块脱落现象。药皮的熔化速度应稍慢于焊芯的熔化速度，使焊条熔化端部能形成喇叭形套筒，有利于金属熔滴过渡和造成保护气氛。

③在焊接过程中，不应有过多的烟雾或过大、过多的飞溅。

④保证熔敷金属具有一定的抗裂性、所需的力学性能和化学成分。

⑤保证焊缝成形正常,熔渣清除容易。

⑥焊缝射线探伤应不低于 GB 3323—82《钢焊缝射线照片及底片等级分类法》所规定的二级标准。

2. 焊条的选用原则

(1)焊缝金属的使用性能要求 对于结构钢焊件,在同种钢焊接时,按与钢材抗拉强度等强的原则选用焊条;异种钢焊接时,按强度较低一侧的钢材选用;耐热钢焊接时,不仅要考虑焊缝金属室温性能,更主要的是根据高温性能进行选择;不锈钢焊接时,要保证焊缝成分与母材成分相适应,进而保证焊接接头的特殊性能。

(2)考虑焊件的工作条件 对于在高温或低温条件下工作的焊件,应选用耐热钢焊条或低温钢焊条;要求耐磨、耐擦伤的焊件,应按其工作温度具有常温或高温硬度和良好的抗擦伤、抗氧化等性能的焊条;接触腐蚀介质的焊件,应选用不锈钢焊条或其他耐腐蚀焊条;承受振动载荷或冲击载荷的焊件,除保证抗拉强度外,还应选用塑性和韧性较高的低氢型焊条;对于只承受静载荷的焊件,只要选用抗拉强度与母材相当的焊条即可。

(3)考虑焊件的形状、刚度和焊接位置 结构复杂、刚度大的焊件,由于焊缝金属收缩时,产生的应力大,则应选用塑性较好的焊条;同一种焊条,在选用时不仅要考虑力学性能,还要考虑焊接接头形状的影响。因为,当焊接对接焊缝时,强度和塑性适中的话,焊接角焊缝时,强度就会偏高而塑性就会偏低;对于焊接部位难以清理干净的焊件,应选用氧化性强的,对铁锈、油污等不敏感的酸性焊条,更能保证焊缝的质量。

(4)考虑焊缝金属的抗裂性 焊件刚度较大,母材中碳、硫、磷含量偏高或外界温度偏低时,焊件容易出现裂纹,焊接时最好选用抗裂性较高的碱性焊条。

(5)考虑焊条操作工艺性 焊接过程中,电弧应当稳定,飞溅少,焊缝成形整齐匀称,熔渣容易脱落,而且适用于全位置焊接。在酸性焊条和碱性焊条都可以满足要求的地方,应尽量采用操作工艺性好的酸性焊条,但是首先得保证焊缝的使用性能和抗裂性要求。

(6)考虑设备及施工条件 在没有直流电焊机的情况下,不宜选用限用直流电源的焊条,而应选用交直流两用的低氢型焊条;当焊件不能翻转而必须进行全位置焊接时,则应选用能适合各种条件下空间位置焊接的焊条。如立焊和仰焊时,建议按钛型药皮类型、钛铁矿药皮类型的焊条顺序选用。在密闭的容器内或狭窄的环境进行焊接时,除考虑加强通风外,还要尽可能地避免使用碱性低氢型焊条,因为这种焊条在焊接过程中会放出大量有害气体和粉尘。对某些焊件(如珠光体耐热钢)需焊后热处理而受施工条件限制不能热处理时,可选用特殊焊条而避免施焊后进行热处理。

(7)考虑经济合理 在同样能保证焊缝性能要求的条件下,应当选用成本较低的焊条。如钛铁矿型焊条的成本比钛钙型焊条低得多,在保证性能前提下,应选用钛铁矿型焊条。另外,在满足使用性能和操作性能的前提下,应适当选用规格大、效率高的焊条。

四、焊条的使用

电焊条必须有生产厂的质量合格证,凡无质量合格证或对其质量有怀疑时,应按批抽查试验。特别是焊接重要产品时,焊接前对所选用的焊条应进行鉴定,对于存放较久的焊条也要进行鉴定后才能确定是否可以使用。如发现电焊条内部有锈迹,必须经试验、鉴定合格后方可使用。如果焊条药皮受潮严重,已发现药皮脱落时,应予报废。电焊条使用前一般应按说明书规定的烘焙温度进行烘干。电焊条的烘干时应注意以下事项:

①纤维素型焊条的烘干,使用前应在100℃～200℃烘干1h。注意温度不可过高,否则纤维素易烧损。

②酸性焊条烘干要根据受潮情况,在70℃～150℃烘干1～2h,如果储存时间短而且包装完好,用于一般的钢结构焊接时,使用前可不再烘干。

③碱性焊条一般在350℃～400℃烘干1～2h。如果所焊接的低合金钢易产生冷裂时,烘干温度可提高到400℃～450℃,并放在100℃～150℃保温箱(筒)中随用随取。

④烘干焊条时,要在炉温较低时放入焊条,逐渐升温,不可从高温炉中直接取出,待炉温降低后再取出,以防止由于将冷焊条放入高温烘箱或突然冷却而发生药皮开裂。

⑤烘干焊条时,焊条不应成垛或成捆地堆放,应铺放成层状,每层焊条堆放不能太厚,一般1～3层。

⑥低氢焊条一般在常温下超过4h应重新烘干,在低温烘箱中恒温保存者除外,重复烘干次数不宜超过3次。

⑦露天操作时,隔夜必须将焊条妥为保管,不允许在外边露天存放。

五、焊条的管理

1. 焊条的储存保管

①焊条堆放时应按种类、牌号、批次、规格、入库时间分类存放,每垛应有明确标注,避免混乱。

②焊条必须在干燥通风良好的室内仓库中存放。焊条储存库内,应设置温度计、湿度计。低氢焊条室内温度不低于50℃,相对空气湿度低于60%。

③焊条应存放在架子上,架子离地面高度距离≥300mm,离墙壁距离≥300mm。架子下面应放置干燥剂,严防焊条受潮。

④焊条在供给使用单位之后,至少在6个月之内可保证继续使用,焊条发放应做到先入库的焊条先使用。

⑤受潮或包装损坏的焊条未经处理的以及复验不合格的焊条,不许入库。

⑥对于受潮、药皮变色、焊芯有锈迹的焊条必须经烘干后进行质量评定。各项性能指标合格时方可入库,否则不准入库。

⑦存放一年以上的焊条,在发放前应重新做各种性能试验,符合要求时方可发放,否则不应出库。

⑧重要焊接工程使用的焊条,特别是低氢型焊条,最好储存在专用的仓库内,仓库保持一定的温度和湿度。建议温度10℃~25℃,相对湿度<50%。

2. 焊条在施工中的管理

①施工中的焊条必须由专人负责,凭焊条支领单由库房中领取,支领单应写有支领人姓名、支领的焊条型(牌)号、焊条直径、领取数量、支领焊条基层单位负责人签字、支领日期、在备注单写有该焊条的生产厂家、生产批次、出厂日期、入库日期等。

②焊条领到基层生产单位后,填写焊条保管账本,账本内容包括焊条生产厂家、生产批次、焊条型(牌)号、焊条直径、进账数量。焊条在使用前应进行烘干,烘干时应填写焊条烘干记录,记录单据的主要内容有焊条生产厂家、焊条型(牌)号、焊条生产批次、焊条直径、烘干温度、烘干时间、烘干焊条数量、烘干责任人签字、烘干检验人签字,此单据一式三份备案。经烘干后的焊条可以发放给焊工,焊工在领取烘干好的焊条时,需填写焊条领用单,领用单上应填写焊条生产厂家、焊条型(牌)号、焊条生产批次、焊条直径、焊条数量、领用时间、领用人签字。在备注栏里写明焊条用于哪个焊件上的哪条焊缝上。焊工领取焊条时,应向焊条基层保管者索要焊条烘干合格的记录单据,没有烘干记录单据的焊条,焊工不得领用。

③焊工领用烘干后的焊条,应将焊条放入焊条保温筒内,保温筒内只允许装一种型(牌)号的焊条,不允许多种型(牌)号焊条混装在同一焊条保温筒内,以免在焊接施工中用错焊条,造成焊接质量事故。焊工每次领取焊条最多不能超过5kg,剩余焊条必须交车间材料室或施工现场材料组妥善保管。

3. 过期焊条的处理

所谓"过期",并不是指存放时间超过某一时间界限,而是指质量发生了程度不同的变化(变质)。保管条件好的,可以多年不变质。

①对存放多年的焊条应进行工艺性能试验。试验前,碱性低氢型焊条应在300℃左右烘干1~2h,酸性焊条在150℃左右烘干1~2h。工艺性能试验时,药皮没有成块脱落,碱性低氢型焊条没有出现气孔,则焊接接头的力学性能一般是可以保证的。

②焊条焊芯有轻微锈迹,基本上不会影响力学性能,但低氢型焊条不宜用于重要结构的焊接。

③低氢型焊条锈迹严重,或药皮有脱落现象,可酌情降级使用或用于一般构件焊接,如有条件,可按国家标准试验其力学性能,然后决定其是否降级。

④各类焊条严重变质,不再允许使用,应除去药皮,焊芯可设法清洗回用。

第三节 焊条电弧焊电源、辅助设备及工具

焊条电弧焊电源按产生电源种类不同可分为交流电源和直流电源两大类。交流电源有弧焊变压器;直流电源有弧焊整流器、弧焊逆变器和弧焊发电机。

一、弧焊变压器

弧焊变压器的焊接工作原理如图 7-3 所示,图中可调节电感器是用于调节下降外特性、稳定焊弧和调节焊接电流的。按照下降外特性的方式不同,弧焊变压器分为 BX1 动铁心式、BX2 同体式、BX3 动圈式、BX6 抽头式 4 个系列。

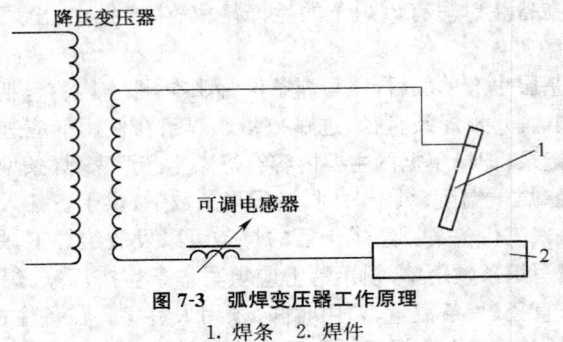

图 7-3 弧焊变压器工作原理
1. 焊条 2. 焊件

(1)动铁心式弧焊变压器 图 7-4 所示为动铁心式弧焊变压器。该变压器的一、二次绕组固定在变压器的铁心柱上,中间放一个可活动铁心作为一、二次绕组间的漏磁分路。图中铁心Ⅱ可沿垂直于纸面方向移动,从而改变磁路,达到调节二级电流特性的目的,如图 7-5 所示。动铁心式弧焊变压器结构简单,使用维修方便,是目前使用较广泛的交流弧焊电源。该系列产品主要有 BX1-160、BX4-400 和 BX1-630 等。

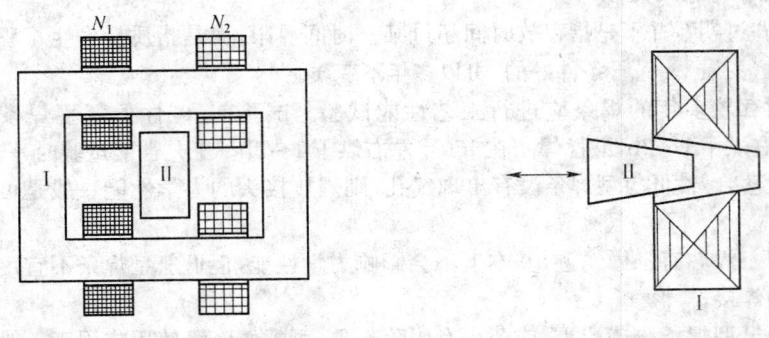

图 7-4 动铁心式弧焊变压器　　图 7-5 铁心移动示意

(2)同体式弧焊变压器 同体式弧焊变压器如图 7-6 所示。调节动铁心 2 从而

改变气隙δ,便可调节次级电流。此类变压器多用作大功率电源,如BX2-1000。

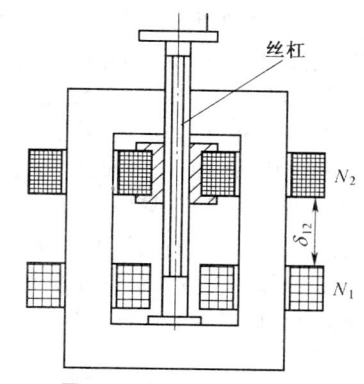

(3)动圈式弧焊变压器 动圈式弧焊变压器如图7-7所示。该变压器的一次和二次绕组匝数相同,绕在口字形铁心上。二次绕组可以利用丝杠带动上下移动,造成一、二次绕组之间的漏磁磁路。当距离$δ_{12}$加大时,漏磁感抗增大,输出电流减小;反之,输出电流加大。此类变压器常有大、小电流转换开关,供不同场合使用。常见有BX3-400、BX3-120和BX3-300等型号的弧焊变压器(焊机)。

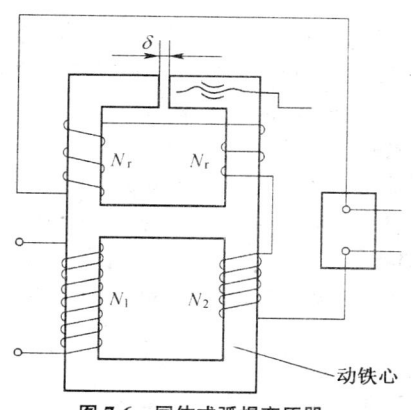

图7-6 同体式弧焊变压器

图7-7 动圈式弧焊变压器

(4)抽头式弧焊变压器 如图7-8所示,抽头式弧焊变压器的一次绕组分别绕在两铁心柱上,二次绕组只绕在一个铁心柱上。一次绕组上有多个抽头,利用转换开关调节一次线圈在两铁心柱上的匝数比,调节焊接电流。

常用交流弧焊变压器的技术参数见表7-7。

二、弧焊整流器

弧焊整流器将交流电经变压器降压并整流成直流电源供电焊使用。弧焊整流变压器型号由字母Z开头,后接若干具体的分类代号组成。

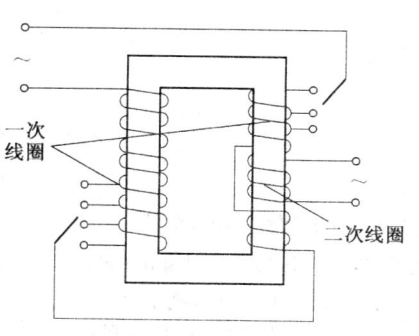

图7-8 抽头式弧焊变压器

表7-7 常用交流弧焊变压器的技术参数

型号	BX1-400	BX1-500	BX3-300	BX3-500	BX6-120
结构形式	动铁心式	动铁心式	动圈式	动圈式	抽头式
空载电压/V	77	—	75/60	70/60	50
电流调节范围/A	100～480	100～500	接Ⅰ:40～150 接Ⅱ:120～380	接Ⅰ:60～200 接Ⅱ:180～655	45～160
额定负荷持续率(%)	60	60	60	60	35

续表 7-7

型号	BX1-400	BX1-500	BX3-300	BX3-500	BX6-120
功率因数	0.55	0.65	0.53	0.52	0.75
效率(%)	84.5	80	85.5	87	—
质量/kg	144	310	190	167	20
用途	焊条电弧焊	焊条电弧焊、切割电源	焊条电弧焊、切割电源	焊条电弧焊	手提式焊条电弧焊

(1)硅整流弧焊整流器 硅整流弧焊整流器即俗称的硅整流电焊机，是目前广泛使用的、以硅元件作为整流元件的直流电焊设备。硅整流弧焊电源基本原理如图 7-9 所示，220（或 380）V 交流电经降压后送入硅整流器，变为直流电经电抗器输出供焊接用。硅整流器一般采用硅二极管组成的桥式回路。

硅整流弧焊电源通常通过增大降压变压器的漏磁或通过磁饱和放大器来获得下降的外特性并调节焊接电流。输出电抗器是串联在直流回路中的一个带有铁心的电磁线圈，铁心中的气隙可以改善焊弧的动特性。

硅整流弧焊整流器的电弧稳定，变压器耗电少，噪声低，制造简单、维护方便、防潮抗振性能强，属于通用性较强的电焊设备之一。

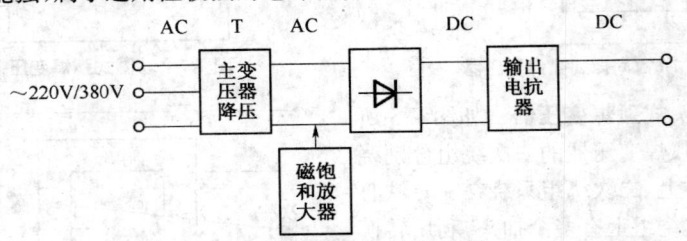

图 7-9 硅整流弧焊电源基本原理

(2)晶闸管式弧焊整流器 利用晶闸管取代硅二极管的整流器具有较大范围的电流和电压的调节性。晶闸管弧焊整流器的基本原理如图 7-10 所示。该整流器具有反馈控制回路，可以将直流输出反馈到晶闸管的输入端，调节输出信号达到相对稳定和均衡的目的。它是一种电子控制的弧焊电源。典型的型号有 ZX5-250、ZX5-400 和 ZDK-500 等。

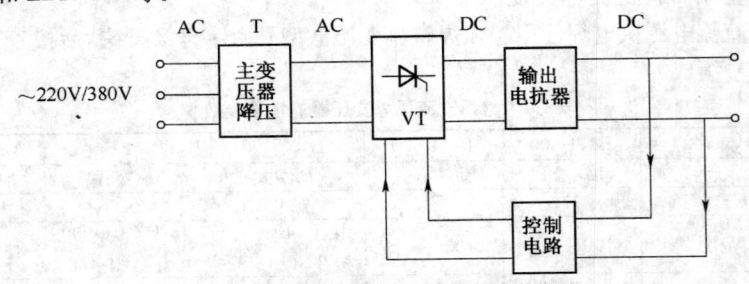

图 7-10 晶闸管弧焊整流器的基本原理

变压器 T 将市电电压降为几十伏的低电压,经晶闸管桥 SCR 的整流和控制,由输出电抗器滤波和调节了动特性后输出电焊电流。由于采用了闭环反馈控制外特性,实现了对电弧电压和电流的无级调节。常用的弧焊整流器技术数据见表 7-8。

表 7-8 常用的弧焊整流器技术数据

主要技术数据		动铁心式			晶闸管式		
		ZXE1-160	ZXE1-300	ZXE1-500	ZX5-800	ZX5-250	ZX5-400
输出	额定焊接电流/A	160	300	500	800	250	400
	电流调节范围/A	交流:80～100 直流:7～150	50～300	交流:100～500 直流:90～450	100～800	50～250	40～400
	额定工作电压/V	27	32	交流:24～40 直流:24～38	—	30	36
	空载电压/V	80	60～70	80(交流)	73	55	60
	额定负载持续率/V	35	35	60	60	60	60
	额定输出功率/kW	—	—	—	—	—	—
输入	电压/V	380	380	380	380	380	380
	额定输入电流/A	40	59	—	—	23	37
	相数	1	1	1	3	3	3
	频率/Hz	50	50	50	50	50	50
	额定输入容量/kVA	15.2	22.4	41	—	15	24
功率因素		—	—	—	0.75	0.7	0.75
效率(%)		—	—	—	75	70	75
质量/kg		150	200	250	30	160	200
用途		焊条电弧焊,交、直流钨极氩弧焊			焊条电弧焊,钨极氩弧焊、碳弧切割	焊条电弧焊电源	焊条电弧焊,特别适用于低氢型焊条焊接低碳钢、中碳钢以及低合金结构钢

三、弧焊逆变器

弧焊逆变器是一种新型的弧焊电源,至今已有 20 多年的历史,经历了由晶闸管(可控硅)、晶体管、场效应管(MOS-FET)、绝缘门极晶体管(IGBT)逆变四代发展。

逆变的含义是指从直流电变为交流电(特别是中频或高频交流电)的过程,弧焊逆变器的基本原理如图 7-11 所示。弧焊逆变器采用了复杂的变流顺序,即工频交流、直流、中频交流、降压、交流或直流。逆变的主要思路是将工频交流电变为中频(几千赫至几十千赫),交流电之后再降至适于焊接的电压。

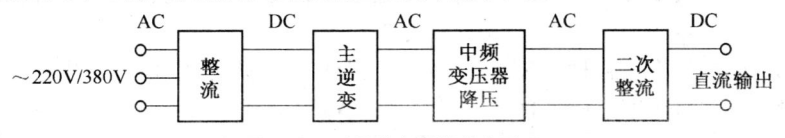

~220V/380V — 整流(AC→DC) — 主逆变(DC→AC) — 中频变压器 降压(AC) — 二次整流(AC→DC) — 直流输出

图 7-11 弧焊逆变器的基本原理

逆变式弧焊电源的特点：焊机主变压器小、节能效果明显、具有理想的电弧特性，装有数字显示的电流调节系统和很强的电网波动补偿系统，使焊接电流稳定性高。逆变弧焊电源采用模块化设计，每个模块单元均可方便地拆下来进行检修。常用的弧焊逆变器技术数据见表7-9。

表 7-9　常用的弧焊逆变器技术数据

主要技术数据	晶闸管		场效应管		IGBT 管		
	ZX7-300S/ST	ZX7-630S/ST	ZX7-315	ZX7-400	ZX7-160	ZX7-315	ZX7-630
电源	三相、380V、50Hz		三相、380V、50Hz		三相、380V、50Hz		
额定输入功率/kVA	—	—	11.1	16	4.9	12	32.4
额定输入电流/A	—	—	17	22	7.5	18.2	49.2
额定焊接电流/A	300	630	315	400	160	315	630
额定负载持续率(%)	60	60	60	60	60	60	60
最高空载电压/V	70～80	70～80	65	65	75	75	75
焊接电流调节范围/A	Ⅰ档:30～70 Ⅱ档:90～300	Ⅰ档:60～210 Ⅱ档:180～630	50～315	60～400	16～160	30～315	60～630
效率(%)	83	83	90	90	≥90	≥90	≥90
外形尺寸(长×宽×高)/(mm×mm×mm)	640×355×470	720×400×560	450×200×300	560×240×355	500×290×390	550×320×390	
质量 kg	58	98	25	30	25	35	45
用途	"S"为焊条电弧焊电源，"ST"为焊条电弧焊、氩弧焊两用电源		具有电流响应速度快，静、动特性好，功率因数高，空载电流小，效率高等特点。适用于各种低碳钢、低合金钢及不同类型结构钢的焊接		采用脉冲宽度调制(PWM)，20kHz绝缘门极双极型晶体管(IGBT)模块逆变技术；具有引弧迅速可靠、电弧稳定、飞溅小、体积小、高效节能、焊缝成形好、并可"防粘"等特点；用于焊条电弧焊、碳弧气刨		

四、焊条电弧焊设备的使用与维护

(1)**焊条电弧焊电源的使用环境**　电弧焊机应尽可能放在通风良好、干燥、无腐蚀介质、不靠近高温和粉尘不多的地方，对于弧焊整流器，还要特别注意对其的保护冷却。

(2)**弧焊电源的外部连接**　弧焊电源通过电源线、开关与供电网路连接，同时通过焊接电缆与焊接手把、工件连接时称为外部接线。

①弧焊电源有两排接线柱，一排较细，它与供电网络连接，接线时注意电压数值和相数应与弧焊电源铭牌上标注的要求相一致，否则有可能烧损焊机。另一排接线较粗，只有两个接线柱，与焊接电缆连接、直流电源的接线柱有正、负极之分，供使用

时选择。

②正确选择电源线、开关等。电源线应采用耐压为500V重型橡胶套电缆,导线截面面积为额定输入电流值除以5~10A/mm²,如果是铝芯导线截面面积应增大1.6倍,并略有余量。

电源开关有闸刀开关、铁壳开关和自动空气开关3种,额定电压为500V,额定电流大于或等于弧焊电源额定初级输入电流,熔丝的额定电流应与开关一致。焊接电缆应采用细铜丝绞成的胶单芯橡胶套电缆,截面面积按4~10A/mm²选择。

③弧焊电源外壳必须牢靠的接地,注意不能用接零来代替接地,接地线的截面面积应>6mm²。

(3)弧焊电源的串联和并联 有时为了满足焊接工作的需要,将同一厂家生产的相同型号的弧焊电源串联使用,可得到两倍的空载电压;并联使用,可得到两倍的额定焊接电流,但要注意每台焊机的焊接电流应大致相等。此外,直流电源有正、负极之分,外部接线不能搞错,弧焊电源的串、并联如图7-12所示。

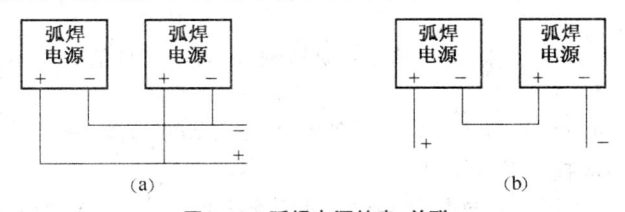

图7-12 弧焊电源的串、并联
(a)弧焊电源的并联 (b)弧焊电源的串联

(4)接法应符合规定 一次绕组的电压和接法必须与标牌的规定相符,线的直径要合适。在几台焊接电源的情况下,接线时要考虑三相负载的平衡。初级线上必须有开关及熔断器,熔丝额定电流要合适,确实能起到防止过载的作用。焊条电弧焊电源的初级线、熔断器及铁壳开关的选用见表7-10。

表7-10 焊条电弧焊电源初级线、熔断器及铁壳开关的选用

电源类型	电源型号	YHC型初级线规格/(根数×mm²)	熔断器额定电流/A	铁壳开关额定容量/(V·A)
弧焊变压器	BX₃-300	2×10~2×16	50~60	500×60
	BX₁-300	2×10~2×16	60~70	500×60
	BX-500	2×16~2×25	90	500×100
弧焊发电机	AX-320	3×6~3×10	60	500×60
	AX₁-500	3×10~3×16	100	500×100
弧焊整流器	ZXG-300	4×6~4×10	40	500×60
	ZXG-500	4×14~4×16	60	500×100

(5)弧焊电源使用程序 开机:接通电源开关→合上弧焊电源的开关→调节电流或变换极性→试焊→焊接。关机:停止焊接→断开弧焊电源的开关→断开电源

开关。

(6)焊条电弧焊电源的使用注意事项和日常维护

①起动弧焊电源时,电焊钳和焊件不能接触,以防短路。在焊接过程中,也不能长时间短路,不得超载使用,特别是弧焊整流器,在大电流工作时,长时间短路易使硅整流器损坏。

②调节焊接电流和变换极性接法时,应在空载下进行。

③焊接电源必须在标牌上规定的电流调节范围内及相应的负载持续率下使用。许多焊条电弧焊机电流调节范围的上限电流都大于额定焊接电流,但应特别注意,只有在负载率小于额定负载持续率时使用才是安全的。

④ 露天使用时,要防止灰尘和雨水侵入电焊机内部。搬动弧焊电源时,特别是弧焊整流器,不应使之受到较剧烈的振动。保持焊接电缆与电焊机接线柱的接触良好。

⑤每台电焊机机壳都应有可靠的接地线,以确保安全。地线的截面面积,铜线应≥6mm², 铝线应≥12mm²。

⑥定期清扫灰尘,定期调节丝杠和旋转轴承,对于弧焊整流器还应经常检查空冷风扇的转动是否正常。

⑦当电焊机发生故障或有异常现象时,应立即切断电源,然后及时进行检查修理,较大的故障应找电工检修。

⑧新安装或闲置已久的焊接电源,在起动前要做绝缘程度检查。若不符合规定要求,必须做干燥处理后再使用,电焊机不得在输出端短路状态下起动。

⑨焊接作业完毕或临时离开工作现场,必须及时切断电焊机的电源。

五、辅助设备及工具

(1)焊钳 常用焊钳的构造如图 7-13 所示。焊钳是用以夹持焊条并传导电流进行焊接的工具,通常有 300A 和 500A 两种规格,其型号分别为 G-352 和 G-382。

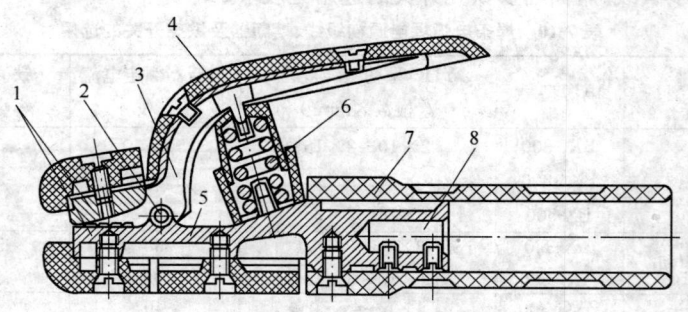

图 7-13 焊钳的构造
1. 钳口 2. 固定销 3. 弯臂 4. 弯臂罩壳 5. 直柄 6. 弹簧
7. 手柄 8. 电缆固定处

(2)焊接电缆 焊接电缆是用多股细铜丝绕制而成的,其截面面积应根据焊接电流和导线长度来选用,电缆长度一般为20~30m。焊接电缆型号有 YHH 型橡胶套电缆和 YHHR 型橡胶套特软电缆两种。焊接电流、电缆长度与电缆横截面面积的关系见表7-11。

表7-11 焊接电流、电缆长度与电缆横截面面积的关系

截面面积/mm² \ 导线长/m \ 焊接电流/A	20	30	40	50	60	70	80	90	100
100	25	25	25	25	25	25	25	28	35
200	35	35	35	35	50	50	60	70	70
300	35	35	50	50	60	70	70	70	70
400	35	50	60	60	70	70	70	85	85
500	50	60	85	85	95	95	95	120	120
600	60	70	85	85	95	95	120	120	120

(3)面罩 面罩是防止焊接时产生的飞溅、弧光及其他辐射对焊工面部及颈部损伤的一种防护工具,有手持式和头盔式两种。面罩上装有遮蔽焊接有害光线(主要是紫外线)的护目镜片。施焊时,必须带好面罩,否则将产生严重灼伤眼睛的后果。

(4)其他辅助工具 焊条保温筒、敲渣锤等。焊条保温筒的作用是将焊条从烘箱取出后放在保温筒内保温,保证药皮在使用时干燥。敲渣锤的作用是用来敲掉焊渣,以便检查焊缝的质量。

第四节 焊条电弧焊焊接参数的选择

为了得到良好的焊接效果,必须选择合理的焊接参数。焊条电弧焊的焊接参数主要有焊接电流种类和极性、焊条直径、焊接电流、电弧电压、焊接速度、焊接层数等。从结构上看,还包括焊件坡口、焊前和焊后的有关事项。

一、电流种类和极性的选择

焊接电流种类的选择主要根据焊条药皮类型,如低氢钠型焊条采用直流反接;低氢钾型焊条和酸性焊条直流、交流均可采用,一般用交流。

极性是指直流焊机输出端正、负极的接法。焊件接正极(焊钳、焊条接负极)称为正接;焊件接负极称为反接,低氢钠型和低氢钾型焊条用反接。交流和直流正、反接均可的酸性焊条,在用直流焊机焊接时,焊厚板用正接,焊薄板用反接。

二、焊条直径的选择

(1)按焊件厚度选择 焊条直径与焊件厚度的关系见表7-12。开坡口多层焊的第一层及非平焊位置焊缝焊接,应该采用比平焊缝小的焊条直径。

表 7-12　焊条直径与焊件厚度的关系

焊件厚度/mm	≤1.5	2	3	4～5	6～12	>13
焊条直径/mm	1.5	2	3.2	3.2～4	4～5	4～6

(2)按焊接位置选择　为了在焊接过程中获得较大的熔池,减少熔化金属下淌,在焊件厚度相同的条件下,平焊位置所用的焊条直径,比其他焊接位置要大一些;立焊位置所用的焊条直径最大不超过 5mm;横焊及仰焊时,所用的焊条直径应不超过 4mm。

三、焊接电流的选择

(1)按焊条直径选择　其方法是查表或计算。

①查表。表 7-13 给出了各种直径焊条适用的焊接电流参考值。

表 7-13　各种直径焊条适用的焊接电流参考值

焊条直径/mm	1.6	2.0	2.5	3.2	4.0	5.0	5.8
焊接电流/A	25～40	40～65	50～80	100～130	160～210	200～270	260～300

②用经验公式计算:

$$I=(30-50)d \tag{7-1}$$

式中,d 为焊条直径(mm);I 为焊接电流(A)。

(2)按焊接位置选择　平焊时,可选择较大的电流进行焊接。横焊、立焊、仰焊时,焊接电流应比平焊位置小 10%～20%。

(3)按焊缝层数选择　打底焊道,特别是单面焊双面成形焊道应选择较小的焊接电流,填充焊道可使用较大的焊接电流。盖面焊道使用的电流要稍小些,判断选择的电流是否合适有以下几种方法:

①看飞溅。电流过大时,有较大颗粒的钢水向熔池外飞溅,爆裂声大;电流过小时,熔渣和钢水不易分清。

②看焊缝成形。电流过大时,熔深大,焊缝下陷,焊缝两侧易咬边;电流过小时,焊缝窄而高,两侧与母材熔合不良。

③看焊条熔化状况。电流过大时,焊条熔化并很快会过早发红;电流过小时,电弧不稳定,焊条易粘在焊件上。

四、电弧电压的选择

电弧电压主要由电弧长度决定。一般电弧长度等于焊条直径的 1/2～1 倍,相应的电弧电压为 16～25V。碱性焊条弧长应为焊条直径的 1/2,酸性焊条的弧长应等于焊条直径。

五、焊接速度的选择

焊接速度可由电焊工根据具体情况灵活掌握,原则是保证焊缝具有所要求的外形尺寸,保证熔合良好。焊接那些对焊接线能量有严格要求的材料时,焊接速度要按工艺文件规定掌握。在焊接过程中,焊工应随时调整焊接速度,以保证焊缝的高低和宽窄的一致性。如果焊接速度太慢,则焊缝会过高或过窄,外形不整齐,焊接薄板时甚至会烧穿;如果焊接速度太快,焊缝较窄,则会发生未焊透的缺陷。

六、焊接层数的选择

焊接层数的确定原则是保证焊缝金属有足够的塑性。在保证焊接质量条件下,采用大直径焊条和大电流焊接,以提高劳动生产率。如图 7-14 所示,在进行多层多道焊接时,对低碳钢及 16Mn 等普通低合金钢,焊接层数对接头质量影响不大,但如果层数过少,每层焊缝厚度过大时,对焊缝金属的塑性有一定的影响。对于其他钢种都应采用多层多道焊,一般每层焊缝的厚度应≤4mm。

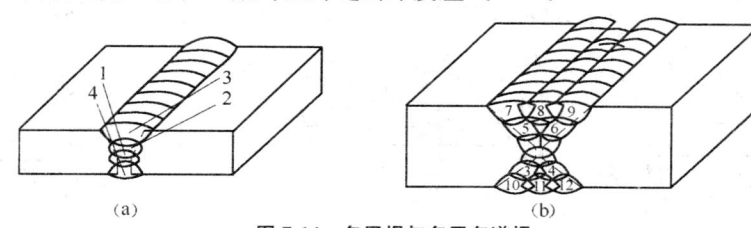

图 7-14 多层焊与多层多道焊
(a)多层焊 (b)多层多道焊
1~12. 为焊道序号

七、焊接热输入的选择

焊接热输入是指熔焊时由焊接能源输入给单位长度焊缝的热能,其计算公式如下:

$$q = \frac{IU}{v}\eta \tag{7-2}$$

式中,q 为单位长度焊缝的热输入(J/mm);I 为焊接电流(A);U 为电弧电压(V);v 为焊接速度(mm/s);η 为热效率(焊条电弧焊时 η 为 0.7~0.8;埋弧焊时 η 为 0.8~0.95;TIG 时 $\eta=0.5$)。

【例 7-1】 焊接 Q345(16Mn)钢时,要求焊接时热输入不超过 28kJ/cm,如果选用焊接电流为 180A,电弧电压为 28V 时,试计算焊接速度是多少?

【解】 $I=180A$;$q=28kJ/cm$;$U=28V$
取 $\eta=0.7$

因为 $q=\dfrac{IU}{v}\eta$,所以 $v=\dfrac{IU}{q}\eta$

所以
$$v=\frac{0.7\times 28\times 180}{28}=0.126 \text{cm/s}$$

【答】 应选用的焊接速度为 0.126cm/s。

热输入对低碳钢焊接接头性能影响不大,因此,对低碳钢的焊条电弧焊,一般不规定热输入。对于低合金钢和不锈钢而言,热输入太大时,焊接接头的性能将受到影响;热输入太小时,有的钢种在焊接过程中会出现裂纹缺陷,因此,对这些钢种焊接工艺应规定热输入量。

八、坡口形式和尺寸的选择

焊条电弧焊过程中,由于焊接结构的形式不同,焊件厚度的不同,焊接质量要求的不同,使其接头的形式和坡口的形式也不同,常用的接头形式有对接、搭接、角接、T形接和端接。常用焊接坡口形式及尺寸如图7-15所示。

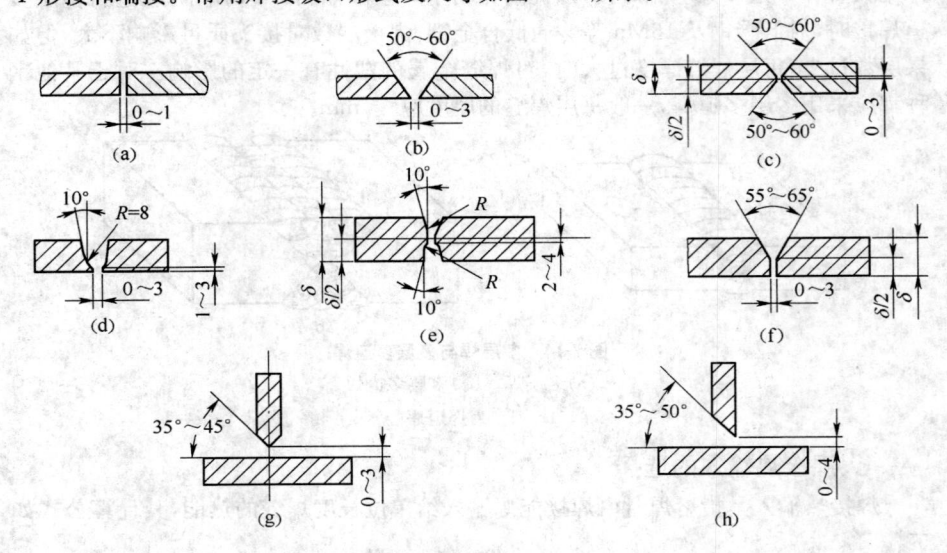

图 7-15 常用焊接坡口形式及尺寸
(a) I 形坡口 (b) V 形坡口 (c) 双 V 形坡口 (d) U 形坡口 (e) 双 U 形坡口
(f) Y 形坡口 (g) 双单边 V 形坡口 (h) 单边 V 形坡口

九、常用的焊条电弧焊焊接参数

不同状态的焊条电弧焊焊接参数见表7-14。

表 7-14 不同状态的焊条电弧焊焊接参数

焊缝空间位置	焊缝断面形式	焊件厚度或焊脚尺寸/mm	第一层焊缝 焊条直径/mm	第一层焊缝 焊接电流/A	其他各层焊缝 焊条直径/mm	其他各层焊缝 焊接电流/A	封底焊缝 焊条直径/mm	封底焊缝 焊接电流/A
平对接焊		2	2	55～60	—	—	2	55～60
		2.5～3.5	3.2	90～120	—	—	3.2	90～120
			3.2	100～130	—	—	3.2	100～130
		4～5	4	160～200	—	—	4	160～210
		5	5	200～260	—	—	5	220～250

续表 7-14

焊缝空间位置	焊缝断面形式	焊件厚度或焊脚尺寸/mm	第一层焊缝 焊条直径/mm	第一层焊缝 焊接电流/A	其他各层焊缝 焊条直径/mm	其他各层焊缝 焊接电流/A	封底焊缝 焊条直径/mm	封底焊缝 焊接电流/A
平对接焊		5～6	4	160～210	—	—	3.2	100～130
							4	180～210
		≥8	4	160～210	4	160～210	4	180～210
					5	220～280	5	220～260
		≥12	4	160～210	4	160～210	—	—
					5	220～280	—	—
立对焊接		2	2	50～55	—	—	2	50～55
		2.5～4	3.2	80～110	—	—	3.2	80～110
		5～6	3.2	90～120	—	—	3.2	90～120
		7～10	3.2	90～120	4	120～160	3.2	90～120
			4	120～160			3.2	90～120
		≥11	3.2	90～120	4	120～160	3.2	90～120
			4	120～160	5	160～200		
		12～18	3.2	90～120	4	120～160	—	—
			4	120～160				
		≥19	3.2	90～120	4	120～160	—	—
			4	120～160	5	160～200		
横对接焊		2	2	50～55	—	—	2	50～55
		2.5	3.2	80～110	—	—	3.2	80～110
		3～4	3.2	90～120	—	—	3.2	90～120
			4	120～160	—	—	4	120～160
		5～8	3.2	90～120	3.2	90～120	3.2	90～120
					4	140～160	4	120～160
		≥9	3.2	90～120	4	140～160	3.2	90～120
			4	140～160			4	120～160
		14～18	3.2	90～120	4	140～160	—	—
			4	140～160				
		≥19	4	140～160	4	140～160	—	—

续表 7-14

焊缝空间位置	焊缝断面形式	焊件厚度或焊脚尺寸/mm	第一层焊缝 焊条直径/mm	第一层焊缝 焊接电流/A	其他各层焊缝 焊条直径/mm	其他各层焊缝 焊接电流/A	封底焊缝 焊条直径/mm	封底焊缝 焊接电流/A
仰对接焊		2	—	—	—	—	2	50～65
		2.5	—	—	—	—	3.2	80～110
		3～5	—	—	—	—	3.2	90～110
							4	120～160
		5～8	3.2	90～120	3.2	90～120	—	—
					4	140～160		
		≥9	3.2	90～120	4	140～160	—	—
			4	140～160				
		12～18	3.2	90～120	4	140～160	—	—
			4	140～160				
		≥19	4	140～160	4	140～160	—	—
平角接焊		2	2	55～65	—	—	—	—
		3	3.2	100～120	—	—	—	—
		4	3.2	100～120	—	—	—	—
			4	160～200				
		5～6	4	160～200	—	—	—	—
			5	220～280				
		≥7	4	160～200	5	220～230	—	—
			5	220～280	5	220～230		
		—	4	160～200	4	160～200	4	160～220
					5	220～280		
立角接焊		2	2	50～60	—	—	—	—
		3～4	3.2	90～120	—	—	—	—
		5～8	3.2	90～120	—	—	—	—
			4	120～160				
		9～12	3.2	90～120	4	120～160	—	—
			4	120～160				

续表 7-14

焊缝空间位置	焊缝断面形式	焊件厚度或焊脚尺寸/mm	第一层焊缝 焊条直径/mm	第一层焊缝 焊接电流/A	其他各层焊缝 焊条直径/mm	其他各层焊缝 焊接电流/A	封底焊缝 焊条直径/mm	封底焊缝 焊接电流/A
立角接焊		—	3.2	90～120	4	120～160	3.2	90～120
			4	120～160				
仰角接焊		2	2	50～60	—	—		
		3～4	3.2	90～120				
		5～6	4	120～160				
		≥7	4	140～160	4	140～160		
		—	3.2	90～120	4	140～160	3.2	90～120
			4	140～160			4	140～160

第五节　焊条电弧焊操作方法

一、基本操作方法

1. 引弧

开始焊接先要引弧,引弧有划擦引弧和直击引弧两种方法。

(1)划擦引弧　先将焊条末端对准焊件,然后将手腕扭转一下,使焊条在焊件表面轻轻划擦一下,动作有点似划火柴,用力不能过猛,随即将焊条提起 2～4mm,即在空气中产生电弧。引燃电弧后,焊条不能离开焊件太高,一般≤10mm,并且不要超出焊缝区,然后手腕扭回平位,保持一定的电弧长度,开始焊接。划擦引弧法如图 7-16a 所示。

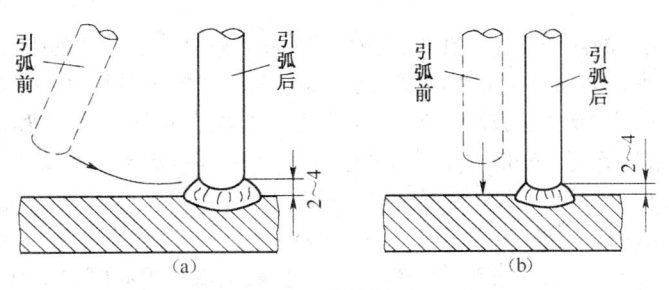

图 7-16　引弧方法
(a)划擦引弧法　(b)直击引弧法

(2)直击引弧　先将焊条末端对准焊件,然后手腕下弯一下,使焊条轻碰一下焊件,再迅速提起2~4mm,即产生电弧。引弧后,手腕放平,保持一定电弧高度开始焊接,直击引弧法如图7-16b所示。

划擦引弧对初学者来说容易掌握,但操作不当容易损伤焊件表面。直击引弧法对初学者来说较难掌握,操作不当,容易使焊条粘在焊件上或用力过猛时使药皮大块脱落。

(3)引弧操作注意事项 引弧处应清洁,不宜有油污、锈斑等杂物,以免影响导电和使熔池产生氧化物,导致焊缝产生气孔和夹渣。为便于引弧,焊条应裸露焊芯,以利于导通电流。引弧应在焊缝内进行,以避免引弧时损伤焊件表面。引弧点应在焊接点(或前一个收弧点)前10~20mm处,电弧引燃后再将焊条移至前一根焊条的收弧处开始焊接,可避免因新一根焊条的头几滴铁水温度低而产生气孔和外观成形不美观,碱性焊条尤其应加以注意。

2. 运条

(1)焊条运动的基本动作 引燃电弧进行施焊时,焊条要有3个方向的基本动作,才能得到良好成形的焊缝和电弧的稳定燃烧,即焊条向熔池的送进动作、焊条横向的摆动动作、焊条的前移动作,焊条运动三动作如图7-17所示。

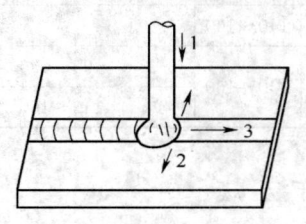

图7-17 焊条运动三动作
1. 焊条送进 2. 焊条摆动
3. 焊条前移

①焊条向熔池的送进动作。在焊接过程中,焊条在电弧热作用下,会逐渐熔化缩短,焊接电弧弧长被拉长,而为了使电弧稳定燃烧,保持一定弧长,就必须将焊条朝着熔池方向逐渐送进。为了达到这个目的,焊条的送进动作的速度应该与焊条熔化的速度相等。如果焊条送进速度过快,则电弧长度迅速缩短,使焊条与焊件接触,造成短路;如果焊条送进速度过慢,则电弧长度增加,直至断弧。

实践证明,均匀的焊条送进速度及电弧长度的恒定,是获得焊缝质量优良的重要条件。

②焊条横向的摆动动作。在焊接过程中,为了获得一定宽度的焊缝,提高焊缝内部的质量,焊条必须要有适当的横向摆动,其摆动的幅度与焊缝要求的宽度及焊条的直径有关,摆动越大则焊缝越宽。横向摆动必然会降低焊接速度,增加焊缝的线能量。正常焊缝宽度一般不超过焊条直径的2~5倍,对于某些要求低线能量的材料,如奥氏体不锈钢、3.5Ni低温钢等,不提倡做横向摆动的单道焊。

③焊条的前移动作。在焊接过程中,焊条向前移动的速度要适当,焊条移动速度过快则电弧来不及熔化足够的焊条和母材金属,造成焊缝断面太小及未焊透等焊接缺陷。如果焊条移动太慢,则熔化金属堆积太多,造成溢流及焊缝成形不良,同时由于热量集中,薄焊件容易烧穿,厚焊件则产生过热,降低焊缝金属的综合性能。因此,焊条前移的速度应根据电流大小、焊条直径、焊件厚度、装配间隙、焊接位置及焊

件材质等不同因素来适当掌握。

(2)运条方法 所谓运条方法,就是焊工在焊接过程中,运动焊条的手法。它与焊条角度及焊条运动三动作共同构成了焊工操作技术。运条方法是能否获得优良焊缝的重要因素。是衡量一名电焊工操作技能的重要标志。

①直线形运条法是在焊接时保持一定弧长,沿着焊接方向不摆动地前移,如图7-18a 所示。由于焊条不做横向摆动,电弧较稳定,这种方法能获得较大的熔深,焊接速度也较快,对易过热的焊件及薄板的焊接有利,但焊缝成形较窄,适用于板厚3~5mm的不开坡口的对接平焊、多层焊的第一层封底和多层多道焊。

②直线往返形运条法在焊接过程中,焊条末端沿焊缝方向,做来回的直线形摆动,如图 7-18b 所示。在实际操作中,电弧长度是变化的。焊接时应保持较短的电弧,焊接一小段后,电弧拉长,向前跳动,待熔池稍凝,焊条又回到熔池继续焊接。这种方法焊接速度快、焊缝窄、散热快,适用于薄板和对接间隙较大的底层焊接。

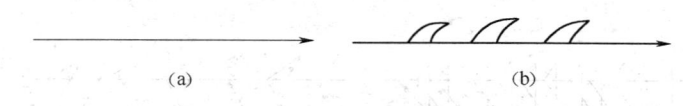

图 7-18 直线形运条法
(a)直线形 (b)直线往返形

③锯齿形运条法在焊接过程中,焊条末端在向前移动的同时,连续在横向做锯齿形摆动,锯齿形运条法如图 7-19 所示。

图 7-19 锯齿形运条法
(a)正锯齿形 (b)斜锯齿形

使用锯齿形运条法运条时两侧稍加停顿,停留的时间视工件原形、电流大小、焊缝宽度及焊接位置而定,主要是保证两侧熔化良好,且不产生咬边。焊条横向摆动的目的,主要是控制焊缝熔化金属的流动和得到必要的焊缝宽度,以获得良好的焊缝成形效果。由于这种方法容易操作,所以在生产中应用广泛,多用于较厚的钢板焊接。其具体应用范围包括平焊、立焊、仰焊的对接接头和立焊的角接接头。

④月牙形运条法在焊接过程中,焊条末端沿着焊接方向做月牙形横向摆动(与锯齿形相似),月牙形运条法如图 7-20 所示。摆动的速度要根据焊缝的位置,接头形式、焊缝宽度和焊接电流的大小来决定。为了使焊缝两侧熔合良好,避免咬边,要注意在月牙两端停留的时间。采用月牙形运条法运条,对熔池加热时间相对较长,金属的熔化良好,容易使熔池中的气体逸出和熔渣浮出,能消除气孔和夹渣,焊缝质量较好,但由于熔化金属向中间集中,增加了焊缝的余高,所以不适用于宽度小的立

焊缝。当对接接头平焊时，为了避免焊缝金属过高和使两侧熔透，有时采用反月牙形运条法运条，如图7-20b所示。月牙形运条法适用于较厚钢板对接接头的平焊、立焊、仰焊和T形接头的立角焊。

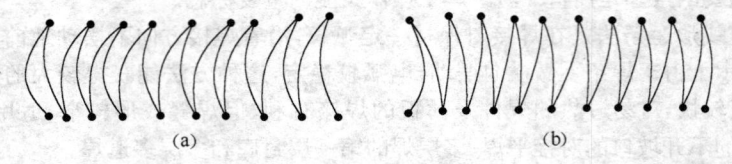

图7-20 月牙形运条法
(a)月牙形 (b)反月牙形

⑤三角形运条法在焊接过程中，焊条末端在前移的同时，做连续的三角形运动。三角形运条法根据适用场合不同，可分为正三角形和斜三角形两种，如图7-21所示。

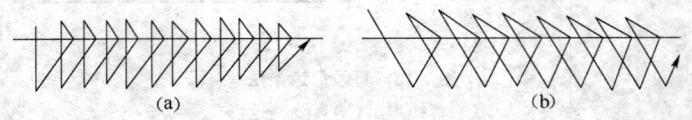

图7-21 三角形运条法
(a)正三角形 (b)斜三角形

正三角形运条法只适用于开坡口的对接焊缝和T形接头的立焊。它的特点是一次能焊出较厚的焊缝断面，焊缝不容易产生气孔和夹渣，有利于提高焊接生产率。当内层受坡口两侧斜面限制、宽度较小时，在三角形折角处要稍加停留，以利于两侧熔化充分，避免产生夹渣。

斜三角形运条法适用于平焊、仰焊位置的T形接头焊缝和有坡口的横焊缝。它的特点是能够借助焊条的摆动来控制熔化金属的流动，促使焊缝形成良好，减少焊缝内部的气孔和夹渣，对提高焊缝内在质量有好处。

两种三角形运条方法在实际应用时，应根据焊缝的具体情况而定，如立焊时，在三角形折角处应做停留；斜三角形转角部分的运条速度要慢些。如果对这些动作掌握得协调一致，就能取得良好的焊缝成形。

⑥圆圈形运条法在焊接过程中，焊条末端连续做圆圈运动，并不断地向前移动。圆圈形运条法如图7-22所示。

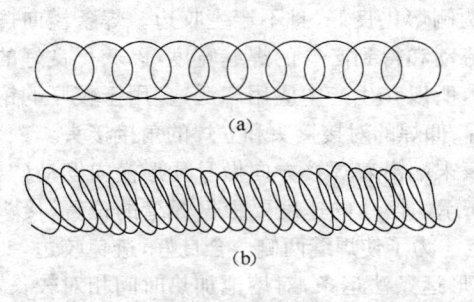

图7-22 圆圈形运条法
(a)正圆圈形 (b)斜圆圈形

如图 7-22a 所示的正圆圈形运条法，只适用于较厚焊件的平焊缝。它的优点是焊缝熔池金属有足够的高温使焊缝熔池存在时间较长，促使熔池中的氧、氮等气体有时间析出，同时也便于熔渣上浮，对提高焊缝内在质量有利。

如图 7-22b 所示的斜圆圈形运条法，适用于平、仰位置的 T 形接头和对接接头的横焊缝。其特点是有利于控制熔化金属受重力影响而产生的下淌现象，有助于焊缝的成形。同时，能够减慢焊缝熔池冷却速度，使熔池的气体有时间向外逸出，熔渣有时间上浮。对提高焊缝内在质量有利。

⑦8 字形运条法在焊接过程中，焊条末端连续做 8 字形运动，并不断前移，8 字形运条法如图 7-23 所示。这种运条法比较难掌握，它适用于宽度较大的对接焊缝和立焊的表面焊缝。用此法焊接对接立焊的表面层时，运条手法需灵活，运条速度应快些，这样能获得波纹较细、均匀美观的焊缝表面。

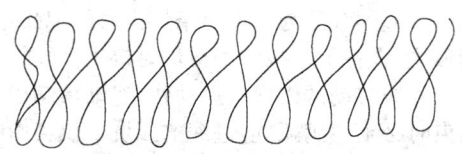

图 7-23　8 字形运条法

以上介绍的几种运条方法，仅是几种最基本的方法，在实际生产中，焊接同一焊接接头形式的焊缝，焊工们往往根据自己的习惯及经验，采用不同的运条方法，都能获得满意的焊接效果。

3. 起头、接头及收尾

(1) 焊缝的起头　焊缝的起头就是指刚开始焊接的操作。由于焊件在未焊之前温度较低，引弧后电弧不能立即稳定下来，所以起头部分往往容易出现熔深浅、气孔、未熔透、宽度不够及焊缝堆积过高等缺陷。为了避免和减少这种现象，应该在引弧后稍将电弧拉长，对焊缝端头进行适当预热，并且多次往复运条，达到熔深和所需要宽度后再调到合适的弧长进行正常焊接。

对环形焊缝的起头，因为焊缝末端要在这里收尾，所以不要求外形尺寸，而主要要求焊透、熔合良好，同时要求起头要薄一些，以便于收尾时过渡良好。

对于重要工件、重要焊缝，在条件允许的情况下尽量采用引弧板，将不合要求的焊缝部分引到焊件之外，焊后去除。

(2) 焊缝的接头　在焊条电弧焊操作中，焊缝的接头是不可避免的。焊缝接头的好坏，不仅影响焊缝外观成形，也影响焊缝质量。焊缝的接头技术见表 7-15。

表 7-15　焊缝的接头技术

接头方式	示意图	操作技术
中间接头		在弧坑前约 10mm 附近引弧，弧长略长于正常焊接弧长时，移回弧坑，压低电弧稍作摆动，再向前正常焊接
相背接头		先将焊缝的起头处要略低些，后焊的焊缝必须在前条焊缝始端前处起弧，然后稍拉长电弧，并逐渐引向前条焊缝的始端，并覆盖此始端，焊平后，再向焊接方向移动

续表 7-15

接头方式	示意图	操作技术
相向接头	1→ ←2	后焊焊缝到先焊焊缝的收弧处时,焊速放慢,填满先焊焊缝的弧坑后,以较快的速度再略向前焊一段后熄弧
分段退焊接头	2→ 1→	后焊焊缝靠近前焊焊缝始端时,改变焊条角度,使焊条指向前焊焊缝的始端,拉长电弧,形成熔池后,压低电弧返回原熔池处收弧

(3)焊接的收尾 又称为收弧,是指一条焊缝结束时采用的收尾方法。

焊缝的收尾与每根焊条焊完时的熄弧不同。每根焊条焊完时的熄弧,一般都留下弧坑,准备下一根焊条再焊时接头。焊缝的收尾操作时,应保持正常的熔池温度,做无直线移动的横摆点焊动作,逐渐填满熔池后再将电弧拉向一侧熄弧。每条焊缝结束时必须填满弧坑,过深的弧坑不仅会影响美观,还会使焊缝收尾处产生缩孔、应力集中而产生裂纹。焊条电弧焊的收尾,一般采用以下 3 种操作方法:

①划圈收尾法是当焊接电弧移至焊缝终点时,焊条端部做圆圈运动,直到填满弧坑再拉断电弧。划圈收尾法如图 7-24 所示,此法适合于厚板收尾。

②反复断弧收尾法是当焊接进行到焊缝终点时,在弧坑处反复熄弧和引弧数次,直到填满弧坑为止。反复断弧收尾法如图 7-25 所示,此法适用于薄板和大电流焊接,但不适用于碱性焊条。

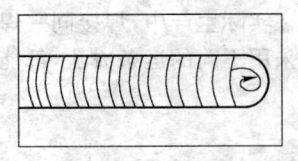

图 7-24 划圈收尾法

③回焊收尾法是焊接电弧移至焊缝尾处稍加停顿,然后改变焊条角度回焊一小段后断弧,相当于收尾处变成一个起头。回焊收尾法如图 7-26 所示,此法适用于碱性焊条的焊接。

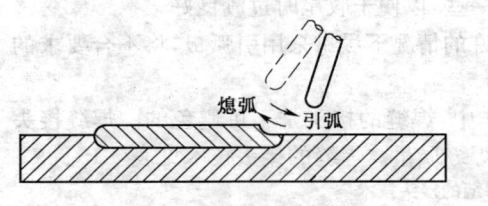

图 7-25 反复断弧收尾法

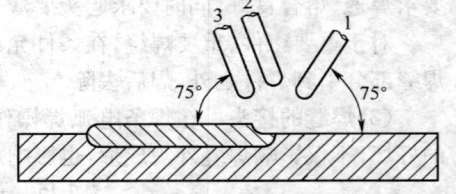

图 7-26 回焊收尾法
1、2. 适当改变位置 3. 原有位置

二、焊接工件的组对和定位焊

1. 焊接工件的组对

(1)组对的要求 一般来说,将结构总装后进行焊接,由于结构刚性增加,可以减少焊后变形。对于一些大型复杂结构,可将结构适当地分布成部件,分别装配焊接,然后再拼焊成整体,使不对称的焊缝或收缩量较大的焊缝能自由收缩而不影响整体结构。

焊件装配时接口上下对齐,不应错口,间隙要适当均匀。装配定位焊时要考虑焊件自由伸缩及焊接的先后顺序,防止由于装配不当引起内应力及变形。

(2)不开坡口的焊件组对 板板平对接焊时,焊件组对装配时应保证两焊件齐平,间隙均匀。焊接厚度<2mm,或更薄的焊件时,装配间隙应≤0.5mm,剪切时留下的毛边在焊接时应锉修掉。装配时,接口处的上下错边不应超过板厚的1/3,对于某些要求高的焊件,错边应≤0.2mm,可采用夹具组装。

(3)开坡口的焊件组对 板板开V形坡口焊件组对时,装配间隙始端为3mm,终端为4mm。预置反变形量3°~4°,错边量≤1.4mm。板管开坡口的骑座式焊件组对时,首先要保证管子与孔板相垂直,装配间隙为3mm,焊件装配错边量≤0.5mm。管管焊件的组对时,装配间隙2~3mm,钝边1mm,错边量≤2mm,保证在同一轴线上。

2. 焊接工件的定位焊

焊前固定焊件的相对位置,以保证整个结构件得到正确的几何形状和尺寸而进行的焊接操作称为定位焊,俗称点固焊。定位焊形成的短小而断续的焊缝称为定位焊缝。通常定位焊缝都比较短小,焊接过程中都不去掉,而成为正式焊缝的一部分保留在焊缝中,因此定位焊缝的位置、长度和高度等是否合适,将直接影响正式焊缝的质量及焊件的变形。定位焊的焊接注意事项如下:

①定位焊缝一般都作为以后正式焊缝的一部分,因此,必须按照焊接工艺规定的要求焊接定位焊缝。采用与正式焊缝工艺规定的同牌号、同规格的焊条,用相同的焊接参数施焊。若工艺规定焊前需预热,焊后需缓冷,则定位焊缝焊前也要预热,焊后也要缓冷。预热温度与正式焊接时相同。

②定位焊的引弧和收弧端应圆滑不应过陡,防止焊缝接头时两端焊不透,定位焊缝必须保证熔合良好,焊道不能太高。

③定位焊为间断焊,工件温度较正常焊接时为低。为防止未焊透等缺陷,定位焊时电流应比正式焊时大10%~15%。定位焊后必须尽快焊接,避免中途停顿或存放时间过长。

④定位焊缝的长度、余高、间距等参考尺寸可按表7-16选用。但在个别对保证焊件尺寸起重要作用的部位,可适当增加定位的焊缝尺寸和数量。

表7-16 定位焊缝的参考尺寸

焊件厚度/mm	焊缝余高/mm	焊缝长度/mm	焊缝间距/mm
≤4	<4	5~10	50~100
4~12	3~6	10~20	100~200
>12	3~6	15~30	200~300

⑤定位焊缝不能焊在焊缝交叉处或焊缝方向发生急剧变化的地方,通常至少应

离开这些地方 50mm 才能进行定位焊。

⑥为防止焊接过程中工件开裂,应尽量避免强制装配。若经强行组装的结构,其定位焊缝长度应根据具体情况适当加大,并减小定位焊缝的间距。

⑦如定位焊缝开裂,必须将裂纹处的焊缝铲除后重新定位焊。在定位焊之后,如出现接口不齐平,应进行矫正,然后才能正式焊接。

三、各种不同焊接位置上的操作要点

各种不同焊接位置操作的共同规律是通过保持正确的焊条角度,掌握好运条的3个动作,控制熔池表面形状及熔池温度,使熔池金属的冶金反应完全,气体、杂质排除彻底,并与母材很好熔合。熔池温度与熔池的形状及大小有关,在操作中只要仔细观察其变化情况,不断调整焊条角度和运条动作,就能达到控制熔池温度,确保焊接质量的目的。

1. 平焊位置的焊接

(1)平焊位置的焊接特点 焊条熔滴金属主要依靠自重向熔池过渡,熔池形状和熔池金属容易保持。焊接同样板厚的焊件,平焊位置上的焊接电流要比其他位置大,焊接生产效率高。熔渣和熔池金属容易混在一起,特别是角焊缝焊接时,熔渣容易超前而形成夹渣。焊接参数和操作不正确时,可能产生未焊透、咬边或焊瘤等缺陷。平板对接焊接时,若焊接参数或焊接顺序选择不当,容易产生焊接变形。单面焊双面成形时,第一道焊缝容易产生熔透程度不匀,背面成形不良现象。

(2)平焊位置的焊条角度 平焊位置按焊接接头的形式可分为对接平焊、搭接接头平角焊、T形接头平角焊、船形焊、角接接头平焊等。平焊位置时的焊条角度如图 7-27 所示。

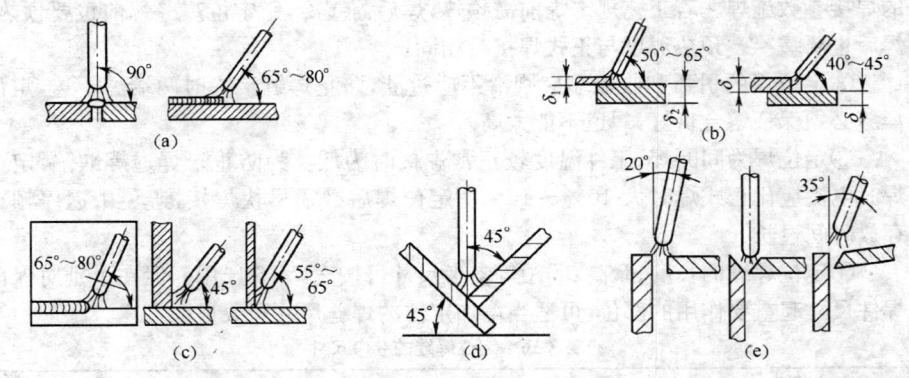

图 7-27 平焊位置时的焊条角度
(a)对接平焊 (b)搭接接头平角焊 (c)T形接头平角焊 (d)船形焊 (e)角接接头平焊

(3)平焊位置的焊接要点 将焊件置于平焊位置,焊工手持焊钳,焊钳上夹持焊条,面部用面罩保护(头盔式面罩或手持式面罩),在焊件上引弧,利用电弧的高温(6000K~8000K)熔化焊条金属和母材金属,熔化后的两部分金属熔合在一起成为

熔池。焊条移开后,焊接熔池冷却形成焊缝,通过焊缝将两块分离的母材牢固地结合在一起,实现平焊位置焊接。

①根据板厚可以选用直径较粗的焊条,用较大的焊接电流焊接。在同样板厚条件下,平焊位置的焊接电流,比立焊位置、横焊位置和仰焊位置的焊接电流大。

②最好采用短弧焊接,短弧焊接可减少电弧高温热损失,提高熔池熔深。防止电弧周围有害气体侵入熔池,减少焊缝金属元素的氧化和焊缝产生气孔的可能性。

③焊接时焊条与焊件成 40°～90°夹角,控制好熔渣与液态金属分离,防止熔渣出现超前现象。

④当板厚≤6mm 时,对接平焊一般开 I 形坡口,正面焊缝宜采用直径 $\phi 3.2$～$\phi 4mm$ 的焊条短弧焊,熔深应达到焊件厚度的 2/3。背面封底焊前,可以不铲除焊根(重要构件除外),但要将熔渣清理干净,焊接电流可大一些。

⑤对接平焊若有熔渣和熔池金属混合不清的现象时,可将电弧拉长,焊条前倾,并做向熔池后方推送熔渣的动作,以防止夹渣。

⑥焊接水平倾斜焊缝时,应采用上坡焊,防止熔渣向熔池前方流动,避免焊缝产生夹渣缺陷。

⑦采用多层多道焊时,应注意选好焊道数及顺序。

⑧T 形、角度、搭接的平角焊接头,若两板厚度不同,应调整焊条角度,将电弧偏向厚板一边,使两板受热均匀。

(4)正确选用运条的方法

①板厚<6mm,I 形坡口对接平焊,采用双面焊时,正面焊缝采用直线形运条,稍慢,背面焊缝也采用直线形运条,焊接电流应比焊正面焊缝时稍大些,运条要快。

②板厚≥6mm,根据设计需要,开 I 形坡口以外的其他形式(V 形、双 V 形、Y 形、V 形等)坡口,对接平焊时,可采用多层焊或多层多道焊,第一层(打底焊)宜用小直径焊条、小焊接电流、直线形运条或锯齿形运条焊接,以后各层焊接时,可选用较大直径的焊条和较大的焊接电流的短弧焊。锯齿形运条在坡口两侧必须停留,相邻层焊接方向应相反,焊接接头需错开。

③T 形接头平角焊的焊脚尺寸<6mm 时,可选用单层焊,用直线形、斜环形或锯齿形运条方法;焊脚尺寸较大时,宜采用多层焊或多层多道焊,打底焊都采用直线形运条方法,其后各层的焊接可选用斜锯齿形、斜环形运条。多层多道焊宜选用直线形运条方法焊接。

④搭接、角接平角焊时,运条操作与 T 形接头平角焊运条相似。

⑤船形焊的运条操作与开坡口对接平焊相似。

2. 立焊位置的焊接

(1)立焊位置的焊接特点　熔池金属与熔渣因自重下坠,容易分离。熔池温度过高时,熔化金属易向下流淌形成焊瘤、咬边和夹渣等缺陷,焊接不易焊得平整。T 形接头焊缝根部容易产生未焊透。熔透深度容易掌握,比平焊位置多消耗焊条,而焊接生产率却比平焊低。由于立角焊电弧的热量向焊件的3个方向传递,散热快,所以,在与对接立焊相同的条件下,焊接电流可稍大些,以保证两板熔合良好。

(2)立焊位置的焊条角度 立焊位置焊接按焊件厚度区分有薄板对接立焊和厚板对接立焊;按接头的形式可分为Ⅰ形坡口对接立焊和T形接头立角焊;按焊接操作方法分向上立焊和向下立焊。立焊位置时的焊条角度如图7-28所示。

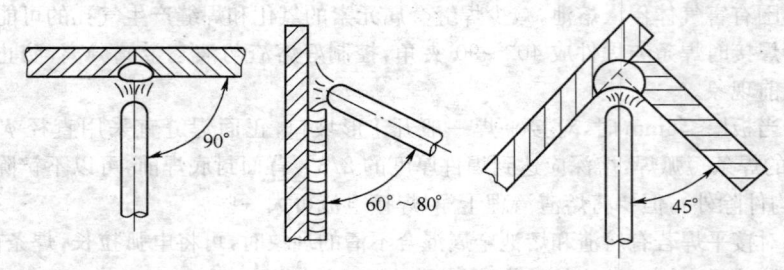

图7-28 立焊位置时的焊条角度

(3)立焊位置的焊接要点 立焊时,焊钳夹持焊条后,焊钳与焊条应成一直线,如图7-29所示。焊工的身体不要正对着焊缝,要略偏向左侧或右侧(左撇子),以便于握焊钳的右手或左手(左撇子)操作。生产中常用的是向上立焊,向下立焊要用专用焊条才能保证焊缝质量。向上立焊时焊接电流应比平焊时小10%~15%,且应选用较小的焊条直径(<4mm),保持正确的焊条角度。采用短弧施焊,缩短熔滴过渡到熔池的距离。

图7-29 焊钳夹持焊条的形式

(4)正确选用运条方法

①薄板Ⅰ形坡口对接向上立焊时,常用最大弧长应≤6mm,可选用直线形、锯齿形、月牙形运条或挑弧法施焊。

②其他形式坡口对接立焊时,第一层焊缝常选用挑弧法或摆幅不大的月牙形、三角形运条法焊接,其后可采用月牙形或锯齿形运条方法。

③T形接头立焊时,焊条应在焊缝两侧及顶角有适当的停留时间,焊条摆动幅度应不大于焊缝宽度。运条操作与开其他形式坡口对接立焊相似。

④焊接盖面层时,应根据对焊缝表面的要求选用运条方法。焊缝表面要求稍高的可采用月牙形运条法,如果只要求焊缝表面平整的可采用锯齿形运条方法。

3. 横焊位置的焊接

(1)横焊位置的焊接特点 熔化金属因自重易下坠至坡口上,造成坡口上侧产生咬边缺陷,下侧形成如图7-30所示的泪滴形焊缝。熔化金属与熔渣易分清,略似立焊。

(2)横焊位置的焊条角度 横焊时,焊工最好是站位操作,即焊工站立焊接。若条件许可,焊工持面罩的手或胳膊最好有依托,以保持焊工在站位焊接时身体稳定,引弧点的位置应是焊工正视部位。焊接时,每焊完一根焊条,焊工就需要移动一下站的位置,为保证能始终正视焊缝,焊工上部分身体应随电弧的移动而向前移动,但眼睛仍需与焊接电弧保持一定的距离。同时,注意保持焊条与焊件的角度,防止熔化金属过分下淌。

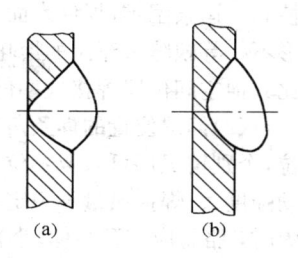

图 7-30 泪滴形焊缝
(a)正常横焊缝
(b)泪滴形横焊缝

(3)横焊位置时的焊条角度 如图 7-31 所示。

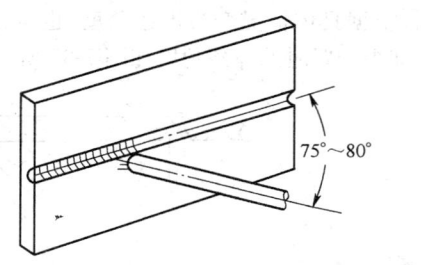

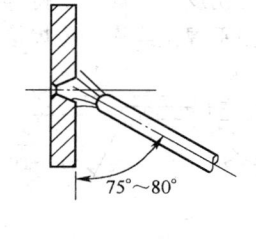

图 7-31 横焊位置时的焊条角度

(4)横焊位置的焊接要点

①对接横焊开坡口一般为 V 形或 K 形,板厚为 3～4mm 的对接接头可用 I 形坡口双面焊。

②选用小直径焊条,焊接电流比平焊时小些;短弧操作,能较好地控制熔化金属流淌。

③厚板横焊时,打底焊缝以外的焊缝,宜采用多层多道焊法施焊。

④多层多道焊时,要特别注意焊道间的重叠距离,每道叠焊,应在前一道焊缝的 1/3 处开始焊接,以防止焊缝产生凹凸不平。

⑤根据具体情况,保持适当的焊条角度,焊接速度应稍快且要均匀。

(5)正确选用运条方法

①开 I 形坡口对接横焊时,正面焊缝采用往复直线运条方法较好,稍厚件宜选用直线形或小斜环形运条,背面焊缝选用直线运条,焊接电流可以适当加大。

②开其他形式坡口对接多层横焊,间隙较小时,可采用直线形运条;间隙较大时,打底焊选用往复直线运条,其后各层多层焊时,可采用斜环形运条,多层多道焊时,宜采用直线形运条。

4. 仰焊位置的焊接

(1)仰焊位置的焊接特点 熔化金属因重力作用易下坠,熔池形状和大小不易控制。运条困难,焊件表面不易焊得平整。易出现夹渣、未焊透、凹陷焊瘤及焊缝成形不好等缺陷。流淌的熔化金属以飞溅扩散,若防护不当,容易造成烫伤事故,仰焊比其他空间位置焊接效率低。

(2)仰焊位置的焊条角度　根据焊件距焊工的距离,焊工可采取站位、蹲位或坐位,个别情况还可采取躺位,即焊工仰面躺在地上,手举焊钳仰焊。焊工仰焊时,劳动强度大,焊接质量不稳定,通常用于焊接抢修,不适用于大批量的制造业生产。施焊时,胳膊应离开身体,小臂竖起,大臂与小臂自然形成角支撑,重心在大胳膊的根部关节上或胳膊肘上,焊条的摆动应靠腕部的作用来完成,大臂要随着焊条的熔化向焊缝方向逐渐地上升和向前方移动,眼睛要随着电弧的移动观察施焊情况,头部与上身也应随着焊条向前移动而稍微倾斜。仰焊前,焊工一定要穿戴仰焊工所必备的劳动保护服,扣紧纽扣,颈部围紧毛巾,头戴披肩帽,脚穿防烫鞋,以防铁液下落和飞溅金属烫伤皮肤。焊工手持焊钳,根据具体情况变换焊条角度,也可把焊件待焊部位翻转为平焊位或横焊位焊接。仰焊位置时的焊条角度如图7-32所示。

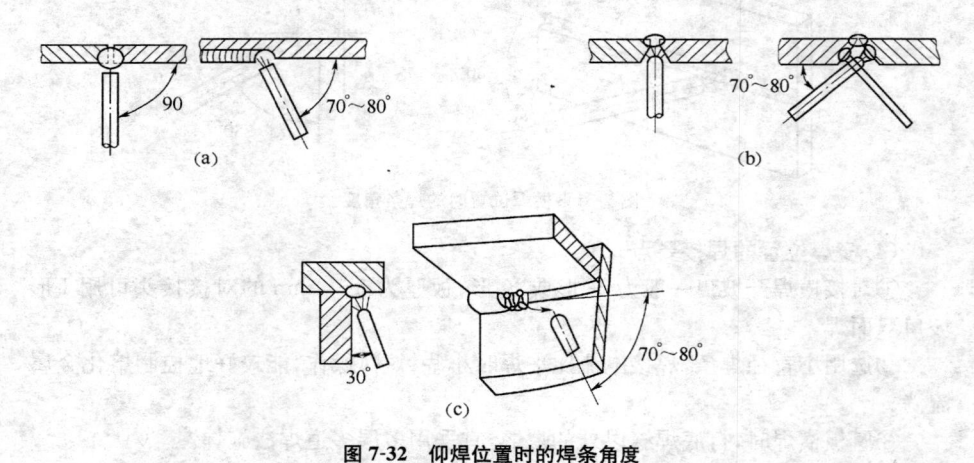

图7-32　仰焊位置时的焊条角度
(a)I形坡口对接仰焊　(b)其他坡口对接仰焊　(c)T形接头仰角焊

(3)仰焊位置的焊接要点

①当焊件厚度≤4mm时,对接焊缝仰焊,采用I形坡口,选用直径3.2mm的焊条,焊接电流要适当。焊件厚度≥5mm时,采用V形坡口多层多道焊。

②当焊脚<8mm时,T形接头焊缝仰焊,宜采用单层焊,焊脚>8mm时,采用多层多道焊。

③为便于熔滴过渡,减少焊接时熔化金属下淌和飞溅,焊接过程中应采用最短的弧长施焊。

④打底层焊缝,应采用小直径焊条和小焊接电流施焊,以免焊缝两侧产生凹陷和夹渣。

第七章 焊条电弧焊

(4)正确选用运条方法

①间隙小时,I形坡口对接仰焊用直线形运条;间隙较大时,用直线往返形运条。

②开其他形式坡口对接多层仰焊时,打底层焊接的运条方法应根据坡口间隙的大小,选用直线形运条或往返形运条方法。其后各层可选用锯齿形或月牙形运条方法;多层多道焊宜采用直线形运条方法,无论采用哪种运条方法,每一次向熔池过渡的熔化金属不宜过多。

③T形接头仰焊时,若焊脚尺寸较小,可采用直线形或往返直线形运条方法,由单层焊接完成;若焊脚尺寸较大,可采用多层或多层多道施焊,第一层打底宜采用直线形运条,其后各层可选用斜三角形或斜环形运条方法。

四、焊条电弧焊常见焊缝缺陷及预防措施

焊条电弧焊常见焊缝缺陷及预防措施见表 7-17。

表 7-17 焊条电弧焊常见焊缝缺陷及预防措施

焊缝缺陷		产生原因	预防措施
外观缺陷	咬边	1. 焊接电流过大; 2. 电弧过长; 3. 焊接速度过快; 4. 焊条角度不当; 5. 焊条选择不当	1. 适当地减少焊接电流; 2. 保持短弧焊接; 3. 适当降低焊接速度; 4. 适当改变焊接过程中焊条的角度; 5. 按照工艺规程,选择合适的焊条牌号和焊条直径
	焊瘤	1. 焊接电流太大; 2. 焊接速度太慢; 3. 焊件坡口角度、间隙太大; 4. 坡口钝边太小; 5. 焊件的位置安装不当; 6. 熔池温度过高; 7. 焊工技术不熟练	1. 适当减小焊接电流; 2. 适当提高焊接速度; 3. 按标准加工坡口角度及留间隙; 4. 适当加大钝边尺寸; 5. 焊件的位置按图组成; 6. 严格控制熔池温度; 7. 不断提高焊工技术水平
	表面凹痕	1. 焊条吸潮; 2. 焊条过烧; 3. 焊接区有脏物; 4. 焊条含硫或含碳、锰量高	1. 按规定的温度烘干焊条; 2. 减小焊接电流; 3. 仔细清除待焊处的油、锈、垢等; 4. 选择性能较好的低氢型焊条
未熔合		1. 电流过大,焊速过高; 2. 焊条偏离坡口一侧; 3. 焊接部位未清理干净	1. 选用稍大的电流,放慢焊速; 2. 焊条倾角及运条速度适当; 3. 注意分清熔渣、钢水,焊条有偏心时,应调整角度使电弧处于正确方向
未焊透		1. 坡口角度小; 2. 焊接电流过小; 3. 焊接速度过快; 4. 焊件钝边过大	1. 加大坡口角度或间隙; 2. 在不影响渣保护前提下,采用大电流、短弧焊接; 3. 放慢焊接速度,不使熔渣超前; 4. 按标准规定加工焊件的钝边
夹渣		1. 焊件有脏物、前层焊道清渣不干净; 2. 焊接速度太慢,熔渣超前; 3. 坡口形状不当	1. 焊前清理干净焊件被焊处和前条焊道上的脏物或残渣; 2. 适当加大焊接电流和焊接速度,避免熔渣超前; 3. 改进焊件的坡口角度

续表 7-17

焊缝缺陷		产生原因	预防措施
满溢		1. 焊接电流过小； 2. 焊条使用不当； 3. 焊接速度过慢	1. 加大焊接电流,使母材充分熔化； 2. 正确选择焊接参数,如焊条直径和焊条牌号； 3. 增加焊接速度
气孔		1. 电弧过长； 2. 焊条受潮； 3. 油、污、锈焊前没清理干净； 4. 母材含硫量高； 5. 焊接电弧过长； 6. 焊缝冷却速度太快； 7. 焊条选用不当	1. 缩短电弧长度； 2. 按规定烘干焊条； 3. 焊前应彻底清除待焊处的油、污、锈等； 4. 选择焊接性能好的低氢焊条； 5. 适当缩短焊接电弧的长度； 6. 采用横向摆动运条或者预热、后热,减慢冷却速度； 7. 选用适当的焊条,防止产生气孔
裂纹	热裂纹	1. 焊接间隙大； 2. 焊接接头拘束度大； 3. 母材硫含量大	1. 减小间隙,充分填满弧坑； 2. 用抗裂性能好的低氢型焊条； 3. 用焊接性好的低氢型焊条或高锰、低碳、低硫、低硅、低磷的焊条
	冷裂纹	1. 焊条吸潮； 2. 焊接区急冷； 3. 焊接接头拘束度大； 4. 母材含合金元素过多； 5. 焊件表面油污多	1. 按规定烘干焊条； 2. 采用预热或后热,减慢冷却速度； 3. 焊前预热,用低氢型焊条,制定合理的焊接顺序； 4. 焊前预热,采用抗裂性较好的低氢焊条； 5. 焊接时要保持熔池低氢
焊缝尺寸不符合要求		1. 焊接电流过大或过小； 2. 焊接速度不适当,熔池保护不好； 3. 焊接时运条不当； 4. 焊接坡口不合格； 5. 焊接电弧不稳定	1. 调整焊接电流到合适的大小； 2. 用正确的焊接速度焊接,均匀运条,加强熔渣保护熔池的作用； 3. 改进运条方法； 4. 按技术要求加工坡口； 5. 保持电弧稳定
焊缝形状不符合要求		1. 焊接顺序不正确； 2. 焊接夹具结构不良； 3. 焊前准备不好,如坡口角度、间隙、收缩余量等	1. 执行正确的焊接工艺； 2. 改进焊接夹具的设计； 3. 按焊接工艺规范执行
烧穿		1. 坡口形状不当； 2. 焊接电流太大； 3. 焊接速度太慢； 4. 母材过热	1. 减小间隙或加大钝边； 2. 减小焊接电流； 3. 提高焊接速度； 4. 避免母材过热,控制层间温度

第六节　焊条电弧焊基本技能训练实例

一、低碳钢平板的立对接焊技能训练实例

立对接焊简称为立焊,是指焊缝纵向轴线垂直于水平面的焊缝,立对接焊操作

如图 7-33 所示。这类焊缝焊接时由于熔滴困难,因此,焊缝不易成形。

1. 操作准备

(1) **电焊机**　BX3-330 型或 AX-320 型。

(2) **焊条**　E4303(J422),ϕ3.2 和 ϕ4。

(3) **焊件**　低碳钢板,厚 3mm 和 12mm,180mm×140mm×3mm 和 180mm×140mm×12mm,每组两块。

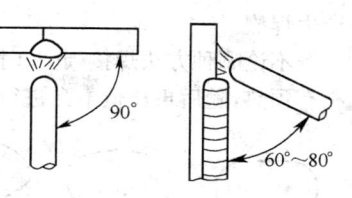

图 7-33　立对接焊操作

2. 操作要点

(1) **不开坡口的立对接焊**　薄板向上立焊时可不开坡口,应采用直径 4mm 以下的焊条,使用较小的焊接电流(比平对接焊小 10%～15%),采用短弧焊接与合适的焊条角度,如图 7-33 所示。同时要掌握正确的操作姿势,握焊钳的方法如图 7-34 所示。除采取上述对接立焊措施外,还可以采取跳弧法和灭弧法,以防止烧穿。

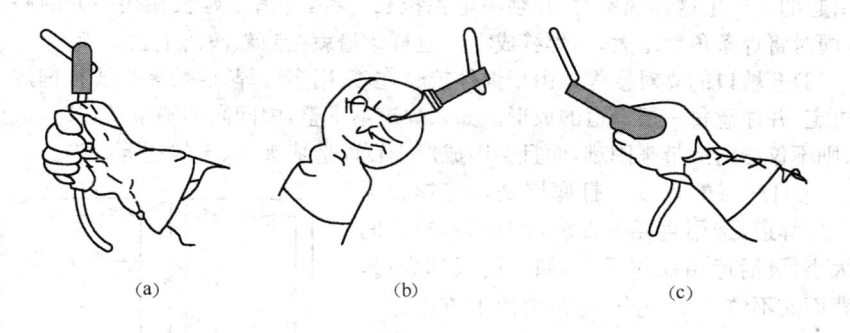

图 7-34　握焊钳的方法
(a)正握法　(b)反握法　(c)反握法

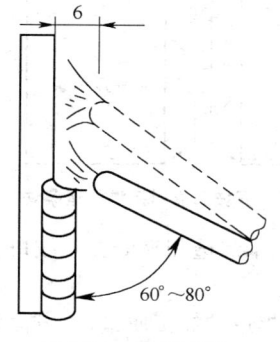

图 7-35　立焊跳弧法

①跳弧法是当熔滴脱离焊条末端过渡到熔池后,立即将电弧向焊接方向提起,这时为不使空气侵入,其长度不应超过 6mm。立焊跳弧法如图 7-35 所示。目的是让熔化金属迅速冷却凝固,形成一个台阶,当熔池缩小到焊条直径 1～1.5 倍时,再将电弧(或重新引弧)移到台阶上面,在台阶上形成一个新熔池。如此不断地重复熔化、冷却、凝固再熔化的过程,这就能由下向上形成一条焊缝。

②灭弧法是当为熔滴从焊条末端过渡到熔池后,立即将电弧熄灭,使熔化金属有瞬时凝固的机会,随后重新在弧坑引燃电弧。灭弧时间在开始时可以短些,因为焊件此时还是冷的,随着焊接时间的延长,灭弧时间也要增加,才能避免烧穿和

产生焊瘤。

不论哪种方法焊接,起头时,当电弧引燃后,都应将电弧稍微拉长,对焊缝端头稍有预热,随后再压低电弧进行正常焊接。

熔池形状与熔池温度的关系如图 7-36 所示。在焊接过程中要注意熔池形状,如发现椭圆形熔池下部边缘由比较平直的轮廓逐渐凸起变圆形,表示温度稍高或过高,应立即灭弧,让熔池降温,避免产生焊瘤,待熔池瞬时冷却后,在熔池外引弧继续焊接。

图 7-36 熔池形状与熔池温度的关系
(a)正常　(b)温度稍高　(c)温度过高

更换焊条要迅速,采用热接法。在接头时,往往有铁水拉不开或熔渣、铁水混在一起的现象,这主要是更换焊条的时间太长、灭弧后预热不够及时、焊条角度不正确等引起的。产生这种现象时,必须将电弧拉长一些,并适当延长在接头处的停留时间,同时将焊条角度增大,与焊缝成 90°,这样熔渣就会自然滚落下去。

(2)开坡口的立对接焊　由于焊件较厚,多采用多层焊,层数多少要根据焊件厚度决定,并注意每一层焊道的成形。如果焊道不平整,中间高两侧很低,甚至形成尖角,则不仅给清渣带来困难,而且会因成形不良而造成夹渣、未焊透等缺陷。

①打底层的焊接　打底层是在施焊正面第一层焊道,选用直径 3.2mm 的焊条,根据间隙大小,灵活运用操作手法,如为使根部焊透,而背面又不致产生塌陷,应在熔池上方熔穿一个小孔,其直径等于或稍大于焊条直径。焊件厚度不同,运条方法也不同,对厚焊件可采用小三角形运条,在每个转角处应做停留;对中厚件或较薄件,可采用小月牙形、锯齿形或跳弧焊法。开坡口立对接焊的运条法如图 7-37 所示。不论采用哪一种运条法,如果运条到焊道中间时不加快运条速度,熔化金属就会下淌,使焊道外观不良。当中间运条过慢而造成金属下淌后,使焊道外观不良;当中间运条过慢而造成金属下淌后,形成凸形焊道,将导致施焊下一层焊道时,产生未焊透和夹渣。开坡口立对接焊的打底层焊道如图 7-38 所示。

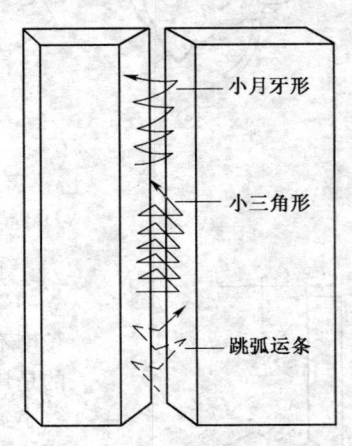

图 7-37 开坡口立对接焊的运条法

②表层焊缝的焊接　首先注意靠近表层的前一层的焊道的焊接质量,一方面要使各层焊道凸凹不平的成形在这一层得到调整,为焊好表层打好基础;另一方面,这层焊道一般应低于焊件表面 1mm 左右,而且中间略有些凹,以保证表层焊缝成形美观。

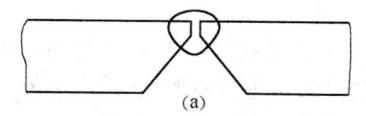

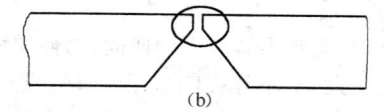

图 7-38 开坡口立对接焊的打底层焊道
(a)根部焊道不良 (b)根部焊道良好

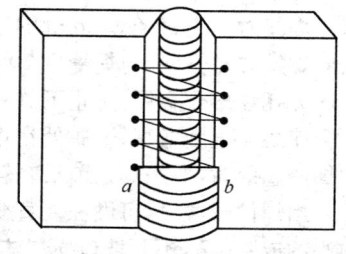

表层焊缝即多层焊的最外层焊缝,应满足焊缝外形尺寸的要求。运条方法可根据对焊缝余高的不同要求加以选择,如果要求余高稍大时,焊条可做月牙形摆动;如要求稍平时,焊条可做锯齿形摆动。运条速度要均匀,摆动要有规律,开坡口立对接焊的表层运条法如图 7-39 所示。运条到 a、b 两点时,应将电弧进一步缩短并稍作停留,这样才能有利于熔滴的过渡和咬边;从 a 摆到 b 点时应稍快些,以防止产生焊瘤。有时候表层焊缝也可采用较大电流,在运条时采用短弧,使焊条末端紧靠熔池快速摆动,并在坡口边缘稍作停留,这样表层焊缝不仅较薄,而且焊波较细,平整美观。

图 7-39 开坡口立对接焊的表层运条法

二、低碳钢平板的横对接焊技能训练实例

1. 操作准备

(1)设备及工具 电焊机为 BX3-300 型或 AX-320 型;焊条为 E4303,ϕ3.2mm 和 ϕ4mm;焊件为 Q235 钢板 200mm×150mm×5mm 和 200mm×260mm×20mm 每组各两块。

(2)焊接参数 推荐对接横焊的焊接参数见表 7-18。

表 7-18 推荐对接横焊的焊接参数

焊缝横断面形式	焊件厚度/mm	第一层焊缝 焊条直径/mm	第一层焊缝 焊接电流/A	其他各层焊缝 焊条直径/mm	其他各层焊缝 焊接电流/A	封底焊缝 焊条直径/mm	封底焊缝 焊接电流/A
I 型	2	2	45~55	—	—	2	50~55
I 型	2.5	3.2	75~110	—	—	3.2	80~110
I 型	3~4	3.2	80~120	—	—	3.2	90~120
I 型	3~4	4	120~160	—	—	4	120~160
单面 V 型	5~8	3.2	80~120	3.2	90~120	3.2	90~120
单面 V 型	5~8	3.2	80~120	4	120~160	4	120~160
单面 V 型	>9	3.2	90~120	4	140~160	3.2	90~120
单面 V 型	>9	4	140~160	4	140~160	4	120~160
K 型	14~18	3.2	90~120	4	140~160	—	—
K 型	14~18	4	140~160	4	140~160	—	—
K 型	>9	4	140~160	4	140~160	—	—

2. 操作要点

焊接时，熔池金属有下淌倾向，易使焊缝上边出现咬边，下边出现焊瘤和未熔合等缺陷。因此，对不开坡口和开坡口的横焊都要选用适当的焊接参数，掌握正确的操作方法，如选用较小的焊条直径、较小的焊接电流、较短的焊接电弧。

(1) 不开坡口的横对接焊操作 当焊件厚度 <5mm 时，一般不开坡口，可采取双面焊接。操作时左手或左臂可以有依托，右手或右臂的动作与平对接焊操作相似。焊接时宜用直径 3.2mm 的焊条，并向下倾斜与水平面成 15°左右夹角。同时焊条向焊接方向倾斜，与焊缝成 70°左右夹角，如图 7-40a 所示；如图 7-40b 所示，使电弧吹力托住熔化金属，防止下淌。选择焊接电流时可比平对接焊小 10%～15%，否则会使熔化温度增高，金属处在熔化状态时间较长，容易下淌形成焊瘤。特别注意如焊渣超前时，要用焊条前沿轻轻地拨掉，否则熔滴金属也会随之下淌。

当焊件较薄时，可做往复直线形运条或小斜圆圈形运条。斜圆圈的斜度与焊缝中心约成 45°角，不开坡口横焊的斜圆圈运条法如图 7-41 所示，以得到合适的熔深。但运条速度应稍快些，且要均匀，避免焊条熔滴金属过多地集中在某一点上，而形成焊瘤和咬边。

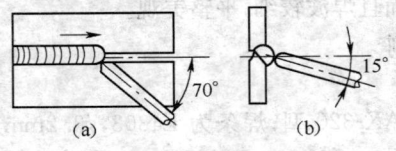

图 7-40 横焊操作

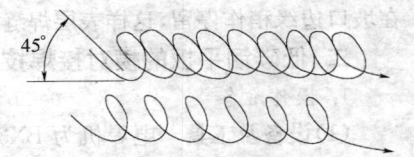

图 7-41 不开坡口横焊的斜圆圈运条法

(2) 开坡口的横焊操作 当焊件较厚时，一般可开 V 形、U 形、单面 V 形或 K 形坡口。横焊时的坡口特点是下面焊件不开坡口或坡口角度小于上面的焊件，这样有助于避免熔池金属下淌，有利于焊缝成形。

对于开坡口的焊件，可采用多层焊或多层多道焊，开坡口多层多道横焊的焊条倾角如图 7-42 所示。焊接第一层焊道时，应选用直径 3.2mm 的焊条，运条方法可根据接头的间隙大小来选择。间隙较大时，宜采用直线往复形运条；间隙较小时，可采用直线形运条。焊接第二道时，用直径 3.2mm 或 4mm 的焊条，采用斜圆圈形运

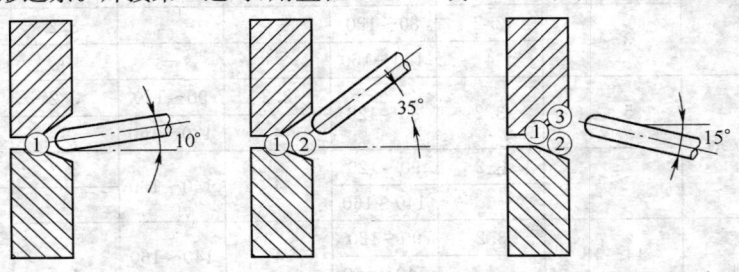

图 7-42 开坡口多层多道横焊的焊条倾角
①～③. 焊道顺序号

条法。开坡口横焊时的斜圆圈运条法如图 7-43 所示。

在施焊过程中,应保持较短的电弧和均匀的焊接速度。为了更好地防止焊缝出现咬边和产生熔池金属下淌现象,每个斜圆圈形与焊缝中心的斜度不得大于 45°。当焊条末端运动到斜圆圈上面时,电弧应更短,并稍停片刻,使较多的熔化金属过渡到焊道中去,然后缓慢地将电弧引到焊道下边,即原先电弧停留点的旁边。这样使电弧往复循环,才能有效地避免各种缺陷,使焊缝成形良好。

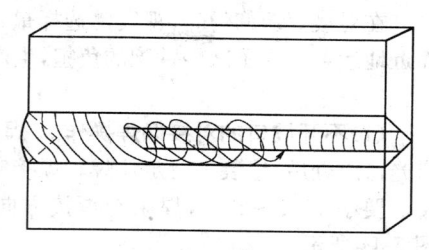

图 7-43 开坡口横焊时的斜圆圈运条法

采用背面封底焊时,首先应进行清根,然后用直径 3.2mm 的焊条,较大的焊接电流,直线形运条法进行焊接。

三、低碳钢平板对接的仰焊技能训练实例

1. 操作准备

(1)电焊机 BX3-330 型或 AX-320 型。

(2)焊条 0E4303(J422)ϕ3.2mm 和 ϕ4mm。

(3)焊件 低碳钢板,厚 3mm 和 10mm,长×宽为 200mm×150mm,每组各两块。

(4)焊接参数 推荐对接接头仰焊的焊接参数见表 7-19。

表 7-19 推荐对接接头仰焊的焊接参数

焊缝横断面形式	焊件厚度 /mm	第一层焊缝 焊条直径 /mm	第一层焊缝 焊接电流 /A	其他各层焊缝 焊条直径 /mm	其他各层焊缝 焊接电流 /A	封底焊缝 焊条直径 /mm	封底焊缝 焊接电流 /A
I 形	2	—	—	—	—	2	40～60
I 形	2.5	—	—	—	—	3.2	80～100
I 形	3～5	—	—	—	—	3.2	85～110
I 形						4	120～160
单面 V 形	5～8	3.2	90～120	3.2	90～120	—	—
单面 V 形				4	140～160		
单面 V 形	>9	3.2	90～120	4	140～160	—	—
单面 V 形		4	140～160				
双面 V 形	12～18	3.2	90～120	4	140～160	—	—
双面 V 形		4	140～160				
双面 V 形	>19	4	140～160	4	140～160	—	—

2. 操作要点

在对接焊缝仰焊时,视线要选择最佳位置,两脚成半开步站立,上身要稳,由远而近地运条。为了减轻臂腕的负担,生产中往往将焊接电缆线挂在临时设置的钩子上。

(1)不开坡口的对接仰焊操作 焊件厚度≤4mm时,一般可不开坡口,用砂纸打光待焊处后,组装进行定位焊。焊接时选用直径3.2mm的焊条,焊接电流比平对接焊要小15%~20%,焊条与焊接方向成70°~80°角,与焊缝两侧面成90°角,如图7-44所示。

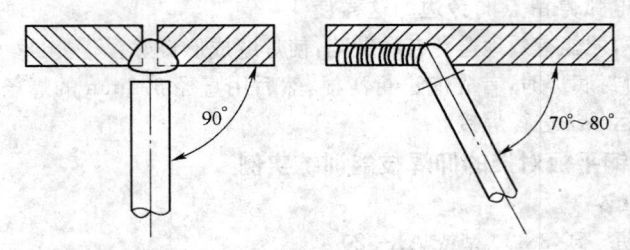

图 7-44 仰焊操作

在整个焊接进程中,焊条保持在上述位置均匀运条,不要中断,运条方法可采用直线形和直线往复形运条。直线形运条可用于焊接间隙小的接头,直线往复形运条可用于间隙稍大的接头。焊接电流虽比平对接焊时小,但不宜过小,否则不能得到足够的熔深,并且电弧不稳,操作难掌握,焊缝质量也难保证。在运条的过程中,要保持最短的电弧长度,以帮助熔滴顺利过渡到熔池中去。为防止液态金属的流淌,熔池也不宜过大,操作中应注意控制熔池的大小,也要注意熔渣流动的情况。只有熔渣浮出正常,才能熔合良好,从而避免焊缝夹渣。收尾动作要快,以免焊漏,但要填满弧坑。

(2)开坡口的对接仰焊操作 当焊件厚度>5mm时均应开坡口焊接,一般开V形坡口,坡口角度比平对接焊时要大些,钝边厚度在1mm以下,间隙却要大些,其目的是便于运条和变换焊条位置,可克服仰焊时因熔深不足而焊不透的困难,保证焊缝质量。

开坡口的对接仰焊,可采用多层焊或多层多道焊。在焊第一层焊道时,采用直径3.2mm的焊条,焊接电流比平对接焊要小10%~20%。多用直线形运条,间隙稍大时用直线往复形运条。从接缝的起头处开始焊接,首先用长弧预热起焊处,稍微预热后,迅速压低电弧于坡口根部,稍停2~3s,以便熔透根部,然后将电弧向前移动。正常焊接时,焊条沿焊接方向移动的速度,应该保证在焊透的前提下尽可能快些,以防止烧穿及熔池金属下淌。第一层焊道表面应平直,避免凸形,因为凸形的焊道不仅给焊接下一层焊道的操作增加了困难,而且容易造成焊道边缘未焊透或夹渣、焊瘤等缺陷。

焊接第二层焊道时，应将第一层焊道熔渣及飞溅物清除干净，若有焊瘤应铲平后才能施焊。焊接时用直径 4mm 焊条，焊接电流为 180～200A，这样可提高生产效率。第二层和以后各层焊道的运条均可采用月牙形或锯齿形，运条到两侧稍停片刻，中间稍快，以使其形成较薄的焊道。开坡口对接仰焊的运条法如图 7-45 所示。

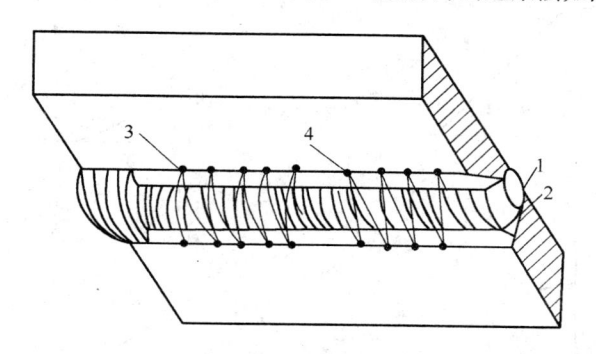

图 7-45　开坡口对接仰焊的运条法
1. 第一层焊道　2. 第二层焊道　3. 月牙形运条　4. 锯齿形运条

多层多道焊时，焊道排列的顺序与横焊时相似，按照上述要求焊完第一层焊道和第二层焊道后，其他各层焊道直线形运条，但焊条角度应根据各焊道的位置做相应的调整，以利于熔滴的过渡和获得较好的焊道成形。开坡口对接仰焊的多层多道焊如图 7-46 所示。

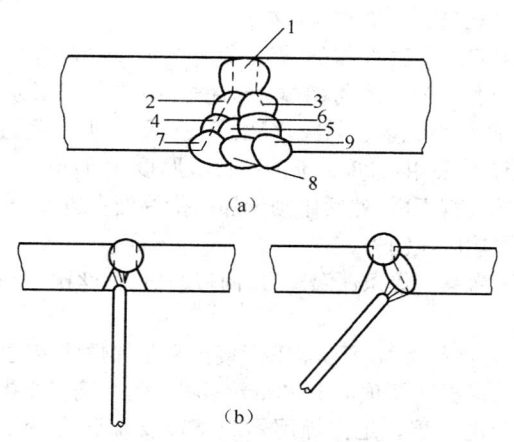

图 7-46　开坡口对接仰焊的多层多道焊
1～9. 焊道顺序号

四、低碳钢板 T 形接头的平角焊技能训练实例

角焊缝的截面形状如图 7-47 所示。应用最多的是等腰直角形角焊缝。T 形接

头的平角焊焊接,是比较容易焊接的位置,但是如果焊接参数选择不当,运条操作不当,也容易产生焊接缺陷。

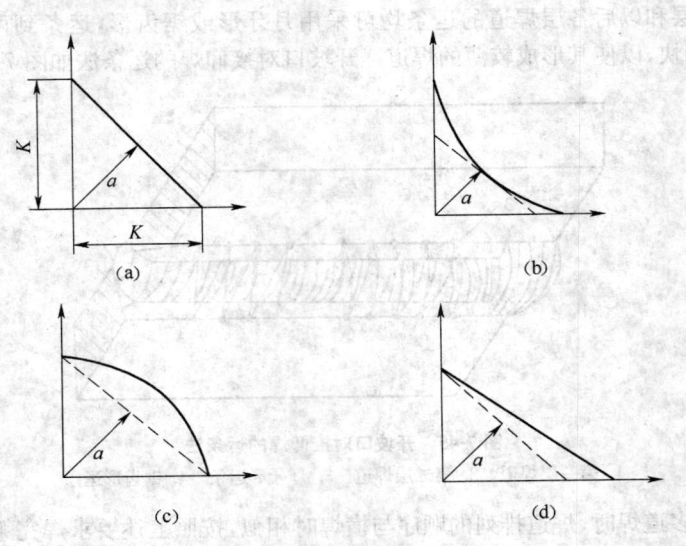

图 7-47 角焊缝的截面形状
(a)等腰直角形角焊缝 (b)凹形角焊缝 (c)凸形角焊缝 (d)不等腰形角焊缝

1. 操作准备

(1)焊机 选用 BX3-500 交流弧焊变压器。

(2)焊条 选用 E4303 酸性焊条,焊条直径为 4mm,焊前经 75℃～150℃烘干,保温 2h,焊条在炉外停留时间不得超过 4h,超过 4h 的焊条必须重新放入烘干炉烘干。焊条重复烘干次数不能多于 3 次,焊条药皮开裂或偏心度超标的不得使用。

(3)焊件(试板) 采用 Q235A 低碳钢板,厚度为 12mm,长×宽为 400mm×150mm,用剪板机或气割下料,然后用刨床加工待焊处直边,即气割下料的焊件待焊处,坡口边缘的热影响区应刨去。

(4)辅助工具和量具 焊条保温筒、角向打磨机、钢丝刷、敲渣锤、样冲、划针、焊缝万能量规等。

(5)装配、定位 如图 7-48 所示,T 形接头平角焊焊前装配时,为了加大角焊缝熔透深度,将立板与横板之间预留 1～2mm 间隙。为了确保立板的垂直度,用 90°角尺靠着立板,进行定位焊接。定位焊用 BX3-500 交流弧焊变压器,焊条用 E4303,φ3.2mm,定位焊的焊接电流为 100～120A。T 形接头平角焊的装配、定位焊如图 7-48所示。

2. 操作要点

T 形接头平角焊焊接方式有单层焊、多层焊和多层多道焊 3 种。采用哪种焊接方式取决于所要求的焊脚尺寸。当焊脚尺寸＜8mm 时,采用单层焊;焊脚尺寸为

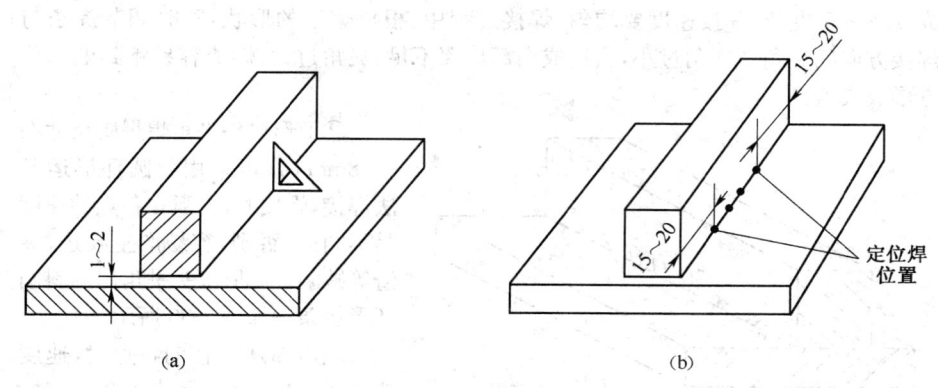

图 7-48 T 形接头平角焊的装配、定位焊
(a)装配 (b)定位焊

8~10mm 时,采用多层焊;焊脚尺寸>10mm 时,采用多层多道焊。角焊缝钢板厚度与焊脚尺寸见表 7-20。

表 7-20 角焊缝钢板厚度与焊脚尺寸 (mm)

钢板厚度	<9~9	<9~12	<12~16	<16~20	<20~24
焊脚最小尺寸	4	5	6	8	10

(1)T 形接头的单层平角焊 由于角焊时焊接热量向钢板的 3 个方向扩散,焊接过程中,钢板散热快,不容易烧穿,但容易在 T 形接头根部由于热量不足而形成未焊透缺陷。所以,T 形接头平角焊的焊接电流比相同板厚的对接平焊电流要大 10%左右。单层角焊缝的焊接参数见表 7-21。

表 7-21 单层角焊缝的焊接参数

焊脚尺寸/mm	3	4	5~6		7~8	
焊条直径/mm	3.2	3.2	4	4	5	4	5
焊接电流/A	110~120	110~120	160~180	160~180	200~220	160~180	200~220

①T 形接头平角焊的焊条角度如图 7-49 所示。T 形接头平角焊焊接时,焊脚尺寸<5mm 时,可采用短弧直线形运条法焊接,焊条与横板成 45°夹角,与焊接方向

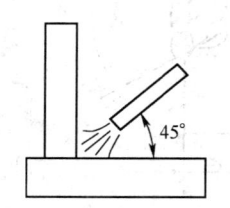

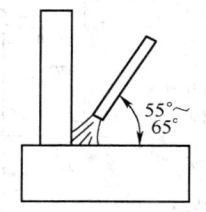

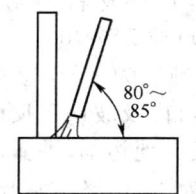

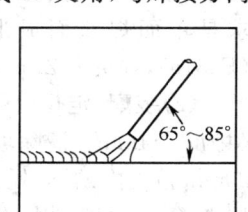

图 7-49 T 形接头平角焊的焊条角度

成 65°～85°夹角,焊接速度要均匀,焊接过程中,根据熔池的形状,随时调节焊条与焊接方向的夹角。夹角过小,会造成根部熔深不足;夹角过大,熔渣容易跑到电弧前方形成夹渣。

②T形接头平角焊焊脚尺寸在 5～8mm 时,可采用斜圆环形运条法焊接,焊接时,电弧在各点的速度是不同的,否则,容易产生咬边、夹渣等缺陷。T形接头平角焊的斜圆环形运条法如图 7-50 所示。

当电弧从 a 移向 b 点时,速度要稍慢一些,以确保熔化金属和横板熔合良好;当从 b 点移至 c 点时,电弧移动速度要稍快,防止熔化金属下淌,并在 c 点处稍作停留,确保熔化金属与立板熔合良好;从 c 点至 d 点,电弧的移动又要稍慢些,确保熔化金属和横板熔合良好,并且保证T形接头顶角根部焊透;由 d 点向 e 点移动电弧速度要稍快,并且到 e 点处也稍作停留。如此反复进行,在整个运条过程中,都采用短弧焊接,焊缝收尾时注意填满弧坑。

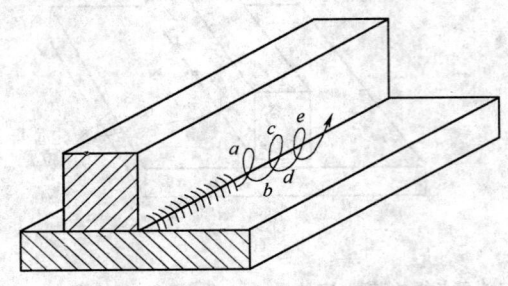

图 7-50 T形接头平角焊的斜圆环形运条法

(2)T形接头单层平角焊的焊接材料和焊接参数 焊件材料为 Q235-A,焊件尺寸(长×宽×高)为 400mm×150mm×12mm,焊机为 BX3-500,焊条为 E4303ϕ4mm,焊接电流为 160～180A,焊接层数为一层,焊脚尺寸为 6mm,运条方式为斜圆环形运条。

3. 焊缝清理

焊缝焊完后,用敲渣锤清除焊渣,用钢丝刷进一步将焊渣、焊接飞溅等清除干净,焊缝应处于原始状态,在交付专职焊接检验前不得对各种焊接缺陷进行修补。

五、中厚板对接,横焊位置的单面焊双面成形技能训练实例

1. 操作准备

(1)焊接材料和焊接参数 焊件材料牌号为 16Mn 或 Q235,平板对接横焊焊件及坡口尺寸如图 7-51 所示,焊接位置为横焊,焊接要求是单面焊双面成形,焊接材料为 E5015(E4315),焊机为 ZX5-400 或 ZX7-400。

(2)装配、定位 锉钝边为 1mm,装配间隙为 3～4mm。清除坡口内及坡口正反两侧 20mm 范围内的油、锈及其他污物,并露出金属光泽。装配间隙始端为 3mm,终端为 4mm。

定位焊采用与焊件相同牌号焊条进行定

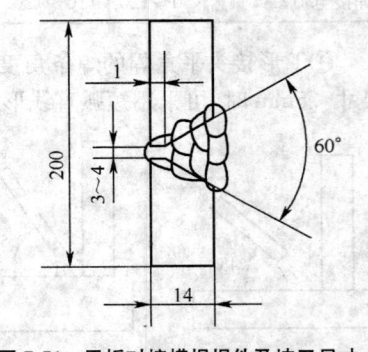

图 7-51 平板对接横焊焊件及坡口尺寸

位焊,并点于焊件的反面两端,焊点长度不得超过 20mm。预置反变形量 6°,错边量应≤1.2mm。

(3)焊接参数 平板横焊焊接参数见表 7-22。

表 7-22 平板横焊焊接参数

焊接层次	焊条直径/mm	焊接电流/A
打底焊(第一层 1 道)	2.5	70~80
填充(第二层 2、3 道) (第三层 4、5 道)	3.2	120~140
盖面焊(6、7、8 道)	3.2	120~130

2. 操作要点

横焊时熔化金属在自重的作用下易下淌,使焊缝上边易产生咬边,下边易出现焊瘤和未熔合等缺陷,所以宜采用较小直径的焊条与焊接电流,多层多道焊,短弧操作。

(1)打底焊 将焊件垂直固定于焊接架上,并使焊接坡口处于水平位置,将焊件小间隙的一端处于左侧。打底焊时,可采用连弧法焊接,在定位焊点相对称的位置起焊,并在焊件左端定位焊缝上引弧,并稍停预热,然后将电弧上下摆动,移至定位焊缝与坡口连接处,压低电弧,待坡口根部熔化,并击穿,使形成熔孔,就可转入正常施焊,施焊过程中要采用短弧,运条要均匀,在坡口上侧停留时间应稍长。V 形坡口横对接焊时连弧打底焊的运条方法与焊条角度如图 7-52 所示,V 形坡口横对接焊断弧打底焊的运条方法和焊条角度如图 7-53 所示。

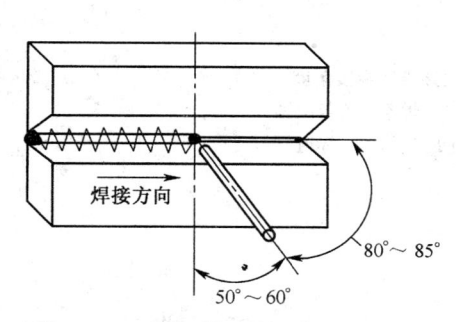

图 7-52 V 形坡口横对接焊时连弧打底焊的运条方法与焊条角度

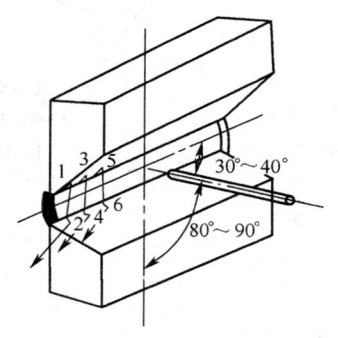

图 7-53 V 形坡口横对接焊断弧打底焊的运条方法和焊条角度

(2)填充焊 填充层的焊接采用多层多道焊(共两层每层两道),焊接层次及焊道顺序见表 7-22。横焊时中间层的焊条角度如图 7-54 所示。焊接上下焊道时,要注意坡口上下侧与打底焊道间夹角处熔合情况,以防止产生未焊透与夹渣等缺陷,并且使上焊道覆盖下焊道 1/2~2/3 为宜,以防焊层过高或形成沟槽。

(3)盖面焊 表面层焊接也采用多道焊 1~3 道,横焊盖面层焊接时焊条角度如图 7-55 所示,运条方法采用直线或圆圈形皆可。

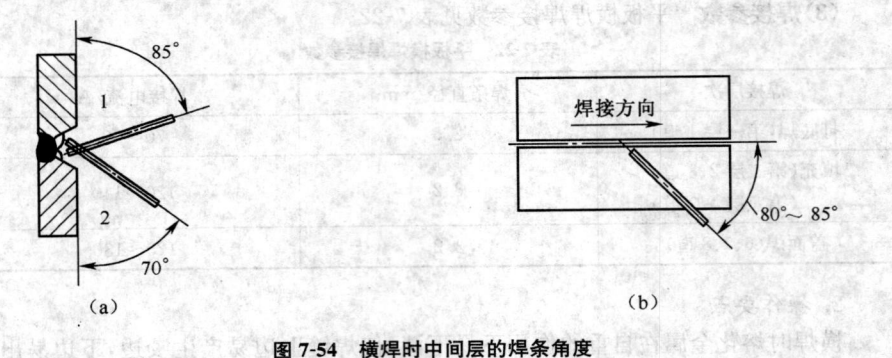

图 7-54 横焊时中间层的焊条角度
(a)焊条与焊件间夹角 (b)焊条与焊缝间夹角
1. 下焊道焊条角度 2. 上焊道焊条角度

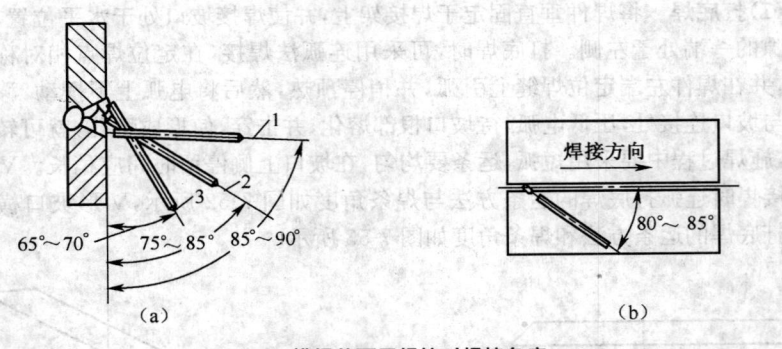

图 7-55 横焊盖面层焊接时焊接角度
(a)焊条与焊件夹角 (b)焊条与焊缝夹角
1. 下焊道 2. 中间焊道 3. 上焊道

第八章 气　　割

> **培训学习目的**　了解常用金属的气割性能和气割条件；掌握气割参数的选择方法；熟练掌握氧乙炔气割操作方法；熟悉其他气体火焰切割工艺；熟练掌握常用金属材料的气割方法。

第一节　气割概述

一、气割火焰

(1)**对气割火焰的要求**　气割火焰是预热的热源,火焰的气流又是熔化金属的保护介质。气割时要求火焰应有足够的温度,体积要小,焰心要直,热量要集中,还要求火焰具有保护性,以防止空气中的氧、氮对熔化金属的氧化及污染。

(2)**气割火焰的获得及适用场合**　氧和乙炔的混合比不同,火焰的性能和温度也各异。为获得理想的气割质量,必须根据所切割材料来正确地调节和选用火焰。

①碳化焰　打开割炬的乙炔阀门点火后,慢慢地开放氧气阀增加氧气,火焰即由橙黄色逐渐变为蓝白色,直到焰心、内焰和外焰的轮廓清晰地呈现出来,这时的火焰即为碳化焰。视内焰长度(从割嘴末端开始计量)为焰心长度的几倍,而把碳化焰称为几倍碳化焰。

②中性焰　在碳化焰的基础上继续增加氧气,当内焰基本上看不清时,得到的便是中性焰。如发现调节好的中性焰过大需调小时,先减少氧气量,然后将乙炔调小,直至获得所需的火焰为止。中性焰适用切割件的预热。

③氧化焰　在中性焰基础上再加氧气量,焰心变得尖而短,外焰也同时缩短,并伴有"嘶、嘶"声,即为氧化焰。氧化焰的氧化度,以其焰心长度比中性焰焰心长度的缩短率来表示,如焰心长度比中性焰的缩短 1/10,则称为 1/10 或 10％氧化焰。氧化焰主要适用于切割碳钢、低合金钢、不锈钢等金属材料,也可作为氧丙烷切割时的预热火焰。

二、气割应用的条件

气割的实质是被切割材料在纯氧中燃烧的过程,不是熔化过程。为使切割过程顺利进行,被切割金属材料一般应满足以下条件：

①金属在氧气中的燃点应低于金属的熔点,气割时金属在固态下燃烧,才能保证切口平整。如果燃点高于熔点,则金属在燃烧前已经熔化,切口质量很差,严重时

切割无法进行。

②金属的熔点应高于其氧化物的熔点,在金属未熔化前,熔渣呈液体状态从切口处被吹走。反之,如果生成的金属氧化物熔点高于金属熔点,则高熔点的金属氧化物将会阻碍着下层金属与切割氧气流的接触,使下层金属难以氧化燃烧,气割过程就难以进行。

高铬或铬镍不锈钢、铝及其合金、高碳钢、灰铸铁等氧化物的熔点均高于材料本身的熔点,所以就不能采用氧气切割的方法进行切割。如果金属氧化物的熔点较高,则必须采用熔剂来降低金属氧化物的熔点。常用金属材料及其氧化物的熔点见表8-1。

表8-1 常用金属材料及其氧化物的熔点

金属名称	熔点/℃ 金属	熔点/℃ 氧化物
纯铁	1535	1300～1500
低碳钢	约1500	1300～1500
高碳钢	1300～1400	1300～1500
铸铁	约1200	1300～1500
紫铜	1083	1236
黄铜,锡青铜	850～900	1236
铝	657	2050
锌	419	1800
铬	1550	约1900
镍	1450	约1900
锰	1250	1560～1785

③金属氧化物的黏度低,流动性应较好,否则,会粘在切口上,很难吹掉,影响切口边缘的整齐。

④金属在燃烧时应能放出大量的热量,用此热量对下层金属起到预热作用,维持切割过程的延续。如低碳钢切割时,预热金属的热量少部分由氧乙炔火焰供给(占30%),而大部分热量则依靠金属在燃烧过程中放出的热量供给(占70%)。金属在燃烧时放出的热量越多,预热作用也就越大,越有利于气割过程的顺利进行。若金属的燃烧不是放热反应,而是吸热反应,则下层金属得不到预热,气割就不能进行。

⑤金属的导热性能差,否则,由于金属燃烧所产生的热量及预热火焰的热量很快地传散,切口处金属的温度很难达到燃点,切割就难以进行。铜、铝等导热性较强的非铁金属,不能采用普通的气割方法进行切割。

⑥金属中含阻碍切割进行和提高金属淬硬性的成分及杂质要少。合金元素对钢的气割性能的影响见表8-2。

当被切割材料不能满足上述条件时,可对气割进行改进,如振动气割、氧熔剂切割等;也可采用其他切割方法,如等离子弧切割来完成材料的切割任务。

表 8-2 合金元素对钢的气割性能的影响

元素	影 响
C	$w(C)<0.25\%$,气割性能良好;$w(C)<0.4\%$,气割性能尚好;$w(C)>0.5\%$,气割性能显著变坏;$w(C)>1\%$,则不能气割
Mn	$w(Mn)<4\%$,对气割性能没有明显影响;含量增加,气割性能变坏;当 $w(Mn)\geqslant 14\%$时,不能气割;当钢中$w(C)>0.3\%$,且$w(Mn)>0.8\%$时,淬硬倾向和热影响区的脆性增加,不宜气割
Si	硅的氧化物使熔渣的黏度增加;钢中硅的一般含量,对气割性能没有影响;$w(Si)<4\%$时,可以气割;含量增大,气割性能显著变坏
Cr	铬的氧化物熔点高,使熔渣的黏度增加;$w(Cr)\leqslant 5\%$时,气割性能尚可;含量大时,应采用特种气割方法
Ni	镍的氧化物熔点高,使熔渣的黏度增加;$w(Ni)<7\%$,气割性能尚可;含量较高时,应采用特种气割方法
Mo	钼提高钢的淬硬性;$w(Mo)<0.25\%$时,对气割性能没有影响
W	钨增加钢的淬硬倾向,氧化物熔点高;一般含量对气割性能影响不大;含量接近10%时,气割困难,超过20%时,不能气割
Cu	$w(Cu)<0.7\%$时,对气割性能没有影响
Al	$w(Al)<0.5\%$时,对气割性能影响不大;$w(Al)$超过10%,则不能气割
V	含有少量的钒,对气割性能没有影响
S,P	在允许的含量内,对气割性能没有影响

注:w为质量分数,括号内表示某元素。

三、常用金属材料的气割特点

常用金属材料的气割特点详见表 8-3。

表 8-3 常见金属材料的气割特点

材 料	气割特点
碳钢	低碳钢的燃点(约1350℃)低于熔点,易于气割,但随着含碳量的增加,燃点趋近熔点,淬硬倾向增大,气割过程恶化
铸铁	含碳、硅量较高,燃点高于熔点;气割时生成的二氧化硅熔点高、黏度大、流动性差;碳燃烧生成的一氧化碳和二氧化碳会降低氧气流的纯度,不能用普通气割方法,可采用振动气割方法切割
高铬钢和铬镍钢	生成高熔点的氧化物(Cr_2O_3、NiO)覆盖在切口表面,阻碍气割的进行,不能用普通气割方法,可采用振动气割法切割
铜、铝及其合金	导热性好,燃点高于熔点,其氧化物熔点很高,金属在燃烧(氧化)时放热量少,不能气割

氧气切割主要用于切割低碳钢和低合金钢,广泛用于钢板下料、开坡口,在钢板上切割出各种外形复杂的零件等。在切割淬硬倾向大的碳钢和强度等级高的低合

金钢时,为了避免切口淬硬或产生裂纹,在切割时,应适当加大火焰能率和放慢切割速度,甚至在切割前进行预热。对于铸铁、高铬钢、铬镍不锈钢、铜、铝及其合金等金属材料,常用氧熔剂切割、等离子弧切割或其他方法切割。

第二节 气割参数的选择

气割参数的选择,直接影响到切割效率和切口质量。它的主要参数包括预热火焰的能率、切割氧的压力、气割速度、割嘴与工件的倾斜角度,割嘴与工件表面的距离等,参数的选择主要取决于工件的厚度。

一、预热火焰能率

预热火焰采用中性焰或轻微的氧化焰。预热火焰能率随割件厚度增加而增大,但预热火焰能率太大,会使切口上缘产生连续珠状钢粒,甚至熔化成圆角,并增加割件表面粘渣。若火焰能率太小,热量不足,则气割速度减慢,使切割难以进行。

对于易淬硬的高碳钢和低合金高强度钢,应适当加大预热火焰能率和放慢切割速度,必要时采用气割前先对工件进行预热等措施。预热火焰能率的选择见表8-4。

表 8-4 预热火焰能率的选择

钢板厚度/mm	3~25	25~50	50~100	100~200	200~300
火焰能率①/(m³/h)	0.3~0.5	0.55~0.75	0.75~1.0	1.0~1.2	1.2~1.3

注:①指乙炔消耗量。

二、切割氧气的压力和纯度

切割氧气压力主要根据割件厚度确定。切割氧压力太小,气割过程缓慢,割缝背面易形成粘渣,甚至无法割穿;切割氧压力太大,既浪费氧气,又会使切口变宽,切口表面粗糙,且切割速度反而减慢,另外,随氧气纯度的增高而降低。氧气压力推荐值见表8-5。

表 8-5 氧气压力推荐值

工件厚度/mm	3~12	>12~30	>30~50	>50~100	>100~150	>150~300
切割氧压力/MPa	0.4~0.5	0.5~0.6	0.5~0.7	0.6~0.8	0.8~1.2	1.0~1.4

氧气的纯度与切割质量、切割速度及气体消耗量有很大关系。氧气纯度越高,切割质量越好,速度越快,消耗也少。切割氧气的纯度最好高于99.6%。氧气纯度降低时,燃烧速度减慢,切割质量严重下降,气体消耗大量增加。当氧气纯度在97.5%~99.5%范围内,纯度每降低1%时,每米割缝的切割时间增加15%~20%,气体消耗量增加30%~35%。

三、切割速度

切割速度随割体的厚度增加而减小,切割速度必须与切口内金属的氧化速度相适应。氧化速度快,排渣能力强,则可以提高切割速度。切割速度过慢会降低生产效率,且会造成切口局部熔化,影响割口表面质量;切割速度过快,会形成较大的后拖量,甚至造成切割中断。曲线切割时,切割速度应选择适当,使后拖量尽量减少。另外,切割速度随氧气纯度的增高而增高。

四、割嘴到切割工件表面的距离 h

h 值应选择恰当,通常 $h=L+2(mm)$,L 为焰芯长度。h 值过小,飞溅时易堵塞割嘴,造成回火;h 值过大,预热不充分,切割氧流动能下降,使排渣困难,影响切割质量。h 值的选取可参照表 8-6。

表 8-6 h 值的选取

环缝式		多喷口式	
板厚/mm	h/mm	板厚/mm	h/mm
3~10	2~3	3~10	3~6
10~25	3~4	10~25	5~10
25~50	3~5	25~50	7~12
50~100	4~6	50~100	10~15
100~200	5~8	100~200	10~18
200~300	7~10	200~300	15~20
>300	8~12	>300	20~30

五、割嘴规格和切割倾角

(1) **割嘴规格** 一定要根据工件的厚度来选择,过大时,气体消耗增加,割缝过宽,影响切割质量;过小时,气流过窄,熔渣难以排除,造成切割困难。

(2) **切割倾角** 割嘴与割件间的切割倾角直接影响气割速度和后拖量,切割倾角的大小主要根据割件厚度而定,气割<6mm 厚钢板时,割嘴应向后倾斜 5°~10°;气割 6~30mm 厚钢板时,割嘴应垂直于割件;气割>30mm厚钢板时,开始气割应将割嘴向前倾斜 5°~10°,待割穿后割嘴应垂直于割件,当快割完时,割嘴应逐渐向后倾斜 5°~10°,割嘴的倾斜角与割件厚度的关系如图 8-1 所示。

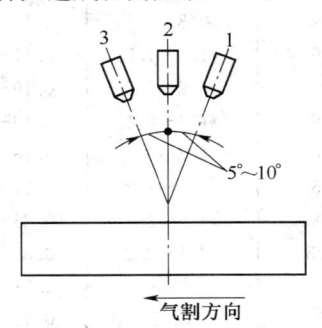

图 8-1 割嘴的倾斜角与割件厚度的关系
1. 厚度小于 6mm 时
2. 厚度为 6~30mm 时
3. 厚度大于 30mm 时

六、气割规范的选择

① 手工气割规范见表 8-7。
② 机械气割规范见表 8-8。

表 8-7 手工气割规范

割件厚度 /mm	割炬 型号	割嘴号数	氧气压力 /MPa	乙炔压力 /MPa
~3.0	G01-30	1、2	0.29~0.39	
>3.0~12	G01-30	1、2	0.39~0.49	
>12~30		2~4	0.49~0.69	
>30~50	G01-100	3~5	0.49~0.69	0.01~0.12
>50~100		5、6	0.59~0.78	
>100~150	G01-300	7	0.78~1.18	
>150~200		8	0.98~1.37	
>200~250		9	0.98~1.37	

割件厚度 /mm	喷嘴号数	预热氧压力 /MPa	预热火焰乙炔压力 /MPa	切割氧压力 /MPa
200~300	1	0.29~0.39	0.08~0.1	0.98~1.18
>300~400	1	0.29~0.39	0.1~0.12	1.18~1.57
>400~500	2	0.39~0.49	0.1~0.12	1.57~1.96
>500~600	3	0.39~0.49	0.1~0.14	1.96~2.45

表 8-8 机械气割规范

板厚 /mm	割嘴切割氧孔径 /mm	氧气压力 /MPa	切割速度 /(mm/min)	气体消耗量/(m³/h) 氧气	乙炔
3	φ0.5~1.0	0.10~0.21	560~810	0.5~1.6	0.14~0.26
6	φ0.8~1.5	0.11~0.24	510~710	1.0~2.6	0.17~0.31
9	φ0.8~1.5	0.12~0.28	480~660	1.3~3.3	0.17~0.31
12	φ0.8~1.5	0.14~0.38	430~610	1.8~3.5	0.23~0.37
19	φ1.0~1.5	0.17~0.35	380~560	3.3~4.5	0.34~0.43
25	φ1.2~1.5	0.19~0.38	350~480	3.7~4.9	0.37~0.45
38	φ1.7~2.1	0.16~0.38	300~380	5.2~6.6	0.39~0.51
50	φ1.7~2.1	0.16~0.42	250~350	5.2~7.4	0.45~0.57
75	φ2.1~2.2	0.21~0.35	200~280	5.9~9.4	0.45~0.65
100	φ2.1~2.2	0.23~0.42	160~230	8.3~10.9	0.59~0.74
125	φ2.1~2.2	0.35~0.45	140~190	9.8~11.6	0.65~0.82
150	φ2.5	0.31~0.45	110~170	11.3~13.9	0.74~0.91
200	φ2.5	0.42~0.63	90~120	14.4~17.7	0.88~1.10
250	φ2.5~2.8	0.49~0.63	70~100	17.3~21.2	1.05~1.27
300	φ2.8~3.0	0.48~0.74	60~90	20.4~24.9	1.19~1.47
350	φ2.8~3.0	0.74	50~80	23.5~29.6	1.36~1.67
400	φ3.2~4.0	0.77	45~75	26.5~38.6	1.62~1.00
450	φ3.7~4.0	0.84	43~75	29.6~47.7	1.84~2.35
500	φ4.0~5.0	0.95	38~75	32.8~58.2	2.21~2.81

第三节 氧乙炔气割基本操作方法

一、气割前的准备工作

①按照零件图样要求放样、号料。放样划线时应考虑留出气割毛坯的加工余量和切口宽度。放样、号料时应采用套裁法，可减少余料的消耗。

②根据割件厚度选择割炬、割嘴和气割参数。

③气割之前要认真检查工作场所是否符合安全生产的要求。乙炔瓶、回火防止器等设备是否能保证正常进行工作。检查射吸式割炬的射吸能力是否正常，然后将气割设备按操作规程连接完好。开启乙炔气瓶阀和氧气瓶阀，调节减压器，使氧气和乙炔气达到所需的工作压力。

④应尽量将割件垫平，并使切口处悬空，支点必须放在割件以内。切勿在水泥地面上垫起割件气割，如确需在水泥地面上施割，则应在割件与地板之间加一块铜板，以防止水泥溅伤人。

⑤用钢丝刷或预热火焰清除切割线附近表面上的油漆、铁锈和油污。

⑥点火后，将预热火焰调整适当，然后打开切割阀门，观察风线（切割氧气流）形状，风线应为笔直和清晰的圆柱形，长度超过厚度的1/3，即可达到切割要求。切割气流的形状和长度如图8-2所示。

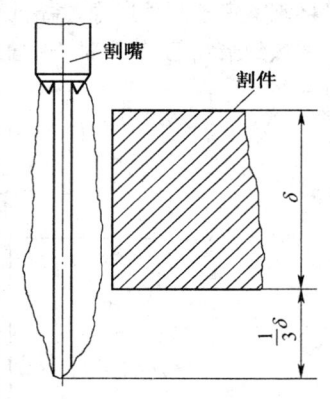

图8-2 切割气流的形状和长度

二、气割操作要点

1. 操作姿势

点燃割炬调好火焰之后就可以进行切割。操作姿势如图8-3所示，双脚成外八字形蹲在工件的一侧，右臂靠住右膝盖，左臂放在两腿中间，便于气割时移动。右手握住割炬手把，并以右手大拇指和食指握住预热氧调节阀，便于调整预热火焰能率，一旦发生回火时能及时切断预热氧。左手的大拇指和食指握住切割氧调节阀，便于切割氧的调节，其余三指平稳地托住射吸管，使割炬与割件保持垂直，气割时的手势如图8-4所示。气割过程中，割炬运行要均匀，割炬与割件的距离保持不变。每割一段需要移动身体位置时，应关闭切割氧

图8-3 操作姿势

调节阀,等重新切割时再度开启。

2. 预热操作要点

开始气割时,将起割点材料加热到燃烧温度(割件发红),称为预热。起割点预热后,才可以慢慢开启切割氧调节阀进行切割。预热的操作方法,应根据零件的厚度灵活掌握。

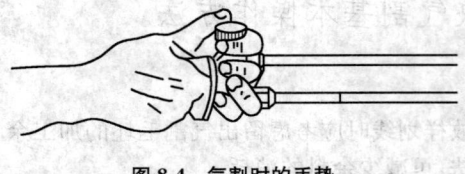

图 8-4 气割时的手势

① 气割厚度<50mm 的割件时,可采取割嘴垂直于割件表面的方式进行预热。

② 气割厚度>50mm 的割件时,厚割件的预热分两步进行,如图 8-5 所示。开始时将割嘴置于割件边缘,并沿切割方向后倾 10°~20°加热,如图 8-5a 所示;待割件边缘加热到暗红色时,再将割嘴垂直于割件表面继续加热,如图 8-5b 所示。

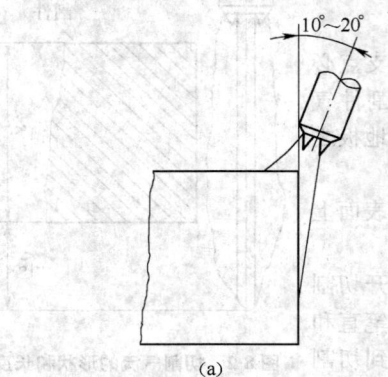

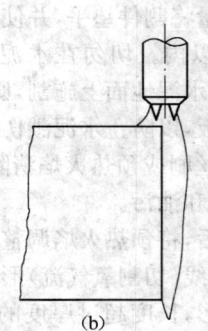

图 8-5 厚割件的预热
(a)开始预热 (b)起割前预热

③ 气割割件的轮廓时,对于薄件可垂直加热起割点;对于厚件应先在起割点处钻一个孔径约等于切口宽度的通孔,然后再按厚件加热该孔边缘作为起割点预热。

3. 起割操作要点

① 首先应点燃割炬,并随即调整好火焰(中性焰)。火焰的大小,应根据钢板的厚度调整适当。

② 将起割处的金属表面预热到接近熔点温度,金属呈亮红色或"出汗"状,此时将火焰局部移出割件边缘并慢慢开启切割氧气阀门,当看到钢水被氧射流吹掉,再加大切割气流,待听到"噗、噗"声时,更可按所选择的气割参数进行切割。

③ 应注意气割割件内轮廓时,起割点不能选在毛坯的内轮廓线上,应选在内轮廓线之内被舍去的材料上,待该割点割穿之后,再将割嘴移至切割线上进行切割。薄件内轮廓起割时,割嘴应向后倾斜 20°~40°,如图 8-6 所示。

4. 切割操作要点

① 在切割过程中,应经常注意调节预热火焰,使之保持中性焰或轻微的氧化焰,

焰芯尖端与割件表面距离 3~5mm。同时应将切割氧孔道中心对准钢板边缘,以利于减少熔渣的飞溅。

②保持溶渣的流动方向基本上与切口垂直,后拖量尽量小。

③注意调整割嘴与割件表面间的距离和割嘴倾角。

④注意调节切割氧气压力与控制切割速度,防止鸣爆、回火和熔渣溅起、灼伤。切割厚钢板时,因切割速度慢,为防止切口上边缘产生连续珠状渣,上缘被熔化成圆角和减少背面的粘附挂渣,应采取较弱的火焰能率。

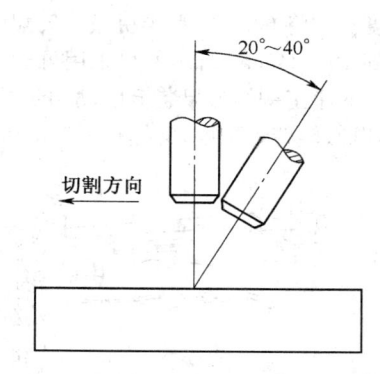

图 8-6 薄件内轮廓起割时割嘴的倾角

⑤注意身体位置的移动,切割长的板材或做曲线形切割时,一般在切割长度达到 300~500mm 时,应移动一次操作位置。移位时,应先关闭切割氧调节阀,将割炬火焰抬离割件,再移动身体的位置。继续施割时,割嘴一定要对准割透的接割处并预热到燃点,再缓慢开启切割氧调节阀继续切割。

⑥若在气割过程中,发生回火而使火焰突然熄灭,应立即将切割氧气阀关闭,同时关闭预热火焰的氧气调节阀,再关乙炔阀,过一段时间再重新点燃火焰进行切割。

5. 气割结尾操作要点

①气割临近结束时,将割嘴后倾一定角度,使钢板下部先割透,然后再将钢板割断。

②切割完毕应及时关闭切割氧调节阀并抬起割炬,再关乙炔调节阀,最后关闭预热氧气调节阀。

③工作结束后或较长时间停止切割,应将氧气瓶阀关闭,松开减压器调压螺钉,将氧气胶管中的氧气放出;同时关闭乙炔瓶阀,放松减压调节螺钉,将乙炔胶管中的乙炔放出。

三、提高手工气割质量和效率的方法

①提高工人操作技术水平。根据割件的厚度,正确选择合适的割炬、割嘴、切割氧压力、乙炔压力和预热氧压力等气割参数。

②选用适当的预热火焰能率。气割时,割炬要端平稳,使割嘴与割线两侧的夹角为 90°。操作要正确,手持割炬时人要蹲稳。操作时呼吸要均匀,手勿抖动。

③掌握合理的切割速度,并要求均匀一致;气割的速度是否合理,可通过观察熔渣的流动情况和切割时产生的声音加以判别及灵活控制。保持割嘴整洁,尤其是割嘴内孔要光滑,不应有氧化铁渣的飞溅物粘到割嘴上。

④采用手持式半机械化气割机,它不仅可以切割各种形状的割件,具有良好的切割质量,还由于它保证了均匀稳定的移动,所以可装配快速割嘴,大大地提高切割

速度。如将 G01-30 型半机械化气割机改装后,切割速度可从原来 7~75cm/min 提高到 10~240cm/min,并可采用可控硅无级调整。

⑤手工割炬如果装上电动匀走器,利用电动机带动汽轮使割炬沿割线匀速行走,既减轻劳动强度,又提高了气割质量。手工气割电动匀走器结构如图 8-7 所示。

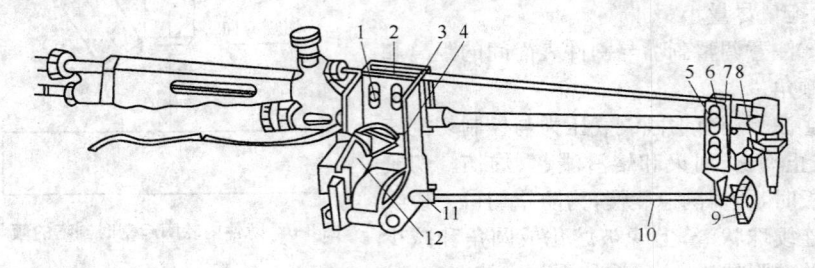

图 8-7 手工气割电动匀走器结构
1. 螺钉　2. 机架压板　3. 电动机架　4. 开关　5. 滚轮架　6. 滚轮架压板
7. 辅轮架　8. 辅轮　9. 滚轮　10. 轴　11. 联轴器　12. 电动机

⑥手工割炬使用辅助装置,如手动割圆磁力引导装置或手动直线切割磁力引导装置,这些辅助装置都能较好地提高气割质量和效率。

四、气割设备的常见故障及排除方法

1. 火焰不正常及排除方法

火焰指割炬预热火焰和割炬切割火焰。正常时,割炬预热火焰为圆环形或由 6 个小圆锥形火焰组成的梅花形,割炬的切割火焰呈两条平行的直线。

①不正常的预热火焰是火焰不整齐和火焰不对称两种。不整齐的火焰是由于割嘴环形孔内有飞溅物,阻塞气体的正常流出。可把割嘴卸下后,用通针来清除。火焰不对称是由于割嘴外套与内芯没有装配好,环形孔不对称造成的,可以重新调整外套与内芯的位置来解决。

②不正常的切割火焰有喇叭口形、紊乱形和多线条形 3 种形状,如图 8-8 所示。喇叭口形风线线条清晰,但喇叭口形明显,风线比正常风线短。产生的原因是割嘴内芯由于长时间使用,内芯孔成了喇叭口。由于不易修复,可用于切割不重要的工件。紊乱形风线是因

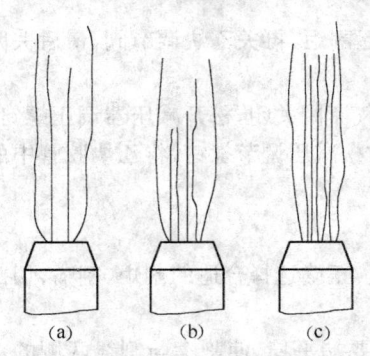

图 8-8 不正常的切割火焰
(a) 喇叭口形风线　(b) 紊乱形风线
(c) 多线条形风线

割嘴内芯孔中有飞溅物,气流受阻造成的。对于表面飞溅物可用扁通针刮去,内部飞溅物可用长通针清理。应注意选择直径与内芯孔直径相近的长通针,操作时要来

回拉动通针,保证通针轴线与芯孔轴线基本重合,防止内芯孔的破坏。多线条风线是由于割嘴内芯火口处的金属烧损造成的。可用前面讲过的方法把这部分金属锉掉,但应连同外套一起锉,防止内芯低、外套高的情况发生。

2. 割嘴漏气及排除方法

(1)割嘴漏气的原因

①螺纹不严。内芯与割嘴座之间漏气,当打开切割氧阀门时,割嘴内发生连续"啪、啪"声或回火。

②压合不严。小压盖处不严,打开切割氧阀门,则会出现回火。大压盖与割炬头接合面不严,外套与割嘴座不严,混合气体会从大螺母的间隙漏出来,则有漏火或回火发生。

(2)割嘴漏气的检查方法 可以把割嘴部分放入水中检查。

①关紧切割氧和乙炔阀门,用手堵住割嘴的环形孔和内芯孔,将割嘴放入水中,开启低压氧气阀门,观察螺母部位有无气泡析出,则可判断出大压盖部位和外套的割嘴座之间有无漏气现象。

②卸下割嘴外套,内芯和割嘴座仍用大螺母压紧,用手压住内芯孔并放入水中,开启切割氧气阀门,若此时内芯与割嘴座的接合面有漏气,说明螺纹不严,若梅花孔有气泡析出,则是小压盖处漏气。

(3)割嘴漏气的排除方法 螺纹不严时可以在螺纹上涂铅油,若仍无效,说明螺纹误差太大,应换用新零件。

大压盖漏气可以通过多次上紧、松开割嘴外面的大螺母,使小压盖或大压盖产生一定的变形,达到密封,或在大压盖上涂一些研磨砂,用反复研磨的方法来消除漏气。小压盖漏气可以在小压盖的锥形面上薄薄地焊上一层焊锡,然后通过反复上紧、松开外面的大螺母,使焊锡变形,达到密封。

3. 割炬"不冲"及排除方法

割炬"不冲"是指预热火焰弱,混合气体喷出速度低,切割氧冲击力小的现象。

①割炬"不冲"的原因有气体的杂质堵塞、烟尘在管壁沉积,造成气路不畅。使用维修不当,使射吸管直径变大或形状改变,虹吸效果下降。

针形阀阀针变秃或弯曲,喷嘴孔阻塞或直径变大,致使由喷嘴喷出的氧气流量变小或气流集中性变差,对乙炔的吸力下降。

②排除方法有清理割嘴外套、内芯和割嘴座上沉集的杂质和烟尘;更换孔径变大或形状改变的射吸管;车削变秃的阀针,矫正弯曲的阀针,并注意勿伤阀针外表;喷嘴孔径变大可用"收口"的办法,再用扁通针刮研修整。

第四节 其他气体火焰切割工艺

一、氧丙烷气切割

气割时使用的预热火焰为氧丙烷火焰。根据使用效果、成本、气源情况等综合分析,丙烷是乙炔的比较理想的代用燃料,目前丙烷的使用量在所有乙炔代用燃气中用量最大。工业发达国家早已经使用丙烷(C_3H_8)这种质优价廉的气体进行火焰切割。氧丙烷切割要求氧气纯度高于99.5%,丙烷气的纯度也要高于99.5%。一般采用 G01-30 型割炬配用 GKJ4 型快速割嘴。

(1)氧丙烷切割的特点　与氧乙炔火焰切割相比,氧丙烷火焰切割的特点如下:
①切割面上缘不烧塌,熔化量少;切割面下缘黏性熔渣少,易于清除。
②切割面的氧化皮易剥落,切割面的表面粗糙度精度相对较低。
③切割厚钢板时,不塌边、后劲足,切口表面光洁、棱角整齐,精度高。
④倾斜切割时,倾斜角度越大,切割难度越大。
⑤比氧乙炔切割成本低,总成本约降低30%以上。

(2)氧丙烷切割的预热时间　氧丙烷火焰的温度比氧乙炔焰低,所以切割预热时间比氧乙炔焰要长。氧丙烷火焰温度最高点在焰芯前 2mm 处。手工切割时,由于手持割炬不平稳,预热时间差异很大,机械切割时的预热时间见表8-9。手工切割热钢板时,咬缘越小越可减少预热时间。预热时采用氧化焰(氧与丙烷混合比为 5:1),可提高预热温度,缩短预热时间。切割时调成中性焰(混合比为 3.5:1)。

表 8-9　机械切割时的预热时间

切割厚度/mm	预热时间/s	
	乙炔	丙烷
20	5(30)	8(34)
50	8(50)	10(53)
100	10(78)	14(80)

注:括号内为穿孔时间。

①外混式割嘴机动切割钢材的气割参数见表 8-10。

表 8-10　外混式割嘴机动切割钢材的气割参数

气割参数		割嘴型号		
		F411-600	F411-1000	F411-1500
切割厚度/mm		600	1000	1500
切割速度/(mm/min)		60~160	25~30	25~30
割缝宽度/mm		15~20	25~30	25~35
丙烷气	压力/MPa	0.04	0.04	0.04
	流量/(m³/h)	7.4	13	13
预热氧	压力/MPa	0.059	0.059	0.059
	流量/(m³/h)	11	20	20
切割氧	压力/MPa	0.588~0.784	0.588~0.784	0.588~0.784
	流量/(m³/h)	120	240	300

②U形坡口的气割如图 8-9 所示,切割 U 形坡口的气割参数见表 8-11。

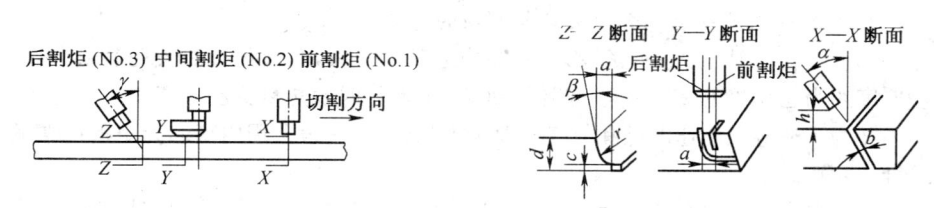

图 8-9 U 形坡口的气割

表 8-11 切割 U 形坡口的气割参数

板厚 δ/mm	割炬	α/(°)	β/(°)	γ/(°)	h/mm	b/mm	d/mm	a/mm	c/mm	r/mm	预热氧压力/kPa	切割氧压力/kPa	丙烷压力/kPa	切割速度/(mm/min)
60	前割炬 No.1	16	—	—	5	2.5	—	—	—	—	200	600	30	240
	中间割炬 No.2	—	4	—	8	—	≈6	≈20	10	23	500	368		
	后割炬 No.3 (垂直切割钝边)	—	—	10	5	1.5	—	—	—	—	200	200		

使用丙烷切割与氧乙炔切割的操作步骤基本一样,只是氧丙烷火焰略弱,切割速度较慢一些。可采取适当的措施提高切割速度:预热时,割炬不抖动,火焰固定于钢板边缘一点,适当加大氧气量,调节火焰成氧化焰;换用丙烷快速割嘴使割缝变窄,适当提高切割速度;直线切割时,适当使割嘴后倾,可提高切割速度和切割质量。

二、氧液化石油气切割

1. 氧液化石油气切割特点

氧液化石油气切割比氧乙炔切割成本低,切割燃料费降低 15%~30%;火焰温度较低(约 2300℃),不易引起切口上缘熔化,切口平齐,下缘粘渣少、易铲除,表面无增炭现象,切口质量好;液化石油气的气化温度低,不需使用气化器,便可正常供气;气割时不用水、不产生电石渣、使用方便、便于携带,适于流动作业和大厚度钢板的切割。氧液化石油气火焰的外焰较长,可以到达较深的切口内,对大厚度钢板有较好的预热效果。操作安全,液化石油气化学活泼性较差,对压力、温度和冲击的敏感性低,着火温度在 500℃以上,爆炸极限窄(丙烷在空气中的爆炸极限为体积分数 2.3%~9.5%),回火爆炸的可能性小。

氧液化石油气切割的不足之处是液化石油气燃烧时火焰温度比乙炔低,因此,预热时间长,耗氧量较大;液化石油气密度大(气态丙烷为 1.867kg/m³),对人体有麻醉作用,使用时应防止漏气和保持良好的通风。

2. 氧液化石油气切割预热火焰与割炬的特点

①氧液化石油气火焰与氧乙炔火焰构造基本一致,但液化石油气耗氧量大,燃烧速度约为乙炔焰的27%,温度约低500℃,但燃烧时发热量比乙炔高一倍左右。

②为了适应燃烧速度低和氧气需要量大的特点,一般采用内嘴芯为矩形齿槽的组合式割嘴。

③预热火焰出口孔道总面积应比乙炔割嘴大一倍左右,且该孔道与切割氧孔道夹角为10°左右,以使火焰集中。

④为了使燃烧稳定,火焰不脱离割嘴,内嘴芯顶端至外套出口端距离应为1～1.5mm。

⑤割炬多为射吸式,且可用氧乙炔割炬改制。氧液化石油气割炬的技术参数见表8-12。

表8-12 氧液化石油气割炬的技术参数

技术参数	割炬型号		技术参数	割炬型号	
	G07-100	G07-300		G07-100	G07-300
割嘴号码	1～3	1～4	可换割嘴个数	3	4
割嘴孔径/mm	1～1.3	2.4～3.0	氧气压力/MPa	0.7	1
切割厚度/mm	100以内	300以内	丙烷压力/MPa	0.03～0.05	0.03～0.05

3. 氧液化石油气气割参数的选择

氧液化石油气气割参数的选择见表8-13。

表8-13 氧液化石油气气割参数的选择

气割参数	选择原则
预热火焰	一般采用中性焰,切割厚件时,起割用弱氧化焰(中性偏氧),切割过程中用弱碳化焰
割嘴与割件表面间的距离	一般为6～12mm

4. 氧液化石油气切割工艺特点

①由于液化石油气着火点较高,故必须用明火点燃预热火焰,再缓慢加大液化石油气流量和氧气量。

②为了减少预热时间,开始时采用氧化焰(氧与液化石油气混合比为5∶1),正常切割时用中性焰(氧与液化石油气混合比为3.5∶1)。

③一般的工件气割速度稍低,厚件的切割速度和氧乙炔气切割相近。

④直线切割时,适当选择割嘴后倾角,可提高切割速度和切割质量。

⑤液化石油气瓶必须放置在通风良好的场所,环境温度不宜超过60℃,要严防气体泄漏,否则,有引起爆炸的危险。

除上述几点外,氧液化石油气切割的操作工艺与氧乙炔气切割基本相同。

三、氧熔剂切割

氧熔剂切割法又称为金属粉末切割法,是向切割区域送入金属粉末(铁粉、铝粉等)的气割方法。可以切割用常规气体火焰切割方法难以切割的材料,如不锈钢、铜和铸铁等。氧熔剂切割法虽设备比较复杂,但切割质量比振动切割法好。在没有等离子弧切割设备的场合,是切割一些难切割材料的快速和经济的切割方法。

氧熔剂切割是在普通氧气切割过程中,在切割氧流内加入纯铁粉或其他熔剂,利用它们的燃烧热和除渣作用实现切割的方法。通过金属粉末的燃烧产生附加热量,利用这些附加热量生成的金属氧化物使得切割熔渣变稀薄,易于被切割氧流排除,从而达到实现连续切割的目的。金属粉末切割的工作原理如图 8-10 所示。

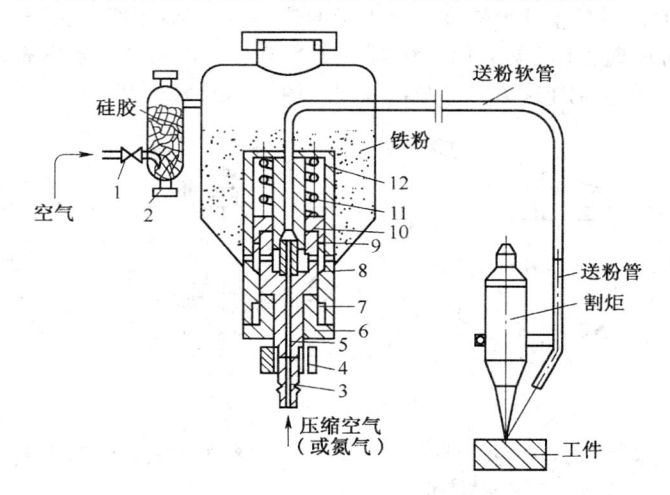

图 8-10 金属粉末切割的工作原理
1. 节流阀　2. 干燥罐　3. 进气接头　4. 联接螺母　5. 内套　6. 调节螺母
7. 射吸室外套　8. 喷嘴　9. 射吸管　10. 挡环　11. 压紧弹簧　12. 密封垫

(1)对切割熔剂的要求　在被氧化时能放出大量的热量,使工件达到能稳定地进行切割的温度;同时要求熔剂的氧化物应能与被切割金属的难熔氧化物进行激烈的相互作用,并在短时间内形成易熔、易于被切割氧流吹出的熔渣。所加的熔剂的成分主要是铁粉、铝粉、硼砂、石英砂等,铁粉与铝粉在氧流中燃烧时放出大量的热,使难熔的被切割金属的氧化物熔化,并与被切割金属表面的氧化物熔在一起。加入硼砂等可使熔渣变稀,易于流动,从而保证切割的顺利进行。

(2)操作要点　除了有切割氧气的气流外,同时还有由切割氧气流带出的粉末状熔剂吹到切割区,利用氧气流与熔剂对被切割金属的综合作用,借以改善切割性能,达到切割不锈钢、铸铁等金属的目的。

氧熔剂切割所用的设备和器材与普通气割设备大体相同,但比普通氧燃气切割多了熔剂及输送熔剂所需的送粉装置。切割厚度<300mm 的不锈钢,可以使用一

般氧气切割用的割炬和割嘴,包括低压扩散形割嘴;切割更厚的工件时,则需使用特制的割炬和割嘴。

(3)氧熔剂切割输送熔剂的方式 可分为体内送粉式和体外送粉式两种。

体内送粉式氧熔剂切割,是利用切割氧通入长隙式送粉罐后,把熔剂粉带入割炬而喷到切割部位,如图 8-11 所示。为防止铁粉在送粉罐中燃烧,一般采用 0.5~1mm 的粗铁粉,由于铁粉粒度大,送粉速度快,铁粉不能充分燃烧,只适于切割厚度<500mm 的工件。

体外送粉式氧熔剂切割是利用压力为 0.04~0.06MPa 的空气或氮气,单独将>140 目的细铁粉,由嘴芯外部送入火焰加热区的,如图 8-12 所示。由于铁粉粒度小,送粉速度慢,铁粉能充分燃烧放出大量的热,有效地破坏切口表面的氧化膜,因此,体外送粉式氧熔剂切割可用于切割厚度>500mm 的工件。采用氧熔剂切割不锈钢、铸铁,其可切割厚度大大提高,国内的切割厚度已达 1200mm。

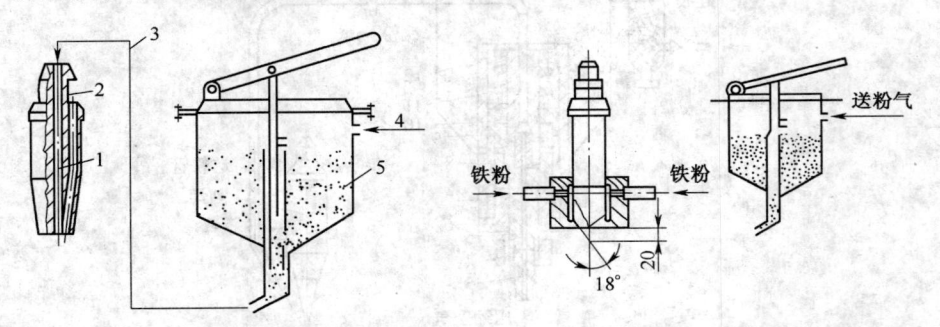

图 8-11 体内送粉式氧熔剂切割
1. 氧气通道 2. 割嘴 3. 切割氧与熔剂
4. 切割氧 5. 长隙式送粉罐

图 8-12 体外送粉式氧熔剂切割

①1Cr18Ni9Ti 不锈钢氧熔剂切割的气割参数(内送粉工艺)见表 8-14。

表 8-14 1Cr18Ni9Ti 不锈钢氧熔剂切割的气割参数(内送粉工艺)

气割参数	板厚/mm					
	10	20	30	40	70	90
割嘴号码	1	1	2	2	3	3
氧气压力/kPa	440	490	540	590	690	780
氧气耗量/kL·h^{-1}	1.1	1.3	1.6	1.75	2.3	3.0
燃气(天然气)/kL·h^{-1}	0.11	0.13	0.15	0.18	0.23	0.29
铁粉耗量/kg·h^{-1}	0.7	0.8	0.9	1.0	2.0	2.5
切割速度/mm·min^{-1}	230	190	180	160	120	90
切口宽度/mm	10	10	11	11	12	12

注:铁粉粒度 0.1~0.05mm。

②18-8不锈钢氧熔剂切割的气割参数(外送粉工艺)见表8-15。

表8-15　18-8不锈钢氧熔剂切割的气割参数(外送粉工艺)

气割参数	板厚/mm				
	5	10	30	90	200
氧气压力/kPa	245	315	295	390	490
氧气耗量/kL·h^{-1}	2.64	4.68	8.23	14.9	23.7
乙炔压力/kPa	20	20	25	25	40
乙炔耗量/kL·h^{-1}	0.34	0.46	0.73	0.90	1.48
铁粉耗量/kg·h^{-1}	9	10	10	12	15
切割速度/mm·min^{-1}	416	366	216	150	50

注：铁粉粒度0.1~0.05mm。

切割不锈钢及高铬钢时，可采用铁粉作为熔剂。切割高铬钢时，也可采用铁粉与石英砂按1∶1比例混合的熔剂。切割时，割嘴与金属表面距离应比普通气割时稍大些，为15~20mm，否则容易引起回火。切割速度比切割普通低碳钢稍低一些，预热火焰能率比普通气割高15%~25%。

(4)氧熔剂切割铸铁　所用熔剂为65%~70%的铁粉加30%~35%的高炉磷铁，割嘴与工件表面的距离为30~50mm。与普通气割参数相比，氧熔剂气割的预热火焰能率比普通气割大15%~25%，割嘴倾角为5°~10°，割嘴与工件表面距离要大些，否则，容易引起割炬回火。氧熔剂气割铜及其合金时，应进行整体预热，割嘴距工件表面的距离为30~50mm。铸铁氧熔剂切割的气割参数见表8-16。

表8-16　为铸铁氧熔剂切割的气割参数

气割参数	工件厚度/mm					
	20	50	100	150	200	300
切割速度/(mm·min^{-1})	80~130	60~90	40~50	25~35	20~30	15~22
氧气消耗量/(m^3·h^{-1})	0.70~1.80	2~4	4.50~8	8.50~14.50	13.5~22.50	17.50~43
乙炔消耗量/(m^3·h^{-1})	0.10~0.16	0.16~0.25	0.30~0.95	0.45~0.65	0.60~0.87	0.90~1.30
熔剂消耗量/(kg·h^{-1})	2~3.50	3.50~6	6~10	9~13.5	11.50~14.50	17

氧熔剂方法切割紫铜、黄铜及青铜时，采用的熔剂成分是铁粉70%~75%、铝粉15%~20%、磷铁10%~15%。切割时，先将被切割金属预热到200℃~400℃。割嘴和被切割金属之间的距离根据金属的厚度决定，一般为20~50mm。

四、水解氢氧火焰切割

以氧气和氢气混合燃烧形成的火焰，作预热火焰而进行的氧气切割，称为氧氢切割。由于氢的总热值小，火焰温度低(仅2400℃)，预热时间长(是氧乙炔火焰的2倍)，且安全性差，所以过去在工业生产上没有获得广泛应用。但由于氧氢混合气燃烧的产物是水，对环境无污染。因此，近年来国内外相继开发出小型电解水的氢氧发生器，并利用其产生的氢氧混合气作气焊火焰和气割的预热火焰，于是出现了"水解氢氧火焰切割"。

(1)电解水氢氧发生器 如图 8-13 所示,其中电解槽是产生氢和氧的装置,为了加速水的电离,提高电解效率,通常在水中加入适量的强电解质,如 KOH。气体压力继电器用于控制发气量,当混合器内压力大于某一设定值时,即自动切断电源,停止电解;当压力降至一定值时,电源自动接通,电解槽继续产生气体。水电解氢氧发生器的基本参数见表 8-17。

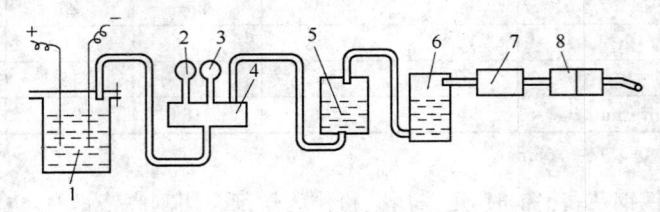

图 8-13 电解水氢氧发生器
1. 电解槽 2. 气体压力表 3. 气体压力继电器 4. 混合器
5. 水封式回火防止器 6. 火焰调节器 7. 干式回火防止器 8. 割炬

表 8-17 水电解氢氧发生器的基本参数

参 数 名 称	基本规格/(m³/h)							
	1.00	1.25	1.60	2.00	2.50	3.15	4.00	5.00	6.00
基本规格表示数值/(L/h)	1000	1250	1600	2000	2500	3150	4000	5000	6300
额定功率/kW	4.4	5.0	5.4	8.0	10	12.6	16	20	25.2
工作气体压力/MPa	低工作气压 0.05~0.095							
	高工作气压 0.1~0.4							
电解槽最高工作温度/℃	≤80							
单位能耗/(kW/m³)	≤5.8							
连续工作时间/h	≥8							
电解电流恒定性/A	电解槽在冷、热状态下的电流波动≤5							

注:连续工作时间是指发生器在环境空气温度中,在额定产气量条件下,连续产气达到电解槽最高工作温度极限的工作时间。

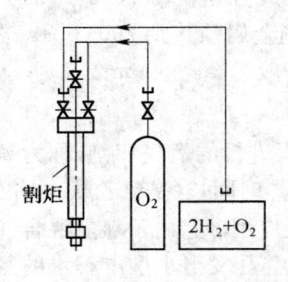

图 8-14 水解氢氧火焰切割供气

(2)水解氢氧火焰切割工具 采用水解氢氧火焰切割时,可使用普通氧气切割用的割炬,图 8-14 所示为最简单的一种水解氢氧火焰切割供气方式。来自水解氢氧发生器的混合气通入割炬的燃气通道,原预热氧气阀关闭,切割氧单独由氧气瓶供给。由于发生器产生的氢和氧的体积比是固定的(为 0.5),所以混合气燃烧的火焰为中性焰,其燃烧性能不可调节,混合气流量可通过燃气阀或发生器的发气量进行调节。

常用氢氧切割机的技术参数见表 8-18。

表 8-18 常用氢氧切割机的技术参数

名 称	型号	额定功率 /kW	额定产气量 /(m³·h⁻¹)	切割厚度 /mm
YJ 系列氢氧焊割机	YJ-2000	7.5	2.0	≤100
	YJ-4000	16	4.0	≤100
	YJ-6000	24	6.0	≤100
	YJ-10000	38	10.0	≤100
JF 系列氢氧焊割机	JF-1000	5	1.0	50
	JF-2000	9	2.0	100
	JF-4000	18	4.0	400
水解氢氧焊割机	CCHJ-4	2	0.8	100
	CCHJ-8	4	1.5	200
	CCHJ-10	8	3.0	250
	CCHJ-12	16	6.0	250
氢氧源焊割机	TGHJ-4B	4	3	50(多机并联>300)

(3)水解氢氧火焰切割的操作要点　水解氢氧火焰切割工艺与一般氧乙炔切割相同。水解氢氧火焰切割低碳钢的气割参数见表 8-19。

表 8-19 水解氢氧火焰切割低碳钢的气割参数

钢板厚度/mm	割嘴号码	氢氧混合气流量 /(L·h⁻¹)	切割氧压力 /MPa	切割速度 /(cm·min⁻¹)
10	1 号	1100~1300	0.30	55.0
16			0.35	46.7
20			0.50	38.8
25			0.50	31.9
30			0.55	29.5
35			0.65	29.2
40			0.70	28.5

注：割嘴为直筒形。

(4)水解氢氧火焰切割的操作注意事项　氢气易爆炸,因此装置中设两道回火防止器,并在混合器上安装防爆片。一旦回火,能及时排放气体,防止逆燃火焰进入电解槽。发生器的各部件及其连接接头应密封,以免泄漏造成事故。发生器应可靠接地,尽可能在室外作业,室内作业要有良好通风。工作开始前,先开割炬混合气通路的阀门,排除里面的空气,待 2~3min 后才能点火切割。

五、快速优质切割

氧气切割中,铁在氧气中燃烧形成熔渣被高速氧气吹开而达到被切割的目的。

通过割嘴的改造,使之获得流速更高的氧气流,强化燃烧和排渣过程,可使切割速度进一步提高,称为快速气割,也称为高速气割。

1. 快速割嘴的结构(JB/T 7950—1999)

(1)GK 及 GKJ 系列快速割嘴的结构　如图 8-15 所示。

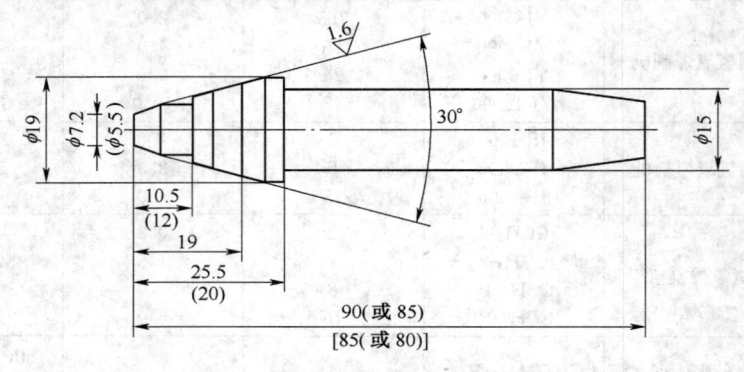

图 8-15　GK 及 GKJ 系列快速割嘴的结构
圆括弧外数字为 30°尾锥面割嘴的配合尺寸;
圆括弧内数字为 45°尾锥面割嘴的配合尺寸。

(2)快速割嘴的工作原理　根据氧乙炔气割原理,如果要大大提高气割速度,就必须增加气割氧射流的流量和动能,以加速金属的燃烧过程和增强吹除氧化熔渣的能力。普通割嘴气割氧孔道由于是直孔形,所以对气割氧射流的流量是动能没有增强作用。而快速优质气割割嘴的气割氧孔道为拉瓦尔喷管形,即通道呈喇叭喷管形式,快速割嘴气割氧孔道如图 8-16 所示,当具有一定压力的氧气流流经收缩段时处于亚音速状态,通过喉部后,气流在扩散段内膨胀、扩散、加速形成超音速气流。出口处超音速气流的静压力等于外界大气压,因此气流的边界将不再膨胀,保持气流在一段较长的距离内平行一致。这就增加了沿气流方向的动量,增强了切割气流的排渣能力,切割速度显著提高。这样割嘴更适用于大厚度切割和精密切割。

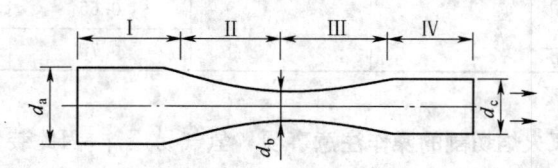

图 8-16　快速割嘴气割氧孔道
Ⅰ.稳定段　Ⅱ.收缩段　Ⅲ.扩散段　Ⅳ.平直段
d_a. 入口直径　d_b. 喉部直径　d_c. 出口直径

(3)快速割嘴的可燃气体　可用乙炔或液化石油气。乙炔割嘴多数用预热火焰,出口为梅花形的整体式结构,快速割嘴可与 JB/T 7949 和 JB/T 6970 规定的割

2. 快速气割的特点

快速气割的途径是向气割区吹送充足的高纯度高速氧流,以加快金属的燃烧过程。与普通气割相比,快速气割的特点是采用快速气割,切割速度比普通气割高出30%~40%,切割单位长度的耗氧量与普通气割并无明显差别,切割厚板时,成本还有所降低。切割速度快,传到钢板上的热量较少,降低切口热影响区宽度和气割件的变形。氧气的动量大,射流长,有利于切割较厚的钢板。切口表面粗糙度可达 $Ra6.3 \sim 3.2 \mu m$,并可提高气割件的尺寸精度。

3. 快速割嘴喉部直径的选择

快速割嘴喉部直径的选择见表 8-20。扩散段出口马赫数 M_E(气流速度与声速的比值)取决于气割氧管道供气压力对气割速度的要求。一般取 $M_E=2$ 或更低些,当要求气割速度更高时,可选用 2.5 或更高值。出口直径取决于喉部直径和出口马赫数。

表 8-20 快速割嘴喉部直径的选择

钢板厚度/mm	5~50	50~100	100~200	200~300	300 以上
喉部直径/mm	0.5~1	1~1.5	1.5~2	2~3	>3

4. 预热火焰及其孔道

预热火焰一般用中性焰。割件厚度较小时,气割速度快,预热火焰应强些;割件厚度较大时,气割速度慢,为了避免上缘烧塌,预热火焰应弱些。如果是坡口切割,可用氧化焰。

预热孔道截面面积比普通割嘴大 25% 左右。氧乙炔割炬多数用出口为圆形的整体式结构,如图 8-17 所示。氧液化石油气割嘴宜用嘴芯外侧为齿槽形的组合式结构,如图 8-18 所示。更换锥度接头可以适用不同的可燃气体(乙炔或丙烷),外套是通用性的,对同一可燃气体切割不同厚度的钢板时,只需要换嘴芯即可。嘴芯与

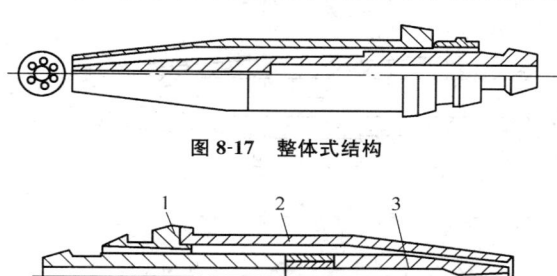

图 8-17 整体式结构

图 8-18 组合式结构
1. 锥度接头 2. 外套 3. 嘴芯

锥度接头是通过螺纹联接在一起的,扩散型切割氧孔道如图 8-19 所示。组合式割嘴由 3 个工艺相对简单的零件装配而成,适用面更广。图 8-20 所示为丙烷割嘴锥度接头。图 8-21 则为圆锥齿槽式嘴芯的结构。该嘴适用于薄板与中厚板的高速气割。用于厚板高速气割时,宜更换圆柱齿槽式嘴芯,如图 8-22 所示。

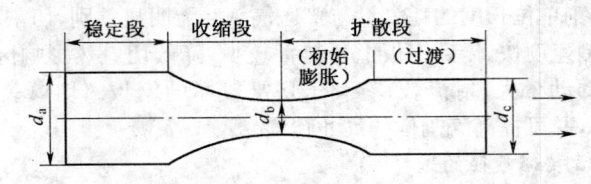

图 8-19 扩散型切割氧孔道

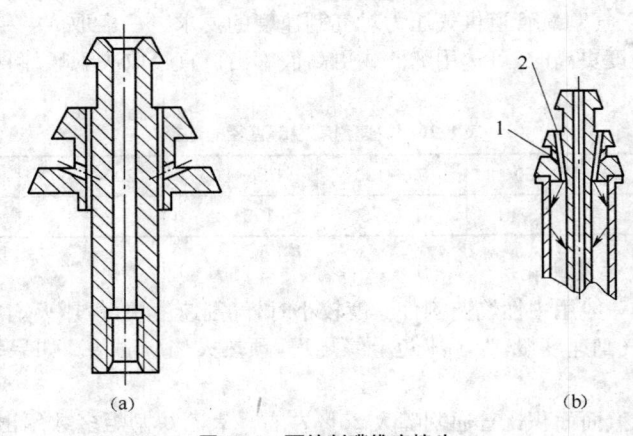

图 8-20 丙烷割嘴锥度接头
(a)锥度接头 (b)混合塞
1. 丙烷气孔 2. 预热氧孔

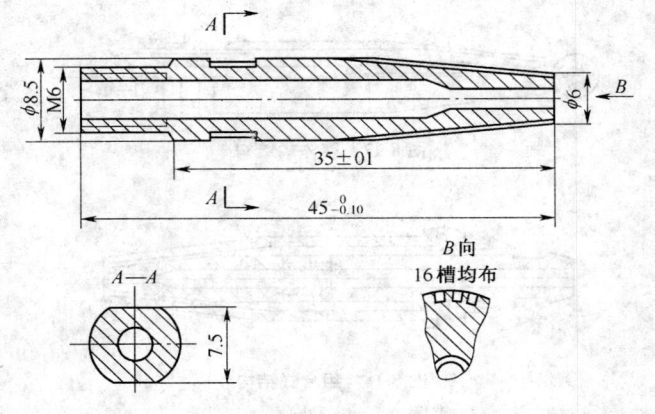

图 8-21 圆锥齿槽式嘴芯的结构

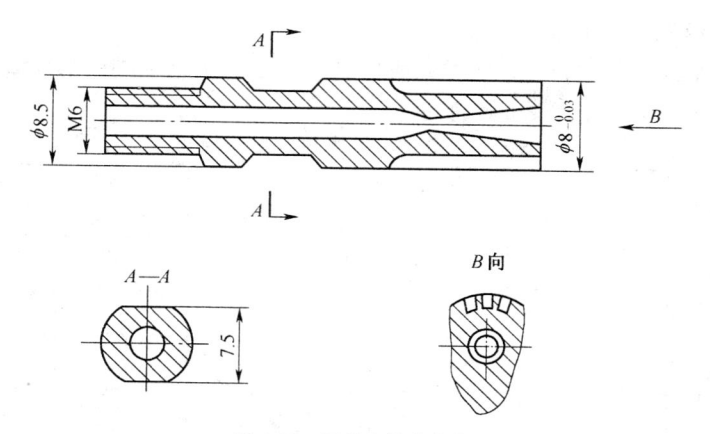

图 8-22 圆柱齿槽式嘴芯

5. 对设备、气体及火焰的要求

要求调速范围大、行走平稳、体积小、质量小等。行车速度在 200～1200mm/min 可调。为保证气流量的稳定,一般以 3～5 瓶氧气经汇流排供气。使用高压、大流量减压器。氧气胶管要能承受 2.0MPa 的压力,内径在 4.8～9mm。采用射吸式割炬,可用 G01-100 型改装,也可采用等压式割炬。乙炔压力应>0.1MPa,最好采用乙炔瓶供应乙炔气。当预热火焰调至中性焰时,应保证火焰形状均匀且燃烧稳定。切割氧流在正常火焰衬托下,目测时应位于火焰中央,且挺直、清晰、有力,在规定的使用压力下,可见切割氧流长度应符合表 8-21 规定。

表 8-21 可见切割氧流长度 (mm)

割嘴规格号	1	2	3	4	5	6	7
可见切割氧流长度	≥80	≥100		≥120		≥150	≥180

6. 操作要点

气割时,气割氧压力只取决于气割氧出口马赫数并保持在设计压力范围内,不随气割厚度的变化而变化。如 $M_E=2.0$ 系列割嘴,只能用氧气压力为 0.7～0.8MPa,过高或过低都会使气割氧流边界成锯齿形,导致气割速度和气割质量下降。直线气割 30mm 以下厚度的钢板,割炬后倾角宜为 5°～30°,以利于提高气割速度。对于 30mm 以上的钢板,不宜用后倾角。气割速度加快时,后拖量增加,切口表面质量下降,所以应在较宽范围内,根据切口表面质量的不同来选择气割速度。气割速度对切口表面粗糙度的影响见表 8-22。

表 8-22 气割速度对切口表面粗糙度的影响

气割速度/(cm/min)	20	30	40	50
纹路深度/μm	14.3～18.4	17.7～19.5	19.8～22	41.9
表面粗糙度 Ra/μm	3.2	3.2	6.3	12.5

7. 气割参数的选择

采用 $M_E=2$ 系列快速割嘴气割参数见表 8-23。大轴和钢轨的气割参数见表 8-24，大轴和钢轨气割如图 8-23 所示。

表 8-23　$M_E=2$ 系列快速割嘴气割参数

钢板厚度 /mm	割嘴喉部 直径/mm	气割氧压力 /MPa	燃气压力 /MPa	气割速度 /(cm/min)	切口宽度 /mm
≤5 5～10 10～20 20～40 40～60	0.7	0.75～0.8	0.02～0.04	110.0 110.0～85.0 85.0～60.0 60.0～35.0 35.0～25.0	≈1.3
20～40 40～60 60～100	1	0.75～0.8		65.0～45.0 45.0～38.0 38.0～20.0	≈2.0
60～100 100～150	1.5	0.7～0.75		43.0～27.0 27.0～20.0	≈2.8
100～150 150～200	2	0.7		30.0～25.0 25.0～17.0	≈3.5

表 8-24　大轴和钢轨的气割参数

割件	割嘴孔径 /mm	切割氧压力 /MPa	预热氧压力 /MPa	燃气压力 /MPa	切割速度 /(mm/min)
大轴	4	1.0～1.2	0.3	0.04	120～180
钢轨	2.5	0.55～0.6	0.15	0.04	120①，430②，90③，220④

注：①表中①～④如图 8-23 所示。
②采用 CG2-150 型仿形气割机。
③大轴气割机，可采用钢棒引割。
④钢轨的气割速度，也可以按最大厚度选用。

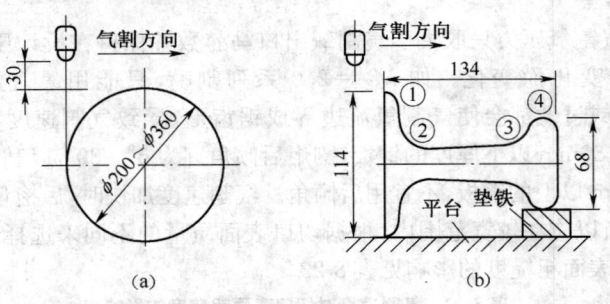

图 8-23　大轴和钢轨气割
(a) 大轴气割　(b) 钢轨气割

六、火焰精密气割

火焰精密气割可以达到 IT12～IT15 级精度，切口表面粗糙度精度可达 $Ra12.5$～

3.2μm,从而减少了机械加工量,或不经机械加工就可以达到所需的几何形状和尺寸要求。

1. 火焰精密气割必须具备的条件

①有平稳的气割平台,使用的靠模精度至少比割件所要求的精度高一级,其工作面的表面粗糙度精度不高于 $Ra3.2\mu m$。

②应采用液化石油气和纯度高、储量大、压力稳定的液氧。

③气割机性能稳定,如具有自动加减速、任意点返回、割炬高度自动控制等功能的数控气割机。

④割嘴的高度应在 3cm 以上,且在整个气割过程中必须保持恒定。可采用自动调高系统来自动保持割嘴与工件表面之间的高度。

⑤正确选择气割参数,必要时通过试割校正气割参数。推荐的火焰精密气割参数见表 8-25。

表 8-25 火焰精密气割参数

板厚/mm	割嘴号码	喉径 d/mm	气体压力/MPa 氧气	气体压力/MPa 燃气	切割速度 /(mm/min)
5~20	1	0.6	0.65~0.80	≥0.03	800~300
25~40	2	0.8	0.65~0.80	≥0.03	500~250
35~70	3	1.0	0.65~0.80	≥0.03	350~150
60~100	4	125	0.65~0.80	≥0.03	300~150
80~120	5	1.5	0.65~0.80	≥0.03	230~130
110~150	6	1.75	0.65~0.80	≥0.03	200~130
140~180	7	2.0	0.65~0.80	≥0.03	200~130
170~230	8	2.3	0.65~0.80	≥0.03	200~130

2. 火焰精密气割注意事项

(1)气割引线 气割时引线的长度由材料的厚度和所采用的气割方法来确定,一般讲,引线的长度随厚度增加而加长。

①引线在不影响穿孔和气割的情况下,就尽可能地短,其引入方向应与气割机运行方向一致。在穿孔时飞溅的熔渣应不飞向气割机,而是向气割机起动运行的反方向飞去。

②进入圆引线之前最好加上一段直引线,以避免割嘴被熔渣堵塞。

③合理安排气割工件内腔时的引线。

(2)割缝补偿 为了割出正确尺寸的毛坯件,常用两种割缝补偿方式:一种是在切割机的操作面板上键入补偿数值,数控系统会自动沿加工轨迹进行补偿;另一种补偿方式是在编程机上进行。

(3)热变形的控制 气割过程中的热变形,只能采取一些措施来减少其影响,如采用合理的气割顺序,即气割内腔时原则上应先内后外,先上后下,先圆后方,交叉跳跃,先繁后简。气割薄板控制热变形较好的方法是在气割过程中,向切口处喷淋压缩空气或水,加快其散热速度,以此减少割件热变形。对厚度小于 5mm 的钢板,可采用叠板切割法,叠厚一般在 100mm 以下,且配以低压氧气割,可获得较满意的切割质量。

第五节 机械切割简介

机械切割与手工切割相比,具有切割质量好、生产效率高、生产成本低和降低劳动强度等优点,机械切割适用于机械制造、锅炉、造船等行业。

机械切割设备除气割机、割炬不同外,其余与手工气割设备基本相同。气割机可分为移动式半自动气割机和固定式自动气割机两大类。移动式半自动气割机有手持式、小车式和仿形式等。固定式自动气割机有直角坐标式气割机、光电跟踪气割机、数字程序控制气割机等。常用的气割机有 CG1-30 型小车式气割机和 CG2-150 型仿形气割机。

一、气割机用割炬(JB 5101-91)

(1)形式 按混合系统的通用形式分射吸式割炬和等压式割炬两种。

(2)结构

①射吸式割炬的结构如图 8-24 所示。射吸式割炬与割嘴的接头如图 8-25 所示。

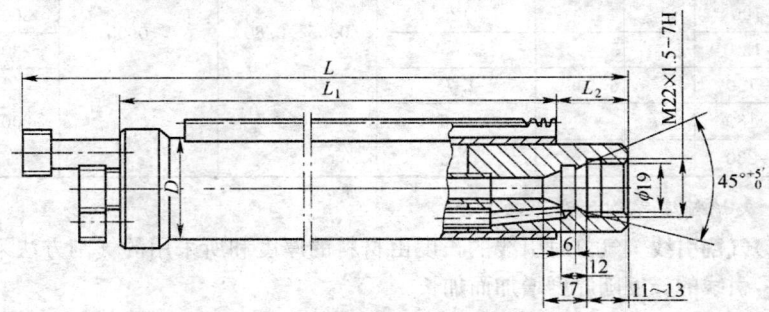

图 8-24 射吸式割炬的结构

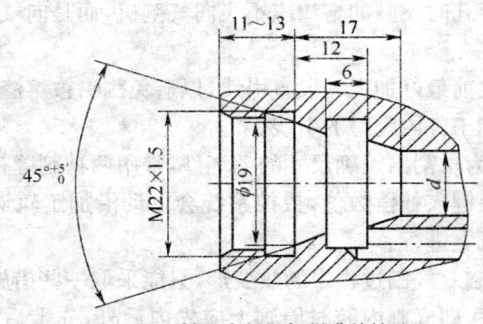

图 8-25 射吸式割炬与割嘴的接头

②等压式割炬的结构如图 8-26 所示。等压式割炬与割嘴的接头如图 8-27 所示。

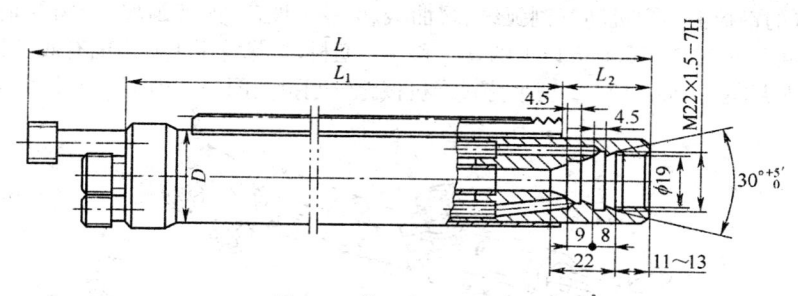

图 8-26 等压式割炬的结构

(3)基本尺寸

①柱体直径 D 为 $28_{-0.13}^{0}$ mm、$30_{-0.13}^{0}$ mm、$32_{-0.16}^{0}$ mm、$35_{-0.16}^{0}$ mm。

②柱体长度 L 为 50mm、100mm、150mm、250mm、400mm。

③齿条模数 m 为 1.25,齿条宽 b 为 $8_{-0.13}^{0}$ mm。

④如图 8-28 所示,齿条分度线到柱体中心线的距离 H 的计算公式如下:

$$H = \frac{D}{2} + 2 + h''$$

式中,h'' 为齿根高(mm)。

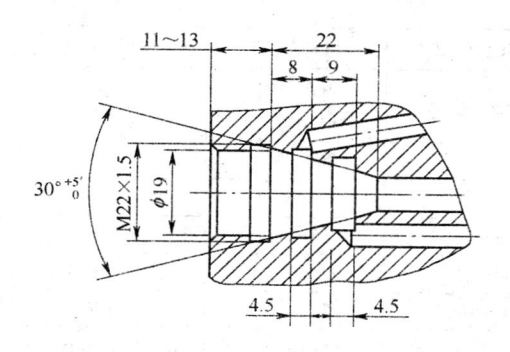

图 8-27 等压式割炬与割嘴的接头 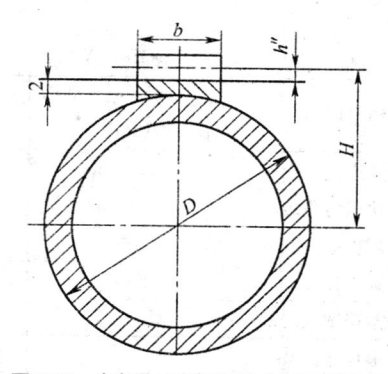　　图 8-28 齿条分度线到柱体中心线的距离

⑤当割炬的柱体直径 D 等于 28mm 和 30mm 时,管接头为 M12×1.25;D 等于 32mm 和 35mm 时,管接头为 M16×1.5。需要螺纹联接的地方,应符合 GB 5107 的规定。

二、手持式半机械化气割机

手持式半机械化气割机是在手用割炬上加装了电动匀走器和导向机构等附件,使气割实现了半机械化。该机既具备了手用割炬轻便、灵活的特点,又能机动匀走和靠附件导向,因而可以气割出更高质量和成本较低的工件。

QGS-13A-1 型手持式半机械化气割机能够在手工气割的环境中,在厚 4～60mm 的钢板上实现机动气割弧线、缓曲线、0～45°坡口、内外圆坡口、圆的垂直割口,还可用于气割 φ100mm 以上的管子和各种型材,是代替手工割炬的有效工具。

(1)结构 QGS-13A-1 型手持式半机械化气割机如图 8-29 所示。

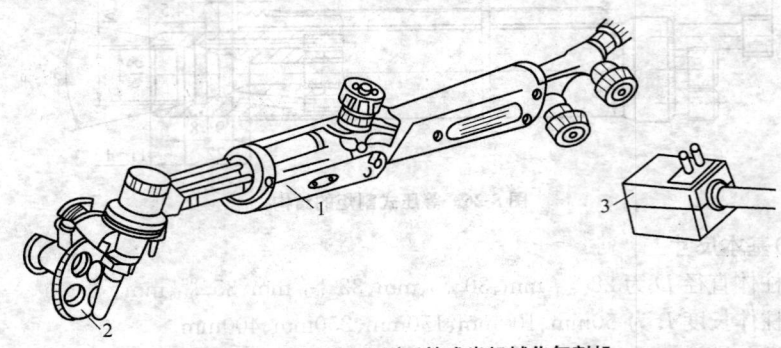

图 8-29 QGS-13A-1 型手持式半机械化气割机
1. 主体 2. 驱动附件 3. 交直流转换电源插头

(2)技术参数 常用手持式半机械化气割机的型号及主要技术参数见表 8-26。

表 8-26 常用手持式半机械化气割机的型号及主要技术参数

技术参数	型 号			
	QGS-13A-1	GCD2-150	CG-7	QG-30
电源电压/V	220(AC)或 12(DC)	220(AC)	220(AC)或 12(DC,0.6A)	220(AC)
氧气压力/kPa	200～300	—	300～500	—
乙炔压力/kPa	49～59	—	≥30	—
切割板厚/mm	4～60	5～150	5～50	5～50
割圆直径/mm	30～500	50～1200	65～1200	100～1000
切割速度/(mm/min)		5～1000	78～850	0～760
外形尺寸/mm	—	430×120×210	480×105×145	410×250×160
质量/kg	2	9	4.3	6.5
备注		配有长 1m 导轨	配有长 0.6m 导轨	

(3)操作要点 工作时,气割机由电动装置驱动,而气割导向由操作者扶着手柄按划线操作。

三、小车式半机械化气割机

小车式气割机指采用电动机驱动装载割炬的小车,沿直线导轨运动。切割直线和坡口时,必须采用导轨;切割圆形件时,需将半径架装在机体上,并将定心针放入样冲眼中。根据圆形割件半径尺寸拧紧定位螺钉,同时抬高定位针,使靠近定位针这一边的滚轮离开割件悬空,利用另一边的两个滚轮围绕定位针旋转进行气割。小车式气割机分为电气调节和机械调节两大类。

(1)结构 小车式气割机的结构如图 8-30 所示,它具有构造简单、质量小、可移动、小车行走速度(切割速度)可以无级调节、操作维护方便等优点,因此应用较广。其中 CG1-30 小车式半机械化气割机应用最为普遍。

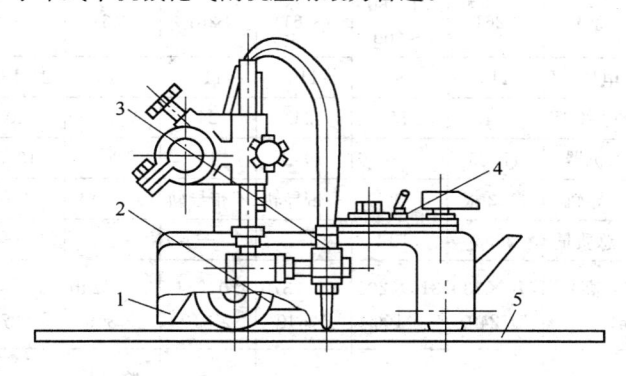

图 8-30 小车式气割机的结构
1. 主车体 2. 驱动系统 3. 割炬和气路系统 4. 控制系统 5. 导轨

割嘴规格与气割参数的关系见表 8-27。

表 8-27 割嘴规格与气割参数的关系

割嘴号码	气割厚度/mm	氧气压力/MPa	乙炔压力/MPa	气割速度/(mm/min)
1	5~20	0.25	0.020	500~600
2	20~40	0.25	0.025	400~500
3	40~60	0.30	0.040	300~400

(2)技术参数 常用小车式半机械化气割机的型号及主要技术参数见表 8-28。

表 8-28 小车式半机械化气割机的型号及主要技术参数

技术参数		型号					
		CG1-30	CG1-18	CG1-100	CG1-100A	CG-Q2	GCD2-30	BGJ-150
切割厚度/mm		5~60	5~150	10~100	10~100	6~150	5~100	5~150
割圆直径/mm		200~2000	500~2000	540~2700	50~1500	30~1500	—	≥150
切割速度范围/(mm/min)		50~750	505~1200	190~550	50~650	0~1000	50~750	0~1200
配用割嘴号		1~3	1~5	1~3	1~3	1~3	0~3	1~5
割炬调节范围/mm	垂直	—	—	55	150	—	140	—
	水平	—	—	150	200	400	250	—

续表 8-28

技术参数		CG1-30	CG1-18	CG1-100	CG1-100A	CG-Q2	GCD2-30	BGJ-150
电源电压(AC)/V		220						
电动机	型号	S261	Z15/60~200	S261	S261	S261	—	—
	电压/V	110	—	110	110	110	24(DC)	—
	功率/W	24	15	24	24	24	20	—
质量/kg	机器	17.85		19.2	17	20	13.5	22
	导轨	4×2根		不带导轨	不带导轨	3×1根		
	总质量	28.5	13					
外形尺寸(长×宽×高)/(mm×mm×mm)		470×230×240	310×200×100	405×370×540	420×440×310	320×240×300	300×400×270	450×395×300
备注			轻便直线	—	—	平面多用途		

(3) 操作要点

① 将电源(220V 交流电)插头插入控制板上插座孔内,指示灯亮说明电源已接通。

② 将氧气、乙炔胶管接到气体分配器上,调节好供气压力,供给氧气和乙炔。

③ 直线切割时,将导轨放在钢板上,使导轨与切割线平行,然后将气割机放在导轨上,则割炬一侧向着气焊工。割圆件时,应装上半径架,调好气割半径,抬高定位针,并使靠近定位针的滚轮悬空。

④ 根据切割厚度由表 8-27 选取割嘴,并拧紧在割炬架上,接通气源。

⑤ 点燃割炬,检查切割氧流挺直度。

⑥ 将离合器手柄推上后,开启压力开关,使切割与压力开关的气路相通,同时将起割开关扳在停位置。

⑦ 将顺倒开关扳到使小车向切割方向前进的位置。根据割件的厚度,调节速度调节器,使之达到所需的要求。先开启预热调节阀和乙炔调节阀将火焰点燃,并调节好预热火焰。

⑧ 将起割点预热到呈亮红色时,开启切割氧调节阀,将钢板割穿。同时,由于压力开关的作用,使电动机的电源接通,气割机行走,气割工作开始。气割时,如不使用压力开关阀,也可直接用起割开关来接通或切断电源。

⑨ 气割结束后,应先关闭切割氧调节阀。此时,压力开关失去作用,电动机的电源切断,接着关闭压力开关,关闭乙炔及预热氧调节阀,熄灭火焰。整个工作结束

后，应切断控制板上的电源，停止氧气和乙炔的供应。

四、仿形气割机

仿形气割机是一种气割割炬跟着磁头按样板切割出各种形状的靠模气割机，其结构形式有门架式和摇臂式两种，工作原理是割嘴与电磁滚轮同轴，利用电磁滚轮沿钢质样板滚动，割嘴能自动切割出与样板相同形状的零件。该切割机可以方便而又精确地气割出各种形状的零件，尤其适用于大批量同种零件的切割工作，是一种高效率半机械化气割机。

采用 CG2-150 型半机械化高效率仿形气割机，能气割 5～60mm 厚的钢板，并能精确地气割任何形状的零件，适于大批量生产。可气割件最大尺寸为 500mm×500mm，最大公差为 0.5mm。若再配置圆周气割装置，可以切割直径为 30～600mm 的圆割件及法兰，切割速度为 5～75cm/min。

靠模样板通常用厚度为 5～10mm 的低碳钢（如 Q235）板制造，靠模样板尺寸的计算公式见表 8-29，样板及零件如图 8-31。

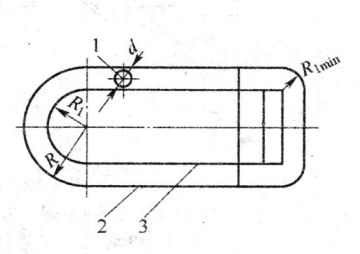

图 8-31　样板及零件
1. 滚轮　2. 样板　3. 零件

表 8-29　靠模样板尺寸的计算公式

切割方式	样板尺寸	
	切割零件外形的样板	切割零件内形的样板
按样板外形切割	$B=A-(d-b)$ $R=R_1-\dfrac{d-b}{2}$	$B=A-(d-b)$ $R=R_1-\dfrac{d+b}{2}$
按样板内形切割	$B=A+(d-b)$ $R=R_1+\dfrac{d+b}{2}$	$B=A+(d-b)$ $R=R_1+\dfrac{d-b}{2}$

注：①A、R_1 为零件尺寸；B、R 为与零件相对应的样板尺寸；d 为磁滚轮直径；b 为切口宽度。

②切割零件的最小半径：按样板外形切割零件外形时，$R_{1min}=\dfrac{d-b}{2}$；按样板外形切割零件内形时，$R_{1min}=\dfrac{d+b}{2}$；按样板内形切割零件外形时，$R_{1min}=0$；按样板内形切割零件内形时，$R_{1min}≈0$。

(1) 结构　G2-150 型仿形气割机的结构如图 8-32 所示。

(2) 技术参数　常用仿形气割机的型号及主要技术参数见表 8-30。

(3) 气割参数的选择　气割前，应根据不同厚度钢板选用割嘴号码。

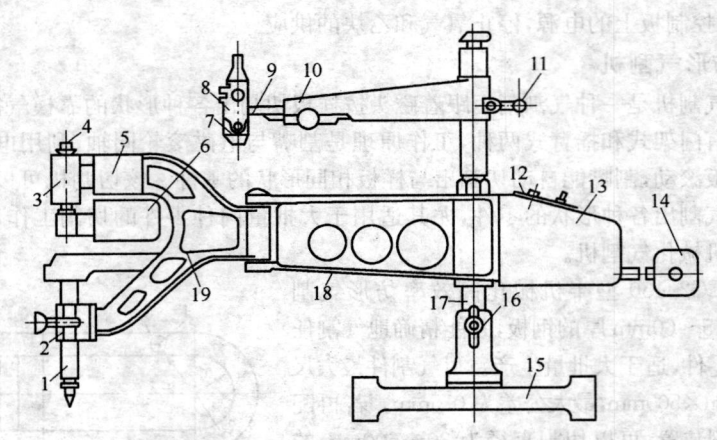

图 8-32　CG2-150 型仿形气割机的结构

1. 割炬　2. 割炬架　3. 永久磁铁装置　4. 磁铁滚轮　5. 导向机构
6. 电动机　7. 连接器　8. 型板架　9. 横移杆　10. 型臂
11. 样板固定调整装置　12. 控制板　13. 速度控制箱　14. 平衡锤
15. 底座　16. 调节圆棒　17. 主轴　18. 基臂　19. 主臂

表 8-30　常用仿形气割机的型号及主要技术参数

技术参数		CG2-150	G2-1000	G2-900	G2-3000	KMQ-1	CG2-100	G5-100
切割范围/mm	板厚	5～150	5～60	10～100	10～100	5～30	5～45	5～100
	最长直线长度	1200	1200	—	—	—	A型用于直线及坡口气割	
	最大正方形边长	500	1060	900	1000	—		
	最大长方形	400×900 450×750	750×460 900×410 1200×260	—	3200×350	—	500宽, 任意长 (B型)	
	最大直径	600	620,1500	930	1400	200		
切割速度调节范围/(mm/min)		50～750	50～750	100～660	108～722	150～900	—	100～900
切割精度/mm		±0.4 椭圆≤1.5	≤±1.75	±0.4	±0.4	±0.5	—	—
配用割嘴号		1～3	1～3	1～3	1～3	专用1～3	1～3	1～3
电源电压(AC)/V					220			
电动机	型号	S261	S261	S261	S261	—	55SZ01	40ZYW5
	电压/V	110	110	110	110	—		
	功率/W	24	24	24	24	—	20	20

续表 8-30

技术参数		型号						
		CG2-150	G2-1000	G2-900	G2-3000	KMQ-1	CG2-100	G5-100
机器质量/kg	平衡锤质量	9	2.5	—	—	—	—	5.1,3.9,2.6
	总质量	40	38.5	400	200	9	10.6（机身）	10.5（机身）
外形尺寸/mm		1190×335×800	1325×325×800	1350×1500×1800	2200×1000×1500	—	261×424×346	261×423×341
备注		—	—	摇臂式	摇臂式	手提式	携带式	携带式

①割嘴规格与气割参数的关系见表 8-31。

表 8-31　割嘴规格与气割参数的关系

割嘴号码	气割厚度/mm	氧气压力/MPa	乙炔压力/MPa	气割速度/(cm/min)
1	5～20	0.25	0.02	50～60
2	20～40	0.25	0.03	40～50
3	40～60	0.3	0.04	30～40

②低碳钢机动氧乙炔气割参数见表 8-32。

表 8-32　低碳钢机动氧乙炔气割参数

板厚/mm	气割氧孔径/mm	氧气压力/MPa	气割速度/(cm/min)	气体消耗量/(L/min)	
				氧气	乙炔
3	0.5～1.0	0.1～0.21	56～81	8.3～26.7	2.3～4.3
6	0.8～1.5	0.11～0.24	51～71	16.7～43.3	2.8～5.2
9	0.8～1.5	0.12～0.28	48～66	21.7～55	2.8～5.2
12	0.8～1.5	0.14～0.38	43～61	30～53.8	3.8～6.2
19	1.0～1.5	0.17～0.35	38～56	55～75	5.7～7.2
25	1.2～1.5	0.19～0.38	35～48	61.7～81.7	6.2～7.5
38	1.7～2.1	0.16～0.38	30～38	86.7～113	6.5～8.5
50	1.7～2.1	0.16～0.42	25～35	86.7～123	7.5～9.5
75	2.1～2.2	0.21～0.35	20～28	98.3～157	7.5～10.8
100	2.1～2.2	0.28～0.42	16～23	138～182	9.8～12.3
125	2.1～2.2	0.35～0.45	14～19	163～193	10.8～13.7
150	2.5	0.31～0.45	11～17	188～232	12.3～15.2
200	2.5	0.42～0.63	9～12	240～293	14.7～18.3
250	2.5～2.8	0.49～0.63	7～10	288～353	17.5～21.2
300	2.8～3.0	0.49～0.74	6～9	340～415	19.8～24.5
350	2.8～3.0	0.74	5～8	392～493	22.7～27.8
400	3.2～4.0	0.77	4.5～7.5	442～643	27～33.3
450	3.7～4.0	0.84	4.3～7.5	493～795	30.7～39.2
550	4.0～5.0	0.95	3.8～7.5	547～970	36.8～46.7

采用氧液化石油气火焰,在 CG2-150 型仿形气割机上仿形气割的塔吊卡轨器卡钳和磨床电磁吸盘极板,零件精度可达 IT15 级,局部达到了 IT14 级,切口表面粗糙度精度为 $Ra12.5\sim6.3\mu m$;卡钳全部可不用铣刨加工,卡钳仿形气割参数见表 8-33。

表 8-33 卡钳仿形气割参数

材料	板厚/mm	割嘴号码	嘴径/mm	气体压力/MPa 氧气	气体压力/MPa 燃气	气割速度/(mm/min)
45	≤80	4	1.25	0.80	0.05	300
Q235	36	7	2.0	0.7~0.8	0.05	500

(4)操作要点

①将电源(220V 交流电)插头插入控制板的插座内,指示灯亮,说明电源已接通。

②将氧气和乙炔胶管接在气体分配器上,并调节好乙炔和氧气的使用压力,进行供气。

③气割之前,应先将气割机放置平稳,再将平衡锤的两根平衡棒插入控制箱下部孔中,最后将平衡锤调整到合适位置,并用螺钉固定。

④根据割件的厚度选用合适的割嘴装在割炬架上,点燃火焰,检查切割氧气流的挺直程度。

⑤将气割样板固定在样板架上,并调整好磁铁滚轮与样板间的位置。

⑥将割件固定在气割架上后,将起割开关扳到起动位置,电动机旋转后,校正割件位置。气割圆零件时,必须采用圆周气割装置。

⑦开启压力开关,使切割氧与压力开关接通。根据工件厚度调节好切割速度,然后开启预热氧和乙炔调节阀,将火点燃,调整火焰能率。

⑧将割件预热到呈亮红色时,开启切割氧调节阀,将割件割穿。再将起割开关扳到起割位置,电动机旋转,使磁铁滚轮沿着样板旋转,气割工作开始。

⑨气割过程中要不断调整火焰,使其呈中性火焰状态。可旋转割炬架上的手轮,使割炬与割件之间保持一定距离。割嘴需检查和疏通时,松开翼形螺母,使割炬旋转 90°位置即可。

⑩利用型臂上的调节手轮,调节磁铁滚轮与样板相对位置,使横移连杆在刻度尺范围内移动。旋动手轮,使型臂竖直上下移动,即可使滚轮与样板很好地配合。

⑪气割不同高度的割件时,为保持割炬与工件的距离,可利用调节圆棒旋转主臂旁的螺杆,使气割机的基臂上下移动,达到粗调目的。

⑫气割结束时,在关闭切割氧调节阀的同时,压力开关也应关闭,此时电动机电源即被切断而停止工作。

五、光电跟踪气割机

光电跟踪气割机是以绘在纸上的图形作为气割样板,把光电传感器在图纸轮廓上测检的信号,通过自动跟踪系统,驱动执行机构、割炬等而进行气割的设备。按跟踪原理可分为单光点边缘跟踪和双光点线跟踪两种方式;按跟踪装置驱动方式分为小车式和坐标式两种;按气割机结构形式分为门架式、双臂式和单臂式3种。

UXC/NCE型光电跟踪气割机以光电跟踪切割为主,兼有数控、光电跟踪、随机编程和寻踪读入等多种功能,自动化程度比一般光电跟踪气割机更高。而且既可切割,又能配上等离子弧割炬进行等离子弧切割,特别适合单件或小批量加工钢材和非铁金属材料的工厂使用。

(1)结构原理 光电跟踪气割机主要由光学部分、电气部分、机械传动和气割装置等部分组成。小车式光电跟踪气割机的跟踪系统如图8-33所示。坐标式光电跟踪气割机的结构如图8-34所示。

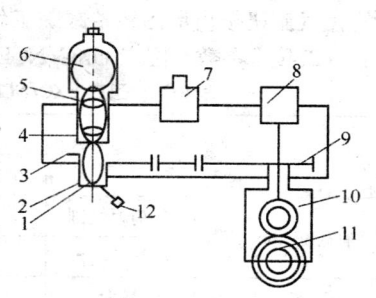

图8-33 小车式光电跟踪气割机跟踪系统
1. 光轴 2. 棱镜 3. 操舵轮 4. 针孔
5. 透镜 6. 光源灯 7. 操舵电动机甲
8. 驱动电动机 9. 操舵电动机乙
10. 驱动轮体 11. 驱动轮 12. 光电元件

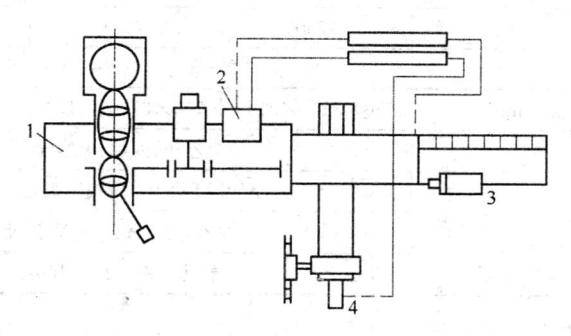

图8-34 坐标式光电跟踪气割机的结构
1. 跟踪装置 2. 同步解码装置 3. X轴减速器 4. Y轴减速器

光电跟踪气割用的工作图一般采用1∶10的比例,用黑色绘图墨水在表面打毛的透明涤纶薄膜上绘制,线条粗为0.2~0.3mm。一般光电跟踪气割机,均设有高频点火装置、出轨报警装置、转角延时和自动停车装置。另外还设有专用示波器,以观察运行状态和进行检测。为防止氧气和乙炔漏气造成事故,在工作台上设有抽、排风装置。

气割原理是利用改变脉冲相位的方法来达到光电跟踪目的,即当光源激励灯的光通过光电头聚合成光亮的亮点,然后通过与网络频率同步的扫描电动机(3000r/min),带动偏心镜使光点形成一个内径1.5mm、外径2.1mm的光环,投射到跟踪台按比例缩小的图纸上,光电旋转一周与图纸线条交割两次,使光电管形成两个脉冲信号,经电压放大后,控制闸流管,使之导通进行工作,从而使光电自动跟踪图样上的线条,使气割机按仿形图线条跟踪工作。

(2)**技术参数** 国产 UXC/NCE280 型光电跟踪气割机的主要技术参数见表 8-34。

表 8-34 国产 UXC/NCE280 型光电跟踪气割机的主要技术参数

技术参数		型 号		
		12.5	15	15/20
切割宽度/mm	单割炬气割	1250	1500	1500
	双割炬气割	2×625	2×750	2×1000
直线切割宽度/mm	最大	1250(1500)	1500(1750)	2000
	最小	95	95	95
切割圆弧直径/mm	最大	1000	1000	1000
	最小	150	150	150
切割厚度/mm	单割炬气割	3～200	3～200	3～200
	3割炬气割	3～125	3～125	3～125
切割速度范围/(mm/min)		100～3000	100～3000	100～3000
跟踪台面宽度/mm		1250	1500	1500
轨长		标准有 3m、4m,可按每 2m 一段加长		
外形尺寸(长×宽×高)/mm		750×3200×2100	750×3700×2100	750×4200×2100
适用气体		乙炔、丙烷、天然气		
等离子弧切割		配用 MAX100 等离子弧切割机		
		输入电源:AC,380V,三相		
		输出:DC,120V,100A		

(3)**操作要点**

①尽量在钢板的余料部分起割,这样可控制割件或余料向两旁产生位移。

②当不能在余料上起割时,采用从钢板边缘起割,但应从边缘气割一个 Z 形曲线入口,以便限制余料的位移。从钢板边缘起割的方法如图 8-35。

③气割组合套料割件时,应尽可能使其主要部分和钢板在较长时间内保持连接。如气割小型重复而数量较多的零件,或者一批较小尺寸的组合零件时,应该采用从钢板一端开始依次气割的方法。

④气割窄长条状割件时,可用两把割炬气割一根条状割件,或用三把割炬气割两根条状

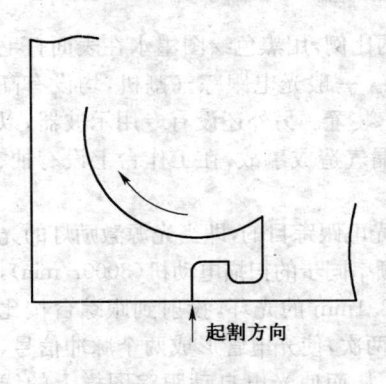

图 8-35 从钢板边缘起割的方法

割件。

⑤当割件面积比周围余料面积小时,应将割件用压铁或其他方法加以固定,以防止气割过程中割件产生位移,而影响尺寸的正确性。

⑥在气割顺序上应采用不切断的"桥",限制割件或余料的移动,这些"桥"在气割结束后,可用手工割炬进行气割。

【例 8-1】 图 8-36 所示为某厂用光电跟踪气割机进行套料气割的、典型的套料气割仿形图,气割时采用 3 次起割方法。

①第 1 次起割从点 1 开始,把外围余料全部割去。除割件 H 和 I 外,其余割件仍留在钢板上,割件不会产生位移和变形。

②第 2 次起割主要从点 2 开始,气割割件 G 的内孔,并留有减少变形的"桥"。

③第 3 次起割从点 3 开始,先气割割件 G,并留下凹齿形直边,稍后割去。然后分别连续将 B、A、C、E、F 及 D 等割件切割完毕。

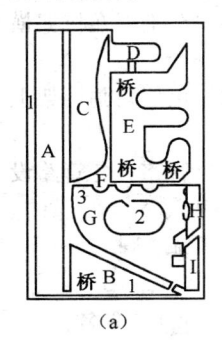

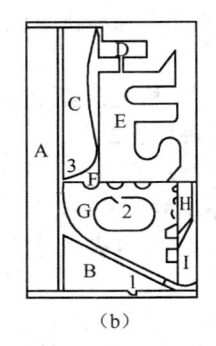

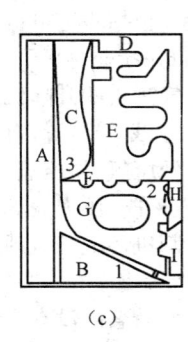

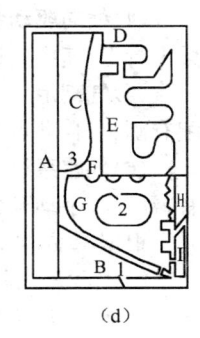

图 8-36 典型的套料气割仿形图
(a)总的起割顺序 (b)第一次起割顺序 (c)第二次起割顺序 (d)第三次起割顺序

采用上述方法气割,由于起割顺序合理,大大减少割件的位移和变形,可保证割后割件尺寸的正确性,完全控制割件的尺寸。

六、数控气割机

数控气割机是现代热切割技术与计算机技术相结合的产物。其加工成形的尺寸精度较高,气割表面粗糙度精度可达 $Ra12.5\mu m$,气割成形的毛坯无需二次加工即可投入装配和焊接。

数控气割机按控制方式可分为两大类:一类是普通数控气割机,又称硬件数控气割机,简称 NC;另一类是计算机控制气割机,又称为软件数控气割机。

数控气割机由数控装置和执行机构两大部分组成。数控装置由光电输入机和专用计算机等组成,执行机构一般由机架、纵向驱动装置、横向驱动装置、切割头、导轨、纵向滑轮软管拖曳装置、横向链板软管拖曳装置、电气系统和气路系统等组成。它的运动有纵向运动(整机沿轨道长度方向运动)、横向运动(气割头在门架横梁上移动)、割炬旋转运动(气割头绕中心轴旋转)和升降运动(气割头沿竖直方向升降)。

数控气割机目前在国内应用广泛,其种类较多,且在不断改进发展。现以国产6500 型为例,对其机械部分进行简单介绍。

1. 数控气割机的结构

(1)机架 机架为龙门式结构,轨距 6.5m,可同时切割宽度为 2.4m、厚度 5～100mm 的钢板两块。机架是连接各部件的主体,它包括大端架、横梁、小端架、水平导向轮和除尘器等。门架上装有两台横移小车,每台小车上有割炬一套,均设有高频点火装置和割炬自动升降传感器。

(2)纵向导轮和滑轮 用以支撑机架在轨面上自由行走。导轨侧面是机架行走的导向面,导轨顶面的水平度和导面的平直度,对机架的平稳度、切割精度有直接影响,故制造、安装精度要求较高。

(3)纵向驱动装置 包括步进电机、减速器轮胎联轴器,用来驱动机架在轨面上行走,一般行走速度应达到 6m/min。

(4)横向驱动装置 包括步进电机、驱动小车和导轨架,用来驱动割炬在机架横梁上行走,速度应达到 6m/min。

(5)气割炬 包括气割头的升降机架、手动机构、旋转机构和割炬架。割炬架上配有割头、自动点火装置、划线装置、自动升降传感器等。

(6)气路系统 有低压氧、高压氧、乙炔和压缩空气 4 部分供气管路。各管路设有减压阀、手动开关、电磁阀、压力表等。系统的最大压力为 0.8MPa。

根据需要,数控气割机还配备自动调节系统、点火系统、划线系统、冷却系统等。

2. 数控气割机气割参数

目前,数控切割机的命名尚没有详细的国家标准,多由生产企业自己命名。

①NC 系列数控火焰气割机部分型号的技术参数见表 8-35。

表 8-35 NC 系列数控火焰气割机部分型号的技术参数

技术参数		型 号				
		NC-4000F	NC-5000F	NC-6000F	NC-7000F	NC-8000F
切割宽度 /mm	一把单割炬	3400	4400	5400	6200	7200
	二把单割炬	1650×2	2150×2	2650×2	3050×2	3550×2
最多割炬数		6	6	6	6	6
导轨基本长度/mm		12000	12000	12000	12000	12000
切割长度/mm		9000	9000	9000	9000	9000
切割厚度/mm		6～200	6～200	6～200	6～200	6～200
切割工作台高度/mm		600/700	600/700	600/700	600/700	600/700
运行速度/(mm/min)		50～12000	50～12000	50～12000	50～12000	50～6000
自动点火装置		有	有	有	有	有
驱动方式		双边驱动	双边驱动	双边驱动	双边驱动	双边驱动
燃气种类(可选)		乙炔/丙烷	乙炔/丙烷	乙炔/丙烷	乙炔/丙烷	乙炔/丙烷

注:导轨可按每 2m 一段加长或缩短,切割长度=导轨长度-3000mm,最大切割厚度为 300mm。

②NCS 系列数控火焰气割机部分型号的技术参数见表 8-36。

表 8-36　NCS 系列数控火焰气割机部分型号的技术参数

技术参数		型 号				
		NCS-2100F	NCS-2600F	NSC-3100F	NCS-3600F	NCS-4000F
切割宽度 /mm	一把单割炬	1500	2000	2500	3000	3400
	二把单割炬	700×2	950×2	1200×2	1450×2	1650×2
最多割炬数		4	4	4	4	4
导轨基本长度/mm		12000	12000	12000	12000	12000
切割长度/mm		9000	9000	9000	9000	9000
切割厚度/mm		6～200	6～200	6～200	6～200	6～200
切割工作台高度/mm		600/700	600/700	600/700	600/700	600/700
运行速度/(mm/min)		50～12000	50～12000	50～12000	50～12000	50～6000
自动点火装置		有	有	有	有	有
驱动方式		单边驱动	单边驱动	单边驱动	单边驱动	单边驱动
燃气种类(可选)		乙炔/丙烷	乙炔/丙烷	乙炔/丙烷	乙炔/丙烷	乙炔/丙烷

注：导轨可按每 2m 一段加长或缩短；切割长度＝导轨长度－3000mm；最大切割厚度为 300mm。

③其他数控气割机的主要技术参数见表 8-37。

表 8-37　其他数控气割机的主要技术参数

技术参数		型 号				
		6500	SK-CG-9000	QSQ-1	SK-CG-2500	GCNC-7500A
切割厚度/mm		5～100	5～100	5～100	5～100	5～100
切割长度/mm		2800	2400	10000	6000	2400
切割宽度/mm		4800	3600	4000	2500	6000
轨距/mm		6500	9020	——	——	7500
切割速度/(cm/min)		10～600	5～240	0～80	5～90	10～80
割炬组/个		2	4	2	2	——
切割精度	纵/mm	<±1	±1	±0.1	——	——
	横/mm	——	±0.5	±0.3	——	——
	综合/mm	——	±1.5	±0.5	——	——
空车速度/(cm/min)		——	400	200	311	1200

3. 工作程序

数控气割机的工作程序如图 8-37 所示。

4. 操作要点

数控气割机在气割前，需要完成一定的准备工作，即把图纸上工件的几何形状和尺寸数据，编制成一条条计算机所能接受的加工指令，称为编制程序。再把编好的程序按照规定的编码打在穿孔纸带上，以上准备工作可由计算机来完成。气割

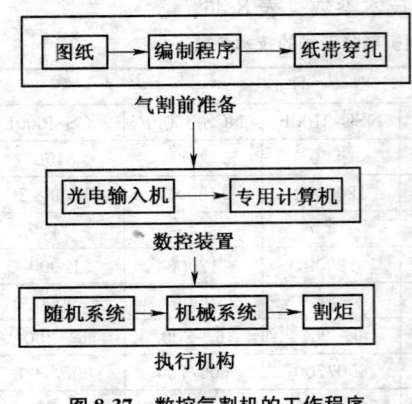

```
图纸 → 编制程序 → 纸带穿孔
           气割前准备
              ↓
    光电输入机 → 专用计算机
           数控装置
              ↓
    随机系统 → 机械系统 → 割炬
           执行机构
```

图 8-37 数控气割机的工作程序

时,把已穿孔的纸带放在光电输入机上,加工指令就通过光电输入机被读入专用计算机中。它根据输入的指令计算出气割头的走向和应走的距离,并以一个个脉冲向外输出至执行机构。经功率放大后驱动步进电机,步进电机按进给脉冲的频率转动,经传动机构带动气割头(割嘴),就可以按图纸的形状把零件从钢板上切割下来。

七、高精度门式气割机

高精度门式气割机是一种适用于加工大规格钢板的板边、焊接坡口和割出板条的切割机。它装有多个可调各种角度的割嘴,可割Ⅰ形缝,也可割 V、Y、X 形坡口。

高精度门式气割机是在两根精度很高的固定导轨上设置一座活动的、刚度有保证的门式车架。通过伺服电动机、减速箱、齿轮、齿条等驱动机构,门式车架在导轨上进行匀速运行。为了保证切口的侧向精度,安装了导向轴承,对导轨、车轮、水平导向轮等的制作安装要求很严格。

高精度门式气割机气割精度高,可替代机械刨边或铣边加工设备,获得广泛应用。高精度门式气割机的主要技术参数见表 8-38。

表 8-38 高精度门式气割机的主要技术参数

项 目	主要技术参数	项 目	主要技术参数
切割厚度/mm	7～100	割炬数量/个	12
最大切割长度/mm	10000	可切坡口形式	Ⅰ,V,Y,X
最大切割宽度/mm	2×5000	切口直线度/mm	10m 长度内<1
最大切割速度/(cm/min)	150	切口垂直度/mm	2.5m×10m 内<1
纵向最大移动速度/(cm/min)	400	坡口根部误差/mm	<1

八、气割机的维护和保养

①气割机应放在通风干燥处,避免受潮,室内不应有腐蚀性气体存在。
②气割机的减速箱半年加一次润滑油,并定期对轴承加注润滑脂。
③下雨天切勿在露天使用气割机,防止电气系统受潮引发事故。
④使用前应做好清理检查工作,机身、割炬及运动部件必须调整好间隙,紧固件必须紧固有效。
⑤气割工休息或长时间离开工作场地时,必须切断电源。

第六节　常用金属型材的气割

一、槽钢的气割

气割 10# 以下的槽钢时,槽钢断面常常割不整齐,所以把开口朝地放置,用一次气割完成。先割竖直面时,割嘴可和竖直面成 90°,当要割至竖直面和水平面的顶角时,割嘴就慢慢转为和水平面成 45°左右,然后再气割;当将要割至水平面和另一竖直面的顶角时,割嘴慢慢转为与另一竖直面成 20°左右,直至槽钢被割断。10# 以下槽钢的气割如图 8-38 所示。

气割 10# 以上的槽钢时,把槽钢开口朝上放置,一次气割完成。起割时,割嘴和先割的竖直面成 45°左右,割至水平面时,割嘴慢慢转为竖直,然后再气割,同时割嘴慢慢转为往后倾斜 30°左右,割至另一竖直面时,割嘴转为水平方向再往上移动,直至另一竖直面割断。10# 以上槽钢的气割如图 8-39 所示。

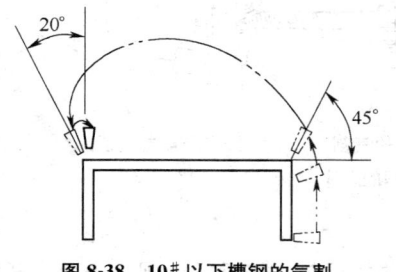

图 8-38　10# 以下槽钢的气割 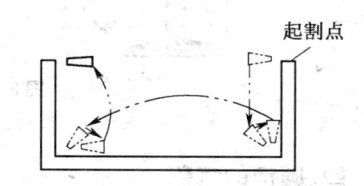　　　图 8-39　10# 以上槽钢的气割

二、角钢的气割

气割角钢厚度在 5mm 以下时,切口容易过热,氧化渣和熔化金属粘在切口下口,很难清理,另外直角面也常常割不齐。为了防止上述缺陷,采用一次气割完成。可将角钢两边着地放置,先将割嘴与角钢表面竖直,气割到角钢中间转向另一面时,将割嘴与角钢另一表面倾斜 20°左右,直至角钢被割断。5mm 以下角钢的气割方法如图 8-40 所示。这种一次气割的方法,不仅使氧化渣容易清除,直角面容易割齐,而且可以提高工作效率。

气割角钢厚度在 5mm 以上时,如果采用两次气割,不仅容易产生直角面割不齐的缺陷,还会产生顶角未割断的缺陷,所以最好也采用一次气割。把角钢一面着地,先割水平面,割至中间角时,割嘴就停止移动,割嘴由竖直转为水平再往上移动,直至把竖直面割断,如图 8-41 所示。

三、工字钢的气割

如图 8-42 所示,工字钢的气割一般都采用 3 次气割完成。站放位置从工字钢的下盖板起割,沿图示路线气割,在拐弯处割嘴要稍微抬高一点,使其不产生较深的

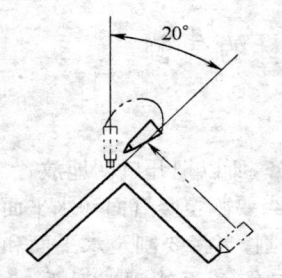

图 8-40 5mm 以下角钢的气割方法 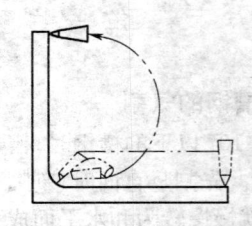　　图 8-41 5mm 以上角钢的气割方法

沟槽。躺放位置按图示 1、2、3 顺序进行气割，但 3 次气割断面不容易割齐，这就要求焊工在气割时力求割嘴垂直。

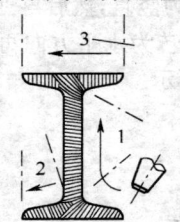

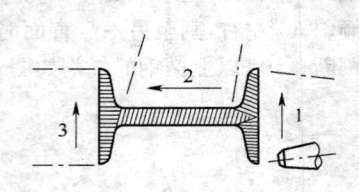

图 8-42 工字钢的气割
1、2、3. 气割工字钢的顺序

四、圆钢的气割

气割圆钢时，先从圆钢的一侧开始预热，并使预热火焰垂直于圆钢表面。开始气割时应慢慢地打开切割氧调节阀，同时将割嘴转到与地面垂直的位置，并加大切割氧气流，使圆钢被割透。割嘴在向前移动的同时，还应稍作横向摆动。每个割口最好能一次割完，当圆钢直径较大，一次割不透时，可采用图 8-43 所示的圆钢分瓣气割法。ϕ320mm 圆钢的气割参数见表 8-39。

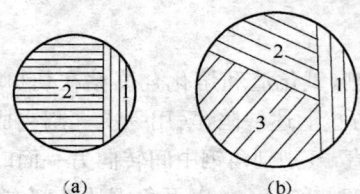

图 8-43 圆钢分瓣气割法
(a) 分两瓣切割　(b) 分三瓣切割

表 8-39 ϕ320mm 圆钢的气割参数

圆钢直径 /mm	割炬 型号	割嘴号码	气体压力/MPa 氧气	乙炔	每个切口所用时间 (包括预热时间)/min
320	G01-300	4	1.30	0.05	15

五、钢管的气割

(1) 可转动管子的气割　可转动管子的气割可分段进行，即各割一段后暂停一下，将管子稍加转动后再继续气割。直径较小的管子可分 2~3 次割完，直径较大的

管子可适当多分割几次,但分割次数不宜太多。

可转动管子的气割如图 8-44 所示。开始气割时,预热火焰应垂直于钢管侧表面,将其预热,割嘴要始终保持与管子表面垂直,如图 8-44 中的位置 1。待割透管壁后,割嘴立即上倾,并倾斜到与起割点切线成 70°~80°角的位置,继续向前切割。在气割每一段切口时,割嘴随切口向前移的同时应不断改变位置,如图 8-44 中 2~4 所示,以保证气割角度不变,直至割完。

(2)水平固定管子的气割 当管子水平固定时,应从管子(水平位置)的底部开始,沿圆周向上分成两半进行气割,即从时钟的 6 点位置到 12 点位置。如图 8-45 所示。水平固定管子的气割与滚动钢管的气割一样,预热火焰垂直于管子表面。开始气割时,在慢慢打开高压氧调节阀的同时,将割嘴慢慢转为与起割点的切线成 70°~80°角,割嘴随切口向前移动而不断改变位置,以保证割嘴倾斜角度基本不变,直至割到水平位置后,关闭切割氧,再将割嘴移至管子的下部,气割剩余的一半,直至全部切割完成。气割时割嘴位置的变化如图 8-45 中 1~7 所示,这种由下至上的对称切割方法,不仅可以清楚地看到割线,而且割炬移动方便,当管子被割开时,割炬正好处于水平位置,从而可避免切断的管子砸坏割炬。

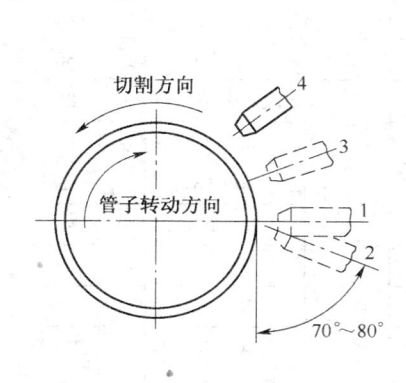

图 8-44 可转动管子的气割

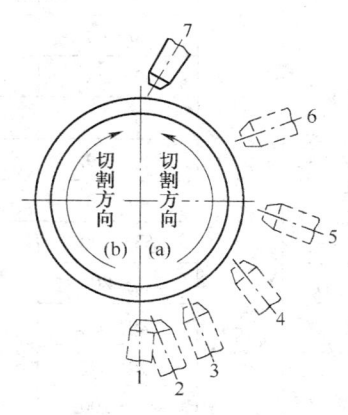

图 8-45 水平固定管子的气割

六、球平钢的气割

如图 8-46 所示,球平钢气割时,应根据不同的位置采用不同的气割方法,但割嘴割到球头时速度应放慢。

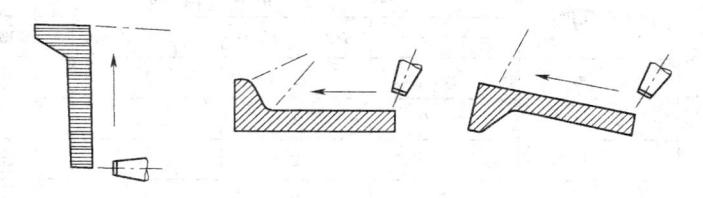

图 8-46 球平钢的气割

第七节 气割的常见缺陷及预防措施

一、气割切割面的质量要求

气割切割的质量要求包括切割面的质量要求和割件的尺寸精度要求两个方面。

(1)切割面的质量要求 切口断面质量通常用切口断面的平面度 u、切割面深度 h 和缺口最小间距 L 三项参数来评定，后拖量、上缘熔化度、挂渣三者不作为评定的项目。

切割面质量等级分为 I、II 两级，相应的切割面平面度 u、切割面深度 h 见表8-40。

表8-40 切割面质量等级

切割表面质量	切割面平面度等级			切割面深度等级		
	等级	切口厚度/mm	切割面平面度 u/mm	等级	切口厚度/mm	切割面深度 h/μm
I 级	1	3~20	0.2	1	3~20	50
		20~40	0.3		20~40	60
		40~63	0.4		40~63	70
		63~100	0.5		63~100	85
	2	3~20	0.5	2	3~20	80
		20~40	0.6		20~40	95
		40~63	0.7		40~63	115
		63~100	0.8		63~100	140
II 级	3 以内	3~20	1.0	3 以内	3~20	130
		20~40	1.4		20~40	155
		40~63	1.8		40~63	185
		63~100	2.0		63~100	225

(2)割件的尺寸精度要求 割件的尺寸偏差是指割件基本尺寸与切割后的实际尺寸的差值。割件的尺寸偏差见表8-41，该表所列数据适用于以下情况：

表8-41 割件的尺寸偏差   （mm）

精度	切割深度	基本尺寸范围			
		35~<315	315~<1000	1000~<2000	2000~4000
A	3~50	±0.5	±1.0	±1.5	±2.0
	>50~100	±1.0	±2.0	±2.5	±3.0
B	3~50	±1.5	±2.5	±3.0	±3.5
	>50~100	±2.5	±3.5	±4.0	±4.5

①图样上未注公差的尺寸。
②长宽比≤4：1 的割件。
③切割周长≥350mm 的割件。

二、影响气割质量的因素

(1)工件 工件的材质、厚度、力学性能、平面度、清洁度、气割形状、坡口情况、切口在工件上的分布、套裁方法以及切口四周的余量情况等。

(2)燃气和氧气 气体的纯度、气体的压力及压力的持久稳定性等。

(3)设备与工装 设备的精度、操作性能、气割平台的平整度、工件卡紧装置或排渣的方便程度等。

(4)气割工艺 割炬规格和割嘴号的选择、预热火焰的选择、风线的调节、加热时间的控制、割嘴离工件的高度、割嘴的前后倾角和左右垂直度、气割速度、气割顺序及路线等。

三、气割缺陷的产生原因及预防措施

在气割生产中，一个质量问题的出现，往往是多种原因造成的，大量现象又容易掩盖问题的本质，给寻找其中的主要原因带来了困难。

气割缺陷的产生原因及预防措施见表 8-42。

表 8-42 气割缺陷的产生原因及预防措施

缺陷形式	产生原因	预防措施
切口断面纹路粗糙	1. 氧气纯度低； 2. 氧气压力太大； 3. 预热火焰能率过大或过小； 4. 割嘴选用不当或割嘴距离不稳定； 5. 切割速度不稳定或过快	1. 一般气割，氧气纯度不低于 98.5%（体积分数）；要求较高时，不低于 99.2%（体积分数）或者高达 99.5%（体积分数）； 2. 适当降低氧气压力； 3. 采用合适的火焰能率预热； 4. 更换割嘴或稳定割嘴距离； 5. 调整切割速度，检查设备精度及网络电压，适当降低切割速度
切口断面割槽	1. 回火或灭火后重新起割； 2. 割嘴或工件有振动	1. 防止回火和灭火，割嘴是否离工件太近，工件表面是否清洁，下部平台是否阻碍熔渣排出； 2. 避免周围环境的干扰
切割面上缘熔塌	1. 气割时预热火焰太强； 2. 切割速度太慢； 3. 割嘴与气割平面距离太近	1. 选用合适的火焰能率预热； 2. 适当提高切割速度； 3. 气割时割嘴与气割平面距离适当加大
气割面直线度偏差过大	1. 切割过程中断多，重新气割时衔接不好； 2. 气割坡口时，预热火焰能率不大； 3. 表面有较厚的氧化皮、铁锈等	1. 提高气割操作水平； 2. 适当提高预热火焰能率； 3. 加强气割前，清理被切割表面

续表 8-42

缺陷形式	产生原因	预防措施
气割面垂直度偏差过大	1. 气割时,割炬与割件板面不垂直; 2. 切割氧压力过低; 3. 切割氧流歪斜	1. 改进气割操作; 2. 适当提高切割氧压力; 3. 提高气割操作技术
下缘挂渣不易脱落	1. 氧气纯度低; 2. 预热火焰能率大; 3. 氧气压力低; 4. 切割速度过慢或过快	1. 换用纯度高的氧气; 2. 更换割嘴,调整火焰; 3. 提高切割氧压力; 4. 调整切割速度
下部出现深沟	切割速度太慢;	加快切割速度,避免氧气流的扰动产生熔渣旋涡
气割厚度出现喇叭口	1. 切割速度太慢; 2. 风线不好	1. 提高切割速度; 2. 适当增大氧气流速,采用收缩扩散型割嘴
后拖量过大	1. 切割速度太快; 2. 预热火焰能率不足; 3. 割嘴选择不合适或割嘴倾角不当; 4. 切割氧压力不足	1. 降低切割速度; 2. 增大火焰能率; 3. 更换合适的割嘴或调整割嘴后倾角度; 4. 适量加大切割氧压力
厚板凹心大	切割速度快或速度不均	降低切割速度,并保持速度平稳
切口不直	1. 钢板放置不平; 2. 钢板变形; 3. 风线不正; 4. 割炬不稳定; 5. 切割机轨道不直	1. 检查气割平台,将钢板放平; 2. 切割前校平钢板; 3. 调整割嘴垂直度; 4. 尽量采用直线导板; 5. 修理或更换轨道
切割面渗碳	1. 割嘴离切割平面太近; 2. 气割时,预热火焰呈碳化焰	1. 适当提高割嘴高度; 2. 气割时,采用中性焰预热
切口过宽	1. 氧气压力过大; 2. 割嘴号码太大; 3. 切割速度太慢; 4. 割炬气割过程行走不稳定	1. 调整氧气压力; 2. 更换小号割嘴; 3. 加快切割速度; 4. 提高气割技术
发生中断割不透	1. 预热火焰能率过小; 2. 切割速度太快; 3. 被切割材料有缺陷; 4. 氧气、乙炔气将要用完; 5. 切割氧压力小	1. 重新调整火焰; 2. 放慢切割速度; 3. 检查夹层、气孔缺陷,试以相反的方向重新气割; 4. 检查氧气、乙炔压力,更换新气瓶; 5. 提高切割氧压力及流量

续表 8-42

缺陷形式	产生原因	预防措施
有强烈变形	切割速度太慢,加热火焰能率过大,割嘴过大,气割顺序不合理	选择合理的工艺,选择正确的气割顺序
产生裂纹	1. 工件含碳量高; 2. 工件厚度大	1. 可采取预热及割后退火处理办法; 2. 预热温度 250℃
碳化严重	1. 氧气纯度低; 2. 火焰种类不对; 3. 割嘴距工件近	1. 换纯度高的氧气,保证燃烧充分; 2. 避免加热时产生碳化焰; 3. 适当提高割嘴高度
切口粘渣	1. 氧气压力小,风线太短; 2. 割薄板时切割速度低	1. 增大氧气压力,检查割嘴; 2. 加大切割速度
熔渣吹不掉	氧气压力太小	提高氧气压力,检查减压阀通畅情况
割后变形	1. 预热火焰能率大; 2. 切割速度慢; 3. 气割顺序不合理; 4. 未采取工艺措施	1. 调整火焰; 2. 提高切割速度; 3. 按工艺采用正确的切割顺序; 4. 采用夹具,选用合理起割点等工艺措施

第八节 气割基本技能训练实例

一、不同厚度低碳钢板的气割技能训练实例

1. 薄低碳钢板的气割

切割 2～6mm 的薄低碳钢板时,因板薄、加热快、散热慢,容易引起切口边缘熔化,熔渣不易吹掉,粘在钢板背面,冷却后不易去除,且切割后变形很大。若切割速度稍慢,预热火焰控制不当,易造成前面割开后面又熔合在一起的现象,因此,气割薄板时,为了获得较满意的效果,应采用下列措施:

①应选用 G01-30 型割炬和小号割嘴,预热火焰要小。

②割嘴与割件的后倾角加大到 30°～45°,割嘴与割件表面的距离加大到 10～15mm,切割速度尽可能快一些。

用切割机对厚 6mm 以下的零件进行成形气割,为获得必要的尺寸精度,可在切割机上配以洒水管,切割薄板时洒水管的配置如图 8-47 所示,边切割边洒水,洒水量为 2L/min。薄钢板机动气割的气割参数见表 8-43。

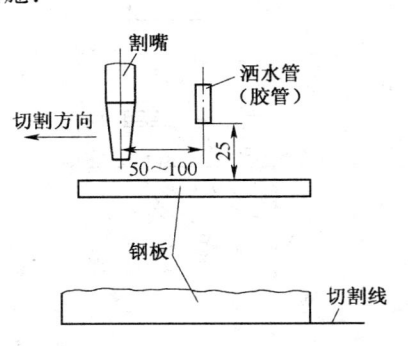

图 8-47 切割薄板时洒水管的配置

表 8-43　薄钢板机动气割的气割参数

板厚/mm	割嘴号码	割嘴高度/mm	切割速度/(mm/min)	切割氧压力/MPa	乙炔压力/MPa
3.2	0	8	650	0.196	0.02
4.5	0	8	600	0.196	0.02
6.0	0	8	550	0.196	0.02

2. 中厚度钢板的气割

气割 4～20mm 厚度的钢板时，一般选用 G01-100 型割炬，割嘴与工件表面的距离大致为焰心长度加上 2～4mm，切割氧风线长度应超过工件板厚的 1/3。气割时，割嘴向后倾斜 20°～30°，切割钢板越厚，后倾角应越小。

3. 大厚度钢板的气割

通常把厚度超过 100mm 的工件切割称为大厚度切割，气割大厚度钢板时，由于工件上下受热不一致，使下层金属燃烧比上层金属慢，切口易形成较大的后拖量，甚至割不透。同时，熔渣易堵塞切口下部，影响气割过程的顺利进行。

①应选用切割能力较大的 G01-300 型割炬和大号割嘴，以提高火焰能率。

②氧气和乙炔要保证充分供应，氧气供应不能中断，通常将多个氧气瓶并联起来供气，同时使用流量较大的双级式氧气减压器。

③气割前，要调整好割嘴与工件的垂直度，即割嘴与割线两侧平面成 90°夹角。

④气割时，预热火焰要大。厚钢件起割点的选择方法如图 8-48a 所示，先从割件边缘棱角处开始预热，并使上、下层全部均匀预热。如图 8-48b 所示，如果上、下预热不均匀，则要产生未割透，起割点选择不当而造成未割透现象如图 8-48c 所示。

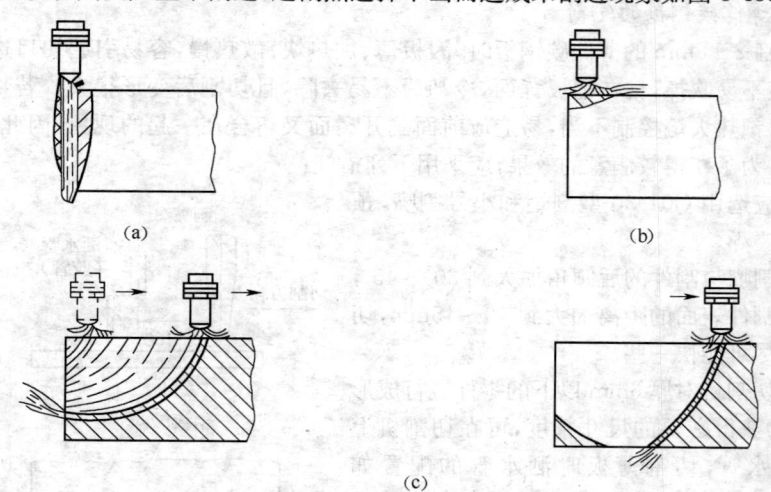

图 8-48　厚钢件起割点的选择方法
(a)正确　(b)不正确　(c)起割点选择不当而造成未割透现象

⑤大截面钢件气割的预热温度见表8-44。

表8-44 大截面钢件气割的预热温度

材料牌号	截面尺寸/mm	预热温度/℃
35,45	1000×1000	250
5CrNiMo,5CrMnMo	800×1200	
14MnMoVB	1200×1200	450
37SiMn2MoV,60CrMnMo	φ830	
25CrNi3MoV	1400×1400	

大厚度割件切割过程如图8-49所示,操作时,注意使上、下层全部均匀预热到切割温度,逐渐开大切割氧气阀并将割嘴后倾,待割件边缘全部切透时,加大切割氧气流,且将割嘴垂直于割件,再沿割线向前移动割嘴。

切割过程中,还要注意切割速度要慢,而且割嘴应做横向月牙形小幅摆动,但这样也会造成割缝表面质量下降。当气割结束时,速度可适当放慢,可使后拖量减少并容易将整条割缝完全割断。有时,为加速气割速度,可采取先将整个气割线的前沿预热一遍,然后再进行气割。

若割件厚度超过300mm时,可选用重型割炬或自行改装,将原收缩式割嘴内嘴改制成缩放式割嘴内嘴,如图8-50所示。

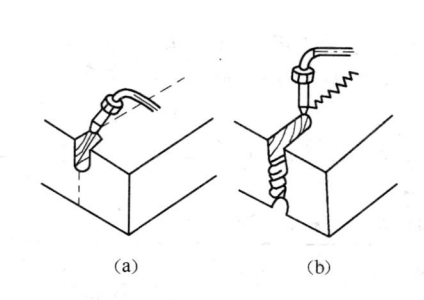

图8-49 大厚度割件切割过程

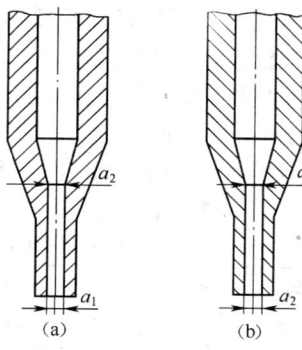

图8-50 割嘴内嘴($a_1 > a_2$)
(a)收缩式割嘴内嘴 (b)缩放式割嘴内嘴

气割大厚度钢板过程中,要正确掌握好气割参数,否则,将影响切口质量。300～600mm厚钢板的手工气割参数见表8-45。

表8-45 300～600mm厚钢板的手工气割参数

钢板厚度/mm	喷嘴号码	预热氧压力/MPa	预热乙炔压力/MPa	切割氧压力/MPa
200～300	1	0.3～0.4	0.08～0.1	1～1.2
300～400	1	0.3～0.4	0.1～0.12	1.2～1.6
400～500	2	0.4～0.5	0.1～0.12	1.6～2
500～600	3	0.4～0.5	0.1～0.14	2～2.5

⑥在气割过程中，若遇到割不穿的情况，应立即停止气割，以免气涡和熔渣在割缝中旋转，使割缝产生凹坑，重新起割时应选择另一方向作为起割点。整个气割过程必须保持均匀一致的气割速度，以免影响割缝宽度和表面粗糙度。并应随时注意乙炔压力的变化，及时调整预热火焰，保持一定的火焰能率。

二、低碳钢叠板的气割技能训练实例

大批量低碳钢薄板零件气割时，可将薄板叠在一起进行切割，以提高生产率和切割质量。

1. 成叠钢板的气割

①切割前应将每件钢板切口附近的氧化皮、铁锈和油污等仔细清理干净，便于叠装。

②然后将钢板叠合在一起，叠合时钢板之间不应有空隙，以防烧熔。为此，可以采用夹具夹紧的方法、多点螺栓紧固的方法、增加两块 6~8mm 上下盖板一起叠层的方法。

③为使切割顺利，可使上下钢板错开，造成端面叠层有 3°~5° 的倾角，钢板叠合方式如图 8-51 所示。

④叠板气割可以切割厚度在 0.5mm 以上的薄钢板，总厚度应≤120mm。

⑤叠板气割与切割同样厚度的钢板比较，切割氧压力应增加 0.1~0.2MPa，切割速度应慢些。采用氧丙烷进行叠板切割，其切割质量优于氧乙炔焰。GKI 扩散型快速割嘴叠板氧乙炔气割参数见表 8-46。

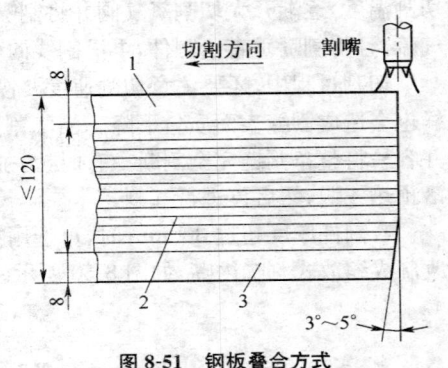

图 8-51 钢板叠合方式
1. 上盖板 2. 钢板 3. 下盖板

表 8-46 GKI 扩散型快速割嘴叠板氧乙炔气割参数

钢板厚度 /(mm×层数)	切割氧压力 /MPa	乙炔压力 /MPa	切割速度 /(mm/min)	夹紧力 /N	钢板之间的间隙/mm	切割面表面粗糙度 Ra/μm
6×3	0.784	0.03~0.04	250	9806×2	0.6	25
6×3	0.784	0.03~0.04	380	8179×2	0.15	25
6×3	0.784	0.03~0.04	410	8179×2	0	25
6×5	0.784	0.03~0.04	390	16347×2	0	25
6×8	0.784	0.03~0.04	180	19612×2	0.4	25
6×12	0.784	0.04~0.05	160	16347×2	0.4~0.5	25
14×2	0.784	0.04~0.05	410	—	0.1~0.2	12.5
14×6	0.784	0.04~0.05	235	—	0.03~0.34	—

2. 圆环的成叠切割

如图 8-52 所示，圆环的成叠切割是将 60 块 1mm 厚方形低碳钢板叠合在一起，气割成圆环形割件。

首先将 60 块 1mm 厚的钢板及上下两块 8mm 钢板，按图 8-54 所示方式叠在一起。再用多个弓形夹或螺栓将钢板夹紧，在图中 A、B 两处钻通孔。选用 G01-100 型割炬、3 号割嘴进行切割，氧气压力为 0.8MPa。在 A 处起割圆环内圆，从 B 处起割外圆环。

图 8-52 圆环的成叠切割
A—内圆起割点　B—外圆起割点

三、法兰的气割技能训练实例

法兰是圆环形的，用钢板气割法兰最好借助于划规式割圆器进行切割，如图 8-53 所示。利用划规式割圆器切割法兰，只能先切割外圆，后切割内圆，否则将失去空心位置。

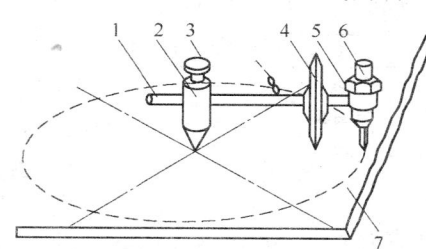

图 8-53 用割圆器切割法兰
1. 圆规杆　2. 定心锥　3. 顶丝
4. 滚轮　5. 割炬箍　6. 割炬　7. 被割件

(1)气割外圆时的操作要点　气割前，先用样冲在圆心上打个定位眼，将简易划规式割圆器按图示位置装好。先预热钢板的边缘，割穿钢板后，慢慢地将割炬移向法兰中心，当定心锥落入定位眼后，便可将割炬沿圆周旋转一周，法兰即可从钢板上落下。

(2)气割内圆时的操作要点　将法兰垫起，支撑物应离开切割线下方。在距切割线 5～15mm 处，先开一个起割孔，割穿起割孔后，即可将割炬慢慢移向切割线，进入定位眼后，移动割炬，即可割下内圆。如采用手工气割法兰，则应先割内孔再割外圆，此时，一定要留加工余量，便于对法兰进行切削加工。

四、坡口的气割技能训练实例

1. 钢板坡口的气割

①无钝边 V 形坡口的手工气割如图 8-54 所示。首先，要根据厚度 δ 和单位坡口角度 α 计算划线宽度 b，$b=\delta\tan\alpha$，并在钢板上划线。

②调整割炬角度，使之符合 α 角的要求，然后采用后拖或前推的操作方法切割坡口，手工气割坡口的操作方法如图 8-55 所示。为了使坡口宽度一致，也可以用简单的靠模进行切割，用辅助工具手工气割坡口如图 8-56 所示。

对于带钝边 p 的坡口，可按公式 $b=(\delta-p)\tan\alpha$ 计算出划线宽度 b，并划线，再照无钝边坡口切割即可。

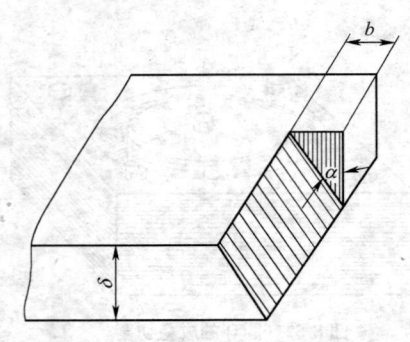

图 8-54 无钝边 V 形坡口的手工气割

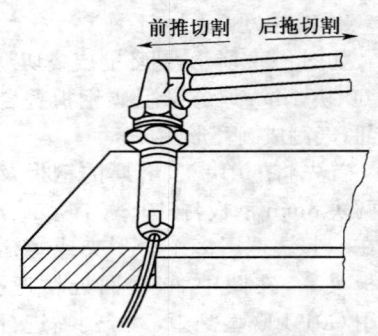

图 8-55 手工气割坡口的操作方法

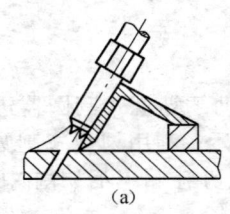

图 8-56 用辅助工具手工气割坡口
(a)用角钢气割 (b)利用滚轮架气割

2. 钢管坡口的气割

钢管坡口的气割如图 8-57 所示。操作步骤如下：

① 由 $b=(\delta-p)\tan\alpha$，计算划线宽度 b，并沿外圆周划出切割线。

② 调整割炬角度 α、沿切割线切割。

③ 切割时除保持割炬的倾角不变之外，还要根据在钢管上的不同位置，不断调整好割炬的角度。

五、气割清焊根技能训练实例

气割清焊根多数采用普通割炬，其工艺特点是风线不能太细太长，而是短而粗，长度为 20～30mm，且直径应大一些。因此，最好用专用清焊根割嘴，这样效果最好，或者用风线不好的旧割嘴也比较合适。

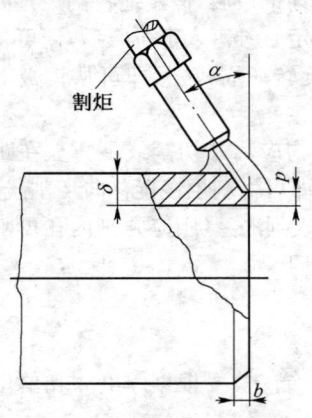

图 8-57 钢管坡口的气割

① 首先预热清焊根部位，割嘴角度一般为 20°左右。预热温度高于气割钢板预热温度，且为中性焰，金属呈熔融状态时，立即将割嘴与割件表面的夹角调整到 45°左右，缓慢开启切割氧气阀，使焊缝根部被吹成一定深度的沟槽，接着横向摆动割嘴，扩大沟槽的两边，然后割嘴进入已割出的坡口内，按上述方法继续向前清焊根。

清焊根过程中割炬与割件的角度变化如图 8-58 所示。

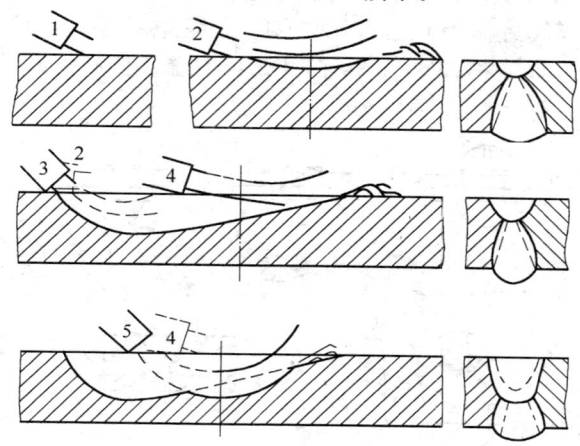

图 8-58 清焊根过程中割炬与割件的角度变化
1. 预热角度（20°左右） 2. 清焊根开始角度（5°左右）
3. 清焊根开始后角度逐渐变化到 45°左右
4. 割炬前进后继续清焊根的开始角度（5°左右） 5. 继续清焊根的角度（45°左右）

② 为了减轻切割氧气流的冲击力，每当开启切割氧吹掉熔渣时，割嘴应随着熔渣的吹除而缓慢后移 10~30mm，以免将金属吹成高低不平或吹出深沟。同时，切割氧气流应小一些，这样便于控制坡口的宽窄、深浅和根部表面粗糙度。

③ 清焊根过程中，无需一直开启切割氧，而是根据金属的燃烧温度状况随时打开和关闭。

用气割切坡口或清焊根，所用设备简单，应用灵活，易操作，而且很容易发现诸如气孔、夹渣、未焊透等焊缝内在的缺陷。但效率比较低，清焊根后得到的槽形坡口较宽，所以在有条件的情况下亦可采用碳弧气刨来开坡口、清焊根。

六、铆钉的气割技能训练实例

在拆修工作中，会遇到一些铆钉的气割，所割铆钉的关键在于不能割伤钢板，因此预热火焰要求集中且应适当加大，而切割氧的压力要适当小一些。

(1) 圆头铆钉气割 如图 8-59 所示，为防止割坏钢板，割嘴必须垂直于铆钉头预热，使钢板尽可能少受热。开始气割时，割嘴要平行于钢板，先在铆钉头中央自上而下割开一条槽，再沿钢板的平面往两边分割，如图 8-59a 左图所示。也可先将铆钉帽上部割去，留下 3mm 左右的帽体，如图 8-59a 中图所示。然后将割嘴与铆钉的距离加大（比气割钢板时大 20~50mm），切割氧流沿着没有预热的钢板平面向帽体剩余部分吹去，如图 8-59a 右图所示。切割氧不宜开得太大，只要能将氧化铁熔渣吹出即可，割透后再迅速移开割嘴。

(2) 平头铆钉气割 如图 8-59b 所示，首先将凹进去的平头铆钉头尽快预热，当达到切割温度时,从平头的边缘开始向内割,割到钉体边缘处,就沿着钉体边缘进行圆周切割,如图 8-59b 左图所示。此时切割氧要继续开启,且不可开得太大,把钉体边缘割断就向前移动割嘴,如图 8-59b 右图所示,注意不要割伤钢板。待冷却后用冲头冲出铆钉体。

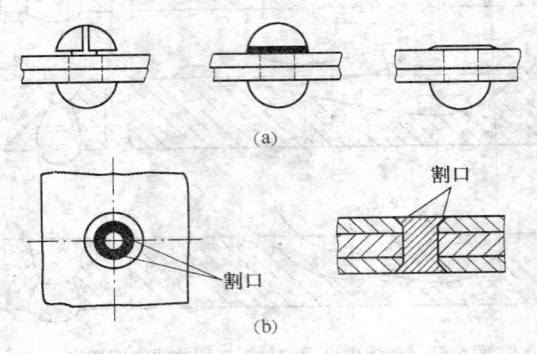

图 8-59 铆钉的气割
(a)圆头铆钉气割 (b)平头铆钉气割

七、钢板的气割开孔技能训练实例

钢板的气割开孔分水平气割开孔和竖直气割开孔两种形式。

(1)钢板水平气割开孔 气割开孔时,起割点应选择在不影响割件使用的部位。在厚度>30mm 的钢板开孔时,为了减少预热时间,用扁铲将起割点铲毛,或在起割点电焊出一个凸台。将割嘴垂直于钢板表面,采用较大能率的预热火焰加热起割点,待其呈亮红色时,将割嘴向切割方向后倾 20°左右,慢慢开启切割氧调节阀。随着开孔度增加,割嘴倾角应不断减小,直至与钢板垂直为止。起割孔割穿后,即可慢慢移动割炬沿切割线割出所要求的孔洞。水平气割开孔操作如图 8-60 所示。

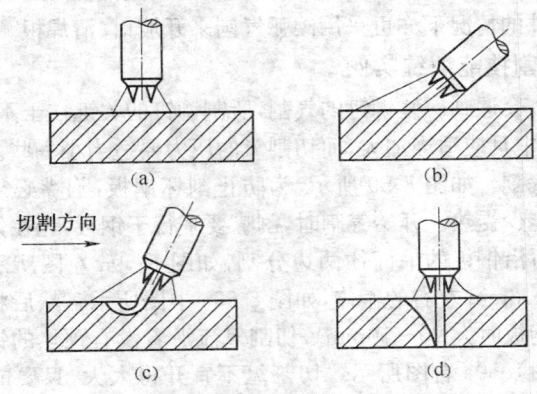

图 8-60 水平气割开孔操作
(a)预热 (b)起割 (c)开孔 (d)割穿

利用上述方法也可以进行8字形孔的水平气割,如图8-61所示。

(2)钢板竖直气割开孔 处于铅垂位置的钢板气割开孔与水平位置气割的操作方法基本相同,只是在操作时割嘴向上倾斜,并向上运动以便预热待割部分。竖直气割开孔操作如图8-62所示,待割穿后,可将割炬慢慢移至切割线割出所需孔洞。

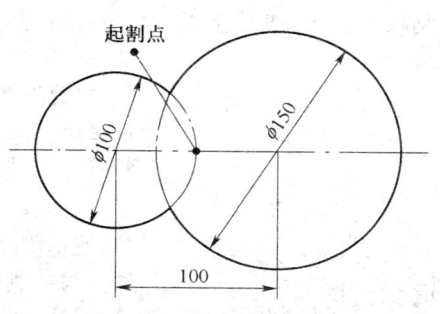

图8-61 8字形孔的水平气割

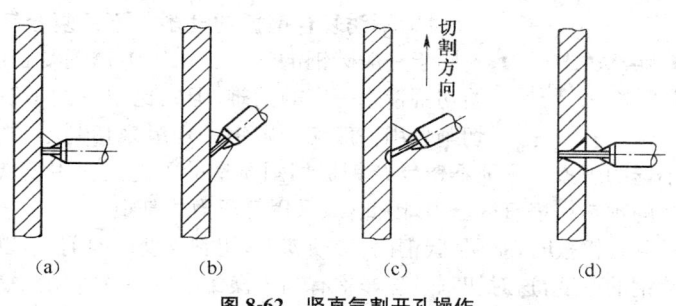

图8-62 竖直气割开孔操作
(a)预热 (b)起割 (c)开孔 (d)割穿

八、难切割材料的气割技能训练实例

(1)不锈钢的振动切割 不锈钢在气割时生成难熔的Cr_2O_3,所以不能用普通的火焰气割方法进行切割。不锈钢切割一般采用空气等离子弧切割,在没有等离子弧切割设备或需切割大厚度钢板情况下,也可以采用振动切割法。

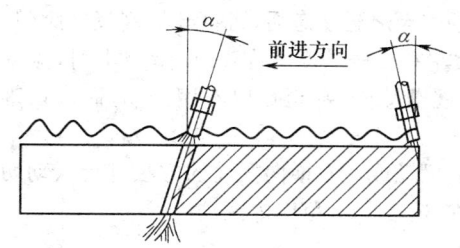

图8-63 不锈钢振动切割

振动切割法是采用普通割炬而使割嘴不断摆动来实现切割的方法。这种方法虽然切口不够光滑,但突出的优点是设备简单、操作技术容易掌握,而且被切割工件的厚度可以很大,甚至可达300mm以上。不锈钢振动切割如图8-63所示。

采用普通的G01-300型割炬,预热火焰采用中性焰,其能率比气割相同厚度的碳钢要大一些,且氧压力也要加大15%～20%。切割开始时,先用火焰加热工件边缘,待其达到红热熔融状态时,迅速打开切割氧气阀门,少许抬高割炬,熔渣即从切口处流出。起割后,割嘴应做一定幅度的上下、前后振动,以此来破坏切口处高熔点氧化膜,使铁继续燃烧。利用氧流的前后、上下的冲击作用,不断将焊渣吹掉,保证气割顺利进行。割嘴上下、前后振动的频率一般为 20~30 次/min,振幅约为 10~15mm。

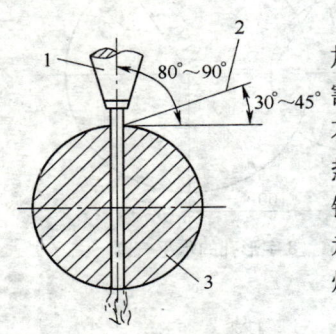

图 8-64　加丝法气割
1. 割嘴　2. 焊丝　3. 割件

(2)不锈钢的加丝气割　气割不锈钢还可以采用加丝法。选用直径为 4~5mm 的低碳钢丝一根,在气割时,由一专人将该钢丝与切割表面成 30°~45°方向不断送入切割气流中,利用铁在氧中燃烧产生大量的热,使切割处金属温度迅速升高,而燃烧所生成的氧化铁又与三氧化二铬形成熔渣,熔点降低,易于被氧吹走,促使切割顺利进行,加丝法气割如图 8-64 所示,割炬和割嘴与碳钢相同,不必加大号码。

(3)不锈复合钢板的气割　不锈复合钢板的气割不同于一般碳钢的气割。由于不锈复合层的存在,给切割带来一定的困难,但它比单一的不锈钢板容易切割。用一般切割碳钢的规范来切割不锈复合钢板,经常发生切不透的现象。保证不锈复合钢板切割质量的关键是使用较低的切割氧气压力和较高的预热火焰氧气压力,因此,应采用等压力式割炬。

切割不锈复合钢板时,基层(碳钢面)必须朝上,切割角度应向前倾,以增加切割氧流所经过碳钢的厚度,这对切割过程非常有利。操作中应注意将切割氧阀门开得较小一些。而预热火焰调得较大一些。

切割 16mm+4mm 复合钢板时,采用半自动切割机分别送氧的气割参数为切割氧压力 0.2~0.25MPa,预热气压力为 0.7~0.8MPa。改用手工切割后,所采用的气割参数为切割速度 360~380mm/min,氧气压力为 0.7~0.8MPa。割嘴直径为 2~2.5mm(G01-300 型割炬,2 号嘴头),嘴头与工件距离为 5~6mm。

(4)铸铁的振动切割　铸铁材料的振动切割原理和工艺与不锈钢振动切割基本相同。切割时,以中性火焰将铸铁切口处预热至熔融状态后,再打开切割氧气阀门,进行上下振动切割,每分钟上下摆动 30 次左右。铸铁厚度在 100mm 以上时,振幅为 8~15mm。当切割一段后,振动次数可逐渐减少,甚至可以不用振动,而像切割碳钢板那样进行操作,直至切割完毕。

切割铸铁时,也有采用沿切割方向前后摆动或左右横向摆动的方法进行振动切割的。根据工件厚度的不同,摆动幅度可在 8~10mm 范围内变动。